普通高等教育"十三五"规划教材

工程地质学

牛燕宁　主编　宋术双　副主编　梁收运　审

化学工业出版社
·北京·

本书主要介绍了地质作用及其相关地质学基础理论与知识，地质条件及其工程影响，不同土体的工程性质，几种常见的不良地质现象，工程地质勘察等方面的内容。本书的编写力图做到体系结构严谨、合理，基本概念清楚、明确，力求知识点间的衔接和融会贯通。

　　本书可作为土木工程、测绘工程、采矿工程等非地质专业的高等学校教材，还可供工程地质、水文地质等相关专业的工程技术人员参考。

图书在版编目（CIP）数据

工程地质学/牛燕宁主编. —北京：化学工业出版社，2016.8

普通高等教育"十三五"规划教材

ISBN 978-7-122-27453-3

Ⅰ.①工…　Ⅱ.①牛…　Ⅲ.①工程地质-高等学校-教材　Ⅳ.①P642

中国版本图书馆 CIP 数据核字（2016）第 145184 号

责任编辑：刘丽菲

责任校对：宋　玮　　　　　　　　　　　　装帧设计：张　辉

出版发行：化学工业出版社（北京市东城区青年湖南街 13 号　邮政编码 100011）
印　　装：三河市航远印刷有限公司
787mm×1092mm　1/16　印张 18½　字数 467 千字　2016 年 9 月北京第 1 版第 1 次印刷

购书咨询：010-64518888（传真：010-64519686）　　售后服务：010-64518899
网　　址：http://www.cip.com.cn
凡购买本书，如有缺损质量问题，本社销售中心负责调换。

定　　价：42.00 元

前言

　　工程地质学是高等学校土木工程专业必修的一门基础课程。随着我国工程建设的发展，土木工程的工程地质问题涉及范围相当广泛，既有建筑物和构筑物的地基基础、道路和引水渠道等线性工程的选址选线、边坡工程和地下工程的围岩介质与环境，又有发育复杂的地质条件、多样的岩土体性质。工程地质学作为架构地质学与土建专业的桥梁，起到了承接与应用并重的作用。

　　本书的编写过程中，编者们在总结以往教学经验的基础上，参阅了多种版本的工程地质学教材和最新研究成果，力图做到体系结构严谨、合理，基本概念清楚、明确，力求知识点间的衔接和融会贯通。本书主要介绍了地质作用及其相关的地质学基础理论与知识，地质条件及其工程影响，不同土体的工程性质，几种常见的不良地质现象，工程地质勘察等方面的内容。

　　本书由兰州理工大学牛燕宁主编，兰州理工大学宋术双副主编，由兰州大学梁收运教授审。编写人员分工如下：牛燕宁绪论、第 2、3、8 章，宋术双第 4、5、6、7 章，钟秀梅第 1 章及参考文献，由主编统稿。

　　本书编写过程中得到兰州理工大学许多老师和一些勘察设计部门的关心与支持，特别感谢高芳芳、牛强两位研究生做的文字校对工作，梁收运教授在审稿过程中提出许多宝贵意见，在此一并表示感谢。

　　由于编者水平有限，书中有不妥和错误之处，恳请读者批评指正。

编者

2016 年 4 月

目录

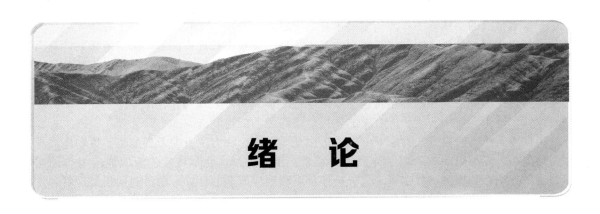

绪 论

0.1 地质学与工程地质学

地质学一词是在 1779 年由瑞士人索修尔提出的,意指"地球的科学"。地质学是关于地球的物质组成、内部构造、外部特征、各层圈之间的相互作用和演变历史的知识体系,是研究地球及其演变的一门自然科学。

地质学的服务对象主要包括矿产、能源、环境和灾害四个方面。根据地质学研究内容的不同,又可以分为以下几种分支学科,这些分支学科大体可分为两类:一类是探讨基本事实和原理的基础学科;一类是这些基础学科与生产或其他学科结合而形成的学科。

基础学科——是从事任何地质工作必不可少的学科,包括研究地壳物质组成的结晶学、矿物学、岩石学、地球化学等,研究地壳的构造及地表形态的构造地质学、大地构造学、地貌学等,研究地壳演化历史的古生物学、地史学、地层学、第四纪地质学等。

边缘学科——是地质学与其他学科相结合而产生的学科,如数学地质学、地球物理学、遥感地质学、实验岩石学等。

应用学科——是运用基础学科的理论来研究资源的开发或工农业生产中的地质问题的学科,前者如矿床学、石油地质学、煤田地质学、水文地质学等,后者如工程地质学、环境地质学、农业地质学等。

综合性学科——主要是运用上述学科进行地区性或全球性地质问题综合研究的学科,如区域地质学、海洋地质学、板块构造学等。

人类的工程活动都是在一定地质环境中进行的,两者之间具有密切的联系,并且相互影响,相互制约。工程活动的地质环境,亦称为工程地质条件,一般认为它应包括土和岩石的工程性质、地质构造、地貌、水文地质、地质作用、自然地质现象和天然建筑材料等。

工程地质学是研究与人类工程建筑等活动有关的地质问题的科学,是地质学的一个分支学科。其研究目的是查明建设地区或建筑场地的工程地质条件,预测和评价可能发生的工程地质问题及对建筑物或地质环境的影响,提出防治措施,以保证工程建设的正常进行。

由于工程地质条件有明显的区域性分布规律,因而工程地质问题也有区域性分布的特点,研究这些规律和特点的分支学科称为区域工程地质学。

工程地质学主要研究建设地区和建筑场地中的岩体、土体的空间分布规律和工程地质性质,控制这些性质的岩石和土的成分和结构以及在自然条件和工程作用下这些性质的变化趋向,制定岩石和土的工程地质分类。由于各类工程建筑物的结构、作用、所在空间范围内的环境不同,所以可能发生的地质作用和工程地质问题也不同。据此,工程地质学往往分为水利水电工程地质学、道路工程地质学、采矿工程地质学、海港和海洋工程地质学、土木工程地质学和城市工程地质学等。

根据侧重点的不同，工程地质学又可分为工程地质分析、工程岩土学和工程地质勘察三个分支。工程地质分析是指利用工程地质基本原理，分析工程地质问题产生的地质条件、力学机理及其发展演化的规律，以便正确评价其不利影响并进行有效防治；工程岩土学是研究岩土的性质和它在自然或人类活动影响下变化的科学；工程地质分析学和工程岩土学是工程地质学的理论基础。工程勘察是将这些理论运用于解决实际工程问题，保证与工程活动的规划、设计、施工、使用和维护等有关的工程地质问题均能得到查明和有效处理。

工程地质学的研究方法有以下三种：运用地质学理论和方法查明工程地质条件和地质现象空间分布、发展趋向的地质学方法；测定岩、土体物理、化学特性，测试地应力等的实验、测试方法；利用测试数据，定量分析评价工程地质问题的计算方法；利用相似材料和各种数理方法，再现和预测地质作用的发生、发展过程的模拟方法。随着计算机技术应用的普及和发展，工程地质专家系统也在逐步建立。

工程地质学与土力学、岩石力学、水文地质学、基础工程学、施工技术、地下工程、勘察技术、岩土试验技术、地质力学模型试验及地震工程学等许多其他区学科都有密切关联。

0.2　工程地质学的研究对象

工程地质学的目的在于查明建设地区或建筑场地的工程地质条件，分析、预测和评价可能存在和发生的工程地质问题，及其对建筑物和地质环境的影响和危害，提出防治不良地质现象的措施，为保证工程建设的合理规划，建筑物的正确设计、顺利施工和正常使用提供可靠的地质科学依据。

工程地质条件是各种对工程建筑有影响的地质因素的总称，也称为工程地质环境，主要包括如下几方面的内容。

(1) **地形地貌**　地形是指地表高低起伏状况，山坡陡缓程度与沟谷宽窄及形态特征等；地貌则说明地形形成的原因、过程和时代。平原区、丘陵区和山岳地区的地形起伏、土层厚薄和基岩出露情况、地下水埋藏特征和地表地质作用现象都具有不同的特征，这些因素都直接影响到建筑场地和线路的选择。

(2) **地层岩性**　地层岩性是最基本的工程地质因素，包括它们的成因、时代、岩性、产状、成岩作用特点、变质程度、风化特征、软弱夹层和接触带以及物理力学性质等。

(3) **地质构造**　地质构造也是工程地质工作研究的基本对象，包括褶皱、断层、节理的分布和特征。地质构造，特别是形成时代新、规模大的活动断裂，对地震等灾害具有控制作用，因而对建筑物的安全稳定、沉降变形等研究具有重要意义。

(4) **水文地质条件**　水文地质条件是重要的工程地质因素，包括地下水的成因、埋藏、分布、季节变化和化学成分等。

(5) **自然地质现象**　自然地质现象是现代地表地质作用的反映，与工程区地形、气候、岩性、构造、地下水和地表水作用密切相关，主要包括滑坡、崩塌、岩溶、泥石流、风沙移动、河流冲刷、沉积和风化等，对评价建筑物的稳定性和预测工程地质条件的变化意义重大。

(6) **天然建筑材料**　工程建设中所需的岩土建筑材料的分布、类型、品质、开采条件、储量及运输条件等，也是工程地质条件中的一个重要因素。

工程地质学要分析和预测在自然条件和工程建筑活动中可能发生的各种地质作用和工程地质问题，例如：地震、滑坡、泥石流、诱发地震、地基沉陷、人工边坡和地下硐室围岩的变形和破坏、开采地下水引起的大面积地面沉降、地下采矿引起的地表塌陷等地质环境问题及其发生的条件、过程、规模和机制，评价它们对工程建设和地质环境造成的危害程度，研究防治不良地质作用的有效措施。

工程地质学还要研究工程地质条件的区域分布特征和规律，预测其在自然条件下和工程建设活动中的变化和可能发生的不良地质作用，评价其对工程建设的适宜性。

0.3 工程地质学的发展概况

人类的工程活动已有悠久的历史。早在 15000 年以前的石器时代，人类已开始在地下开矿。2000 年前，埃及人已能应用砖砌沉井穿过砂层。埃及的金字塔、中国的长城、南北运河、新疆坎儿井等都是著名的人类早期的工程活动。

美国于 1831—1833 年开始修建第一条铁路，法国于 1857—1870 年打通穿越阿尔卑斯山萨尼峰的 11km 长隧道。英吉利海峡隧道和日本青函隧道的建成使人类隧道开凿达到了一个新水平。随着人类工程活动的进行，促使人们不断去思考地质问题的实质，使工程地质学这门学科得到逐步充实和发展。

1912 年瑞士地质学家 A. Heim 提出了地压理论；1933 年在瑞士工作的法国人 M. Lugeon 写了《大坝与地质》一书，并最早提出测定岩层渗透性的钻孔压水试验；1939 年 R. F. Legget 写出《地质学与工程》一书；奥地利人 J. Stini 和 L. Muller 最早认识到岩体结构面的影响，并于 1951 年创办《地质与土木工程》杂志；在奥地利 Saltzberg 每年 10 月举办大型欧洲工程地质学术会议；法国人 J. A. Talbore 于 1957 年写出《岩石力学》专著，阐述了地质学与工程的关系；C. Jaeger 于 1972 年写《岩石力学与工程》专著；1983 年 R. F. Legget 又出巨著《土木工程的地质学手册》。

我国学者陶振宇于 1976 年写出《水工建设中的岩石力学问题》，同年谷德振出版《岩体工程地质力学基础》一书；陈宗基对岩土流变学进行了深入研究，并创办武汉岩土力学研究所；石根华写的《Theory of Block》（块体理论）推动了岩体稳定的力学分析。

我国的工程地质学建国后发展迅速。1950 年国务院成立了地质工作计划委员会，下设工程地质局，重点负责水利工程和新建铁路工程地质的规划工作。1952 年成立地质部，下设水文地质、工程地质局，领导全国的水文地质、工程地质工作。

随着经济建设的不断发展，于 1952 年首先在北京地质学院和长春地质学院开设了水文地质及工程地质专业，随后又相继在各有关高校设立了工程地质专业。水文地质及工程地质的科学研究机构也在各个部门相应建立，并不断得到发展。

近年来，工程地质学得到很大的发展，突出表现在环境工程地质学科系统的逐渐形成。环境工程地质问题的研究，在国际上得到普遍的重视和快速发展，它研究目的是保护环境，指导环境的合理开发，重点是研究人类工程建设对自然地质环境的影响及其变化的预测，论证环境保护、治理和评价开发方案的可行性，是工程地质学发展的新方向。海洋工程地质学也是近年来随着石油及海底矿产开采以及港口工程建设而发展起来的。建筑材料工程地质、地下工程和地震工程地质等新的分支学科，也得到了迅速的发展。水利水电工程地质、铁路工程地质和矿山工程地质等传统学科，更趋于完善和成熟。在工程地质应用理论方面，如岩土体工程地质特性、工程地质学、动力工程地质学、建筑材料等，研究水平有很大的提高。

经历了大规模的工农业建设及和各种地质灾害，我国的工程地质学逐渐形成了具有自己特色的学科。为国民经济发展规划和工农业建设重点地区进行的区域工程地质和区域稳定性的研究，多年来进行了大量的、比较系统的工作，提出了我国区域工程地质学独特的学科体系。在工程地质学的理论方面，研究者们进行了大量卓有成效的探索性研究工作。例如：针对岩体工程地质评价的岩体工程地质力学理论；在区域稳定性研究方面，以活动构造体系为基础的研究观点和方法，以及以深断裂和板块理论为基础的研究观点和方法；在软岩和土体工程地质研究中的微观结构和物理化学观点等各方面，提出了具有我国特色的理论和观点。

人类工程活动的范围和规模在日益扩大，对工程地质学提出了许多难度很大的新课题，如大型高坝地基和高边坡的岩体稳定问题，高地应力场地区大跨度地下硐室和探矿井的围岩稳定问题，高层建筑的软岩（土）地基处理和抗震问题，核电站、核防护所、地下油库、海底隧道、国防工程等特殊设施的地质问题。这些都促使工程地质学要不断地吸收有关学科的新理论和新方法，与工程力学、岩土力学等相关学科密切结合。工程地质必须由"定性分析"向"定量计算"研究方向发展，把地质定性分析和数学力学定量计算有机地结合起来。同时要加强多学科、多专业、多手段的综合研究。

0.4　工程地质学的研究方法

工程地质学的主要研究方法包括地质学方法、实验和测试方法、计算方法和模拟方法。

（1）**地质学方法**　地质学方法即自然历史分析法，是运用地质学理论，查明工程地质条件和地质现象的空间分布，分析研究其产生过程和发展趋势，进行定性的判断。地质学方法所得结果虽然是定性的，但因为它往往具有区域性或趋势性规律，所以对工程活动的规划选点、可行性研究或者工程活动的战略布局，具有重要的指导意义。它是工程地质研究的基本方法，也是其他研究方法的基础。

（2）**实验和测试方法**　实验和测试方法，包括测定岩、土体特性参数的实验，对地应力的方向和量级的测试，以及对地质作用随时间延续而发展的监测，其结果可为工程设计或防护措施的制订提供必要的参数和定量数据。由于对地质过程的研究已经不再局限于传统的定性分析和评价，因此，实验和测试对工程地质问题的解决越来越重要，其成果的准确性对评价结果具有至关重要的影响，不管计算模型和方法多么正确，只要参数不正确，得到的结果就不可能反映实际情况。

（3）**计算方法**　计算方法包括应用统计数学方法对测试数据进行统计分析，利用理论或经验公式对已测得的有关数据进行计算，以定量地评价工程地质问题。

（4）**模拟方法**　模拟方法可以分为物理模拟（也称工程地质力学模拟）和数值模拟。通过地质研究，深入认识地质原型，查明各种边界条件，并通过实验研究获得有关参数，结合工程的实际情况，正确地抽象出工程地质模型，利用相似材料或各种数学方法，再现和预测地质作用的发生和发展过程。基于正确的岩土力学模型和参量的物理和数值模拟分析，可以在短时间内重现和预测地质问题发生和发展的全过程，经与地质原型和现象观测的对比，如能达到拟合，即可验证概念模型，使之上升为对系统全面的理性认识，成为理论模式。物理模拟多用来获取特征点的物理量，数值模拟则可获得全场的物理量，并可方便地用来模拟不同情况下，工程场地变形和破坏发生的过程及演化规律，两者配合使用可以得到更好的效果。

计算机技术在工程地质学领域中的应用，不仅使过去难以完成的复杂计算成为可能，而且能够对数据资料自动存储、检索和处理，甚至能够将专家们的智慧存储在计算机中以备咨询和处理疑难问题。

0.5　工程地质在土木工程建设中的作用

各种土木工程，如铁路、公路、桥梁、隧道、房屋、机场、港口、管道及水利等工程，都修建在地表或地下，建设场地工程地质条件的优劣直接影响到工程的设计方案类型、施工工期的长短和工程总投资的大小。国家规定任何工程建设必须在进行相应的地质工作、掌握必要的地质资料的基础上，才能进行工程设计和施工工作。

大量工程实践经验证明，重视工程地质工作可以使设计、施工顺利进行，工程建筑的安全运营就有保证。相反，忽视工程地质工作，则会给工程带来不同程度的影响，轻则修改设计方案、增加投资、延误工期，重则使建筑物完全不能使用，甚至突然破坏，酿成灾害。例如：南京某 6 层住宅楼，施工前未做地质勘察，而是借用住宅北侧相隔仅 20 余米远已经建成的住宅楼的地质资料，结果在建成钢筋混凝土筏板基础后，发生整块板基断裂。事故发生后，停工补做勘察，发现板基断裂一侧地基中存在软弱淤泥层。经考古查明曾有一条铁路从此通过，路基坚实，但路基两侧排水沟因常年积水，沟底形成淤泥。板基横跨路基与排水沟，因土质软硬悬殊而断裂。

工程技术人员只有具有扎实的工程地质知识，才能充分应用地质资料，正确分析主要工程地质问题，制定合理的规划和最优的设计方案，保证工程经济合理、施工顺利和运营安全。

0.6 本课程的主要内容及要求

根据本学科的研究对象与教学要求，本课程的主要内容可以分为以下几个方面。

(1) **地质年代与地质作用** 地壳上不同时期的岩石和地层，在形成过程中的时间（年龄）和顺序称为地质年代。正确地了解地质年代及其作用，才构成对地质事件及地球、地壳演变时代的完整认识。

(2) **地质构造及其工程影响** 地球上物质的运动导致地貌的变化叫做地质构造。学习地质构造及其工程影响包括地质构造的基本形态、主要特征及其在地质图上的表示和分析方法，与建筑物密切有关的断层、节理、破碎带及软弱夹层的力学特性和分布规律，地震活动性与区域稳定性等问题。以上都是直接影响建筑物地基岩体稳定的主要地质条件，甚至成为工程选址的决定因素。

(3) **地表水及地下水的地质作用** 学习地表水及地下水的地质作用主要包括水流的地质作用、河谷地貌、沉积层的主要类型及工程地质特性；地下水的埋藏条件、成因类型和运动规律；岩溶、滑坡、崩塌、岩石风化等不良地质现象及作用过程。水流的地质作用和不良地质现象，往往直接危及建筑物的安全，常使工程建筑遭受破坏或影响工程效益。

(4) **岩石及岩体的工程地质特性** 学习岩石及岩体的工程地质特性主要包括岩体的结构特征，阐明岩体结构面和结构体的基本性质；分析岩石及岩体的力学特性及天然应力状态；岩体的软弱结构面和软弱夹层的成因、类型与力学强度特性；评述岩体的工程地质分类等。这部分是研究岩体稳定的理论基础，是分析建筑物地基、边坡、硐室围岩稳定的重要内容。

(5) **各种工程地质问题** 岩体（地基岩体、斜坡岩体、周围岩体）稳定、渗透稳定、渗漏、岩溶、泥石流及地应力等问题是工程建设中主要的工程地质问题。岩石性质、地质构造、地下水、地表水及岩体结构等，既是工程地质稳定的基础知识，又是决定工程地质问题的主要地质因素。分析研究各种地质条件，对岩体稳定和渗漏等工程地质问题做出合理评价。

学生学习本课程后，应达到如下基本要求。

① 掌握与土建工程有关的常见岩土体、地质构造、物理地质现象等基本地质知识。

② 熟悉地基承载力等岩土工程设计参数。

③ 初步学会对土建工程的工程地质条件及工程地质问题的评价和分析方法。

④ 了解工程地质、岩土工程的勘察原则和方法，熟悉各勘察方法的应用条件，主要学会阅读和分析勘察成果的方法。

第 1 章
地 球

地球是太阳系八大行星之一，按离太阳由近及远的次序排为第三颗，也是太阳系中直径、质量和密度最大的类地行星❶。地球已有44亿～46亿岁，有一颗天然卫星月球围绕着地球以30天的周期旋转，而地球以近24小时的周期自转并且以一年的周期绕太阳公转，地球自转与公转运动的结合使其产生了地球上的昼夜交替和四季变化。

地球是目前人类所知宇宙中唯一存在生命的天体。它快速的自转与富含镍铁熔岩的地核共同形成了一个巨大的磁气圈。在太阳风的吹拂下，磁气圈的形状被扭曲成水滴状。它与大气一同担当了阻止来自太阳和其他天体有害射线的任务。

1.1 地球的外圈层构造

地球是由不同物质、不同状态的圈层组成的球体。每个圈层都有自己特殊的物理、化学性质和物质运动特征，它们对地质作用的发生、发展各有不同程度的、直接的或间接的影响。地球以地表为界分为外部圈层和内部圈层。

地表以上空间中的圈层称外圈层，包括大气圈、水圈和生物圈。这三个圈层包围在地球的外部，构成连续、完整的外部圈层构造。

1.1.1 大气圈

大气圈是由包围着地球的大气组成的圈层，是地球的最外圈，厚度超过几万公里，由于地心引力作用，大气圈由下至上气体逐渐稀薄。大气圈的成分主要有氮气（78%）、氧气（21%）、氩气（0.9%）、CO_2、水蒸气以及其他气体。大气圈由下至上在物理及化学性质上均出现明显的变化，从而显示出大气圈内部的次级分层。根据温度变化和密度状况可把大气圈自下而上分为对流层、平流层、中间层、热成层和外逸层（图1-1）。

对流层是大气层底部大气发生对流的层位，其厚度在低纬度地区平均为17～18km，中纬度地区平均为10～12km，高纬度地区平均为8～9km。整个大气圈约3/4的质量和全部的水汽都集中在对流层。对流层的化学成分主要为N_2、O_2和CO_2。气温从地面开始，随着高度增加而降低，平均每上升100m，气温约下降0.65℃。由于上部冷空气密度大，下部热空气密度小，空气产生强烈的对流运动和水平运动。地球上风、云、雨、雪等天气现象都是因为对流层的缘故，因此对流层是天气变化最复杂的层次。对流层上冷下暖的温度结构主要是由于对流层热源是地面热辐射（吸收太阳能后再辐射）造成，对流的发生，使大气成分不断进行上下部分的混合，因此才比较均一。

平流层是对流层之上大气仅出现水平流动的层位。顶界伸展到50～55km的高度。平流层的温度由下至上随高度的增加而升高，而且由于顶部存在大量臭氧，可直接吸收太阳紫外

---

❶ 类地行星是以硅酸盐石作为主要成分的行星。

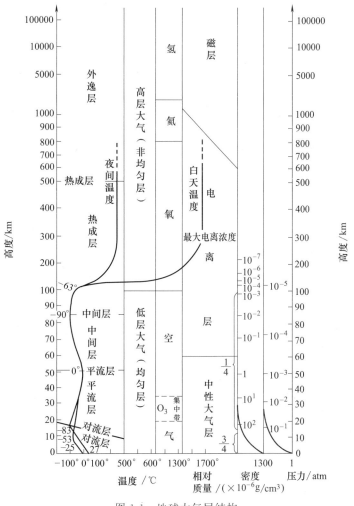

图 1-1　地球大气层结构

辐射，所以平流层顶部的温度高达 270～290K，和地面温度接近。上暖下冷的温度结构抑制了对流的发生，空气稀薄，水汽、尘粒含量少，因而没有了多变的天气现象，气候稳定。

中间层是位于平流层之上，80～85km 的高度处以下的层位。那里空气稀薄，臭氧含量微少，吸收太阳辐射较少，温度随着高度的增加而下降，到达顶部时，温度已低至 160～190K。虽也存在对流，但并不能形成对流层那样的天气现象。

热成层是 85～500km 的层位。热成层温度向上递增很快，特别是在 100km 之上，白天温度可在 1000℃ 以上。热成层的成分主要是原子态的氧和电离化的氧，它们均能强烈地吸收太阳的紫外辐射，故升温较快。

热成层位于中间层之上至约 500km 处的层位。热成层气温随向上递增，可达 330～340K，此层的主要成分是原子态的氧和电离化的氧，他们能快速吸收太阳的辐射，因此升温快速，故称热成层。此层的空气密度很小，空气稀薄，中性原子在太阳紫外线和宇宙射线的作用下，分解成为离子和电子，形成了电离层。电离层的存在是无线电波能绕地球曲面进行传播的重要条件。

外逸层是 500km 以上的大气层位。这里受地球引力较小，大气更加稀薄，主要成分是电离化的氧、氮、氢，它们能强烈吸收太阳紫外辐射，所以此层温度极高。

1.1.2 水圈

水圈是由地球表层水体构成的一个圈层。水圈的水体主要存在于海洋中，其次是江河、湖泊、冰川以及地下岩土和大气中，约98%的质量呈液态，2%的质量呈固态。水圈中的水体不断进行着大小循环和运动，是外力地质作用的主要动力，不断改变着地球的面貌。

水具有很强的溶解能力，可溶解大多数物质。盐度是水中溶解物质质量的多少。水圈中的水体按盐度可以分为三类（表1-1），江河、湖泊、地下水一般为淡水，海洋中的水体为咸水。

表1-1　水圈中水体分类

类别	淡水	半咸水	咸水
盐度	<0.03%	0.03%～2.4695%	>2.4695%

海洋水体通过蒸发变为气态，上升到大气中，又在大气重新凝结成水珠降落至陆地，最终在重力作用下流回海洋，这是水圈中最大的循环，此外还在陆地范围内或海洋范围内进行着小循环（图1-2）。

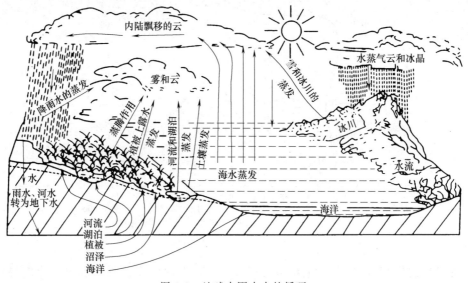

图1-2　地球水圈中水的循环

1.1.3 生物圈

生物圈是地表生物及其生命活动地区构成的连续圈层，是地表有机体包括微生物及其自下而上环境的总称。至今，地球上发现的生物有200多万种，它们的存在及活动同地壳的发展和变化相互影响。生物圈是地球上最大的生态系统，生物活动主要集中在地表，也有少量分布在高空和深海，他们相互依存、相互配合，共同促进了生态系统健康发展，也保持了生物圈的平衡。

生物圈的组成成分包括了从低级到高级，从植物到动物的全部生物。主要包括原核生物界（没有细胞核的单细胞生物）、原生生物界（有细胞核的单细胞生物）、真菌界（低等的真核生物）、植物界（能进行光合作用、营自养生活的生物）和动物界五大类。

1.2　地球的内圈层构造

1.2.1　地球内部圈层划分

根据地震波速的变化特征，可将地球内部分为若干个圈层（图1-3）。

1.2.1.1 地壳

地表以下、莫霍面以上的地球固体部分称为地壳。地壳在大陆地区平均厚度为 35km，在大洋地区平均厚度为 6km。地壳是固体地球的最外圈层，厚度约为地球半径的 1/400，体积占地球总体积的 1.55%，质量约 24×10^{18} t，占地球总质量的 0.8%。依据康拉德面（一般在大陆地壳才存在，大洋地区没有）又把地壳自上而下细分为上部地壳和下部地壳。上部地壳厚度在大陆为 10km，山地为 30～50km，在大西洋和印度洋只有薄薄的一层，在太平洋缺失。下部地壳厚度为 10～20km 左右，个别地方在 20～24km。

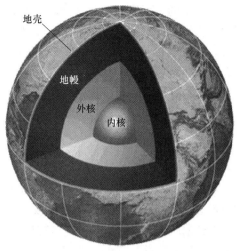

图 1-3　地球内部圈层划分

1.2.1.2 地幔

莫霍面以下、古登堡面以上部分称为地幔，地幔厚度约为 2865km，占地球体积的 82.3%，质量约为 4030×10^{18} t，占地球总质量的 2/3，主要由固体物质组成。1956 年，澳大利亚地震学家布伦对地幔做了进一步分层的工作，认为地幔由上地幔、过渡层和下地幔组成。过渡层是地震波速度变化不均匀的层位，位于 400～1000km 处，而上、下地幔是地震波速率匀速增加的层位。下地幔是上地幔底部和古登堡面之间的部分，深度在 984～2898km。

1.2.1.3 地核

地核是古登堡面以下至地心的部分，深度为 2900～6387km，厚 3473km。1936 年，丹麦地震学家莱曼女士对地核内部进行了分层，将地核分为外核、过渡层和内核三层。外壳是 2898～4640km 的部分，过渡层是 4640～5155km 的部分，内核是 5155km 至地心的部分。地核的体积占地球体积的 16.2%，质量为 1900×10^{18} t，占地球总质量的 32%。

地壳、地幔和地核是地球内部的一级圈层。所以，地球内部从上至下总体依次分为地壳（A 层）、上地幔（B 层）、过渡层（C 层）、下地幔（D 层）、外核（E 层）、过渡层（F 层）、内核（G 层）七层。

1.2.2 地球内部圈层的物质组成和物态

在地球漫长的演化过程中，受重力影响，各圈层的物质组成差异很大。地球内部物质难以直接获得，所以一般是通过研究和地球化学成分相似的陨石来了解其组成构造。地幔组成成分与球粒陨石相近，而地核的组成成分则与铁质陨石相近。元素是组成物质的基本单位，表 1-2 为组成地球的 8 种主要元素含量。

表 1-2　组成地球的 8 种主要化学元素及其百分比含量

元素	氧 O	铁 Fe	镁 Mg	硅 Si	硫 S	镍 Ni	钙 Ca	铝 Al
百分比/%	30.25	29.76	15.69	14.72	4.17	1.65	1.64	1.32

1.2.2.1 地壳

元素在地壳中的含量称为元素的丰度，元素在地壳中的平均含量称为克拉克值。地壳中的元素种类和含量与地球中有较大差异，表 1-3 为组成地壳的 8 种主要元素含量。

表 1-3　组成地壳的 8 种主要化学元素及其百分比含量

元素	氧 O	硅 Si	铝 Al	铁 Fe	钙 Ca	镁 Mg	钠 Na	钾 K
百分比/%	46.50	25.70	7.65	6.24	5.79	3.23	1.81	1.34

地壳中的元素大多以化合物形态存在，只有极个别以单质存在，如金刚石等。这些化合物和单质形成的岩石构成了地壳的主体。上部地壳是花岗岩层，平均密度为 $2.7g/cm^3$，下部地壳为玄武岩层，平均密度为 $3.1g/cm^3$。

1.2.2.2 地幔

由于目前的技术条件限制，人类并不能直接到地下深处采集地幔的样品，对于地幔的物质成分的认识主要是通过以下途径获得。

大陆地壳中来自地幔的岩浆作用所保留的超镁铁质岩石（主要是橄榄岩）；玄武岩中所含的地幔包体；大陆或大洋来自深部岩浆作用所形成的碱性岩类；大陆稳定区含金刚石的金伯利岩的岩石成分；球粒陨石的成分。

对这些与地幔物质成分相近的岩石进行研究，并通过高温高压实验和地震波波速传递实验进行对比研究，所得到的结果应该是很接近地幔实际的物质成分。

大多数研究者认为，上地幔的物质成分主要是超镁铁质岩石，平均密度为 $3.5g/cm^3$，主要成分为超基性岩，由 55% 的橄榄石、35% 的辉石和 10% 的石榴子石组成，和陨石成分相似。

下地幔的物质成分被认为与上地幔基本相似，平均密度为 $5.1g/cm^3$，所不同的是物质发生了化学键的转变。由离子键转变成共价键时，物质的密度可以提高 18%。在 2900km 深处的地幔底部密度达到 $5.6\sim5.7g/cm^3$。

1.2.2.3 地核

地核的密度可达 $9.98\sim12.51g/cm^3$，与陨石相似。根据横波不能通过外核的事实，可推测外核为液体状态。过渡层纵波波速变化复杂，可重新测得横波波速数据，表明它由液态向固态过渡。内核已能测得横波、纵波波速数据，其中的横波由纵波转换而来，反映内核为固态物质。

人类可以获得的关于地核的直接资料只有地震波速传递资料，对地核的物质成分了解甚少。对地核成分的认识主要是和铁质陨石的对比，从地球存在强磁场的特征看，地核的物质应该是具有高磁性的铁镍物质，这与铁质陨石的成分相当。

外核的密度由地幔的底部的 $5.6\sim5.7g/cm^3$，急剧跳跃到 $9.7g/cm^3$，然后逐渐增加到 $11.5g/cm^3$，推测地球外核由氧化铁组成，在巨大的压力下它不仅是熔体，而且相变为密度更大的金属相。

内核物质的密度最大，大约是 $12.5\sim13g/cm^3$，主要由铁和镍组成，也可能有其他元素存在，其原因是纯铁镍合金的地震波速应比观测值低。

1.3 地球的表面形态

地貌学是研究固体地球表面的形态特征、成因、演化和分布规律的一门学科。固体地球表面的形貌千姿百态，成因也各不相同。有海拔 8844.43m 的珠穆朗玛峰，也有位于海平面以下 −11034m 深的马里亚纳海沟；在陆地上，有高低起伏的崇山峻岭，也有一望无际的大平原；在海底，有绵延 70000 多千米的巨大山脉（大洋中脊），也有呈孤立状的海山；在我国，有沟壑纵横的黄土高原，也有一马平川的华北平原。所以固体地球的表面是一幅由各种地貌镶嵌而成的美丽"画卷"，同时也记录了固体地球表面的演变过程。地貌学不仅要研究这些地貌的形态特征和变化，而且还要研究各种地貌的分布规律和演变过程，研究地貌的形成和演变与各种动力的关系，以及地貌的未来发展。

地貌是地球表面各种形态的总称，也称为地形。地貌形态的构成有地形面、地形线和地形点 3 个基本要素（图 1-4）。地形面是指构成地貌的地表面，如山坡面、平原面、阶地面等；地形线是指两个地形面相交的线，如山脊线、山谷线、河床等；地形点是指两条或两条以上的地形线相交的点，如山峰、山鞍、洪积扇顶、裂点等。地表形态多种多样，是内、外力地质作用对地壳综合作用的结果。内力地质作用造成了地表的起伏，控制了海陆分布的轮廓及山地、高原、盆地和平原的地域配置，决定了地貌的构造格架。而外力（流水、风力、太阳辐射能、大气和生物的生长和活动）地质作用，通过多种方式，对地壳表层物质不断进行风化、剥蚀、搬运和堆积，

图 1-4　地貌形态要素
①—地形面；②—地形线；③—地形点

在经历了 46 亿年漫长的地质发展，才形成地球现今的面貌。地球上各类矿产资源的形成和贮藏与地貌有着密切关系，不同的地形地貌决定了农业生产的类型，各类工程建筑在修建之前都要对其所建部位的地层力学性质进行考察和研究。

1.3.1　陆地

根据海拔高程和地形起伏特征，陆地地形主要可划分为山地、丘陵、盆地、高原、平原、洼地等多种地形单元。

(1) 山地　山地是指海拔高度大于 500m 以上的隆起高地，并且有明显山峰、山坡和山麓的地形单元。呈长条状延伸的山地称山脉，弧形或线形展布山脉组合成山系，如阿尔卑斯-喜马拉雅山系、环太平洋山系等。

(2) 丘陵　丘陵是指海拔高度小于 500m 或相对高差在 200m 以下的高地，顶部浑圆、坡度平缓、坡脚不明显的低矮山丘群。

(3) 盆地　盆地是指陆地上中间低四周高的盆状地形。世界上最大的盆地是刚果盆地，面积达 $337 \times 10^4 km^2$，我国最大的盆地为塔里木盆地，面积达 $50 \times 10^4 km^2$。这些盆地都是石油和天然气的富集区域。

(4) 高原　高原是指海拔高度大于 500m、面积较宽广、地面起伏较小的地区。世界上最大的高原是非洲高原，最高的高原是我国的青藏高原，海拔在 4000m 以上。

(5) 平原　平原是指海拔高度小于 200m、面积宽广、地势平坦或略有起伏的平地，如我国的松辽平原、华北平原和长江中下游平原等。

(6) 洼地　洼地是指平原或盆地中地势低洼，甚至低于海平面的地方，如吐鲁番盆地的鲁克沁洼地，其中艾丁湖面在海平面以下 154m。

1.3.2　海底

海洋是由海和大洋组成的。大洋是远离大陆、面积宽广、深度较大的水域，是海洋的主体，如大西洋、印度洋、太平洋和北冰洋。四大洋的水体是相互连通的。大洋的边缘与陆地比邻的水域称为海。如我国的渤海、黄海、东海、南海等，都是太平洋西部的一些海湾。海与洋统称为海洋。陆地上的河水、湖水、地下水，总是向着低处流动，许多水流都在海洋中汇合。海底地形和大陆地形一样，也是起伏不平、复杂多样。根据海底地形的基本特征，可将其分为大陆边缘、深海盆地及大洋中脊三部分。

(1) 大陆边缘　大陆边缘是指大陆至大洋深水盆地之间的地带，是陆地与海洋之间的过渡地带。它包括大陆架、大陆坡和大陆基，占海洋面积的 22.4%。

① 大陆架。大陆架是指海与陆接壤的浅海平台，又称浅海陆棚，是大陆周围坡度平缓的浅水区。大陆架范围从低潮线开始，到海底坡度显著增大的转折处，地势平坦，坡度一般小于 0.3°。大陆架水深各地不一，一般不超过 200m，平均水深约 133m。大陆架的宽度差

别很大，平均为 75km。大陆架的地壳结构与大陆相同，可以认为是被海水淹没的大陆部分。

② 大陆坡。大陆坡是位于大陆架外缘海底地形明显变陡的地带，坡度较大，平均坡度为 3°，最大坡度可达 20°以上，致使水深各地不同，从 200m 至 3000m 以上不等，一般不超过 2000m。大陆坡的宽度为 20～100km。

③ 大陆基。大陆基又称大陆隆、大陆裙，是大陆坡与大洋盆地之间的缓倾斜坡地带，由沉积物堆积而成。坡度为 5°～30°，水深为 2000～5000m。在大西洋及印度洋，大陆基宽度可达 500km。大陆基在太平洋地区并不发育，但海沟发育。海沟是洋底狭长而深渊的洼地，宽度不到 100km，延伸可达几百到几千千米，水深大于 5500m，最大可达 8000～10000m，是地球表面地势最低的地区。

（2）深海盆地 深海盆地是指大陆边缘之外，大洋中脊两侧的较平坦地带，一般水深 4000～6000m，是海洋的主体部分，占海洋面积的 44.9%。大洋盆地地势十分平坦，以深海平原为主，在大洋中脊附近发育深海丘陵。

（3）大洋中脊 大洋中脊是大型海底地形单元之一，是洋底发育的连绵不断的海底山脉，泛称海岭。在大西洋和印度洋中，位居大洋中部，在太平洋中则偏东。全球大洋中脊相互连接，全长超过 70000km，占海洋面积的 32.7%。

习　题

1. 地球内部有哪些圈层？内部圈层主要是依据什么来划分的？
2. 简述地球的外圈层构造。
3. 地球表面的主要形态有哪些？

第2章
地质年代与地质作用

2.1 地质年代

地壳上不同时期的岩石和地层，在形成过程中的时间（年龄）和顺序称为地质年代。地质年代包含两方面含义：一是指各地质事件发生的先后顺序，称为相对地质年代；二是指各地质事件发生的距今年龄，称为绝对地质年代。这两方面结合，才构成对地质事件及地球、地壳演变时代的完整认识。

2.1.1 地质年代的划分

地质学家和古生物学家根据地层自然形成的先后顺序，将地层分为 5 代 12 纪。其中 5 代是指太古代、元古代、古生代、中生代、新生代；古生代分为寒武纪、奥陶纪、志留纪、泥盆纪、石炭纪和二叠纪 6 个纪；中生代分为三叠纪、侏罗纪和白垩纪 3 个纪；新生代只有古近纪、新近纪、第四纪 3 个纪。

2.1.1.1 前寒武纪时期

前寒武纪开始于大约 45 亿年前的地球形成时期，结束于约 54200 万年前，是显生宙之前数个宙所使用的非正式名称，原本正式的名称是隐生宙，后来被拆分成冥古宙、太古宙与元古宙三个时代。尽管前寒武纪占了地史中大约 7/8 的时间，但由于少有化石记录，且多数严重变质，使得人们对这段时期的了解并不多。

最早的动物化石出现在前寒武纪晚期的震旦纪。软躯体后生动物在震旦纪冰期之后得到突发性的迅猛发展，在距今 7 亿～6 亿年间成为海洋生物的统治者。这一生物发展阶段可分为前埃迪卡拉和埃边卡拉两个亚阶段。前埃迪卡拉亚阶段以中国的淮南生物群为代表，埃迪卡拉亚阶段以澳大利亚的埃迪卡拉动物群为代表。

2.1.1.2 古生代时期

古生代时期是地质年代的第 3 个代（第 1、2 个代分别是太古代和元古代）。约开始于 5.7 亿年前，结束于 2.45 亿年前。古生代共有 6 个纪，其中寒武纪、奥陶纪和志留纪又称早古生代，泥盆纪（4.05 亿年前）、石炭纪（3.55 亿年前）和二叠纪（2.95 亿年前）又称晚古生代。

(1) 寒武纪 寒武纪是地质历史划分中属显生宙古生代的第一个纪，距今约 5.4 亿至 5.1 亿年，是现代生物的开始阶段，是地球上现代生命开始出现、发展的时期。由于寒武纪岩石中保存有比其他类群丰富的矿化的三叶虫硬壳，因此也被称为"三叶虫"的时代。现在地球上生活的多种多样的动物门类在寒武纪开始不久就几乎同时出现。寒武纪时期形成了包括磷、石膏、盐在内的诸多矿产。

(2) 奥陶纪 奥陶纪是古生代的第二个纪，开始于距今 5 亿年前，延续了 6500 万年。它是古生代海侵最广泛的时期，为无脊椎生物的进一步发展创造了有利条件。这一时期的主要生物有三叶虫、笔石、海绵、鹦鹉螺、牙形刺动物、腕足类、腹足类及原始鱼类（图 2-1、图2-2）。

图 2-1 奥陶纪三叶虫

图 2-2 奥陶纪鱼类化石

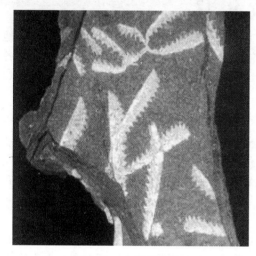

图 2-3 志留纪笔石

（3）**志留纪**　在志留纪发生了强烈的造山运动，地貌产生巨大变化，海洋面积急剧缩小，陆地面积扩大，低等植物首次登上大陆。主要的生物有珊瑚、笔石、层孔虫等。珊瑚数量丰富，在海洋中形成了珊瑚礁，层孔虫中分泌的钙质也具有造礁功能，笔石是一种具有中枢神经的脊索动物，对生物进化史具有重要意义（图 2-3）。

（4）**泥盆纪**　古生代的第四个纪，约开始于 4.1 亿年前，结束于 3.55 亿年前。这个时期的初期各处海水退去，积聚厚层沉积物。后期海水又淹没陆地并形成含大量有机物质的沉积物，因此岩石多为砂岩、页岩等。由于臭氧层的出现，使得生物暴露在大气中而免遭紫外线的伤害，生物开始由海洋向陆地进军。鱼类首先从无脊椎动物中分化出来，形成新的族类。生物群中腕足类和珊瑚发育，除原始菊虫外，昆虫和原始两栖类也有发现，蕨类和原始裸子植物出现。泥盆纪晚期，石松类和真蕨类形成了大片森林。

（5）**石炭纪**　古生代的第五个纪，约开始于 3.55 亿年前，结束于 2.9 亿年前。在这个时期里，气候温暖而湿润，陆生植被从滨海内部蔓延，植物中出现了羊齿植物和松柏，形成了森林和沼泽。森林中既有高大乔木，也有茂密灌木。高大茂密的植物被埋藏在地下经炭化和变质而形成煤层（图 2-4），故得此名。这时期的煤炭含量占世界总储量的 50％ 以上。岩石多为石灰岩、页岩、砂岩等。动物中出现了两栖类，腕足类生物化石居多（图 2-5）。

图 2-4 煤炭中的鳞木化石

图 2-5 巨脉蜻蜓

(6) 二叠纪 古生代的第六个纪，即最后一个纪。约开始于2.9亿年前，结束于2.5亿年前。在这个时期里，地壳发生强烈的构造运动。由于在德国本纪地层二分性明显，故得此名。动物中的菊石类、原始爬虫动物，植物中的松柏、苏铁等在这个时期发展起来。

古生代总共经历了3亿多年，这是地球上生物大规模发育的时期。动物群以海生无脊椎动物中的三叶虫、软体动物和棘皮动物最繁盛。在奥陶纪、志留纪、泥盆纪、石炭纪，相继出现低等鱼类、古两栖类和古爬行类动物。鱼类在泥盆纪达于全盛。石炭纪和二叠纪昆虫和两栖类繁盛。古植物以海生藻类为主。

2.1.1.3 中生代时期

中生代时期，显生宙第二个代，晚于古生代，早于新生代，时间距今约2.5亿～6500万年。包括三叠纪、侏罗纪和白垩纪三个时期。这一时代，爬行动物，如恐龙类、色龙类、翼龙类等空前繁盛，所以又称恐龙时代。鸟类和哺乳类动物也开始出现。双壳类、腹足类、叶肢介、介形虫等淡水无脊椎动物随陆地的扩大不断扩大。以菊石类为主的海洋无脊椎动物大量繁殖，植物以真蕨类和裸子植物最繁盛。但是在中生代末发生的生物绝灭事件，大型恐龙类灭绝，菊石类全部灭绝。

中生代中、晚期，各板块漂移加速，在具有缓冲带的洋、陆壳的接触带上缓冲、挤压，导致著名的燕山运动（或称太平洋运动），形成规模宏大的环太平洋岩浆岩带、地体增生带和多种内生金属、非金属矿带。中生代时期，大气层中的氧气含量约12%到15%。气候总体处于温暖状态，通常只有热带、亚热带和温带的差异。

2.1.1.4 新生代时期

新生代距今已有6500多万年，是继古生代、中生代之后最新的一个代。包括古近纪、新近纪和第四纪。古近纪又分为古新世、始新世、渐新世；新近纪又分为中新世、上新世；第四纪又分为更新世、全新世。

在新生代开始时，地球上的海、陆分布比现代大，古欧亚大陆比现代小；古中国和古印度为古地中海所隔，古土耳其和古波斯为古地中海中的岛屿，这些陆块尚未与古欧亚大陆连接；红海尚未形成，古阿拉伯半岛是古非洲的一角；古南美洲和古北美洲相距遥远，而古北美洲与古欧亚大陆接近，有时相连。

新生代开始后，地表各个陆块此升彼降，不断分裂，缓慢漂移，相撞接合，逐渐形成今天的海陆分布。

这一时期生物发展逐渐接近现代生物特征，开始出现大量哺乳动物，鸟类和昆虫迅速发展，植物种属也到了鼎盛时期，被子植物占据绝对优势，蕨类植物相对衰落。主要矿产有第三纪红色盆地的膏盐、油气和煤，如湖南盐井的盐和石膏、乌克兰钾盐及海岛上的鸟粪磷矿床。在第四纪晚期，人类开始登上地球历史的大舞台。

2.1.2 确定地质年代的方法

地球的演变和发展需要时间，各种地质活动的进行也需要时间。地质学上计算时间的方法有两种，一种是相对地质年代法，一种是绝对地质年代法。绝对地质年代是指组成地壳的岩层从形成到现在有多少年。它能说明岩层形成的确切时间，但不能反映岩层形成的地质过程。相对地质年代能说明岩层形成的先后顺序及其相对的新老关系，如哪些岩层是先形成的，是老的；哪些岩层是后形成的，是新的。相对地质年代虽不能说明岩层形成的确切时间，但能反映岩层形成的自然阶段，从而说明地壳发展的历史过程。所以工程地质工作中，通常使用的是相对地质年代。

2.1.2.1 相对地质年代及其确定方法

地质作用是永恒的，它们对各个地质历史阶段产生的影响和作用必然会在岩石中留痕迹。通过对各地质时期形成的岩石的特征和空间关系及化石中生物的研究，便可以确定出各地质事件的相对地质年代。相对地质年代主要是根据沉积岩石形成的顺序（地层学）、构造（构造地质学）等方法确定。

（1）**地层学方法**　在地质历史中的每个地质年代都有相应的沉积岩层（部分地区还有喷出岩）形成，沉积岩在沉积时，是一层一层叠加起来的，因此，下伏沉积的岩层一定早于上覆沉积的岩层，这种在一定地质年代内形成的层状岩石称为地层。这种利用地层的叠置关系来建立地层系统和确定相对地质年代的方法称为地层学方法。

（2）**古生物学方法**　地质历史上的生物称为古生物，其遗体和遗迹可保存在沉积岩层中，它们一般被钙质、硅质等所充填或交代（石化），形成化石。生物界的演化是生物不断适应生活环境的结果，在各种地质动力的作用下，地表自然环境不断变化，生物为了生存，则必须不断改变其自身各种器官的功能以适应这种变化，否则将被自然淘汰而绝灭，而总的演化趋势是从简单到复杂，从低级到高级，种属从少到多。这种不可逆转，也不可重复。所以我们通过化石，就可以对不同地区的地层进行划分、对比、建立地层顺序，并确定相对地质年代，这就是古生物学法。

（3）**地质体之间的接触关系**　如果有些地区没有化石存在，那我们该如何确定其地质年代呢？在地质历史上，地壳运动和岩浆活动的结果，往往可使不同岩层之间、岩层和侵入体之间、侵入体和侵入体之间相互接触。利用这种接触关系可以确定不同岩系形成的先后顺序。沉积岩之间的接触关系有整合接触、平行不整合接触、角度不整合接触；岩浆岩与沉积岩之间的接触关系有沉积接触和侵入接触。

① 整合接触。相邻的新、老两套地层产状一致，岩石性质与生物演化连续而渐变，沉积作用无间断。整合接触的形成背景是较长时期处于构造稳定的条件下，沉积地区缓慢下降，或虽上升但未超过沉积的基准面以上。

② 平行不整合接触。又叫假整合接触，见图 2-6。指相邻的新、老地层产状基本相同，但两套地层之间发生了较长期的沉积间断，期间缺失了部分时代的地层。两套地层之间的接触面即剥蚀面，又叫不整合面，它与相邻的上、下两套地层产状一致，并有一定程度的起伏。不整合面上可能保存有风化剥蚀的痕迹，有时还有源于下伏岩层的底砾岩。平行不整合主要由于地壳均衡上升，老岩层露出水面，遭受剥蚀，发生沉积间断，随后地壳均衡下降，在剥蚀面上重新接受沉积，形成覆新地层。

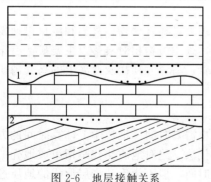

图 2-6　地层接触关系
1—平行不整合；2—角度不整合

③ 角度不整合接触。相邻的新、老地层之间缺失了部分地层，且彼此之间的产状也不相同，成角度相交，见图 2-6。不整合面上具有明显的风化剥蚀痕迹，且保存着古土风化壳、古土壤层，常具有底砾岩。角度不整合接触是由于较老的地层形成以后，因强烈的构造运动形成褶皱、断裂，并隆起、遭受剥蚀，发生沉积间断，然后地壳再下降，在剥蚀面上接受沉积，形成新地层。

④ 侵入接触。侵入接触是构造运动和岩浆作用的结果，使不同地质时代的岩层之间，岩层和岩体之间，以及侵入岩体和侵入岩体之间出现切割（穿插）关系，而这种切割关系中，总是被切割的岩层（岩体）比切割它的岩层（岩体）形成时代早。在图 2-7 中，围岩 A 早于侵入岩体 B、C、D，而侵入岩体由老到新依次为 B、C、D。

2.1.2.2　绝对地质年代及其确定方法

常用测定岩石或矿物的绝对年龄的方法有放射性同位素法、电子自旋共振法、裂变径迹法等。

（1）**放射性同位素法** 具有不同原子量（中子数不同、质子数相同）的同种元素的变种称为同位素。有的同位素其原子核不稳定，会自动放射出能量，即具放射性，称为放射性同位素。许多岩石中含有微量的放射性元素，同一种放射性元素具有固定的衰减系数（衰减系数λ代表每年每克母体同位素能产生的子体同位素的克数）。岩石形成初期，放射性元素的含量比（丰度）是固定的，自岩石形成开始，其所含的放射性同位素（称母体）开始蜕变，通

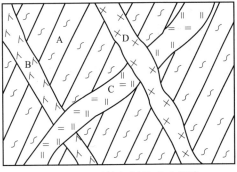

图 2-7　地质体切割关系示意图

过仪器可测定岩石中放射性元素蜕变后剩余的母体同位素含量（P）与蜕变而成的子体同位素含量（D），根据公式（2-1）就可以计算出该矿物从其形成到现在绝对年龄。

$$t = \ln(1 + D/P)/\lambda \tag{2-1}$$

式中，λ 为衰变系数，D 为子量，P 为母量，t 为年龄。

（2）**电子自旋共振法** 电子自旋共振法是德国科学家泽勒提出的一种根据样品所吸收的自然辐照量来推导样品形成年代的方法。地质样品由于受到放射性元素的辐射，样品中的辐射剂量就随时间增加而增长。通过测量样品的辐射剂量，就可推算出样品的形成年龄。

在古放射性元素的矿物中，由于放射性元素发生放射性裂变，使矿物产生损伤，这种损伤称为裂变径迹。裂变径迹的数目和长度与时间成正比，所以可以通过测定矿物中裂变径迹的数目和长度来推算样品的年龄。

（3）**裂变径迹法** 矿物中所含微量铀的自发裂变的衰变引起晶格的损伤产生径迹，测定矿物的铀含量和自发裂变径迹密度，可以确定矿物的年龄。此法用样量少，可用样品种类多，测年范围可由数年到几十亿年，特别是在 5 万～100 万年期间内，测年效果较其他方法为好。

2.1.3　地质年代单位和地质年代表

2.1.3.1　地质年代单位

地质历史时期按相对地质年代由大到小依次为宙、代、纪、世等。在这些地质时间单位内所形成的地层，相应地分别称为宇、界、系、统等地层单位。表 2-1 为二者的级别和对应关系。年代地层单位表示的是在特定地质时间间隔内形成的地层。其顶、底界面均为等时面（同一时期形成的界面）。

表 2-1　地质年代单位和地层单位对应表

级　别	地质年代单位	地层单位
大 ↓ 小	宙	宇
	代	界
	纪	系
	世	统

除此而外，常用的地层单位还有岩石地层单位。岩石地层单位是以地层的岩性特征作为主要划分地层单位的依据。岩石地层单位包括以下几个级别。

（1）组是基本的岩石地层单位，也是在地质工作中常用的地层单位，一般是指岩性较均一或两种（两种以上）岩石有规律组合而成的一个地层单位。

（2）段是组内进一步划分出来的次一级岩石地层单位，代表组内最明显的或特殊的一段地层。

（3）群是最大的岩石地层单位。它是由相邻两个或两个以上有相似岩性特征的组联合构

成。但并非所有的组都一定要联合成群。

2.1.3.2 地质年代表

经过全世界，特别是一些重要地区的地层划分、对比研究，以及对各种岩石进行同位素年龄测定等所积累的资料进行综合研究，从而把地质年代按时代进行编年成为地质年代表（表2-2）。

表2-2 地质年代简表

| 地质年代及代号 | | | | 绝对年龄/百万年 | 生物界演化 | | 构造阶段 |
宙(宇)	代(界)	纪(系)	世(统)		植物	动物	
显生宙(宇)	新生代(界)Kz	第四纪(系)Q	全新世(统)Qh		被子植物繁盛	哺乳类与鸟类繁盛	喜马拉雅期构造阶段
			更新世(统)Qp	2.6			
		新近纪(系)N	上新世(统)N₂				
			中新世(统)N₁	23			
		古近纪(系)E	渐新世(统)E₃				
			始新世(统)E₂				
			古新世(统)E₁	65			
	中生代(界)Mz	白垩纪(系)K	晚白垩世(统)K₂				燕山期构造阶段
			早白垩世(统)K₁	137			
		侏罗纪(系)J	晚侏罗世(统)J₃				
			中侏罗世(统)J₂				
			早侏罗世(统)J₁	205			
		三叠纪(系)T	晚三叠世(统)T₃				印支期构造阶段
			中三叠世(统)T₂				
			早三叠世(统)T₁				
	古生代(界)Pz	二叠纪(系)P	晚二叠世(统)P₃	250	蕨类及原始裸子植物	两栖类动物繁盛	海西期构造阶段
			中二叠世(统)P₂				
			早二叠世(统)P₁	295			
		石炭纪(系)C	晚石炭世(统)C₂				
			早石炭世(统)C₁	354			
		泥盆纪(系)D	晚泥盆世(统)D₃		裸蕨植物繁盛	鱼类繁盛	
			中泥盆世(统)D₂				
			早泥盆世(统)D₁	410			
		志留纪(系)S	晚志留世(统)S₃				加里东期构造阶段
			中志留世(统)S₂				
			早志留世(统)S₁	438			
		奥陶纪(系)O	晚奥陶世(统)O₃		藻类及菌类植物繁盛	海生无脊椎动物繁盛	
			中奥陶世(统)O₂				
			早奥陶世(统)O₁	490			
		寒武纪(系)Є	晚寒武世(统)Є₃				
			中寒武世(统)Є₂				
			早寒武世(统)Є₁				
隐生宙(宇)	元古代(界)Pt	震旦纪(系)Z		570			
	太古代(界)Ar			2500			

2.2 地 质 作 用

地质作用是永恒的和普遍的，表现在地球物质中只能不断地从一种运动形式转变成另一种运动形式。随着地球的演变，地壳的内部结构、物质成分和表面形态不断地发生着变化，如地震、火山喷发、地壳的缓慢上升或下降以及某些地块的水平移动等。虽然这些活动有的变化速度较快而有的缓慢，但经过漫长的地质年代，错综复杂的地质作用形成了各种成因的地形，从而导致地球面貌的巨大变化。地质学中将导致地壳物质成分变化及地表形状、岩层结构、构造发生变化的一切自然作用称为地质作用。

地质作用所产生的现象就叫地质现象。它是地质作用的客观记录，如流水地质作用产生的冲沟、峡谷、瀑布，构造运动产生的岩石变形而形成的各种地质构造；岩浆作用引起的火山活动等。我们看不到过去几十亿年中发生的地质作用，但可以通过保留在岩石中的各种地质现象，反演地质作用的过程，分析地球演化的历时。

2.2.1　地质作用的能量来源

能是物质运动的一般量度，如机械运动、热分子运动、化学运动、原子核与基本粒子运动等。相应于不同形式的运动，能以多种形式出现，如机械能、分子内能、电能、化学能、原子能等，每种能都将引起特有的活动形式。作为促使地球发展的能源主要有热能、动能、重力能、化学能和结晶能以及生物能等，它们都以不同形式引起地质作用的产生。

(1) **热能**　热能可看作是特殊形式的动能，是被原子运动所控制的能。所有原子都恒定地运动着，原子运动得快些，就具有较高的热能。固体中的原子在限制的空间中运动，假若它们运动得足够快，也就是说变得足够热，它们就将从其固定的位置上离去，这意味着固体熔融了；如果有更快的运动，这就意味着有更高的热，原子完全可以自由地运动，这就是说液体蒸发了。

地球内部的能常以热的形式表现出来，是由放射性物质蜕变而来的。放射性是指元素或物质具有放出射线的能力，那些不稳定的原子核经常自发地放出 α、β 和 γ 射线。

在地球中存在着最普通的天然放射性同位素系列，它们产生的热足以使地球内部保持很高的温度，有时热到足以熔融岩石和形成岩浆。

(2) **动能**　物体由于作机械运动而具有能量，以动能的形式表现出来。在物理学上，不论是平动物体还是转动物体所作的机械运动全具有动能。在地球内部，动能表现为旋转能和潮汐能。

旋转能的大小直接与地球的自转速度有关，由于组成地壳内部物质的不均一性，必然会引起地壳内部物质的变形。

潮汐能是指由于月球和太阳对地球的引力所引起的水位周期性涨落现象。潮汐对于地壳也起作用。地球是固体，但并不是一个完全的刚体，在受到月球和太阳的吸引时，它的固体部分也会发生如同海洋潮汐一样的潮动，是谓"固体潮"。固体潮的长期作用，也会引起地壳内部的物质形变。

(3) **重力能**　出于地球重力场的存在，物质不论是在地球表面还是在地球内部的任何部位，都将受到重力的影响而具位能，这就是重力能。在重力能的影响下，石块沿山坡滚动，河水或冰川在河谷或山谷中流动，大陆冰盖也因各处厚薄不同而具有不同的重力能，使厚处的冰流向薄处。在地球内部，物质因具有不同密度，在重力作用下按密度不同而重新分配，使密度大的物质下沉，而密度小的物质则上升，表现为密度对流，从而引起地球内部的物质运动——地壳运动，这种运动既可表现为升降运动，也可表现为水平运动。

(4) **化学能和结晶能**　在化学反应中化学成分的改变或晶体的变化，都可产生化学能和结晶能，也常以热能或其他形式的能表现出来。在地球内部，化学反应和结晶作用是普遍存在的。熔融的岩浆在冷凝结晶时，岩浆内部和高温下的岩石内部进行的化学反应都有化学能和结晶能形成。

(5) **辐射能**　辐射能是一种电磁波，如宇宙线、可见光、X 射线和无线电波都是被人们熟知的辐射能形式。太阳辐射能直接或间接地到达地面，并被陆地和海水吸收。被海水吸收的辐射能，加温海水引起蒸发，形成的水汽产生云，最后形成雨雪和其他形式的降水；被陆地吸收的能，通过陆地的反射辐射，加热空气引起大气对流，产生风，吹向海洋产生波浪。

所以，所有在地面进行活动的剥蚀作用的主要能量——地面流水、风、波浪和冰川是由太阳辐射能导生出来的。

（6）**生物能** 生物能不是生物本身所固有的，而是在其生活和演化过程中来自太阳的辐射能。生物能表现为生物的新陈代谢和光合作用，这些是维持生命生存和促使生物生长演化的基本动力。

在地球上，生物就是这样通过代谢作用同环境之间不断地进行着物质和能量的交换，维持着生物体的生长、繁殖和运动。通过光合作用，将二氧化碳和水等无机物质制造成绝大多数生物赖以直接或间接生存的物质和能量。同时，作为地球外部发展的动力来说，生物能无论是对岩石的破坏，还是对土壤和某些矿产的形成等都是不可忽视的。

2.2.2 内力地质作用

产生各种地质作用的能量是各种各样的，但就其能的来源说，可概括为两个方面：一是来自地球内部的地内能，它包括放射性元素蜕变产生的热能、地球引力产生的重力能以及化学能和结晶能等；二是来源于地球以外的外部能，它包括太阳辐射能、日月引力能、地球旋转能、生物能等。因此，按能的来源不同，地质作用可分为内力地质作用和外力地质作用。在不同的地质作用进行中，产生了不同的结果。地球表面之所以有高山、峡谷、高原和盆地以及各种地貌形态的存在，都是由于内、外力地质作用的矛盾运动并且不断发展的结果。

由于地球自转产生的旋转能和放射性元素蜕变产生的热能等引起地壳物质成分、内部构造以及地表形态发生变化的地质作用主要是在地壳或地幔中进行，如岩浆活动、地壳运动、构造运动、地震作用和变质作用等。

2.2.2.1 构造作用

由地球内力引起地壳乃至岩石圈的变位、变形以及洋底的增生、消亡的机械作用和相伴随的地震活动、岩浆活动的变质作用称为构造运动（广义）。

构造运动产生褶皱、断裂等各种地质构造，引起海、陆轮廓的变化、地壳的隆起和坳陷以及山脉、海沟的形成等（狭义构造运动）。

构造运动还决定地表外动力地质作用的方式，控制地貌发育的过程、外生矿床和内生矿床的形成及分布。所以，构造运动是使地壳乃至岩石圈不断变化发展的最重要的一种地质作用。

（1）**构造运动的基本特征** 构造运动根据其运动方式和方向可以分为两种基本类型：水平运动和垂直运动。水平运动是指地壳沿地表切线方向的运动，主要表现为岩石圈的水平挤压或拉伸，岩层的褶皱和断裂，可形成巨大的褶皱山系、裂谷和大陆漂移。垂直运动是地壳物质沿着地球半径方向的运动，主要表现为岩石圈的垂直上升和下降，即地壳的上拱和下凹，造成陆地上升（海退）与陆地下降（海侵）。所以垂直运动又称升降运动。

① 水平运动。水平运动是地壳或岩石圈块体沿水平方向的移动。有三种基本形式：相邻块体背向分离；相邻块体相向汇聚；相邻块体剪切错开。剪切、错开的相邻块体既不分离，也不汇聚。水平运动往往会导致岩层的弯曲和断裂。

仪器测量可精确测岩石圈块体水平运动的速度。全球各大陆就是最巨大的块体，其水平运动的速度大约是每年数毫米到数厘米。

② 垂直运动。垂直运动是相邻块体或同一块体的不同部分做差异性上升或下降，使某些地区上升成为高地或山岭，另一些地区下降为盆地或平原。

"沧海桑田"是古人对地壳垂直运动的一种表述。实际上，垂直运动不仅能使沧海桑田，而且能使大海变为高山。喜马拉雅山上有大量新生代早期的海洋生物化石，说明这里在50～60Ma 前还是汪洋大海。根据深海钻探资料，我国东海海底发育有大量的古近系和新近系湖泊及河流沉积，说明数千万年前到数百万年前这里曾是大陆上的河流湖泊。垂直运动也能导致岩层的弯曲和断裂。

③ 水平运动与垂直运动的关系。同一地区构造作用的方向随着时间的推移是不断变化的。某一时期以水平运动为主，另一时期以垂直运动为主。水平运动的方式可以改变，垂直运动的方向也可以改变。

不同地区出现不同方向的构造作用往往有因果关系。一个地区块体的水平挤压可引起另一地区块体的上升或下降；相反，一个地区块体的上升或下降可引起另一地区的块体发生水平方向的挤压、弯曲，甚至破裂。

此外，在大范围内，水平运动与垂直运动常常兼而有之。但对于一定时期、一定地域而言，是以某种方向的运动为主，另一种方向的运动为辅。

(2) 构造运动的速度和幅度　构造运动速度指构造运动的快慢。除地震作用等能在短暂时间内可引起显著的构造活动外，一般来讲，构造运动是岩石圈一种长期而缓慢的运动。人们日常生活中往往不能直接感觉出来，必须进行长期的观测才能发觉。其速度一般以 mm/a（毫米/年）或 cm/a（厘米/年）计。

构造运动速度往往在地震前夕或地震过程中明显加快。例如，美国西部圣安德鲁斯断层，在 1908 年旧金山大地震前的 16 年中断层位移达 7m，平均速度 44cm/a。又如云南远海地区，1970 年地震后，可见最大水平位移达 2.2m。

构造运动的幅度指构造运动的位移量。幅度也有大小，常以某一段时间间隔内升降运动高程或水平运动距离来衡量。不同地区在相同的时间间隔内表现的走动幅度是不相同的。

构造运动的幅度大小，直接反映某个地区的地壳活动性，也是推算构造运动速度的依据。同一时间内，运动幅度大，说明运动的速度也大。

(3) 构造运动的周期性和阶段性　在地壳演化的地质历史中，全球构造运动并不是均匀的，而是表现为时而激烈、时而平静的周期性变化。在构造运动比较剧烈的时期里，运动速度和幅度较大；在比较平静的时期里，运动速度和幅度变小。地壳发展过程中，有过多次强烈活动的阶段和相对缓和的阶段，这就显示出了构造运动的周期性和阶段性。

比较平静时期主要表现为缓慢的升降运动，常常引起海陆变迁。其间也可夹有次一级的比较剧烈的升降运动或水平运动，但一般历时短暂、范围较小。一次大的、强烈的构造运动常常表现为水平运动占主导地位，所经历的活动时期中较平静的时期较短，通常形成巨大的褶皱山系，所以也称造山运动。

2.2.2.2 岩浆作用

岩浆从形成、活动直至冷凝成岩，岩浆本身发生的变化以及对周围岩石影响的全部地质作用过程叫做岩浆作用或岩浆活动。岩浆是具有较大黏性的流体。岩浆成分中氧化物含量最多的是 SiO_2。由于岩浆中 SiO_2 含量的多少对岩浆及其凝结的岩浆岩的性质影响极大，因此一般依据 SiO_2 相对含量，将岩浆划分为酸性岩浆（$SiO_2 > 65\%$）、中性岩浆（$SiO_2 52\% \sim 65\%$）、基性岩浆（$SiO_2 45\% \sim 52\%$）和超基性岩浆（$SiO_2 < 45\%$），它们凝结后分别形成酸性岩、中性岩、基性岩和超基性岩。

岩浆活动和构造运动有密切联系。地壳深处或上地幔形成的岩浆温度很高，并富含挥发组分，所以具有巨大的能量，有向压力较低的上部活动的趋势。但同时深部生成的岩浆还受到几十乃至上百千米上覆岩石负荷重量所产生的极为强大的压力。处于地下深处的岩浆要对抗这么大的压力上升到地表，也不是轻而易举的，因此，岩浆只能寻找那些构造活动剧烈的软弱带"乘隙"上升。大型褶皱带、大陆裂谷系以及洋脊、俯冲带等板块边缘活动带和板块内部深大断裂都是岩石圈物理化学条件发生剧烈变化的地带，是岩浆活动十分有利的地区。

根据岩浆活动的特点，岩浆活动可分为两种方式：一种方式是岩浆从深部发源地上升但没有到达地表就冲凝形成岩心，这种作用过程称为侵入作用，冷凝后形成的岩石称为侵入岩；另一种活动方式是岩浆穿过下部岩层溢出地面，甚至喷到空中，这种作用过程称为喷出作用或火山作用，冷却后所形成的岩石称为喷出岩。

（1）**喷出作用与喷出岩**　岩浆喷出地表的作用称喷出作用。岩浆的喷发物有气体、固体和液体三类。

① 气体喷发物。溶解在岩浆中的挥发性成分在围压降低的条件下就会以气体形式分离出来。气体的喷出是火山喷发的前导，并贯穿于火山喷发的始终。气体主要有水蒸气、二氧化碳、硫化物（硫化氢、硫的氧化物）、硫，以及少量 CO、H_2、HCl、NH_3、NH_4Cl、HF 等，其中水蒸气占 60% 以上。

② 固体喷发物。固体喷发物包括冷凝或半冷凝的岩浆物质及被炸碎的岩石，这些统称火山碎屑物，火山碎屑物按其性质与大小，可以分为以下几种。

火山灰　粒径<2mm 的细小火山碎屑物。

火山砾　粒径 2~50mm，形态不规则，常有棱角。

火山渣　粒径数厘米到数十厘米，外形不规则，多孔洞，似炉渣，其中色浅、质轻、能浮于水者称浮岩。

火山弹　粒径>50mm，由喷出的岩浆滴在空中冷凝而成。外形多样。火山弹外壳因快速冷凝收缩常有裂纹，内部多孔洞。

火山块　粒径>50mm，常为棱角状。

堆积在火山口附近的火山碎屑物大小的分布与其距火山口的距离有关，离火山口越近火山碎屑越粗大。火山渣和火山弹一般只落在火山口附近。火山灰小部分会随风飘到很远地方，大部分仍落在火山附近。据此可以推断古火山口的位置。

由各种火山碎屑物堆积并固结而成的岩石，称为火山碎屑岩。其中，由火山灰组成者称为凝灰岩；由火山砾及火山渣组成者称为火山角砾岩；由火山块组成者称为集块岩。如为不同粒径的火山屑物混杂者，则复合命名，如火山角砾凝灰岩，火山角砾集块岩。前者的主体为凝灰岩，其中含有一定数量的火山渣或火山砾；后者的主体为集块岩，其中含有一定数量的火山渣或火山砾。

③ 液体喷发物。液体喷发物称为熔岩，它是喷出地面而丧失了气体的岩浆。它可以沿地面斜坡或山谷流动，其前端呈舌状，称为熔岩流。熔岩因黏性不同其流动能力不等。分布面积宽广的熔岩流称熔岩被。熔岩冷凝结晶后形成的固态岩石叫作喷出岩或火山岩。

由于岩石的导热性差，熔岩的外壳虽已冷凝或基本冷凝而其内部仍可保持熔融状态，并继续流动。熔岩流可具有各种表面形态，概括起来可分为波状熔岩、块状熔岩和枕状熔岩三种基本类型。

波状熔岩：这种熔岩流的流动性大，往往是基性熔岩，常呈席状分布，它的表面平坦、光滑。在熔岩流动过程中，先凝固的表层没有显著破碎，表层比较光滑且呈波状，凝固后可叫波状熔岩。如果下面的熔岩仍继续流动，使上部的薄壳被拖引成绳状构造，这时又称为绳状熔岩。

块状熔岩：这种熔岩常是黏度较大的酸性熔岩，表面由大小不等的碎块组成，五大连池一带的居民形象地称之为翻龙石。熔岩在流动过程中，先固结的表层发生脆性或半塑性的破碎而成为碎块。熔岩继续流动，再次破碎、翻滚、黏结，并卷进"外来"成分，形成翻花熔岩流。在五大连池这类熔岩流表层，一般厚几十厘米至一米左右，局部可达数米，其下是由液态熔岩直接凝固形成致密块状层。

枕状熔岩：一般认为，枕状熔岩是水下喷发的玄武岩（基性）熔岩的表面特征。炽热的熔岩遇水时蒸汽压剧增，使熔岩分裂成大小不等的块体，被高热蒸汽包围着向低处滚动，就形成椭球状的枕状块体。另一种观点认为基性熔浆流入水中发生淬火冷却，表面结成硬壳，熔浆从表面许多孔隙中挤出、流动并迅速冷却，于是形成椭球状的枕状熔岩。枕状熔岩的表面因迅速冷却所以是玻璃质的，而内部为结晶质。

（2）侵入作用与侵入岩 岩浆除了穿过地壳喷溢出地表外，更多情况下是上升到地壳的一定深度，由于温度降低、压力减小，逐渐冷凝，不再向上运动。这种由地下深处上升，侵入到地壳中的岩浆活动过程称为侵入作用。岩浆在侵入过程中变冷、结晶而形成的岩石叫侵入岩。侵入岩是被周围岩石封闭起来的三度空间的实体，故又称侵入体。包围侵入体的原有岩石称围岩。根据岩浆冷凝的深度，将侵入体分为深成侵入体及浅成侵入体两类。

① 深成侵入岩体。形成深度在地表以下 3～6km 内的侵入体称为深成侵入体。高温岩浆在侵入到地壳的过程中可以熔化围岩的同时也由于一定的机械力挤压而占据一定的空间。岩体边界不规则，与围岩产状不一致，岩浆冷却缓慢，因而矿物为全晶质，呈等粒状的粗粒和中粒结构。常见的深成侵入体有岩基、岩株两种（图 2-8）。

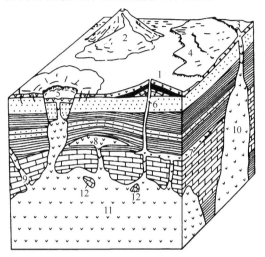

图 2-8　岩浆侵入体与喷出体示意图
1—火山锥；2—熔岩流；3—火山颈和岩墙；4—熔岩被；
5—破火山口；6—火山颈；7—岩床；8—岩盘；
9—岩墙；10—岩株；11—岩基；12—捕房体

岩基：岩基是一种规模巨大的侵入岩体，出露面积在 $100km^2$ 以上，由上往下有逐渐变大的趋势。岩基向下延伸深度可达 10～30km，形态上多呈不规则的椭圆形，在平面上常呈穹窿状延伸，长轴方向常与褶皱山脉走向一致。它在地表出露的面积决定于其剥蚀深度，其边界与围岩产状在局部地方可以是协调的，但整体看是不协调的，所以叫不协调侵入体。在基岩的边部常有围岩碎块掉入，形成所谓的捕房体。构成岩基的岩石多由酸性岩浆岩组成，常见者为花岗岩类。

岩株：岩株是一种规模较岩基小的侵入岩体，在平面上的形态呈近似圆形或不规则状，出露面积小于 $100km^2$。向下呈柱状或近似柱状延伸，可能与岩基相连。它与围岩的接触面较陡，也是成不协调接触的，通常以花岗岩类岩石为主。

② 浅成侵入岩体。从地面至地下 3km 深处形成的侵入体称浅成侵入体。主要是靠岩浆的机械挤压扩大岩石的裂隙或层状构造而获得空间。由于接近地表，岩石承受的压力较小，材性较脆，多为中粒、细粒，常成斑状、似斑状结构。浅成侵入体的规模一般较小，可见底部边界。常见的浅成岩侵入体有岩床、岩盘、岩盆以及岩墙、岩脉等。

岩床：由流动性较大的岩浆顺着岩层的层面挤入，形成夹于围岩岩层之间的板状协调侵入岩体［图2-9（a）］。岩床的厚度不大，几厘米至几十米。大多数岩床为基性岩浆冷凝而成，

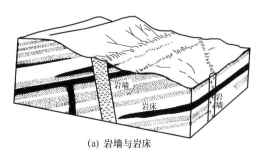

（a）岩墙与岩床

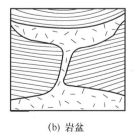

（b）岩盆

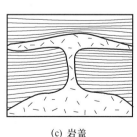

（c）岩盖

图 2-9　浅成侵入体的产状

它与围岩接触之处常可见轻微的变质现象。

岩盆：岩盆由黏性较小的岩浆沿断裂上升，顺着向下弯曲的岩层层面挤入岩层中，形成平面上呈圆形，顶、底面均向下凹，形如盆状者的协调侵入岩体 [图2-9（b）]。岩盆中央部分厚度大，边缘厚度小，中间向下弯，常由基性、超基性岩浆冷凝而形成。

岩盘：岩盘又名岩盖，是由黏性较大的中性-酸性岩浆顺岩层面挤入，将上覆岩层拱起，形成上凸下平的透镜状或穹状协调岩浆岩体。岩盘中央凸起，四周变薄，底部平坦，呈蘑菇状。岩盘一般规模不大，直径 3～6km，厚度 1km 左右。

岩墙和岩脉：岩墙和岩脉是岩浆沿与岩层斜交或垂直的裂隙侵入后冷凝而形成的，岩体呈墙状，与围岩层理相交，厚度从数厘米至数千米不等，长度从数十米至数万米，其中规模很小者称为岩脉，成分从酸性到基性。

2.2.2.3 变质作用

地壳中已经形成的岩石，因其所处的地质环境发生变化，使岩石的结构、构造和矿物成分上发生相应变化的过程称为变质作用。由于变质作用形成的新岩石称为变质岩。岩石圈中的三大类岩石——岩浆岩、沉积岩和变质岩均可发生变质作用而形成变质岩。

在变质作用中，岩石圈中岩石和矿物不经过熔融和溶解而直接发生矿物成分和结构、构造的变化，即岩石基本上是处于固体状态下经受变质作用改造而形成变质岩的。但是，在地下深处，内于温度和压力很高以及岩浆作用的影响，岩石可以发生不均匀的熔融作用，称为部分重熔或分熔，它与固态的围岩发生混合、交代等复杂的变质作用，可形成混合岩；温度进一步升高，会使岩石全部熔融，这种过程叫深熔作用，也叫超变质作用，其主要产物是花岗岩。

（1）**引起变质作用的因素**　使岩石发生变质的因素主要是温度、压力以及具有一定化学活动性的流体。这些物理、化学因素的变化取决于地质环境的改变。在变质过程中，这些因素都不是孤立的，它们经常同时出现，共同作用又相互制约，共同改造着岩石。现将它们在岩石变质过程中所起的作用分述如下。

① 温度。温度是促使岩石发生变质的重要因素。温度的作用在于提供岩石变质所需要的能量。通常在变质过程中，温度升高会引起矿物成分或结构构造的变化，并伴有物质组分的迁移、晶格的破坏和再造。此外，温度升高可增强矿物晶格上原子、离子的活动能力。这些活动都需要一定的能量，适当的温度为这种能量提供了来源。温度升高从以下两方面引起岩石发生变化。

一是引起岩石的重结晶。对成分单一的岩石来说，引起重结晶作用，即只引起岩石结构、构造的变化，而无矿物成分的改变。温度升高可加速岩石中矿物内部质点的活力，削弱质点间的结合力，使岩石中的矿物组分在固体状态下重新生长，非晶质的变为晶质的，隐晶质的变为显晶质的，结晶颗粒小的变成结晶颗粒大的等。例如，原来隐晶质的石灰岩经过重结晶作用可变为粗晶的大理岩，原来未结晶的石英砂岩可变为结晶的石英岩。

二是形成新矿物。对多种矿物组成的原岩来说，由于温度升高，一些低温条件下稳定的矿物会分解，转化成在高温条件下稳定的新矿物（变质矿物）。

变质作用发生的温度由 150～180℃（或 180～230℃）直到 800～900℃。低于这一温度的作用属于固结成岩作用，高于这一温度的作用，将使许多岩石发生熔融，属于岩浆作用范畴。岩石受到较高温度时，岩石中矿物的原子、离子或分子的活动性增强，引起各种反应：如由非晶质变为结晶质，或由结晶细小变为结晶粗大，由一种矿物转变成另一种矿物等。

变质温度的基本来源有以下三个方面。

地热。地下温度随着深度增大而增高。如果地表岩石因某种原因沉陷到一定深处，就能获得相应的温度。

岩浆热。岩浆是高温熔融体，当岩浆侵入时，岩浆热便传到围岩，使围岩增温。

地壳岩石断裂。断裂块体相互错动和挤压，能产生高温。

② 压力。变质作用通常是在一定的压力状态下进行的，因此，压力也是控制变质作用的重要因素。促使岩石变质的压力可分为静压力和定向压力两种，它们在变质过程中所起的作用是不同的。可分为静压力、流体压力及定向压力。

静压力是由上覆岩石重量引起的，它随着深度增加而增大。静压力对岩石的作用力各向均等，如同人在水中所感到的压力一样，随水的深度增加而增加，而且各个方向的压力值相等（图 2-10）。变质静压力最低为 $10^8 \sim 2 \times 10^8 Pa$，最高到 $13 \times 10^8 \sim 14 \times 10^8 Pa$，即变质可以在地下几公里以内到 40 多公里的深处发生。静压力能使岩石压缩，使矿物中原子、离子、分子间的距离缩小，形成密度大、体积小的新矿物。

静压力在岩石中的传递不只是通过固体的岩石质点，而且也通过循环于岩石空隙中的流体所形成的流体压力。当岩石处于密闭状态时，全部岩石的重量都传递给了各部位的流体，此时流体压力的数值等于岩石的静压值。当岩石中有大量彼此联结，并与地面沟通的裂缝时，流体本身属于开放性系统，因而流体压力仅由流体本身的重量决定，它低于岩石的静压力。流体的成分及其压力的大小控制了许多化学反应的进程，对于岩石的变质具有重要影响。

定向压力是作用于地壳岩石的侧向挤压力，具有方向性，且两侧的作用力方向相反，它们可以位于同一直线上，也可以不位于同一直线上，前者称为挤压力，后者称为剪切力（图 2-11）。

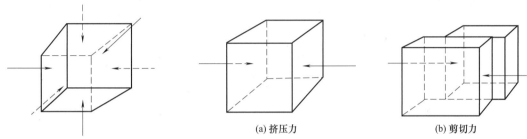

(a) 挤压力　　　　(b) 剪切力

图 2-10　静压力的各向作用力相等　　　　图 2-11　定向压力

定向压力主要是内构造运动产生的、具有一定方向的作用力，有人称之为构造应力。在地壳上部静压力不大、地温不高时，岩石表现为脆性。在定向压力作用下，当应力超过岩石强度时，岩石发生断裂，进而形成构造角砾岩和碎粒岩。在地壳深部静压力大、地温较高时，岩石具有一定程度的韧性。在强大的、长期的定向压力的作用下，矿物和岩石产生韧性变形。这些学者认为，在压应力方向上，矿物溶解度增大；而在垂直压应力方向上，可发生溶解物质的沉淀。于是出现在压应力方向上矿物的溶解、变薄，而在垂直压应力方向上物质的沉淀（生长）现象，其结果是使岩石中的片状矿物和柱状矿物在垂直压应力方向平行排列，形成片理构造。另外一些学者则认为，片理的形成是由于矿物受定向压力后发生差异性滑动产生的。

③ 化学活动性流体。化学活动性流体是一种活泼的化学物质，成分以 H_2O、CO_2 为主，并含其他一些易挥发、易流动的物质。

它们积极参与变质作用的各项化学反应，并控制反应的进程。同时，它们还将岩石中的一些元素溶滤出来，促使这些元素扩散和迁移，引起岩石物质成分的变化。

（2）变质作用方式　岩石发生成分、结构、构造的变化过程是比较复杂的，变质作用主要以重结晶作用、变质结晶作用、交代作用、变质分异作用和构造变形作用的方式来进行。

① 重结晶作用。岩石基本在固态的状态下，原先存在的矿物经过有限的颗粒溶解、组分迁移，再重新结晶成较大颗粒的作用。一般来说，在温度和压力增高的情况下，易发生重结晶作用。这种变质作用方式的特点是，变质作用促使岩石中矿物颗粒加大，颗粒大小趋于均匀化，颗粒形态变得比较规则（图 2-12）。但是，在这种变质作用方式中，没有新矿物的形成。

② 变质结晶作用。在一定的温度和压力条件下，岩石内不同的化学组分重新组合，从而结晶形成新矿物的过程。变质结晶作用的前后，岩石的总体化学成分不变，没有物质成分的带入和带出。例如，变质矿物红柱石、蓝晶石、夕线石之间存在的同质多相转变：红柱石在低温低压条件下为低温矿物，而压力一旦增高，可转变为蓝晶石，若温度再升高，红柱石和蓝晶石则转变为夕线石（图2-13）。

③ 交代作用。变质作用中，化学活动性流体与周围岩石和矿物发生物质交换，造成原来岩石中一些矿物的消失以及新的矿物的形成。这种作用方式的特点是，有物质的带入和带出，岩石中原有矿物的分解消失和新矿物的形成是同时的，是物质逐渐置换的过程。例如，钾长石经交代作用而形成钠长石：

$$KAlSi_3O_8 + Na^+ \longrightarrow NaAlSi_3O_8 + K^+$$

（钾长石）　　　（带入）　　　（钠长石）（带出）

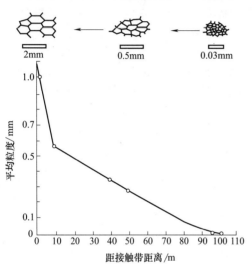

图 2-12　变质燧石岩中矿物粒径距岩浆体距离变化图解

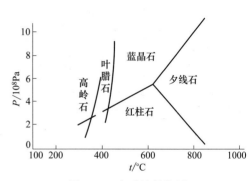

图 2-13　变质结晶作用

④ 变质分异作用。成分均匀的原岩，在岩石总体化学成分不变的前提下，经变质作用后发生矿物组分不均匀分布。这种变质作用方式的特点是，没有物质组分的带入和带出，但组分又有一定程度的迁移；其结果造成岩石中同种或同类矿物局部集中，呈条带状、面状或线状分布，从而形成条带状、片状、片麻状等典型变质岩构造。

⑤ 构造变形作用。地壳中的构造应力达到或超过了岩石和矿物的强度极限，使岩石和矿物发生变形、变位、破碎，甚至改变矿物的成分，从而形成具有新的结构、构造或矿物成分的变质岩。

2.2.2.4　地震作用

由于地应力的突然释放或其他能量引起地壳的快速颤动现象称为地震。因地震引起地壳结构构造、地表形态以及岩石物理性质发生变化的作用，叫地震作用。地震作用过程可划分为孕震、临震、发震和余震四个阶段。在不同阶段，由于震源区物理状态的不断改变，地震作用的特征也是不尽相同的。

(1) 孕震阶段　地震孕育阶段是地应力或应变能量不断积累的阶段。震源区岩石在地应力作用下，岩石物理性质发生变化，缓慢地发生弹性变形，积累着弹性应变能量，但由于地应力尚未达到岩石的强度极限，因而震源区岩层处于力学平衡状态，表现比较稳定，所以几乎没有或很少发生地震。这一阶段的时限较长，一般要经历几十年，甚至上百年或几百年，主要决定于各地区地壳运动的速度和强度、地质构造特征及岩石强度等。

（2）**临震阶段**　在地震临震阶段，由于地应力的持续作用和不断增强，震源区岩石的弹性变形已经达到和超过其强度极限，处于将要出现大规模断裂的临界状态。由于震源区岩石物理状态的改变，会在未来的震中区及其附近的地面上发生许多地震前兆现象，最常见的有如下几种。

① 地球物理场异常。在地应力或应变能量不断积聚的过程中，由于压磁效应和压电效应以及地下水位的变化，导致土壤和岩石的磁性和电阻率发生变化。地震前，地磁、地电的变化可以预报地震。

② 地形变异常。地应力促使地壳岩石发生弹性变形，在地面上便引起地面高低或水平位置的变化。在临震阶段，由于弹性变形已达极限，地形变异常在地面上有显著的表现，如地面急剧的升高、平移和掀斜现象，这种表现往往与运动方向相反。从定期的大地测量及倾斜仪、形变仪等长期观测记录中便可发现。

③ 震情异常。在临震阶段，由于震源区内物质成分或结构的不均一性，在一些构造比较薄弱的环节，地应力比较集中，会首先发生一些微小破裂，释放部分应变能量，因而形成大震之前的一系列小震（前震）现象，构成震区的震情异常。

④ 地下水的水位、水量和化学成分异常。在临震阶段，由于地应力急剧加强，震源区的弹性形变达到最大限度，使岩石密度发生变化并发生大量微小裂隙，导致深度不同的含水层相互沟通，因此易于发生水情变化。在地表，由于地下水位的变化，常引起井水溢出或干涸，泉水增大或枯竭，或者某些地面出现反常的湿润。由于深层地下水的上涌，可使井、泉水变浑或冒泡，也可引起水质变味，某些元素含量发生变化，甚至含有特殊物质，如石油、沼气、碳酸气及氦等。总之，在临震阶段，由于震源区物理状态的改变。可引起上述种种特殊的地震地质现象。各震区临震阶段的时限长短不一，一般只有几年或只有几十天。各震区的前兆表现也不甚一致。但总的来说，在此阶段所释放的地震能量是很少的，紧接着便向发震阶段过渡了。

（3）**发震阶段**　发震阶段的地应力大小已接近震源区岩石的最大强度，因此导致震源断层大规模错动，释放出大量应变能，发生强烈地震（主震）。发震阶段往往只有几分钟甚至几十秒钟，但却是应变能量的主要释放阶段，约占全部地震序列能量的 90% 以上。由于从震源放出大量能量，因而在震中区地面上常发生许多宏观的地震地质现象，并造成地震灾害。大震发生时，地震纵波首先到达，引起地面空气震动，造成声波向空间扩散，在高处遇到复杂反射便形成隆隆的声音；横波和面波则引起大地晃动，使建筑物破坏，山河面貌改观，并造成一些永久变形。常见的地震破坏现象有以下几种。

① 建筑物破坏。一般认为，建筑物的破坏主要是由于侧压力作用引起的，地震时复杂的地面震荡运动所产生的水平侧压力使建筑物侧面失去平衡而发生不同程度的破坏；而垂直方向的震动则可使建筑物的基底及周围地形发生不均衡的升降，从而加重破坏。图 2-14 为 1906 年美国旧金山大地震时使旧金山的一条街面形成了一条长堤，铁轨呈波形扭曲，水管被错断。

② 地震断层、裂缝。由地震作用在地表产生的断层称地震断层，其性质可以是正断层、逆断层或平移断层，一般以平移断

图 2-14　1906 年旧金山大地震形成的
波状起伏的铁路

层、正平移断层及逆平移断层最为常见。地震裂缝是在震中区最常见的地面破坏形式，其深度、宽窄和长短不一，有的呈散漫分布，也有的呈密集成带分布，这与震区的地质条件有

关。地震裂缝一般以张性裂缝为最多，有的可明显见到沿两组剪切缝追踪发育而呈锯齿状，有时也可见到呈雁行状排列的张剪性裂缝。

③ 喷沙冒水。这是在发震阶段，由于地下水携带着砂土沿地裂缝上涌而发生的一种现象。开始时，水柱很高，可达数米，以后渐次低落，砂粒在地表有时可堆积成圆丘状小沙丘并常沿着地裂缝呈定向排列。

④ 山崩和滑坡。山崩和滑坡是在陡峭的山区常发生的现象，尤其在地形陡峻并有较厚碎石层、土层覆盖或基岩松散破碎的地区更易发生。地震的激发作用常引起较大规模的崩滑现象。大规模崩滑若发生在江河边，则往往堆土为坝、堵塞河道、积水成湖，或进一步因坝溃决而造成水灾。

(4) 余震阶段 余震阶段又称剩余能量释放阶段或震源断层的弹性调整阶段。这个阶段就像弹簧的弹性反跳不能一下复原，必须经过弹性后效作用才能使其慢慢恢复到新的平衡位置一样，震源断层在主震阶段的弹性反跳之后，必须经历弹性调整阶段，才能使其逐渐恢复到新的平衡。在此阶段，弹性后效作用使震源岩石的形变继续进行，因而使许多破裂尚未完全发育的地点继续积累应变能量，到了阻抗力不能承受时，便再次发生小断裂，因而产生余震。其他不稳定地点，上述作用也会接连重复出现，于是余震连续发生，成为余震序列。余震的时限一般较长。

综上所述，地震地质作用经过孕震、临震、发震和余震四个阶段才完成其全部过程。其中孕震阶段为地应力或应变能量的积累时期，表现为地震的平静期。其余三个阶段则为地应力或应变能量的释放期，表现为地震的活动时期。这三个阶段在不同地震中表现的强弱及时间长短常常是不同的。地震作用并非到了余震阶段就终结。余震阶段之后，由于地壳运动仍然持续不停地进行着，于是就再次进入一个新的地应力或应变能量积累阶段。所以地震作用在时间上具有周期性，其表现就是平静期和活动期交替进行。

2.3　外力地质作用

外力地质作用主要是由于太阳辐射能和地球重力位能所引起的地质作用，它造成地面温度的变化，产生空气对流和大气环流，形成水的循环及各种水流以及冰川等，并促进生物活动，太阳能是地表一切物质运动的主要能源。因此，由太阳辐射能所引起，包括：气候变化、雨雪、山洪、河流、湖泊、海洋冰川、风、生物等的作用，对地表不断进行剥蚀，使地表形态发生变化，形成新的产物。

外力地质作用表现为对地球外貌改造和建造的统一过程，包括以下几种作用方式。

2.3.1　风化作用

风化作用是指地表或接近地表的坚硬岩石、矿物在原地与大气、水及生物接触过程中产生物理、化学变化而形成松散堆积物的全过程。风化是由于温度、大气、水溶液及生物等因素的作用使矿物和岩石发生物理破碎崩解、化学分解和生物分解等复杂过程的综合。风化作用遍及整个地球的表面，包括水下也存在风化作用。但水下的风化作用非常微弱，且由于沉积作用的进行，水下风化作用一般很难作为主要的地质作用显示出来，因此风化作用主要在大陆的表面进行。根据风化作用的因素和性质把风化作用分为三大类型：物理风化作用、化学风化作用及生物风化作用。

物理风化作用：一切只改变岩石的完整性或改变已碎裂的岩石颗粒大小和形状，而未能产生新矿物的风化作用（含植物根系的劈裂作用以及搬运过程中的破碎、磨圆过程）称为物理风化作用或机械风化作用。

化学风化作用：岩石在原地通过化学反应使其产生成分分解，则分解物一部分被水溶液带走，一部分成为新的难溶化合物残留在原地的过程。

生物风化作用：生物的生命活动对地表的岩石、矿物产生机械的破坏作用或化学的分解作用的过程。

物理风化作用、化学风化作用及生物风化作用是相互伴生、相互影响、相互促进的。只是在不同的地区、不同的气候条件、不同的时期以某种风化作用为主。

2.3.2　剥蚀作用

自然界中的各种介质（流水、风、海湖水、冰川等）在运动状态下对地表岩石、矿物产生破坏作用，并把破坏的产物搬离原地的作用称为剥蚀作用。风化作用与剥蚀作用相辅相成，互相促进。风化的结果是使矿物岩石变得疏松，有利于剥蚀；而剥蚀可以将风化的产物剥离开来，让新鲜的岩石裸露出来，使得风化作用更加强烈。同时剥蚀作用也单独对岩石产生破坏作用。剥蚀作用不断夷平地表，改造地表形态，形成新的地貌景观。按动力来源，可将剥蚀作用分为风的吹蚀作用、流水的侵蚀作用、地下水的潜蚀作用、冰川的剥蚀作用等。

2.3.3　搬运作用

搬运作用是指地表和近地表的岩屑和溶解质等风化物被外营力搬往他处的过程，是自然界塑造地球表面的重要作用之一。外营力包括水流、波浪、潮汐流和海流、冰川、地下水、风和生物作用等。在搬运过程中，风化物的分选现象以风力搬运为最好，冰川搬运为最差。搬运方式主要有推移（滑动和滚动）、跃移、悬移和溶移等。不同营力有不同的搬运方式。

（1）**风的搬运作用**　地表松散的碎屑物在风力强弱、粒径大小和质量轻重的作用下，由源地通过悬移（悬浮）、跃移（跳跃）和蠕移（推移）等方式转移到别处的作用（图2-15），称为风的搬运作用。其搬运方式有三种，即推移、跃移和悬移。当近地面风速大于4m/s时，粒径0.1～0.25mm的砂粒就被搬动形成风沙流，但风沙流

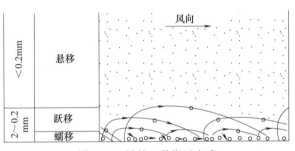

图2-15　风的三种搬运方式

大部分集中在近地面10cm的薄层内，悬移物质的数量远小于推移和跃移的数量。一般说，被风吹扬的颗粒大小与风速成正比，风速越大，搬运的颗粒越粗，移动的距离越远。

（2）**河流搬运作用**　河流在运动时，携带因风化和侵蚀而破碎的岩石产物，并将其运移到其他地方的过程称为河流的搬运作用。被河流搬运的物质除河流自身侵蚀破坏河床岩石所形成的碎屑物外，还包括了河流岸坡上的崩塌、滑坡、冲刷等作用的产物。风化作用和风的作用也是河流搬运物质的重要来源。河流的搬运方式主要有以下几种。

① 推运。河水中碎屑在水流冲击推动下，或沿河床滚动，或沿河床滑动，叫推运。不同粒级的碎屑物沿河床推动时有不同的运动形式，并形成了适应当时水动力条件的特殊构造，如果在岩层中发现这些构造，则可以用来判断岩层的顶底面及古水流方向。沿河床被河流所运移的碎屑物又加强了水流的向下侵蚀能力，而岩石碎块之间则互相摩擦、碰撞，逐渐变细变碎，从而形成卵石、砾石和砂。沿河床推运的砂粒级碎屑物在河床底部形成不对称的沙波纹和斜层理。不对称的沙波纹缓坡指向水流的上游方向，形态较尖的是波峰，较圆的是波谷。斜层理通常是与底面相切，与顶面斜交，斜面倾向指示水流的下游方（图2-16）。对于往复式的河流冲积平原，由于水流方向经常改变，则往往形成交错层理。

河流中的砾石在水流的长期作用下，将逐渐适应水动力条件，达到稳定状态。砾石长轴

图 2-16　试验水槽中由粗粒粉砂所形成的流水波纹

不论最初与水流的夹角如何，在水流的推动下通常以长轴垂直于水流的方向向前滚动，因为这种状态下的砾石运动所需的水动能最小，并最终形成最大扁平面向水流上游方向倾斜排列的叠瓦状的稳定状态（图 2-17）。如果河流湍急，水动力强劲，则砾石的长轴将平行于水流方向滑动甚至跳跃前进。

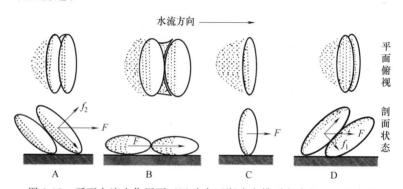

图 2-17　砾石在流水作用下于运动中逐渐改变排列方式的过程示意图

　　② 悬运。河水中碎屑悬浮于水中运动，叫悬运。悬运靠紊流维持。由于径流流速的不同，可搬运不同粒径的碎屑物。河流的搬运能力与径流速度成正比，显然，河流在搬运过程中，不同粒度的碎屑物将随着水动力的减小而逐渐沉积下来，即河流的机械搬运过程具有良好的分选性。这也可以用来解释平原河流和山区河流，沿所移动方向碎屑物在粒径上存在巨大差别。

　　③ 呈溶解状态运移的物质。河水中呈溶解状态运移的物质有碳酸盐类（$CaCO_3$，$MgCO_3$，Na_2CO_3）和 SiO_2。据研究，碳酸盐中有近 60% 的成分离子化，因此，溶解物中以 $CaCO_3$ 含量最多。只有在干旱地区的河水中，易溶的硫酸盐和氯化物才会有较显著的含量。河流中呈溶解状态的还有少量的 Fe、Mn 化合物或胶体溶液。

　　河流能够搬运碎屑物质最大量的能力称为搬运量。全世界河流每年将大约 200 亿吨碎屑物运入海洋。我国主要河流每年将大约 24 亿吨碎屑物输入海洋。河流搬运量取决于流速和流量，其中更重要的是流量。

　　（3）冰川搬运作用　冰川具有特殊的蠕移方式，特点是能力大。随冰川的缓慢运动，大至万吨巨石，小至土块砂粒，均可被冻结在一起进行悬移，或在冰底受到推移。

　　冰川承载能力比水和风大得多。冰川的搬运力主要取决于冰川的厚度，冰川厚度越大，规模越大，搬运力也越大。冰川能搬运数万吨大石块，直径大于1m的岩石碎块称漂砾。冰碛物中漂砾是常见的。

　　冰川有其独特的搬运方式：载运和推运。

载运：大多数冰碛物被冻结在冰川内部（包括冰川两侧及底部和中部），部分还分布在冰川表面。这些冰碛物随冰川流动被搬运，这种搬运方式称载运。以载运方式搬运的冰碛物在搬运过程中相互之间没有碰撞，也无摩擦，因此冰碛物载运过程既无分选作用，也无磨圆作用。

推运：冰川末端（前端或冰舌）向前推进时，似推土机那样将冰床上的岩屑推向前方的方式称推运。被推运的冰碛物互相碰撞，可出现磨细现象和擦痕。

从载运和推运的特点看，冰川搬运方式以载运为主。

（4）海浪搬运作用　海浪搬运只在近岸浅水带内发生，具有四种搬运方式。当外海传来的波浪进入水深小于1/2波长的浅水区时，波浪发生变形，不同部分水质点运动发生差异。在海底附近，水质点由原来所作圆周或曲线运动变为仅作往复的直线运动，并且向岸运动的速度快，向海运动的速度慢。这种速度上的差异，使得波浪扰动海底所挟带的碎屑物质发生移动，其中粗粒物质多以推移和跃移方式向岸搬运，细粒物质多以悬移方式向海搬运，最后在水深小于临界水深的地方，波浪发生破碎，所挟带来的物质堆积下来。由于波浪的瞬时速度快，能量一般较高，搬运物多为较粗的砂砾。潮流和其他各种海流与波浪不一样，在较长时间内作定向运动，流速也较慢，故搬运的物质多为较细的粉砂和淤泥，呈悬浮状态运移。潮流作用使细粒淤泥质向岸运动，而粗粒向海运动。

2.3.4　沉积作用

沉积作用有狭义和广义两种。狭义沉积作用是指原始物质在地表的搬运和堆积，有时也特指被搬运物质的"沉降"或"静止"这个具体行为。广义沉积作用泛指在古今地壳表层（从地表到地下一定深度）常为常压下任何疏松或固结堆积体（残积物、沉积物和沉积岩）的所有形成作用。在本书中，如无特殊说明，沉积作用和沉积物都是在狭义范围内使用的。沉积作用的结果是形成沉积物和沉积矿产以及由沉积物组成的沉积地形，沉积作用从建造方面改变着地表的面貌。按沉积方式，可将沉积作用分为机械沉积作用、化学沉积作用和生物沉积作用。

（1）机械沉积作用　机械沉积作用是指被搬运的碎屑物质，因为介质物理条件的改变而发生堆积的过程。这种介质物理条件的改变，包括流速、风速的降低和冰川的消融等，受重力支配。重的物质搬运距离近且先沉积，轻的物质搬运距离远且后沉积。由母岩风化产生的碎屑物质和不溶残余物质就是通过物理沉积作用离开它们的诞生地，分散到地表其他地方形成沉积物的。

（2）化学沉积作用　化学方式的搬运物按化学方式沉淀，称为化学沉积作用，它受化学反应的规律支配。在真溶液中难溶物质先沉淀，易溶物质后沉淀；水中胶体质点的沉积是通过与电解质的中和作用，或正、负胶体之间的中和作用，或水的蒸发作用等。

化学沉积作用的前提是物质在水中离解成离子或细分散成胶体成为真溶液或胶体溶液。这种物态的转变在任何有水的地方都可发生，主要发生在地表风化带中，是靠风化时的化学反应实现的。由于水具有极强的流动性和浸润性，也由于离解离子和胶体离子具有自动均一—它本身在溶液中浓度的趋势，所以它们一旦进入到水中就已处在了迁移（或被搬运）状态。宏观上，搬运是随地表和地下径流向汇水盆地进行的、而湖泊和海洋则是它们最重要的存贮库。搬运进程中，若遇条件适宜，它们之中的相关成分就会彼此结合，再次通过物态转变形成某种矿物而沉淀出来。显然，由化学沉积作用形成的矿物都是自生矿物。

（3）生物沉积作用　与生物生命活动及生物遗体紧密相关的沉积作用称为生物沉积作用。生物的沉积作用可表现为生物遗体直接堆积；另外还表现为间接的方式，即在生物的生命活动过程中或生物遗体的分解过程中，引起介质的物理、化学环境发生变化，从而使某些物质沉淀或沉积。

2.3.5 成岩作用

通常所说的成岩作用是指沉积物沉积后至岩石固结，在深埋环境下直到变质作用之前发生的物理、化学的变化，以及埋藏后岩石又被抬升至地表或接近地表的环境中所发生的一切物理、化学变化。直到固结为岩石以前所发生的一切物理的和化学的（或生物）变化过程。成岩作用的结果是使沉积物形成沉积岩和沉积矿产。成岩作用的主要方式有压固作用、胶结作用、重结晶作用和交代作用等。

（1）**压固作用**　压固作用是在压力的作用下使疏松的沉积物不断压实、固结成岩的一种作用。压力的来源是上覆沉积物的重力和水体的静水压力。因此压固作用的强度与上覆沉积物的厚度、压力作用的时间长短有关。压固作用的效果视沉积物的粒度而异，粒度细小的软泥沉积物最易压固，如新鲜软泥的孔隙率可达 80%，被压固成岩的页岩孔隙率小于 20%。在沉积地区，随着沉积作用不断进行，沉积物越积越厚，上覆沉积物的重量就越来越大，因而产生强大的压力，使下面的沉积物孔隙率减小，密度增大，体积缩小，其颗粒孔隙中的水分也被排挤出去，产生脱水作用，沉积物的颗粒之间彼此紧密接触，增大了颗粒间的附着力，沉积物变得致密坚硬起来。这种使松散沉积物紧密固结和失去水分的作用，叫做压固脱水作用。

（2）**胶结作用**　胶结作用是指松散的碎屑颗粒被胶结物质黏结起来形成岩石的一种作用。砾石、砂粒等碎屑物质一旦被胶结物胶结，就固结成为坚硬的岩石。最常见的胶结物质是黏土矿物、方解石、蛋白石、玉髓、石英、赤铁矿、石膏等。

胶结作用的强烈程度取决于胶结物的成分与含量，胶结物含量少而为黏土质时，胶结作用弱；而胶结物含量多而为硅质或者铁质时，胶结作用强。

胶结作用的强度还与沉积物形成的地质时期有关。一般地说，古近纪以前形成的沉积物胶结作用强，大多数已胶结成为坚硬的岩石；而新近纪以后的沉积物胶结作用弱，一般未胶结成岩，或未胶结成为坚硬的岩石。但也有例外，据文献资料记载，某些寒武纪以后的粉砂沉积物还有的至今尚未被胶结，而在巴西现代海岸的某些砂礁则被碳酸钙胶结得像石英岩一样坚硬。

（3）**结晶作用**　在成岩过程中，沉积物中的组分借助于溶解、局部溶解或固体扩散等方式，使物质中的质点重新组合，使细小颗粒逐渐合并成粗大晶粒的过程，称为重结晶作用。沉积物通过重结晶作用，不仅可以使沉积物固结成为岩石，同时也可形成新的结构和构造。例如，非晶质的蛋白石（$SiO_2 \cdot nH_2O$）经过脱水之后，可变为隐晶质的玉髓，再经过重结晶作用最后变为显晶质的石英。

在成岩阶段重结晶作用的产生及其强弱主要决定于原始沉积物的成分、质点大小以及成分的单一性等。一般情况下，沉积物的颗粒越细，溶解度越大，成分越均一，则其重结晶作用越强烈；容易发生重结晶的沉积物为真溶液物质，如碳酸盐、盐类、黏土矿物以及胶体 SiO_2 等。沉积物中各种矿物重结晶的次序与矿物的密度有关，密度大、分子体积小的矿物先发生重结晶作用。所以，在沉积岩中晶体完好的和呈结核出现的往往是密度较大的矿物，如黄铁矿、白铁矿、菱铁矿、磷灰矿等。

（4）**交代作用**　交代作用是指一种矿物代替另一种矿物的现象。交代作用可以发生于成岩作用的各个阶段乃至表生期。交代矿物可以交代颗粒的边缘，将颗粒溶蚀交代成锯齿状或鸡冠状的不规则边缘，也可以完全交代碎屑颗粒，从而成为它的假象。后来的胶结物还可以交代早成的胶结物。交代彻底时，甚至可以使被交代的矿物影迹完全消失，沉积物的面目全非，岩石的结构亦发生变化，与此同时，岩石的孔隙率和渗透率也会发生相应的变化。

交代作用的实质是体系的化学平衡及平衡转移问题。当体系内的物理化学条件（温度、压力、浓度、流体成分、pH 值、Eh 值等）发生改变时，原来稳定的矿物或矿物组合将变得不稳定，发生溶解、迁移或原地转化，形成在新的物理化学条件下稳定存在的新矿物或矿物组合。

2.4 内外力地质作用的相互关系

内力地质作用与外力地质作用是彼此独立而又相互依存的。内力地质作用对地壳的发展占主导作用，引起地壳的升降，形成地表的隆起和凹陷，从而改变了外力地质作用的过程。外力地质作用、风化为剥蚀创造了条件，又为沉积提供了物质来源。错综复杂的地质作用，形成了各种成因的地形地貌。

2.4.1 地壳上升与剥蚀作用

剥蚀作用是外力地质作用对地壳表层的物质和结构破坏作用的总称。剥蚀作用的强弱不仅依赖于诸外动力能量的大小，而且与自然地理和地质构造条件密切相关。一般地形愈高、起伏愈大的地区，剥蚀作用愈强烈。但是，地形的高低起伏，主要是由地壳运动的性质和强度决定的。即地壳上升越快、幅度越大、持续时间越长的地区，必然地形愈高，相邻地区的地壳运动差异性越大，则地形起伏也越大，这样的地区，剥蚀作用也特别强烈。这是剥蚀作用与上升运动的统一关系。

由于剥蚀作用的结果是降低地形高度，减小地形起伏；而地壳运动的结果总是进一步产生新的地形起伏。剥蚀作用力图抵消地壳运动造成的地形差异，这就是两者的矛盾关系。

地壳上升的速度与剥蚀的速度是不会相等的，当地壳上升速度超过剥蚀速度时高度才会增加。反之，地形愈来愈低。这就是地形演变的实质。

2.4.2 地壳下降与沉积作用

各种外力地质作用将其剥蚀产物带到低凹的地方沉积下来，海、湖及平原区的河床是接受沉积物的主要场所。但要形成大规模的沉积岩层，没有地壳下降是不可能的。地壳下降时，沉积作用加强，同时沉积物力图补偿地壳下降，这就是两者之间的矛盾和统一关系。地壳下降速度与沉积作用速度之间的相互关系，是决定沉积岩类型、厚度和分布的主要因素。

2.4.3 地壳物质组成的相互转化

组成地壳表层的三大类岩石——岩浆岩、沉积岩和变质岩，这三类岩石并非静止不变的东西，它们在内、外动力的作用下，是可以相互转化的。岩浆岩和变质岩是在特定的温度、压力和深度等地质条件下形成的，但随着地壳上升而暴露于地表，经风化、剥蚀、搬运等外动力的长期作用，在新的环境中沉积下来，形成沉积岩。而沉积岩随着地壳下降深埋地下，达到一定温度和压力时，也可以转变成变质岩，甚至转化成岩浆岩。

随着岩石的转变，岩石中的矿物也在不断变化，例如煤层或富含炭质的沉积岩，在遭受强烈变质后，可以形成石墨。岩浆岩和变质岩中常有多种稀有的放射性矿物，呈分散状态存在，不便于开采和利用，经过剥蚀、搬运、沉积等外力地质作用后，常富集成为砂矿床。

2.5 其他地质作用

2.5.1 风的地质作用

2.5.1.1 风力作用

风是大气水平运动的一种形式，它所具有的动力称为风力。风力（$P = cv^2/2$）的强弱取决于风速。当风刮过地面时，对地面产生一系列的作用，如吹蚀地面、扬起沙尘、堆积物质等，这些作用称为风力作用，包括风的剥蚀作用、搬运作用和沉积作用。风力作用是干旱气候区主要的地质营力，也是风力地貌形成的主要动力。当风扬起地面的砂粒，并随风而动时，就形成了风沙流。风沙流是风力作用的一种特殊的运动介质，是很多风力剥蚀地貌形成

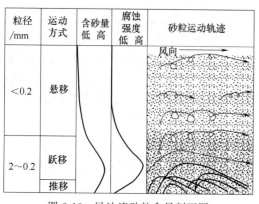

图 2-18　风沙流砂粒含量剖面图

的重要动力。风沙流中的砂粒含量和粒径虽受风速的影响，但始终具有从地面向上含量递减的规律（图 2-18），而且砂粒主要集中在距地面 50cm 范围内（表 2-3），并很活跃。

（1）风的剥蚀作用　风的剥蚀作用，简称为风蚀作用，就是风以自身的动力和夹带的砂粒对地面岩石进行破坏并将其剥离原地的过程，是纯机械的破坏。风蚀作用以吹扬作用和磨蚀作用两种方式不断破坏地表，形成各种剥蚀地貌。

吹扬作用，是指风以自身的动力将地面的沙尘扬起带走，使地面下凹的过程。风速及运动形式对吹扬作用影响较大，风速大于 4m/s 时，可扬起 0.25mm 粒径的砂粒（表 2-4），大于 5m/s 时，可将粉砂垂直拾升到 3000m 的高空，龙卷风更容易扬起地面上的重物质。吹扬作用可引起沙尘天气。按大气中尘沙的含量和能见度不同，沙尘天气分为浮尘、扬沙、沙尘暴。浮尘是在空气中含浮游的尘沙，出现时远方物体呈土黄色，水平能见度小于 10km；扬尘是空气尘沙含量较高，空气相当混浊，能见度明显下降，水平能见度在 1km 到 10km 之间；沙尘暴是空气含大量的尘沙，空气非常混浊，水平能见度小于 1km，当水平能见度小于 500m 时，为强沙尘暴。吹扬作用不仅把细小的物质吹走，残留下基岩、砾石、砂等，形成岩漠、砾漠和沙漠，而且使地面降低，形成风蚀洼地、风蚀湖等。

表 2-3　不同高度气流层内搬运的砂量

风速/(m·s⁻¹)	9.8							5				
高度/cm	0~10	10~20	20~30	30~40	40~50	50~60	60~70	3.6	3.6~7.2	7.2~10.8	10.8~14.4	14.4~32.4
含砂量/%	79.32	12.30	4.79	1.50	0.95	0.74	0.40	43.0	31.0	16.1	6.5	3.4

表 2-4　不同粒径颗粒的起动风速（距离地面 2m 高处）

起动风速/(m·s⁻¹)	粒径/mm	粒级名称
0.10~0.25	4.0	细砂
0.25~0.50	5.6	中砂
0.50~1.00	6.7	粗砂
1.00~2.00	9.0	极细砂
>2.00	>9.0	砾石

磨蚀作用，是指风以夹带的砂石对地面的磨蚀过程，其营力介质就是风沙流。鉴于风沙流含砂特征，磨蚀作用以接近地面部位磨蚀作用最强，但近地面处是减弱的，因为受地面摩擦阻力的影响，砂粒的运动速度要减慢，动能减小，冲击力变弱。

（2）风的搬运作用　风的搬运作用就是风将剥蚀下来的物质从一个地点搬运到另一个地点的过程。其搬运方式有三种，即推移、跃移和悬移。细砂及更粗的砂粒以推移和跃移的形式搬运最多，而粉砂和黏土则主要以悬浮的形式搬运。推移是以砂堆向前蠕动的形式移动，因此又称蠕移，其运动速度慢，一般为 1~2cm/s；跃移是风力搬运作用最活跃的一种形式，主要集中在距地面 0.5~1.5m 范围，其速度快，一般可达数十到数百厘米每秒，运砂量较高（表 2-5）；悬移则把尘土搬运得很远，几十至上万千米，甚至可绕地球搬运数圈也不沉积下来。

表 2-5　气流中跃移和悬移砂量比较

2m 高处风速 /(m·s⁻¹)	总输砂量 /(g·m⁻¹)	悬移		跃移	
		砂量/(g·m⁻¹)	/%	砂量/(g·m⁻¹)	/%
5.0	0.78	0.24	31	0.54	69
6.0	1.39	0.31	22	1.08	78
7.0	2.83	0.59	23	1.94	77
8.0	4.05	0.82	20	3.23	80
9.0	6.19	1.15	19	5.04	81
10.0	9.42	1.86	19	7.56	81
平均			22		78

（3）**风的沉积作用**　风的沉积作用是指被搬运的物质随风的动力减小而沉积下来的过程，沉积物构成各种堆积地貌，如沙丘、沙垄等。风的沉积作用包括遇阻沉积和沉降沉积，遇阻沉积就是风在向前搬运过程中，遇到地面障碍物使风力减小而发生的沉积作用，如沙丘的形成过程，其障碍物可以是树、大砾石、残丘等。沉降沉积是指由于大气运动整体速度减慢，被搬运物质从大气中垂直降落到地表的过程。这种方式多为尘土的沉积形式，几乎不受小地形影响，主要受大的地貌单元影响，如受东西向秦岭山脉的影响，在黄土高原沉积形成大面积的台地地形。气流中颗粒的沉降速度与粒径关系非常密切，粉砂粒级以下的黏土沉降速度很慢（图 2-19）。

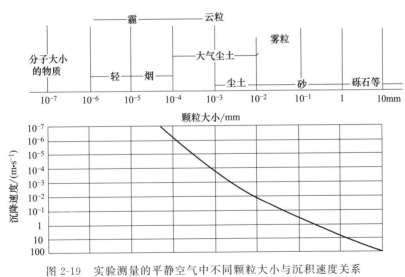

图 2-19　实验测量的平静空气中不同颗粒大小与沉积速度关系

2.5.1.2　风蚀地貌

在干旱气候区，地表植被覆盖少，基岩或第四纪沉积物裸露，在风蚀的作用下可形成各种风蚀地貌。

（1）**风蚀洼地和风蚀湖**　风的吹扬作用不断将地表物质吹走，使地面下凹，形成椭圆形或新月形的洼地，称风蚀洼地。风蚀洼地多形成于地表松软的地区，如湖积物、冲积物等覆盖区。在平面上，风蚀洼地逆风的一端呈流线形，而顺风的一端则不规则。在沿风向的剖面上，它的背风坡较陡，可达 30°，而迎风面较平缓（图 2-20）。单纯由风蚀作用形成的风蚀洼地，其直径一般在 10m 左右，深约 1m。如果加之地面流水的侵蚀作用，洼地深度可达十多米，直径近百米。

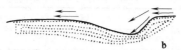
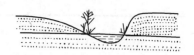

| (a) 风蚀洼地素描图 | (b) 风蚀洼地剖面图 | (c) 风蚀湖剖面图 |

图 2-20　风蚀洼地和风蚀湖

当风蚀洼地不断加深，底部切至潜水面，或地面流水在此聚集，可形成风蚀湖，如敦煌的月牙湖。

（2）**风蚀穴、风蚀壁龛和风蚀蜂窝石**　风蚀穴是风携带的砂粒不断撞击和磨蚀岩石的表面形成的凹坑或洞穴。如果风蚀穴发育在陡峭的岩壁上，而且规模也比较大，就称风蚀壁龛。如果岩壁表面发育很多的风蚀穴或风蚀壁龛，或在兀立的岩柱上也是如此发育，其表面结构形似蜂窝，称风蚀蜂窝石。这类地貌多发育在沙漠的边缘，风蚀谷地中。

图 2-21　风蚀蘑菇石

（3）**风蚀蘑菇石和风蚀柱**　风蚀蘑菇石是风沙流对兀立的岩石不断磨蚀的结果。由于风沙流近地面的砂粒含量高，其磨蚀作用强于上部，兀立的岩石在风沙流的长期磨蚀下，下部的直径不断变小，就形成像蘑菇状的岩石地貌（图 2-21）。如果岩石或第四纪堆积物的垂直节理发育，经风的磨蚀作用以及重力崩塌，形成孤立的岩石或堆积物的柱状体，称风蚀柱，在黄土地区风蚀柱较为常见。

（4）**风蚀谷和风蚀城**　风对先前形成的谷地不断吹蚀和磨蚀，将其改造成一种奇特的谷地，即风蚀谷。风蚀谷与河谷和冰蚀谷在形状上有很大的不同，其特征：①在平面上，谷地蜿蜒曲折，宽窄不一，既可狭长，也可宽阔，支谷与主谷随意相交，毫无规律性，极为复杂；②在横剖面上，为"葫芦"形，即近谷底较宽，而向上变小，两壁多较陡直；③在纵剖面上，谷地凹凸不平，甚至支谷低于主谷，谷口高于内部；④在谷壁上常发育风蚀穴、风蚀壁龛；⑤谷底有崩塌堆积物。

随着风蚀谷的不断扩大，两谷地间凸出的垄地变窄，经过风的吹扬和磨蚀作用，形成突出地面的风蚀残丘。如果在垂直节理发育的黄土地区，或水平层理发育的沉积物地区，经风蚀作用后形成高低错落的风蚀残丘，远观似城堡的残垣断壁，即风蚀城。

（5）**风蚀垄槽**　风蚀垄槽，即雅丹地貌，最初是指形成于塔克拉玛干沙漠东北部，由干涸的湖底沉积物干缩形成的龟裂，再经风蚀作用改造形成的沟垄纵横的地形（图 2-22）。雅

图 2-22　风蚀垄槽

丹为维吾尔语，意为"险峻的土丘"。这种地貌风蚀沟壑纵横，断垣残丘经纬，似迷宫状，它既可由湖泊沉积物改造而来，也可由洪积物、冲积物风蚀成。由于沟壑都是风蚀谷，其深浅、宽窄、长短都不一样，当风从地面刮过时，会发出各种奇怪、恐惧的声音，其在我国准噶尔、柴达木、塔里木等盆地都有发育。

2.5.1.3　风积地貌及风成沙

本节的风积地貌是指风成沙堆积形成的地貌。当风沙流前进遇到阻障时，如树、大砾石、山丘、高地形等，砂粒就堆积下来形成特殊的地形，即风积地貌。风积地貌的形态变化

很大，主要受风沙流的速度、风向、含砂量以及障碍物的规模等因素影响。通常是按地貌形成与风向的关系进行分类。

（1）**单向风形成的堆积地貌**　这种风力堆积地貌主要是在单向风或几个相近风向作用下形成的，有人称为信风型风积地貌。多为单个形态比较完整的沙丘地形，如沙堆、新月形沙丘、抛物线沙丘、纵向沙垄等（图2-23）。

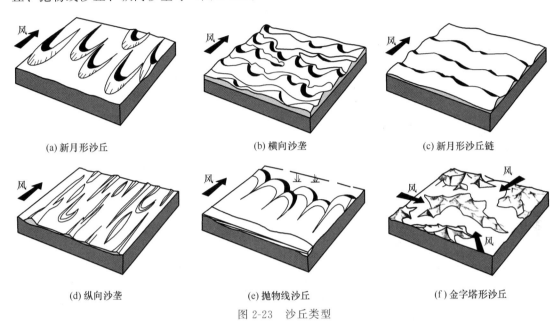

(a) 新月形沙丘　　　　　(b) 横向沙垄　　　　　(c) 新月形沙丘链

(d) 纵向沙垄　　　　　(e) 抛物线沙丘　　　　　(f) 金字塔形沙丘

图 2-23　沙丘类型

① 沙堆。当风沙流前进遇到障碍时，一部分砂粒先在障碍物的背风面或迎风面沉积下来，形成不规则的沙体，即沙堆（图2-24）。随着砂粒在障碍物两侧沉积，沙体的增大，最终可将障碍物覆盖。这种沙堆的规模不大，也不稳定，多发育在沙漠的边缘，是沙漠向外扩展的前奏，也是沙丘形成的初始形态。

② 新月形沙丘。新月形沙丘是由盾形沙丘改造而来的，其平面形态为新月形，有一个较锐利的沙脊，迎风面缓，坡角在5°～20°，为流线形，发育小的沙波纹，砂粒较紧实；而背风坡陡，坡角可达28°～34°，接近砂粒堆积的休止角，为向逆风方向的弧形，砂粒松软，在顺风方向有两个向前伸的翼角［图2-23（a）］；新月形沙丘的规模不大，高一般为几米到几十米，最高可达30m，宽度一般为100～300m。在沙漠及其边缘、干河谷、荒漠盆地等都可发育。

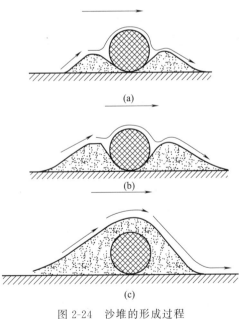

(a)

(b)

(c)

图 2-24　沙堆的形成过程

当沙堆形成并突出地表后，就改变了沙堆周围的气流压力和大气运动形式。风沿迎风坡而上，并不断加速，在坡顶（沙脊）达到最大；当它越过坡顶，由于垂向空间增大，导致风速减小，而且在背风坡的垂直方向上从上到下是减速的，气压由上至下逐渐增大，在坡脚恢复正常，其结果在背风坡形成一个水平轴向的涡流（图2-25）。迎风坡的砂粒不断被风吹

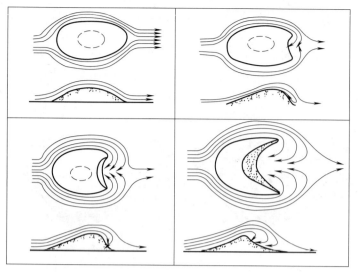

图 2-25 新月形沙丘的形成过程

蚀，向前搬运，堆积在背风坡，而背风坡又在涡流的作用下不断变陡，马蹄形凹地不断扩大，使沙丘在顺风方向上变短增高。同时，在水平方向上气流被沙堆分成两股在沙堆两侧向前运动的气流，当运动到背风坡两侧时，由于风速的减慢和摩擦拖曳力的影响，在背风坡的两侧形成垂直轴的涡流（图 2-25）。在涡流的作用下，使被该落在背风坡脚的砂粒搬运到沙丘两侧前方堆积，形成顺风方向延伸的两个翼角，并随着这种作用的继续，两个翼角不断扩大和向前拉长，就形成新月形沙丘。新月形沙丘是沙漠中常见的沙丘形态，常成群分布，横向既可相连，也可单独存在，在沙丘之间形成丘间低地，有时有植物生长。

新月形沙丘在形成过程中和形成以后，在风的作用下不断将迎风坡的砂粒向背风坡搬运、沉积，并形成倾向与背风坡一致的大型斜层理，同时背风坡的两个翼角也向前延伸，使沙丘不断向前移动。新月形沙丘的移动速度与风力、供砂量、砂粒含水性及植被有关。观测表明，沙丘的移动速度与沙丘高度成反比，而与沙丘间的距离成正比。即沙丘越低，间距越大，其移动的速度就越快（表 2-6）；反之就越慢。

表 2-6 不同高度沙丘的运动速度（甘肃金塔）

沙丘高度/m	3	4	5	6	7	8	9	10	11	12	13	14	15
运动速度/m·a^{-1}	12.1	11.5	10.3	10.1	9.5	8.9	8.3	7.6	6.9	6.4	5.7	5.1	4.4

③ 抛物线沙丘。在表面形态上，抛物线沙丘与新月形沙丘有些相似，但形成机理完全不同。在平面上，为抛物线形，伸出的两个翼角指向逆风方向，顺沙丘弧顶的指向与风的运动方向一致 [图 2-23（b）]，这与新月形沙丘正好相反。在纵剖面上，迎风坡（凹入一侧）与背风坡（凸出一侧）的坡度差别不大，也比较对称，不如新月形沙丘差别大，沙丘高在 2～8m。抛物线沙丘是由横向沙垄改造而来的，当前进的沙垄局部遇到障碍时而停止，而未受阻的部分继续向前，使沙丘形成向前的弧形（图 2-26）。随着风的继续作用，弧顶继续前移，两翼角逐渐拉长和变细，弧顶的弧度不断增大就形成了抛物线沙丘。如果风力作用强，弧顶在前进的过程中，不断变细和变长，形如发针，即形成发针形沙丘。如果风力继续增大，使弧顶继续前移并变细，最终断开，形成两条平行的沙丘，称纵向双生沙垄。

④ 纵向沙垄。纵向沙垄是指顺着主要风向延伸，较为窄长平直的垄状沙体 [图 2-23（c）]。纵向沙垄在不同的部位形态有所不同，在沙垄的前端具有明显的迎风坡和背风坡，较

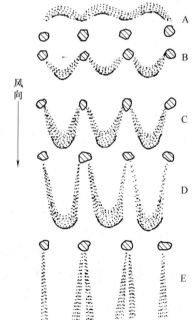

图 2-26 抛物线沙丘及形成过程

高大；而在沙垄的中部，垄脊平缓，两侧的斜坡对称；在沙垄的尾部沙垄低缓。沙垄的规模各地不一，高一般在 10～30m，最高可达 100～200m。

纵向沙垄的成因有四种观点：a. 由新月形沙丘发展而来（图 2-27），当两个以锐角相交的风作用于新月形沙丘时，沙丘的一翼沿主要风向延伸，另一翼缩短，形成纵向沙垄；b. 由草丛沙堆发育而成，两个或两个以上的草丛沙堆同时顺主要风向延伸，相互连接即可形成纵向沙垄；c. 由单向风和龙卷风相互作用形成，龙卷风在单向风的作用下，沿着地面呈水平螺旋状的前进，风从低地将砂粒吹起堆积在两侧沙堆的顶部，逐渐形成纵向沙垄；d. 由地形条件控制而成，在山口或垭口附近，单向风力特别强烈，风沙流的含砂量高，可形成顺风向延伸的纵向沙垄。

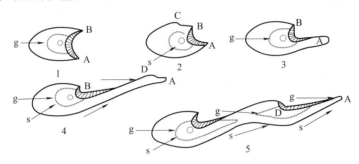

图 2-27　纵向沙垄的形成过程
1、2、3、4、5—沙垄发育阶段；A、B、C、D—沙丘翼角；g—盛行风；s—另一斜交风向

（2）双向风形成的堆积地貌　这种风力堆积地貌，是由两个方向的风作用下形成的，又称季风-软风型风积地貌。两个风向既可以斜交，也可以反向。形成的地貌多为沙丘链或沙垄，规模比较大。常见的形态有以下几种。

① 新月形沙丘链。新月形沙丘链是在两个方向相反的风交替作用下形成的，其中一个方向的风较强，是形成新月形沙丘形态的主导风向。这种沙丘链由多个新月形沙丘的翼角横向连接而成［图 2-23（a）］，它们既可平行连接，也可前后连接，因此在沙丘之间有些洼地。沙丘链高一般为 10～30m，长几百米至几千米，其延伸方向与主导风向垂直。

② 横向沙垄。横向沙垄是一种巨形的复合新月形沙丘链［图 2-23（a）］，长 10～30m，高 50～100m，最高可达 400m。沙垄横向延伸与风向垂直，整体比较平整，两侧不对称，背风坡陡，迎风坡平缓，其上常发育小型的沙丘链或新月形沙丘。这种沙垄的形成需要风力大、砂源丰富。

还有一种横向沙垄发育在山区地带，其规模也比较大。当风向前运动遇到山体时产生一个反射波，反射波与原来风相遇造成风速减慢，砂粒沉积，形成横向沙垄。

③ 梁窝状沙地。梁窝状沙地是隆起的沙脊梁和半月形的沙窝相间组成［图 2-28（b）］。当两个风向相反而风力不等的风的交替作用下，形成摆动前进的横向新月形沙丘链，如果在略有植被覆盖的地区，其沙丘链前进受阻，而没有受阻的沙丘继续前进与另一部分沙丘连接时，就形成梁窝状沙地。

（3）多向风形成的堆积地貌　这种风力堆积地貌的形成与运动的气流受到干扰形成多方向的风有关，其中最典型的是金字塔形沙丘，在塔克拉玛干沙漠的南部就有发育。当有三个或三个以上方向风力相近的风交叉时，它们相互抵触造成砂粒沉积形成金字塔形沙丘。金字塔形沙丘为锥状沙丘，有三个或三个以上的三角形面，每个面代表一个风向，坡度在 30°左右，沙体高 50～100m，外形似埃及的金字塔，因此而得名。

（4）龙卷风形成的堆积地貌　在夏季，地表温度的剧烈变化以及地形的影响，在沙漠中

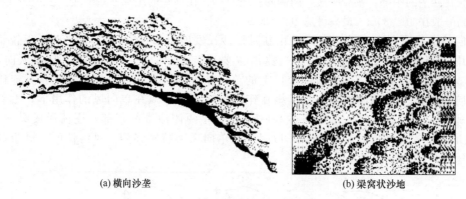

| (a) 横向沙垄 | (b) 梁窝状沙地 |

图 2-28　横向沙垄和梁窝状沙地

易形成龙卷风。强烈的龙卷风吹蚀沙地，在龙卷风的部位把砂粒吹走，形成一个洼地，而被吹蚀的砂粒在洼地的周围堆积形成丘状沙埂，这就形成具有代表性的地貌——蜂窝状沙地。在一定的范围内，蜂窝状沙地是由很多圆形或椭圆形沙窝和围绕沙窝的丘状沙埂构成的。这种地貌在温带的荒漠中最为常见。

　　(5) 风成沙　由风力搬运并沉积的沙堆积物称为风成沙，是沙漠中最主要的堆积物。由于风的黏滞力小，风速和风向变化快，受局部地形影响明显，而且风力作用强的地区一般干旱少雨，化学风化作用弱，因此风成沙具有以下几个方面的特征。

　　① 风成沙矿物组成特征。风成沙主要由石英和长石构成，其含量达 90% 以上，含少量的重矿物，而易磨损的矿物经风搬运大都磨成更细小颗粒被吹扬到更远的地方，如云母在风成沙中就很少见。由于形成风成沙的地区气候干燥，一些易被化学风化的矿物可在风成沙中出现，如辉石、角闪石等。另外，在风成沙中含石膏、碳酸钙以及其他盐类沉积物质。

　　② 风成沙粒度特征。风成沙的粒径一般只限于 2mm 以下，主要集中在 0.01～0.50mm 范围，其中 0.10～0.25mm 的细砂部分含量最高（图2-29），而粉砂、黏土的含量一般不超过 10%，所以风成沙的分选性很好，优于海滩沙、湖沙、河流沙，这是出于风的黏滞力小，又有很强的分选性。在粒度频率曲线上，风成沙常为单峰态。在正态概率曲线上，风成沙呈粗三段或多段式，推移组分<2Φ（>0.25mm）跃移组分为 2～3Φ（0.25～0.125mm），悬移组分>3Φ（<0.125mm）。推移和跃移组分占 90% 以上，悬移组分低于 10%。

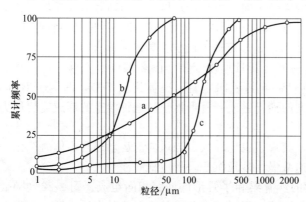

图 2-29　风成沙累积曲线与其他成因沉积物累积曲线对比
a—冰碛物；b—黄土；c—风成沙

　　③ 风成沙形态特征。风成沙的磨圆一般都较好，尤其是大于 0.5mm 的砂粒，但很少有滚圆的颗粒。在搬运的过程中，风成沙以跃移形式最活跃，导致砂粒间发生频繁的高能撞击，在表面形成密的麻坑、碟形坑、裂纹等，砂粒表面无光泽，呈毛玻璃状，这种现象只限于较大的砂粒，而小于 0.1mm 的颗粒这种现象不明显。

　　④ 风成沙层理特征。风成沙的层理发育，其中以斜层理为主，夹微薄的水平层理。在新月形沙丘中，在顺风纵剖面上，斜层理大多向背风坡倾斜，倾角为 26°～34°，下界面也向

下风方向倾斜，倾角为 $2°\sim6°$ [图 2-30（a）]；在垂直风向的横剖面上，沙丘两翼的斜层理的倾角较小，为 $12°\sim23°$，下界面近于水平。在纵向沙垄中，斜层理的倾向与沙垄的走向成正交，层理倾角多为 $23°\sim34°$，沙垄两坡坡脚附近层理的倾角很小，近乎水平 [图 2-30（b）]。在横向沙丘垂直沙脊走向的剖面中，斜层理多为板状，前组薄层长而平整，均倾向下风方向，倾角为 $30°\sim34°$ [图 2-30（c）]，而在沿沙脊走向的剖面上，层理和界面近于水平。

⑤ 风成沙生物化石特征。风成沙生物化石非常稀少，几乎不含动物化石，有时含喜干的植物花粉，如怪柳、胡杨、骆驼刺等。

2.5.2 冰川地质作用

在现今的一些高山或高纬度的大陆区，发育有冰川，尤其在南极或北极地区，冰川的厚度可达数千米，面积达上千万平方千米，目前大陆上的冰川分布面积占陆地面积的 10％左右。冰川虽然是固态的，但能运动，在其运动过程中对陆地表面具有强烈的破坏

(a) 新月形沙丘

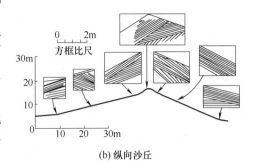

(b) 纵向沙丘

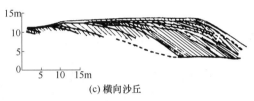

(c) 横向沙丘

图 2-30　各种沙丘的斜层理

作用，形成各种形态的地貌，而在适当的位置，冰川融化后会形成一些堆积物。在第四纪时期，气候存在冷与暖的剧烈波动，在寒冷时期，冰川大规模扩展，可覆盖大陆面积约 1/3，在一些中纬度的低海拔山地都曾经发育过冰川，因此也留下了冰川地貌及冰川堆积物。

在冰川作用的前缘地区，虽然没有冰川发育，但气候寒冷，年均气温在 0℃以下，土层或岩石表层裂隙中的水冻结，形成冻土。土层或岩石表层中的水会随着气温的变化而发生冻结和融化，对土层或岩石表层产生作用而形成冻土地貌，如在青藏高原发育大量的冻土地貌。对冻土地貌的研究不仅具有工程方面的意义，而且还有第四纪古气候研究方面的理论意义。

2.5.2.1 冰川的形成、运动及类型

（1）冰川的形成　冰川形成于气候非常寒冷的地区，年均气温至少要低于 0℃，因此目前的冰川只分布在高山和高纬度大陆地区。除温度对冰川形成有影响外，降雪量也是一个重要的因素，因为冰川是由降雪逐年积累转化而来的，也就是说每年的降雪量要高于每年的消融量，否则不可能有多余的雪累积。控制降雪积累区有一条界线，称雪线，是指降雪区的年降雪量等于年消融量的界线，此线以上年降雪量大于年消融量，一年中有降雪的积累，是积雪区，有可能形成冰川。雪线的高低在不同地区变化很大，主要受气候、地形、坡向等因素的影响，如降雪量大，雪线会降低。因此，在喜马拉雅山地区，其南坡雪线（5500m）就比北坡的雪线（6000m）低，而且从西部向东部也是降低的。但要注意，雪线是终年有积雪区的下部界线，而不是冰川存在的下部界线。

在积雪区，降雪积累逐渐压实，经过一系列的变化阶段形成冰川冰，这个过程称为成冰作用。在重力的作用下，冰川冰就开始运动，形成冰川。成冰作用在不同的地区其特点不同。在干旱低温的大陆性气候区，以降雪的压实作用为主，雪粒相互黏结，成冰速度较慢，这被称为冷型成冰作用，我国的冰川都属于这种类型。在降雪量和气温都较高的海洋性气候

区，以降温-融化-再冻结过程占优势，有融水的参与，成冰的速度较快，这被称为暖型成冰作用，如接近海洋的大陆冰川。

(2) 冰川的运动 冰川运动的最主要动力是重力，在高山区的冰川从高处向低处运动，在高纬度的大陆冰川从冰盖的中心（冰川厚的地方）向四周（冰川薄的地方）运动。冰川的运动有两种方式，第一种称为基底滑动，是冰川借助与冰床基岩表面上融水的润滑和浮托作用，沿着冰床向前滑动，山岳冰川以这种运动形式为主；第二种称塑性流动，是由于在冰川的压力下，构成冰川的冰晶发生平行晶粒底面的粒内剪切蠕变，致使冰晶向前错位，其宏观表现就是整个冰川缓慢地向前蠕动。这种运动形式在越厚的冰川中，越是明显。

冰川运动速度非常缓慢，一般情况下每年只能向前运动几十米或几百米，极个别的大陆冰川可能达 1~2km。总体而言，大陆冰川的运动速度高于山岳冰川，厚的冰川快于薄的冰川。在冰川内部的不同部位运动速度也有差异（图 2-31），在横剖面上，中间的速度高于两侧的速度，而在纵剖面上，近底部的冰川运动速度最快。由于冰川运动速度缓慢，一般采用"标记"法和 GPS 测量的方法研究冰川的运动规律。

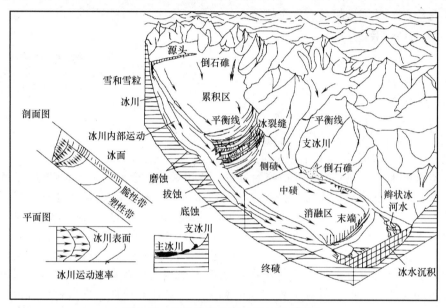

图 2-31 山岳冰川垂直分带与冰川运动

(3) 冰川的类型 根据冰川的规模、形态、地貌部位、地理环境等，可将冰川分为以下几种类型。

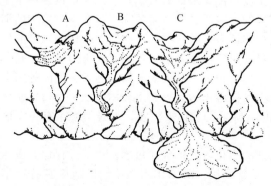

图 2-32 山岳冰川的类型示意图
A—冰斗冰川；B—山谷冰川；C—山麓冰川

① 山岳冰川。山岳冰川是指分布于中、低纬度高山地区的冰川。这类冰川规模较小，其形态受地形的控制，根据其发育的形态又可分为以下几种类型。

a. 冰斗冰川与悬冰川。冰斗冰川是指发育在雪线附近积雪洼地中的冰川（图 2-31），这种洼地称为冰斗，故称冰斗冰川。冰斗冰川的规模不大，大者达数平方千米，小者不到 1km²，是山岳冰川中最常见的类型，也是山岳冰川重要的发源地之一，多数山谷冰川都是由冰斗冰川提供冰川冰的。当冰斗中的积雪越来越多时，冰斗冰川的量就增加，部分从冰斗流出的冰川冰悬挂在冰斗口外的陡坎上，形成小的冰舌，即悬冰川。悬冰川形成于冰雪量不大的地区。

b. 山谷冰川。山谷冰川是指沿着先前形成的谷地中运动的冰川，呈带状分布。在有利的地形、气候条件下，降雪量丰富，冰斗冰川就源源不断地向外流出补给悬冰川，悬冰川将继续前行延伸到谷地中，并沿着谷地流动，这就形成了山谷冰川。山谷冰川长短不一，有的长达数十千米，或上百千米。

c. 山麓冰川。当气候寒冷，降雪量丰富时，山谷中的冰川继续向前流动，流出谷地在山麓地带扩展形成山麓冰川，也称山麓冰泛。如阿拉斯加的马拉斯平山麓冰川，由 12 条冰川汇合而成，山麓部分的冰川面积达 $2682km^2$，冰川最厚达 615m。山麓冰川的规模不等，当山麓冰川不断扩大或多个山麓冰川连接在一起时就向冰原或冰帽发展，是一种从山岳冰川向大陆冰川过渡的类型。

② 大陆冰川。大陆冰川是指发育在高纬度地区，规模较大的冰川。其规模和形态又可分为冰原、冰帽和冰盖。

a. 冰原。在地形较为平坦的分水岭及高原上、或高纬度地区，冰川的扩展和连接形成面积及厚度较大，表面平坦或下凹的冰体就称为冰原。冰原是大陆冰川中最小的一种类型，山岳冰川的扩大是可以向冰原发展的。

b. 冰帽。随着积雪的增多，冰原将进一步扩大，它的表面开始上凸发展成冰帽。冰帽的规模较冰原大，最大可达 5 万多平方千米，中心的厚度也可达几百米到上千米。在起伏和缓的高原上，形成面积较大（数十至数千平方千米）、较厚的冰川，称为高原冰川，也称冰帽或平顶冰川，如祁连山的敦德冰帽（最厚 167m），青藏高原西部的古里雅冰帽（最厚 350m，面积 $376.05km^2$）。高原冰川是介于山岳冰川与大陆冰川的过渡类型，冰面微凸或平坦，有时出露个别山峰。

c. 冰盖。当冰川的面积超过 5 万多平方千米，就是冰盖了。冰盖的厚度巨大，达 2～3km，如现今的南极洲冰盖中心厚达 3400m。冰盖的外形为盾形，故又称冰盾，冰川从中心向四周流动，基底地形的起伏对它的运动已无多大的影响。在第四纪历史上，北欧、西伯利亚和北美都出现过冰盖，由于冰盖保存了巨大的冰量，它的存在与否对全球的气候、海平面变化有着很大的影响。

冰川的规模是变化的，它与冰雪的积累和消融有关。除冰斗冰川外，其他冰川都有明显的冰雪积累区和冰川消融区。衡量冰川变化的一个重要指标称为冰川物质平衡，它是积累区中的冰雪积累量与消融区的冰雪消融量之比。而冰川的物质平衡是通过冰体运动机制来反映冰量变化的，这称为冰川的波动。若冰雪积累量大于消融量，就会源源不断地提供冰量，冰川就前进，称冰进；若冰雪积累量小于消融量，提供的冰量少，冰川后退，称冰退；若两者相等，冰川前缘的位置（冰舌）稳定，但不意味着冰川不运动，冰川运动到该位置刚好全部融化。由于冰川的消融量不好确定，但冰川的消融区和积累区是比较好确定的，因此人们就用冰川的积累区面积与消融区面积的比值来确定冰川是扩展了，还是退缩了。当这个值大于 0.6 时，冰川前进，在 0.3～0.6 之间，冰舌位置稳定；当小于 0.3 时，冰川后退。根据这个值的变化，还可以研究冰川变化与气候、海平面的关系，它也是气候变化的一个重要指标。

2.5.2.2 冰川剥蚀地貌

（1）冰川的剥蚀作用　冰川在运动过程中，以自身的动力和冻结其中的砾石对冰床表面和两侧基岩所产生的破坏作用被称为冰川的剥蚀作用，其作用特点类似用工具将冰床基岩机械地一层一层刮下，所以也称刨蚀作用。根据刨蚀作用的特点，又可分为挖掘作用（拔蚀作用）和磨蚀作用两种方式。

挖掘作用是指通过冰川的压力、融化和冻结，将冰床中的岩石弄碎并随冰川拔起带走的过程，也称拔蚀作用。这种作用使冰床不断加深，而且也变得凹凸不平。磨蚀作用是指冰川以冻结在其中的砾石为工具刮削冰床基岩的过程，这种作用的结果使冰床降低并变得光滑而平坦，如出现冰溜面、擦痕等。这两种作用在冰床的不同部位作用的强度有所不同，在冰川的源头地区和冰床的背面坡，挖掘作用显著；而在冰川的下游地区和冰床的迎面坡，磨蚀作用强盛。在冰川的活动地区，经挖掘作用和磨蚀作用可形成各种剥蚀地貌。

（2）**冰川剥蚀地貌**　根据地貌形态，冰川剥蚀地貌有以下几种（图2-33）。这些冰川剥蚀地貌主要见于山岳冰川作用区。

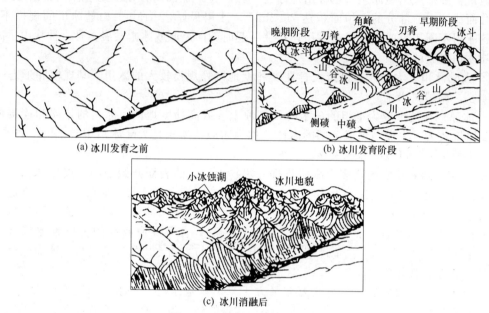

(a) 冰川发育之前

(b) 冰川发育阶段

(c) 冰川消融后

图 2-33　冰川剥蚀地貌组合图

① 冰斗、冰窖。冰斗是一种比较常见的冰川剥蚀地貌；形成于雪线附近，是雪蚀和冰川剥蚀的结果。其平面形态为椭圆形的围椅状，两侧和后壁（靠山峰）都比较陡直，向坡（谷地）下有一开口（图2-34），在开口处有一岩坎，称为冰坎（图2-34）。冰斗的形成是阵

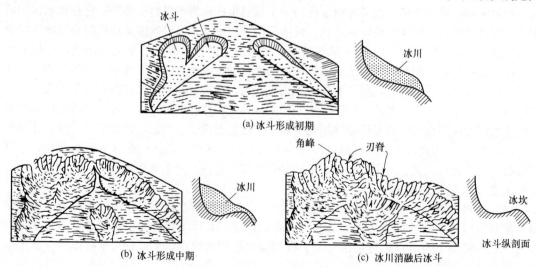

(a) 冰斗形成初期

(b) 冰斗形成中期

(c) 冰川消融后冰斗

图 2-34　冰斗的发育过程

雪积累和冰川发展的结果，当冰期来临气候变冷时，在雪线附近的一些小型洼地中开始积雪，并发生强烈的冰劈作用（冰雪的融化和结冰使岩石破裂），致使洼地加深，形成雪蚀洼地。雪蚀洼地有利于积雪的进一步积累并发展成冰川冰。在冰川冰的刨蚀作用下使雪蚀洼地的底部不断加深，而两侧和后壁不断后退变高、变陡；同时冰斗中的冰川冰在压力的作用下，从后向前沿着冰床底部旋转地流出冰斗，并刨蚀床底。出于冰斗中的冰川冰是后部厚而前部薄，因此冰斗后部的刨蚀作用比前部强，形成一个下凹的斗底和凸出的冰坎地形（图2-34）。一个典型的冰斗应由陡峭的后壁、深凹的斗底和凸出的冰坎三部分组成。这两个特征也是鉴别古冰斗的重要标志。

当冰斗进一步扩展，或谷地源头数个冰斗汇合时，冰坎消失或变得不明显，其底部平坦，出口与冰川谷相连，这种地貌称为冰窖。

古冰斗可作为古雪线位置的标志。冰斗形态的研究主要包括冰斗的长度（a）、宽度（b）和深度（c），这三个数据能反映冰川作用的强度。如平坦指数（F）＝$a/2c$，在冰斗中一般为1.7～5，而冰川作用弱的雪蚀洼地中为4.25～11。这个指数越小，冰川作用越强。在古冰斗的鉴别上还要注意：冰斗在雪线附近成群发育，因此在同一高度上可能发现几个古冰斗。并非所有的冰斗都形成于雪线附近，在雪线以上有积雪并地形合适的地方都可能形成冰斗。

② 刃脊、角峰。刃脊，也称鳍脊，常与冰斗相伴，它是由于两个冰斗或两个冰川谷的侧壁不断后退，使其之间的山脊或分水岭变得非常尖锐，就形成了刃脊。若有两个以上的冰斗围绕一座山峰同时发育时，随着冰斗的后退，将形成尖锐的山峰，即角峰。角峰的外形与金字塔相似，具有锐利的棱和尖。

古刃脊和角峰，出于经历了风化作用，都会变得模糊，因此古刃脊和角峰的确定应与冰斗相验证，不可见到一个锐利的山脊或山峰就认为是刃脊或角峰。

③ 冰蚀谷。冰蚀谷，也称冰川槽谷，或"U"形谷，它是由山谷冰川沿着先前谷地改造形成的线状谷地，在山岳冰川地貌中是最常见的一种。冰蚀谷的特点和规模与冰川的刨蚀作用有关，决定冰川刨蚀作用强弱的是冰川的速度、厚度、内部温度等，冰川的运动速度越快、厚度越大其刨蚀作用就越强，能形成很深的冰蚀谷，如美国加利福尼亚州的约斯迈特冰蚀谷深达900～1200m。山谷冰川沿着谷地向前运动并刨蚀谷底和两侧，可形成冰溜面、擦痕等。由于冰川是固态，在谷地的下部和底部刨蚀作用均最强，并且是使整个谷地的底部同时受到刨蚀作用而降低，而不像河流是沿着河呈线状下蚀，因此冰蚀谷的横剖面两壁较陡，而谷底宽平，呈"U"字形（图2-35），所以称"U"形谷。在冰蚀谷的上部，常有一个坡度变化的转折点，该点之上坡度较缓，而之下较陡，这个转折点就是当时冰面的位置，因为该点之上没有受到冰川的刨蚀作用，因此谷坡较缓。

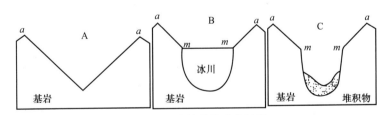

图2-35 冰蚀谷的形成过程

A—冰川作用前的谷地；B—冰川占据谷地；C—冰川作用后的谷地

冰蚀谷在纵剖面上（从上游到下游），总体是向下游倾斜的，但在不同的部位有些变化，常是冰蚀洼地和冰蚀岩坎交替出现（图2-36）。这是由于构成冰床的岩性具有差异性以及存在构造软弱带，使其抗冰川刨蚀能力不同，导致冰床在软弱带下凹，而强硬的地方突出。这

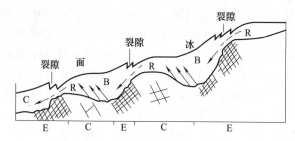

图 2-36　冰蚀谷纵剖面形成机制图
R—冰蚀岩坎；B—冰蚀洼地；E—扩张流区；C—压缩流区；
实箭头—压缩流方向；虚箭头—扩张流方向；
斜线格—岩石节理

种凹凸微地形的出现，致使冰川的运动性质发生变化。在洼地的后侧，冰川在重力的作用下，顺坡向下，强烈剥蚀冰床使其降低；而在前侧，冰川旋转逆坡向上运动，使其在岩坎的部位刨蚀作用减弱。其结果是洼地变得越来越深，导致了冰蚀谷纵剖面凹凸不平。这些洼地在冰川消融后积水成湖，所以在冰蚀谷中可见串珠状湖泊。

冰蚀谷是冰川作用的重要标志，掌握它的特征对鉴别古冰蚀谷意义重大。

概括起来，冰蚀谷的特征有以下几点：横剖面为"U"字形；纵剖面凹凸不平；平面上较直；谷底或谷坡有冰溜面、擦痕，擦痕常为长条状，一端深，一端浅，由深端到浅端为冰川的运动方向；谷地的上游宽，下游窄。

④ 悬谷。支冰蚀谷高悬于主冰蚀谷的谷坡上，称为悬谷。悬谷的形成是由于支谷冰川的刨蚀能力远小于主谷冰川的刨蚀能力。悬谷与主谷的高差取决于两谷地的冰川刨蚀作用的强弱，两者差别越大，高差就越悬殊。

⑤ 羊背石。羊背石是冰蚀谷底部或大陆冰川的冰床上一种比较特殊的地形，由一系列（有时单个）长条形的石质小丘构成，形状与伏在地面的羊背相似，故此得名。羊背石平面为长的椭圆形，纵剖面为机翼形，其长轴与冰川的运动方向一致。羊背石的迎面坡平缓光滑，上面有擦痕、刻痕、新月形的磨光面，是冰川磨蚀作用的结果；其背面坡较陡，有阶梯状陡坎，是冰川拔蚀作用所致，有时有冰碛物堆积。羊背石的规模大小不一，在山岳冰川作用区，其规模较小，而在大陆冰川作用区，规模较大，有的高达几十米，长数百米。

2.5.2.3　冰川堆积物及堆积地貌

(1) 冰川的搬运作用与沉积作用　冰川的搬运作用是指冰川在运动过程中，将冻结在冰川中的碎屑物质从一个地方搬运到另一个地方的过程。被搬运的碎屑物质称为冰川岩屑，也称冰碛，它们既可出现在冰川表面（表碛），也可包含在冰川内部（内碛），还可位于冰川的底部（底碛）。冰川的搬运作用比较特殊，与流水的搬运作用有显著的不同。由于冰川搬运的介质是固体，因此被搬运的冰川岩屑是冻结在冰川中以载移的形式向前移动的；在搬运的过程中，冰川岩屑之间几乎不发生碰撞；冰川的搬运能力很大，能搬动巨大的砾石；位于冰川底部的冰川岩屑常承受较大的压力作用。

冰川的沉积作用是指出于冰川的消融或载荷能力的降低，将携带的碎屑物质堆积下来的过程，形成的堆积物称为冰碛物。冰川的沉积作用主要受冰川的厚度、运动速度、温度以及地形的影响，沉积主要发生在冰川的前缘（冰舌）、底部、两侧等部位，其中以在冰川的前缘和底部沉积作用最主要。在不同的部位，冰川沉积作用的方式也有所不同。在冰川的前缘（也称末端或冰舌），是以冰川融化的形式将携带的碎屑物质堆积下来，因此这种沉积方式受气候的影响比较明显。在冰川底部的沉积作用则以卸载作用方式为主。在冰川两侧的堆积作用主要是由于冰川的载荷过大导致的。

(2) 冰碛物　冰碛物是由冰川搬运并堆积形成的各种物质的总称，其分类复杂，名称多样。1979年11月国际第四纪委员会公布了冰碛物的分类方案，现根据我国的具体情况简化表述在表2-7中。含在运动冰川中的冰碛物称为运动冰碛，包括表碛、内碛、底碛；而冰川停止运动后所堆积的物质称为堆积冰碛，有终碛、岸碛及基碛。

表 2-7　冰碛物的分类简表

搬运中的冰川岩屑		据堆积物位置分类		据堆积作用成因分类	
在冰川中位置	冰面岩屑（表碛）	冰碛堆积的位置	表碛	冰川融化沉积	消融碛
			中碛		
	冰内岩碛（内碛）		侧碛、岸碛		
			终碛（前碛、尾碛）		
	冰下岩屑（底碛）		底碛（下碛）、基碛	冰川滞卸沉积	滞碛
				冰川融化卸载沉积	融出碛
				冰川融化饱水沉积	流碛
				冰川破坏堆积	变形碛

（3）冰川堆积地貌　冰川堆积地貌，根据地貌的形态和位置，可分成以下几类。

终碛堤又称前碛堤，是在冰川的前缘（冰舌）由堆积形成的终碛构成的长垄形弧状地形（图 2-37）。终碛堤在平面上为弧形，弧顶指向与冰川运动方向一致，弧内的界线就是冰舌的位置；一般大陆冰川形成的终碛堤弧度较小，而山岳冰川形成的终碛堤弧度较大。在剖面上，终碛堤的弧内和弧外坡度不对称，弧内坡度陡，而弧外坡度较缓，并与冰水扇相连。终碛堤的规模差别很大，大陆冰川形成的终碛堤规模大，长可达几十千米或几百千米，而山岳冰川形成的终碛堤规模小，但比较高，如我国五龙雪山十海子终碛堤高 150m，长 5～6km。当冰舌后退时，多个终碛堤完整地平行排列，越是外侧的终碛堤，其时代越早（图 2-38）。如果冰舌前进，冰川将破坏早期形成的终碛堤，但还可保留一些早期终碛堤的残丘。终碛堤是记录冰川活动的很好证据，有几道终碛堤，至少可以表明冰舌的位置发生了几次变化和稳定，也指示了几次气候变迁。

侧碛堤（侧碛垄）分布在冰蚀谷底两侧由侧碛构成的堤状或垄状地貌。侧碛堤高数十米，其上游源头始于雪线附近，而下游末端常与终碛堤相连。侧碛堤与谷坡之间有线形低地，发育冰水沉积的砂砾透镜体。

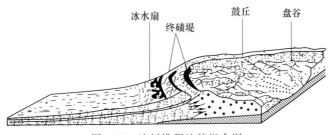

图 2-37　冰川堆积地貌组合图

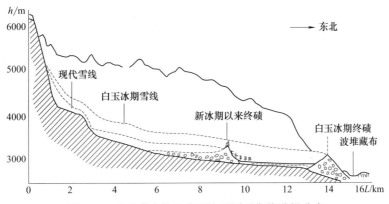

图 2-38　念青唐古拉山珠西沟不同时期终碛堤分布

中碛堤主要发育在山岳冰川作用区，是由中碛堆积而成的。在山岳冰川区，当两条支谷冰川汇合进入主谷时，这两条支谷冰川相邻的侧碛就合并在一起形成主谷冰川的中碛。随着冰川的融化，这些中碛就坠落在谷地的中间逐渐堆积下来，并向上游延伸形成中碛堤。

鼓丘分布在终碛堤的内侧，一般是由含黏土较高的底碛堆积而成的椭圆形或流线型岗丘，但有些鼓丘的中心部位保存有基岩。鼓丘在大陆冰川作用区常见，成群出现，形成鼓丘带，而在山岳冰川作用区则很少见。在纵剖面上，鼓丘的迎冰面陡，背冰面缓。鼓丘的长轴延伸方向与冰川的运动方向一致，并且是从坡度陡的一端向缓的一端运动。鼓丘的规模差别很大，高度由几米到几十米，长度从几百米至几千米。鼓丘的高度小于冰层的厚度。另外，当冰川流经较大的基岩岗丘时，冰层未能全部把它覆盖，一些基岩岗丘顶部露出冰面，其迎面坡和两侧遭受冰流磨蚀，而背冰面后部堆积了冰碛物，延伸很远。当冰川消融后，整个岗丘形状如鼻，这种地貌称鼻山尾，它与羊背石、鼓丘不同（图2-39）。

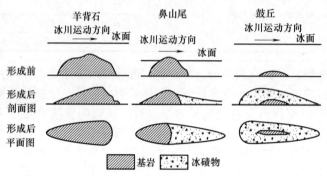

图 2-39 羊背石、鼻山尾与鼓丘平面和剖面形态比较

冰碛丘陵是冰川在消融的过程中，冰川中的表碛、中碛和内碛等都坠落于底碛之上形成基碛，在地形上形成高低起伏的小山丘。冰碛丘陵大小不一，分布零乱，形态不规则，在冰碛丘陵之间经常发育宽浅的湖沼洼地。它广泛分布于大陆冰川作用区，高差可达数十米或百米；在山岳冰川作用区，冰碛丘陵规模较小，相对高度多为数米至数十米。

2.5.2.4 冰水沉积物及冰水堆积地貌

（1）冰水沉积作用及冰水沉积物特征　即使在寒冷的冰川作用区，由于太阳辐射、冰川运动的摩擦热、冰川压力、地热等作用使部分冰雪融化形成冰水。冰水既可由冰川表面融化形成，也可以是冰川内部和底部融化形成。在冰川表面和两侧流动的冰水，分别称为冰面溪和冰侧溪，也可积水形成冰面湖；在冰川内部和底部流动的冰水称为冰内溪和冰下溪，也可形成冰下湖。这些冰水都将流出冰川作用区，在冰川的前缘形成冰前河，或积聚形成冰前湖。

冰水沉积作用是指经冰水搬运的物质，由于水动力的减弱而发生堆积的过程，与冰川的沉积作用明显不同，而与流水的沉积作用有些相似，形成的沉积物称为冰水沉积物。冰水沉积作用既可发生在与冰川接触的部位，如冰面、冰下、冰侧，也可出现在冰舌的前面，如终碛堤的弧外、冰前谷地和湖泊等。前者称冰川接触沉积，形成的地貌有冰阜阶地、冰砾阜、锅穴、蛇形丘等；后者称冰前沉积，形成的地貌有冰水扇、冰水冲积平原、冰水阶地等。

根据冰水沉积过程的水环境特征，冰水沉积可分为冰河沉积、冰湖沉积和冰海沉积（图2-40）。

冰河沉积，即冰川河流沉积，是狭义的冰水沉积，指冰川融水携

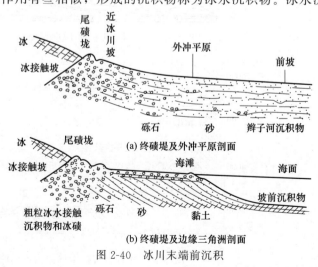

图 2-40 冰川末端前沉积

带大量的碎屑物质在水动力条件减弱的地方沉积下来的过程，其沉积物称为冰水（河）沉积物。冰河沉积在冰川作用地区是最常见的冰水沉积，可发育在冰流区域，也可发育在冰川外的地区，因此它包括大多数的冰川接触沉积和冰前沉积。冰河沉积物主要由具有一定磨圆的砾石和砂构成，黏土含量较少，发育层理构造，一般不发育河流沉积的"二元结构"。

冰湖沉积，即冰川湖泊沉积，是指冰川融水携带一些细小物质（有时含有坠石）流入冰前湖泊，在静水环境下发生缓慢的沉积过程，其沉积物称为冰湖沉积物。冰湖沉积物很细，以粉砂、黏土为主，发育很薄的韵律层理。冰湖沉积受冰川融水影响，冰川融水的多少又受控于气候，在夏季，气温高，冰川融水多，形成以砂土为主、略厚的浅色层；而在冬季，冰川融水少，冰水只能携带细小的黏土物质，形成以黏土为主、略薄的暗色层。每年形成一层，每层厚仅 0.5～5.0cm，从夏季开始，到冬季结束，构成一个沉积旋回，这种纹层称为季候泥。季候泥不仅可以计算沉积物的年代，而且是很好的古气候记录的载体。

冰海沉积，即冰川海洋沉积，是指漂浮于海洋边缘的冰舌、冰山、冰棚中所挟带的冰碛，当冰体融化后，它们沉积到海底的过程。它广泛分布于海底，如围绕南极有一个宽达 370～1300km 的现代冰海沉积。

（2）冰川接触沉积及堆积地貌

① 冰阜阶地和冰砾阜。冰阜阶地是分布在冰蚀谷两侧内冰水沉积物构成的台阶状地形（图 2-41）。它的形成可分两个阶段，首先是在冰川的两侧，内于冰侧溪的沉积作用形成与冰川平行的条带状冰水沉积物；然后当冰川融化时，这些冰水沉积物由于前缘（与冰川接触的一侧）失去冰川的支撑而垮塌，形成陡坎和台地，冰阜阶地就形成了。从分布的位置来说，与侧碛堤是一样的，但成因不同。一般是冰阜阶地发育，侧碛堤就不发育，因为侧碛被冰水改造为冰水沉积物。冰阜

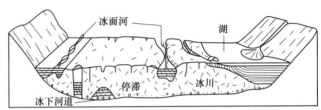

(a) 冰退之前，冰水在停滞水体的各个部位堆积各种冰水沉积

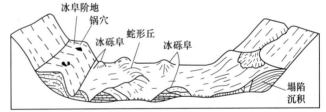

(b) 冰退之后，冰水沉积物坠落地面，并产生变形

图 2-41 冰水地貌组合图

阶地沉积物以砾石和砂为主，砾石具有一定的磨圆，发育斜层理，不具有二元结构。

冰砾阜是冰川消融后，冰面溪沉积物坠落冰床上形成的丘状地形（图 2-42），常分布在山岳冰川或大陆冰川的边缘部位。冰砾阜的直径为 0.1～2km，高 5～70m，四周的坡较陡，主要由亚砂土、砂及细砾石组成，内部常夹有冰碛泥砾透镜体。在冰砾阜表面常覆盖一层冰碛物，其厚在 0.5～2m 之间。

② 锅穴。在冰川后退时，一些没有融化的冰块被埋藏在冰水沉积物中成为死冰。当气温变暖，这些死冰将完全融化，在冰水沉积物中出现空洞而致使上面的沉积物发生塌陷，形成下凹的坑，称为锅穴。大部分锅穴平面呈圆形，直径一般在几十米，深仅数米，常出现在冰阜阶地、冰水扇或蛇形丘中。锅穴按形态可分为碟坑、锅状坑和盆坑。

③ 蛇形丘。蛇形丘是冰底溪沉积形成的蜿蜒曲折、高低起伏的垄岗状地形（图 2-41），常见于大陆冰川作用区，而山岳冰川作用区少见。随着冰川的后退，冰底溪在出口处的冰水沉积也不断堆积增长，并向上游延伸，形成蜿蜒曲折的沉积体。蛇形丘主要由经过分选和磨圆的砾石、砂组成，具有明显的不均匀斜层理。蛇形丘两坡对称，大小不一，一般高 40～50m，长可达数千米。

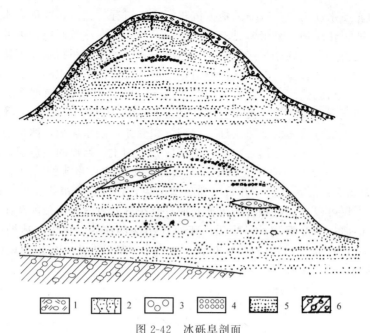

图 2-42　冰砾阜剖面

1—漂砾亚砂土；2—斜层理和挤压砂；3—漂砾冰碛亚黏土；4—砾石；5—成层的砂；6—基碛

（3）冰前沉积及堆积地貌

① 冰水扇和冰水冲积平原。在大陆冰川作用区，当冰水流出终碛堤点，由于地形变得开阔和坡度变缓、冰水携带来的碎屑物质就在终碛堤的前缘部位开始沉积，并向前扩展，形成扇状地形，这种扇状地形被称为冰水扇。多个冰水扇侧向连接就形成了冰水冲积平原，又名外冲平原，或冰水裙。在山岳冰川作用区也有冰水扇发育，但规模小，表面坡度大。

冰水扇的顶部一般与终碛堤过渡，向前逐渐过渡到冰湖沉积或冰河沉积。冰水扇沉积物具有明显的分带性，在扇顶主要为粗大的砾石，分选和磨圆差，层理不清晰，厚度大；在扇中，沉积物粒度变细，砂的成分增加，砾的含量减少，磨圆度增加，分选性变好，水平层理与斜层理及不同粒度和不同分选的砂砾层交替出现；在扇缘，主要为亚黏土和黏土物质沉积，一般无层理，偶见砂的夹层。这些特点与洪积扇很相似，所不同的是冰水扇中含寒冷的植物化石组合。

② 冰水阶地。冰水阶地发育在冰前的谷地中。在气候寒冷时期，冰雪融化得少，冰水量小，这时冰前的河流侵蚀能力弱，由重力崩塌下来和先前沉积在冰前谷中的物质不能被搬运走。当气温转暖，冰雪融水增多，冰水量增加，其侵蚀能力增强，使河床下切，原来堆积在谷底中的物质就相对抬高而形成冰水阶地。所以冰水阶地的形成机理与冰阜阶地是一样的。冰水阶地的沉积物分选性和磨圆度都比较差，但还是发育一些沉积层理。

2.5.3　岩溶作用

岩溶又称喀斯特，其含义为可溶性岩石（包括碳酸盐类岩石、硫酸盐类岩石和卤盐类岩石）由于地表水和地下水的溶蚀、侵蚀和微生物作用而不断被破坏和改造的地质作用称为岩溶作用。在陆地表面可溶性岩石由于岩溶作用形成奇峰异石景观，就是岩溶地貌。

2.5.3.1　岩溶的个体形态特征

由于岩溶作用，在可溶岩体表面和内部将会形成大小、形态各不相同的独特岩溶现象，它们破坏和改变了原来岩体的结构，破坏了岩体的完整性，使岩体的工程地质特性发生巨大改变，并成为地表水下潜和地下水流动的通道。

（1）表面岩溶形态

① 溶痕、溶沟和溶槽。即在可溶岩表面形成的，长度远大于宽、深，宽为数厘米至数

米的沟槽。

②石芽。可溶岩由于溶沟、溶槽的切割，并且在沟槽中充填土石后，仍出露于地表的、形态尖削的顶端部分。

③落水洞。常分布于溶蚀洼地、谷地或斜坡上，形状近圆形，深度可达百余米，能起消潜地表水作用的洞穴。

④漏斗。实为一种地表呈盆状、碟状或倒锥状的落水洞。其表面积大小不一，大者可达千余平方米，多与地下河系相通。其形成常与岩溶塌陷有关。

（2）内部岩溶形态

①溶隙。水流沿可溶岩体内节理、裂隙进行溶蚀、扩大而形成的，宽几厘米至 $1\sim 2m$ 的岩溶裂隙。

②溶孔。由可溶岩内粒间的原生孔隙扩大而形成的，不足几厘米的小洞或凹穴。

③溶洞。由岩溶作用在岩体中形成的，或水平或直立，大可至数万立方米，有充填或无充填的洞穴。如广西芦笛岩洞穴长 240m、宽 $60\sim 90m$、高 $10\sim 18m$。

④地下河。为近水平的网格状或迷宫状洞穴系统，常年有流量大于 $50L/s$ 的水流向邻近地表河流排泄。

⑤地下湖。与地下河连通，具有较大空间，能储存和调节地下水的大型地下洞穴。

此外，岩溶常使某一地区形成单一的或组合的地貌形态，如岩溶台地、岩溶槽谷、岩溶盆地、岩溶丘陵、溶蚀洼地、岩溶平原、峰林、残丘、盲谷以及峰丛-洼地、峰林-洼地、孤峰残丘-岩溶平原、岩溶丘陵-洼地、岩溶垄岗-槽谷等（图 2-43）。

图 2-43　岩溶形态示意图

1—峰林；2—岩溶洼地；3—岩溶盆地；4—岩溶平原；5—孤峰；6—岩溶漏斗；7—岩溶坍塌；8—溶洞；9—地下河

2.5.3.2　岩溶发育的基本条件

岩溶发育的基本条件是岩石有可溶性、有溶蚀能力的水、可溶岩具有透水性、循环交替的水流四点。

（1）**岩石有可溶性**　这是岩溶发育的内因和基础，否则，岩溶就无从发生。碳酸盐类岩石基本都是可溶性的。它们的可溶性从大到小依次是石灰岩、白云质灰岩、灰质白云岩、白云岩、硅质灰岩、泥灰岩。碳酸盐岩的结构也是影响其可溶性的重要因素，但不论是粒屑结构还是生物结构或晶质结构，其溶蚀程度均随颗粒的大小、骨架的紧密程度、孔隙率的大小而变化。颗粒愈大，骨架愈疏松，孔隙率愈大，则岩溶愈易发育。

（2）**有溶蚀能力的水**　这是岩溶发育的外因和条件，否则，岩溶作用就很难进行。纯净水的溶蚀力是很微弱的，但当水中含有侵蚀性 CO_2 或其他酸类，如硝酸、硫酸等和氯化物卤水时，其溶蚀能力就大大增强。水中的 CO_2 主要来自土壤植被和大气。

（3）**可溶岩具有透水性**　这是岩溶向地壳内部发育的必要条件和途径。主要取决于可溶岩石中的裂隙和孔隙，尤以裂隙为重要。裂隙密度愈高，岩体就愈破碎，岩溶也就愈发育。例如，在风化带、薄层可溶岩、断层破碎带和接触带中，岩溶就更发育。

（4）**循环交替的水流**　这是岩溶不断发育的根本保证，否则溶蚀作用就会中止。因此，必须通过水的运动，使水的循环交替加快，不断地提供新的侵蚀性 CO_2，使岩溶不断地进行。同时，由于岩溶，水流运动的空间和水与碳酸盐岩的接触面积增大，不仅水流的溶蚀作用加强，而且冲蚀和侵蚀能力也加剧，岩溶的发育就更快。但水的循环交替是与气候、地形、植被、水文地质条件密切相关的，因此，岩溶发育规律的研究是一项综合性很强的工作。

2.5.3.3　岩溶的类型

岩溶类型根据不同的条件划分主要有以下几种。

(1) 按可熔岩的出露条件划分

① 裸露型岩溶。可溶岩出露于地表，仅洼地中有零星小片覆盖。无论地表、地下，岩溶的各种形态均较发育，地表水与地下水能很快地互相转化，地下水位变幅大。我国大部分岩溶均属此类。

② 覆盖型岩溶。可溶岩上部大面积覆盖有效厚（小于 50m）的第四系松散堆积物，其中覆盖厚度小于 30m 的为浅覆盖。当覆盖较薄时，地表常出露石芽、石针；当覆盖较厚时，由于下伏基岩中岩溶强烈发育，在覆盖层中常形成土洞，在地表形成漏斗、洼地或浅水溏。

③ 埋藏型岩溶。可溶岩大面积埋藏于非可溶岩基岩以下，岩溶发育在地下深处乃至千余米的碳酸岩中。岩溶形态以溶孔、溶隙为主，也有形成较大洞穴者。如我国四川盆地和华北平原深处的岩溶。

(2) 按气候带划分　我国主要位于温带和亚热带，也有少数地处热带地区，南北气候差异很大，岩溶划分如下。

① 南部热带岩溶。岩溶发育形成于气温高、雨量充沛、植被繁茂的湿热气候条件下，在我国大致以南岭北坡为界。岩溶地貌正向岩溶丘陵方向发展。

② 中部亚热带岩溶。如我国川、鄂、湘、浙、皖一带，大致以秦岭、淮河为界。这里气温较高，雨量中等，植被较好，碳酸盐岩分布较零星，大气降雨大部分由地表水系排泄，岩溶地貌为丘陵洼地。

③ 北部温带岩溶。如我国晋、冀、鲁、豫一带，由于气温较低，降雨量较小，仅因碳酸盐岩中裂隙发育，使小部分降雨向深部下潜，故岩溶常在深部发育，或在断裂带附近形成较大溶洞；而地表岩溶形态一般不发育，以干谷和岩溶泉为其特征，如山西娘子关大泉、山东济南泉群。

④ 干旱地区岩溶。如我国内蒙古、新疆地区，年降雨量均在 300mm 以下，植被稀少，气温变化大，因此，岩溶非常微弱，仅发育一些溶隙和窄小的溶沟、溶斗。

⑤ 海岸岩溶。如我国辽东大连和杭州湾滨海地区。海岸岩溶除受气候带的制约外，还由于不同水质、不同水温的水的混合溶蚀作用而使岩溶作用增强，并受海水水面升降的控制。

2.5.3.4　岩溶的发育、分布规律和发育程度分级

(1) 岩溶的发育、分布规律

① 岩溶的发育随深度而减弱，并受当地岩溶侵蚀基准面控制。岩溶的发育是与裂隙的发育和水的循环交替密切相关的，而裂隙的发育通常随深度而减少，同时岩溶侵蚀基准面以下，地下水的运动和循环交替的强度变弱，岩溶的发育亦随之减弱。

② 岩溶的发育、分布受岩性和地质构造控制。在非可溶岩内不会发育岩溶，在可溶性较弱的岩石中岩溶的发育受到影响；在质纯的石灰岩中岩溶就很发育；而当可溶岩受构造破坏后，就会促使岩溶的发育。在石灰岩裸露区，岩溶常成片分布；在可溶岩与非可溶岩相间区，岩溶呈带状分布；在可溶岩中的节理密集带、断层破碎带，特别是张性断层破碎带以及褶曲轴部，岩溶也呈条带状分布。另外，在可溶岩与非可溶岩接触地带，由于地下水在该处汇集、运动，岩溶作用也表现得非常强烈，岩溶极为发育。

③ 在垂直剖面上岩溶的发育、分布常具成层性和垂直分带性。

a. 成层性规律。地壳常常处于间歇性的上升或下降阶段。由于地壳上升，岩溶侵蚀基准面相对下降，地下水为适应基准面的下降而进行垂向溶蚀，从而产生垂直的管道，如漏斗、落水洞；当地壳上升到一定阶段并处于相对稳定时期时，地下水则向地表河谷方向运

动，从而发育成近水平的廊道，如溶洞和地下河；若地壳再次上升和相对稳定，就会相应地发育形成另一高程上的垂直和水平的岩溶洞穴。如此反复，就在可溶岩厚度大、裂隙发育、地下水径流量大的地区，形成多个不同高程的溶洞层，上老下新，往往可与该区的河谷阶地或剥蚀面相对应。相反，由于地壳间歇性下降，也可形成成层分布的溶洞，但溶洞下老上新。此外可因非可溶性岩层的存在，海平面的升降或深部地下水流动带的形成等原因产生成层的溶洞，其高程并不与该地区的阶地或剥蚀面相对应。

b. 垂直分带性规律。水文地质条件导致的垂直分带性规律。

（a）在年最高潜水位以上的包气带中，由于大气将水补给下渗溶蚀，形成沿裂隙发育的、以垂直方向延伸和斜向延伸的岩溶，其形态一般有：溶蚀裂隙、溶蚀漏斗和落水洞，经过足够长的地壳相对稳定时期，可形成以垂直方向延伸为主的岩溶带，可称为包气带岩溶。

（b）在年最高潜水位与年最低潜水位之间的季节变化带中，雨季时，该带的地下水运移，特别是水平方向径流，因此可发育形成水平方向延伸的溶隙和溶洞；干季时，该带具有的仅是大气降水补给下渗水流，因此可发育形成垂直方向和斜向延伸的岩溶。经过足够长的地壳相对稳定时期，经过足够多次雨季、干季的循环交替，可形成既发育有水平方向延伸的岩溶（溶洞为主），又发育有垂直方向及斜向延伸的岩溶（以溶隙、落水洞为主）构成的岩溶带，可称为季节化岩溶带。

（c）在年最低潜水位以下，是地下水的饱水带（常年有水），地下水常年运移特征均是水平向径流，因此经过足够的地壳相对稳定时期，可发育形成纵横交错的水平方向延伸的溶洞系统，可称为饱水带岩溶。由于饱水带岩溶中常年有水运移，从而构成水量丰富的岩溶潜水层地下暗河。

（d）在不受地表水文网制约其动态的深部饱水带中，地下水的运移由区域总流向控制，一般运移甚为缓慢，循环交替强度甚弱，故仅形成小型的溶隙和溶孔，经过足够长的地壳相对稳定替换时期，可发育形成深部弱岩溶体系，可称为深部岩溶带。

必须指出，岩溶发育和分布的成层性规律实际上是不同时期的岩溶发育和分布的垂直带性规律天然叠加的结果。它们在形成原因、形成时间以及分布空间方面都有着密切有机的天然联系。

c. 岩溶发育、分布的地带性和多代性。由于地处纬度的不同，影响岩溶发育的气候、水文、生物、土壤条件不同，致使岩溶的发育程度和特征呈现出明显的地带性。

(2) 岩溶发育程度的分级 根据工程建设地区的岩溶现象、岩溶密度（每平方公里内的岩溶洞穴个数）、钻孔岩溶率（单位长度内溶隙、溶孔、溶洞所占长度的百分率）和暗河、泉的流量等指标，将岩溶分为极强、强烈、中等及微弱4个等级，见表2-8。

表2-8　岩溶发育程度分级表

岩溶发育程度	岩溶层组	岩溶现象	岩溶密度/(个/km²)	最大/(1/s)	钻孔岩溶率/%
极强	厚层块状石灰岩及白云质灰岩	地表及地下岩溶形态均很发育,地表有大型溶洞,地下有大规模暗河,以管道水为主	>15	>50	>10
强烈	中厚层石灰岩夹白云岩	地表溶洞、落水洞、漏斗、洼地密集,地下有较小暗河,以管道水为主,兼有裂隙水	5~15	10~50	5~10
中等	中薄层石灰岩、白云岩与不纯碳酸盐或呈夹层、互层	地表有小型溶洞、漏斗、地下发育裂隙状暗河,以裂隙水为主	1~5	5~10	2~5
微弱	不纯碳酸盐岩与碎屑岩互层或夹层	以裂隙水为主,少数漏斗、漏水洞和泉水,发育裂隙水为主的多层含水层	0~1	<5	<2

2.5.3.5 岩溶地貌

岩溶地貌可分为两大部分，即溶蚀地貌和堆积地貌。

（1）溶蚀地貌 溶蚀地貌是岩溶地貌中最常见的，在地表和地下都有发育，其形成过程有所不同，因此溶蚀地貌又可分为地表溶蚀地貌和地下溶蚀地貌。

① 地表溶蚀地貌。地表溶蚀地貌是由岩溶作用形成的出露地表的地貌，但实际上这些岩溶地貌不完全是由地下水溶蚀作用形成的，地面流水也参与其中。

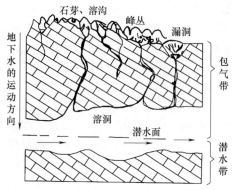

图 2-44 地下水运动特征与岩溶地貌的形成

地表溶蚀地貌的形成和特征与地下水的运动特点有关。地表溶蚀地貌主要分布于包气带中，由包气带水溶蚀作用形成（图 2-44）。包气带水以垂向运动为特征，因此这类岩溶地貌都是沿着垂向发展的，形成突起和下凹的地形，主要类型有以下几种。

a. 石芽与溶沟。石芽就是发育于灰岩表面的小型石质突起，而石芽之间的凹槽就是溶沟（图 2-44）。石芽可以是锥状成长条状突起，相对高度在几厘米到几米。石芽和溶沟是岩溶地貌发育初期阶段的产物，也可见于其他岩溶形态的表面，随着石芽和溶沟的发展可形成规模更大的石林和溶蚀漏斗。这两种地貌的形成与地面流水关系密切，是片流沿着岩石表面流动及向地下水的转换过程中对灰岩溶蚀的结果。

b. 石林和岩溶漏斗。石林是由众多密集的锥状、锥柱状或柱状、塔状的灰岩柱体组成的地貌形态，远观似一片"森林"。柱体间溶隙窄、深、陡，连接成复杂的网状，形成柱高隙幽的景观，如云南石林。石林的形成应具备几个条件：纯而厚层状的灰岩；岩层产状近于水平；发育垂向节理；炎热湿润的气候；处于新构造运动的抬升区。

岩溶漏斗是一种碟形、碗形或倒锥状的岩溶封闭洼地，在岩溶地区比较常见。其规模不一，直径几米到数百米，深几米到几十米。岩溶漏斗的中部有地表水泄漏的地下通道，流入地下河、地下湖或溶洞。岩溶漏斗的成因有两类：一类是地表水沿着节理或断层的交叉点逐渐溶蚀形成，这样的岩溶漏斗的壁比较缓，底部没有粗大的角砾石；另一类是溶洞顶板崩塌而成的塌陷漏斗，这类漏斗的壁陡，底部有粗大的角砾堆积。

c. 峰丛、峰林和溶蚀洼地。峰丛是分布在岩溶地貌区的山体部位，由一系列高低起伏的山峰连接而成，峰与峰之间常形成"U"形的马鞍地形，其基部相连，有时三个山峰相连形似笔架。山峰的相对高差为 200～300m，在峰丛之间可发育溶蚀洼地、漏斗或落水洞。

峰林是成群的山体基部分离的石灰岩山峰，与峰丛的最大区别是山峰的基部被第四纪沉积物覆盖而成分离状态。另外峰林常分布在山区到岩溶平原的过渡带（图 2-45）。山峰的相对高差为 100～200m，坡度陡，一般在 45°以上。峰丛和峰林形成于气候温暖湿润地区，降雨量大，在干旱和半干旱地区很难形成。

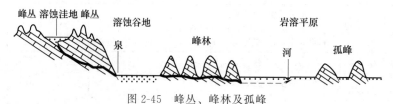

图 2-45 峰丛、峰林及孤峰

溶蚀洼地是与峰丛、峰林基本同期形成的一种低洼的岩溶地貌。其平面近圆形或椭圆形，直径在 100m 以上，发育有落水洞、溶蚀漏斗等，底部较平坦，并覆盖有溶蚀残余物或少量的流水沉积物，可居住和耕种。在大型的溶蚀洼地中有小溪流入，从落水洞或溶蚀漏斗流出（图 2-46）。溶蚀洼地与溶蚀漏斗和岩溶平原在结构、规模、形态等方面是不同的（表 2-9）。溶蚀洼地常与峰丛共生，构成峰丛-洼地组合。

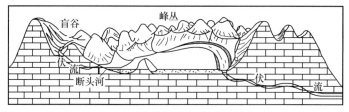

图 2-46　溶蚀洼地及其内部结构

表 2-9　溶蚀漏斗、溶蚀洼地、岩溶平原之比较

类型	溶蚀漏斗	溶蚀洼地	溶蚀平原
分布	广泛	峰丛区	盆地、谷地或平原
规模（直径）	小于 100m	大于 100m	大于 1000m
形态	近圆形	近圆形或椭圆形	椭圆形或长条形
河流发育情况	无	小河流或溪	有，规模较大
岩溶地貌组成	落水洞、崩塌角砾	落水洞、溶蚀漏斗、竖井	峰林、孤峰、石丘
河流地貌	无	有时有小河漫滩	河漫滩、阶地
岩溶发育阶段	早期	中期	晚期

d. 孤峰与岩溶平原。孤峰由峰林经进一步溶蚀演化而来，是矗立在岩溶平原上的孤立灰岩山峰。峰体的相对高度在几十米到几百米，周围为地面流水沉积物覆盖，与其他灰岩山峰相距较远。如果孤峰进一步溶蚀变小，高度降到仅有几米或十几米，就形成石丘。在平面上，峰丛、峰林、孤峰是从山区到岩溶平原中心依次分布的（图 2-34）。

岩溶平原也称坡立谷或岩溶盆地，是岩溶地貌发展的晚期，比岩溶洼地规模大、结构复杂。岩溶平原一般为椭圆形或长条形，宽度在数百米到几千米，长度从几千米到数十千米，底部平坦，有地表河流穿过，发育河漫滩和阶地，覆盖溶蚀残余红土，保存有孤峰或石丘，在广西的黎塘、贵县等地区的岩溶平原发育较好。岩溶平原的形成需要较长时间的新构造运动处于稳定状态，经长期的溶蚀作用，地面降低，暗河裸露，地表水体接近溶蚀基准面，发育河流沉积作用，峰丛消失并演化成孤峰和石丘，才形成岩溶平原。

e. 盲谷、干谷和断头河。在岩溶地貌区，由于落水洞、溶蚀漏斗发育，它们常成为一些地表河水转入地下的通道，造成一些地表河流的干枯或河水的突然消失，又突然复出，在岩溶作用区形成一些特有的地貌。当河流的下游被石灰岩陡崖或山体所挡，河水就从陡崖底部或山脚的落水洞潜入地下而从地表消失，变为地下河，其地表的谷地就称为盲谷，因此盲谷是一种死胡同式的谷地（图 2-35）。潜入地下的河流（伏流）会从陡崖或山体的另一侧流出，补给下游的河流，这种河流称为断头河，或由暗河补给的河流也属断头河。当地表河水沿着落水洞、溶蚀漏斗转入地下，又无水源补给，留下了高于地下水位的干涸河谷称干谷。

f. 落水洞与竖井。落水洞是地表岩溶地貌到地下岩溶地貌的一种过渡类型，是地表水流入地下的不规则、近于直立或倾斜的通道。落水洞是地下水沿灰岩的节理、断层等溶蚀而成，其特点是窄深（深可达 100m 以上）、弯曲、形态各异。竖井是两壁陡直直达。溶洞或暗河的落水洞，它即可由落水洞进一步溶蚀、崩塌扩大而来，也可由溶洞的顶板崩塌形成，它与落水洞的区别在于洞壁陡直，在地表可看见溶洞洞底或暗河水面。

② 地下溶蚀地貌。

a. 溶洞。溶洞是在灰岩地区由岩溶作用形成的地下洞穴的通称，地下水沿着灰岩的一些软弱带，如节理、断层、岩层面、角度不整合面等，尤其是在断层、节理的交叉部位，不断溶蚀、侵蚀和崩塌而成。在溶洞形成的早期，主要是地下水的溶蚀作用，但随着溶洞的扩大，或者有暗河发育，其侵蚀作用加强，伴随有重力的崩塌作用。

溶洞主要形成于潜水面附近，但在包气带以及潜水面以下也可形成，其规模小且数量少，所以有人把它们分为包气带洞、饱水带洞和深部承压带洞。在古水文研究中，溶洞可作为古潜水面的标志。在第四纪常发生新构造运动，潜水面位置也不断发生变化，形成多层溶洞，它们之间有通道相连，如北京房山区的石花洞至少可分出四层溶洞。

溶洞的形态和规模差别很大，如有的溶洞水平延伸，这主要受节理、断层、岩性、地层产状等因素的影响。在规模上，有的溶洞宽、高不过1m，而有的宽、高达几十米，如湖北利川市的腾龙洞长8694m，宽62m，高70m。

b. 暗河、伏流和暗湖。暗河，也称地下河或阴河，是指位于地表以下具有河流特征的水流。暗河多是溶洞、地下湖、溶隙连接而成的，因此不同的暗河河段其特征差别甚大，如暗河的宽窄、水流速度、水深等都有显著的差异。暗河的水源主要来自地表水通过落水洞、溶蚀漏斗、竖井等补给。

伏流，是具有明显进口和出口的地下河流，或说是地表河流在地下的潜伏段，它不同于暗河在于后者没有明显的进口。伏流的通道一般是溶洞。由于新构造运动抬升，地表河流下切，溶洞露出地表，地表河水穿流而过就形成伏流。伏流的水流特点与地表河流接近，但有时受溶洞形态的影响，造成水流急，进口和出口落差大，如嘉陵江观音峡左岸的学堂堡没水洞伏流，伏流长仅1.3km，而进口和出口落差达100多米。有的伏流比较长，如清江在湖北利川的北侧伏流长10余千米。

暗湖，是指天然溶洞中具有开阔自由水面比较平静的地下水体。暗湖既可由暗河扩大形成，也可由单独封闭的溶洞积水而成。由于暗湖的水流平静或封闭，沉积物质都非常的细，以黏土和粉砂质黏土为主，水平纹层发育，其特点近似纹泥。

(2) 堆积地貌 岩溶作用的堆积地貌可分为洞内和洞外两种类型。

① 洞内堆积地貌。洞内堆积地貌主要是由化学沉积形成，而在一些规模较大的暗河系统中也可能形成如地表河流的边滩地形。下面主要阐述化学沉积形成的地貌。

a. 滴石。滴石是洞内滴水形成的方解石及其他矿物沉积形态。根据形成的部位和形成过程，滴石可分为石钟乳、石笋和石柱（图2-36）。

石钟乳：是地下水从洞顶渗出，由于压力、温度等变化，$CaCO_3$沉淀形成的挂在洞顶的倒锥状体（图2-36）。它从洞顶不断地向下生长，具有同心圆状构造，表面光滑，锥顶尖锐。

石笋：石笋的形成与石钟乳正好相反，它是滴到洞底的地下水中的$CaCO_3$沉淀形成的锥状体。石笋从洞底向上生长，也具有同心圆状构造，但表面不光滑，具波状起伏或呈疙瘩状，锥顶圆钝。

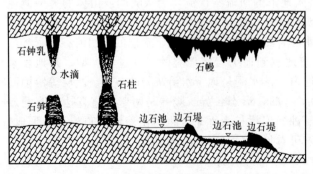

图2-47 溶洞中堆积地貌组合

石柱：石钟乳不断向下生长，石笋又不断向上生长，两者之间的距离越来越近，最终两者连接形成石柱。在石钟乳与石笋的连接（分界）处，柱体的直径略小，而且分界处之上和之下的形态也有别，之上柱体表面光滑，而之下柱体表面呈疙瘩状。

b. 流石。流石是洞内流水形成的方解石及其他矿物沉积形态，主要有石幔、石旗、边石等（图2-47）。石幔，也称石帷幕、石帘，是含碳酸钙的地下水从洞顶边缘或洞壁渗出，沉淀形成帷幕状的堆积体，其表面是波状或褶状。如果形成薄而透明的碳酸钙沉积体，形如旗帜，称为石旗。

当地下水流过洞底积水塘时，在其边缘形成的碳酸钙沉积体，称为边石或边石堤。

c. 其他形态。除滴石和流石外，洞中的水汽、凝结水、毛细管水等也能形成一些特殊的沉积形态。洞中的一些水汽或凝结水在洞劈上沉淀出方解石，组合成花的形态，称为石花。在石钟乳、石笋或石柱的表面，由于毛细管水渗出而形成的状如珊瑚的碳酸钙沉积物，称为石珊瑚，若形如葡萄，称为石葡萄。

② 洞外堆积地貌。地下水流出地表，由于压力减小，温度降低，CO_2 逸出，$CaCO_3$ 或 SiO_2 发生沉淀，形成台阶状、扇状、锥状等地形。如云南香格里拉的白水台、四川的黄龙沟等地的泉华地貌甚为壮观。常见的洞外堆积地貌有泉华堆积形成的各种形态，如泉华台阶、泉华堤、泉华裙、泉华扇、泉华锥。

2.5.3.6 岩溶堆积物

岩溶堆积物是指与岩溶作用有关的各种堆积物的总称。岩溶堆积物比较复杂，根据分布的位置可以分为地表堆积物和地下堆积物；根据堆积物所含物质，可分为化学堆积物、机械堆积物、无机堆积物和有机堆积物。下面按地表堆积物和地下堆积物述之。

(1) 地表岩溶堆积物 分布在地表的岩溶堆积物主要有蚀余红土和泉华沉积。

蚀余红土（亦称"赭土"）：是指在灰岩地区，地表碳酸盐岩被溶蚀后所残留下来的富含 Fe_2O_3 和 Al_2O_3 的红色黏土。在热带、亚热带的岩溶作用地区，蚀余红土分布广泛，常覆盖在溶蚀洼地、岩溶平原的底部，或充填于岩溶裂隙及通道之中；若溶蚀作用强烈，蚀余红土为均质的红色黏土，若溶蚀作用不彻底，有时含尚未被溶蚀的灰岩角砾。在古岩溶面上，蚀余红土的堆积可形成铝土矿，如华北地区下奥陶统与中石炭统之间平行不整合面上的铝土矿就属此种类型。

泉华沉积：是指地下水流出地表后，在出口处附近将溶解于地下水中的 $CaCO_3$、SiO_2 沉淀形成的堆积物。泉华沉积一般疏松多孔，成层性好，可见清晰的层理；若堆积物为钙质的，称为钙华，若堆积物为硅质的，称为硅华。泉华沉积在温泉地区比较常见。

(2) 地下岩溶堆积物 地下岩溶堆积物主要堆积在溶洞、暗河、裂隙中，其中溶洞是最主要的地下岩溶堆积场所。地下岩溶堆积物的成因多样，种类复杂，主要的类型有：化学沉积物、重力堆积物、暗河沉积物、暗湖沉积物、生物化石以及人类文化堆积物。

习　题

1. 什么是相对地质年代？什么是绝对地质年代？地层相对地质年代是怎样确定的？

2. 地质年代单位和时间地层单位的含义及相互关系怎样？

3. 熟悉地质年代表及第四纪地质年代的划分。

4. 名词解释：变质作用、地质作用、岩浆作用、地震作用、残积物、冲积物、坡积物、洪积物的侵蚀基准面、内力地质作用、外力地质作用、地壳运动。

5. 简述风化作用的类型、影响因素及风化分带。

6. 解释河流的侵蚀作用、搬运作用和沉积作用。

7. 从哪些方面来判断岩石的风化程度？

8. 河流地质作用对工程建设会产生什么影响？如何防治？

第 3 章
矿物与岩石

3.1 元 素

地壳是由物质组成的，其最小单位就是化学元素。元素可以以原子、分子或离子的形式单独出现，但更多的是与其他元素结合成化合物。组成地壳的元素从种类上讲，几乎包括了周期表上的所有元素。目前已知元素有 108 种，其中在自然界存在的为92 种。

3.1.1 元素在地壳中的分布和克拉克值

美国人克拉克最早测定了地壳中元素的平均含量，所以元素在地壳中的平均质量分数，

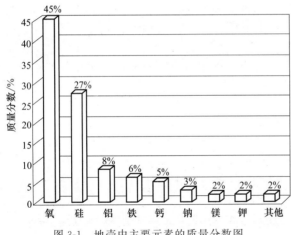

图 3-1 地壳中主要元素的质量分数图

称为克拉克值。因为研究和生产工作的需要，在一些较小的区域或一定的地壳构造单元内取得了元素的质量分数，称为元素的丰度，以此和全地壳的元素含量（克拉克值）相区别。

在地球科学家的共同努力下，元素的克拉克值不断地得到补充与修正。从依据克拉克值绘制的主要元素质量分数图（图 3-1）可以看出：①元素的含量很不均一，十分悬殊；②氧和硅是最主要的组成元素，

占据了 75%～76% 的比例；③组成地壳的主要元素包括：氧、硅、铝、铁、钙、钠、镁、钾 8 种，共占据总量的 98% 以上。其他数十种元素总含量都很小，不足 2%。

3.1.2 元素在地壳中的迁移和富集

如上所述，元素的含量和分布在地壳中都是不均一的，但它们常常又可以因为某些原因而发生迁移，如水的溶解可以把某些元素带走，化学反应也可使某些元素迁移。所以总体说来，元素在地壳中的分布是不断变化的。由于元素的迁移和富集的活动过程，可能导致某些元素的集中而形成一定的矿产资源，或者由于迁移而使某些资源受到破坏。了解和掌握元素迁移和富集规律，是人类保护自然资源、寻找矿物资源的前提和理论依据。

3.2 矿 物

3.2.1 矿物的概念及分类

矿物是指自然条件下，在一定的物理-化学环境中形成的元素或化合物，其形态是由原子、离子、分子等基本质点在空间上按一定的规律排列形成的。大多数的矿物是晶体（图3-2），少数为非晶体。不同晶体的矿物往往具有不同的结晶格架，元素在结晶格架中结合的紧密程度和结合方式是不相同的，因此结晶构造往往就是控制矿物某些性质的重要因素之一。矿物具有一定的化学组成和存在形式，具有一定的物理和化学性质。大多数的矿物是固态的，也有少量可为液态和气态（如水银、石油和天然气等）。

(a) 萤石

(b) 磁铁矿

(c) 黄铁矿

图 3-2　晶体形态各异的矿物

如图 3-3 所示，方铅矿就是由元素铅和硫所形成的一种自然硫化物。铅和硫的质点（离子状态）交互连接形成立方体状的晶体构造。所以方铅矿也常呈立方体状晶体产出或由许多个立方体的晶体形成粒状集合体，方铅矿也容易在受力后分裂成立方体的小块状。

矿物依据其化学成分及化合物的化学性质，可以划分成单质、氧化物、氢氧化物、卤化物、硫酸盐、碳酸盐、磷酸盐和硅酸盐等。同类矿物具有相似的化学性质和物理性质。自然界中同一大类矿物在内部结构上和元素种类及数量上的差异引起了它们物理性质和化学性质上的某些差异。

从结晶学的角度上矿物可以划分为结晶质矿物和非晶质矿物。结晶质矿物又可根据晶体质点的空间排列方式分为：岛状、环状、链状及层状等（图3-4）。

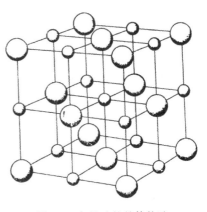

图 3-3　方铅矿的晶体构造

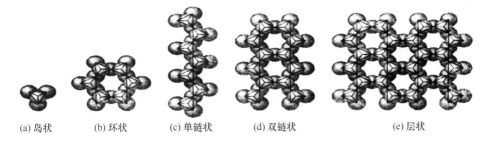

(a) 岛状　　(b) 环状　　(c) 单链状　　(d) 双链状　　(e) 层状

图 3-4　结晶结构

在实用中还可以进行其他分类，如划分为金属矿物和非金属矿物、矿石矿物和脉石矿物、造岩矿物和非造岩矿物（造矿矿物）、农用矿物和药用矿物等。

3.2.2 矿物的形态与性质

3.2.2.1 矿物的外形

矿物常具有一定的外形，根据矿物的外形可以区别一些常见的矿物。如磁铁矿是正八面

图 3-5 肾状集合体（赤铁矿）

体、黄铁矿是正方体或五角十二面体，云母为薄片状，石英则为六边柱状体等。矿物还常常会以许多较小的单体聚集在一起，形成矿物的集合体。如粒状集合体、片状集合体、肾状集合体（图 3-5）、纤维状集合体等。实际上自然界中的矿物由于晶体的生长受到限制，其外形往往是不规则的，只有在矿物形成的过程中有足够的时间和空间，才能形成形态完整的矿物。

3.2.2.2 矿物的颜色和光泽

矿物的颜色是多种多样的，很多矿物因其颜色而得名，如赤铁矿（红色）、褐铁矿（褐色）、孔雀石（蓝绿色）等。同一种矿物由于所含的杂质不同也会有不同的颜色，如不含杂质的石英是无色透明的，而当石英含有杂质时则可以形成紫水晶、烟水晶等。矿物的外观除了形态、颜色不同以外，还会有光泽的差异，矿物光泽是指矿物对可见光反射的能力。矿物光泽的强弱取决于矿物的折射率、吸收系数和反射率。反射率越大，矿物的光泽就越强。在矿物学中将光泽的强度依反射率（R）分为三级：金属光泽（$R > 0.25$）；半金属光泽（$0.19 < R \leq 0.25$）；和非金属光泽（$0.04 < R \leq 0.19$）。非金属光泽常见的有 6 种。

金刚光泽，是指同金刚石等宝石的磨光面上所反射的光泽，如白铅矿的光泽。

玻璃光泽，如同玻璃表面所反射的光泽，例如方解石的光泽。

珍珠光泽，某些矿物呈浅色透明状，由于一系列平行的解理对光多次反射而呈现出如蚌壳内面的珍珠层所表现的光泽，例如透石膏、白云母等。

油脂光泽，在某些透明矿物的断口上，由于反射表面不平滑，使部分光发生散射而呈现的如同油脂般的光泽，例如石英断口上的光泽。

丝绢光泽，在呈纤维状集合体的浅色透明矿物中，各个纤维的反射光相互影响呈现出如蚕丝所表现的光泽，例如石棉的光泽。

蜡状光泽，某些胶凝体矿物表面，呈现出如石蜡所表现的光泽。

3.2.2.3 矿物的条痕

条痕是指矿物在坚硬的物质上留下划痕的颜色，其本质是矿物粉末的颜色。矿物的颜色与矿物的条痕经常是不一致的，如黄铜矿的颜色是铜黄色，而条痕却是暗绿色。一般地说，条痕只适合于低硬度矿物的鉴定。

3.2.2.4 矿物的硬度

矿物的软硬程度称为矿物的硬度。硬度是反映矿物表面抵抗外力的能力，地质学中通常采用的是相对硬度的方式来确定矿物的硬度。如用甲矿物去划乙矿物，乙矿物出现划痕而甲矿物未受损伤，则认为甲矿物的硬度大于乙矿物。标准摩氏硬度计的 10 种矿物列于表 3-1。

表 3-1　摩氏硬度计

1度	2度	3度	4度	5度	6度	7度	8度	9度	10度
滑石	石膏	方解石	萤石	磷灰石	正长石	石英	黄玉	刚玉	金刚石

把需要鉴定硬度的矿物与摩氏硬度计中的矿物相互刻划比较即可确定其硬度，如某种矿物的能被石英刻动而不能被正长石刻动，则硬度可以大致确定为 6.5。在野外还可以利用一些简易方法确定矿物的硬度，如指甲的硬度约为 2.5，小刀的硬度约为 5.5，玻璃的硬度约为 6.5。需要注意的是野外鉴定矿物硬度时，矿物的表面会因为风化作用而降低硬度，因此需要在矿物的新鲜面上鉴定矿物的硬度，才能反映矿物的真实情况。

3.2.2.5 矿物的解理和断口

矿物受力后会沿一定的方向裂开成光滑面的特性称为矿物的解理，光滑的平面称为解理面。如云母可以揭成一层层的小薄片是因为云母具有一组极完全解理，方解石打碎后仍然呈菱面体是因为方解石具有三组完全解理。矿物的这种特性是因为矿物晶格按某种特殊的结构排列，并形成了一些薄弱面的表现（图 3-6），另外一些矿物，在受力后并不沿着一定的方向破裂，而是形成不规则的破裂面，这种破裂面称为断口。常见的断口形态有贝壳状、锯齿状、羽状和不规则状等。解理和断口是互为消长关系的，解理发育的矿物，断口则不发育，反之亦然。

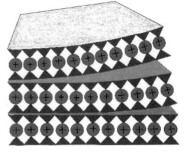

图 3-6　云母的解理面和晶体结构

3.2.3　常见矿物及造岩矿物

目前科学家们在地球上（地壳）已经发现的矿物已达 2000 余种，但最常见的不过 200 多种。其中形成常见岩石的矿物 20～30 种，形成重要矿产资源的矿物也只有 20～30 种，也就是常见矿物 50～60 种。其中包括造岩矿物和造矿矿物的重要部分（表 3-2）。

以上矿物中相当多的部分是经常组成各种岩石的矿物，称为造岩矿物，但不一定富集成矿产，造岩矿物中又以硅酸盐类矿物为主。常见的造岩矿物见表 3-3。

表 3-2　最主要的常见矿物

分类	矿物名称
自然元素	石墨、自然铜、金、硫黄、金刚石
氧化物	赤铁矿、磁铁矿、锡石、铝土矿
氢氧化物	褐铁矿
卤化物	岩盐、萤石
碳酸盐	方解石、白云石、孔雀石、菱镁矿
硫化物	黄铜矿、黄铁矿、方铅矿、闪锌矿、辉锑矿、雄黄、辰砂
硫酸盐	石膏、重晶石、芒硝
磷酸盐	磷灰石
硅酸盐	滑石、云母、长石、石榴子石、绿泥石、绿帘石、角闪石、辉石、橄榄石、蛇纹石、石棉、高岭石、红柱石等

表 3-3　常见的造岩矿物

富铁镁硅酸盐	贫铁镁硅酸盐	其他矿物
橄榄石、辉石、角闪石、石榴子石、蛇纹石、绿泥石、黑云母	石英、钾长石、斜长石、白云母、绢云母、高岭石、红柱石	金红石、磁铁矿、褐铁矿、黄铁矿、方铅矿、白云石、磷灰石、霞石、方解石等

以下为主要矿物简介（有 * 号的矿物要求会鉴别）。

* 石墨 C：常为鳞片状集合体，有时为块状或土状；颜色与条痕均为黑色，可污手；半金属光泽；有一组极好解理，易劈开成薄片；硬度 1～2，指甲可刻划；有滑感；相对密度为 2.2。

* 黄铁矿 FeS_2：大多呈块状集合体，也有发育成立方体单晶者；立方体的晶面上常有平行的细条纹；颜色为浅黄铜色，条痕为绿黑色；金属光泽；硬度 6～6.5；性脆，断口参

差状；相对密度 5。

*黄铜矿 $CuFeS_2$：常为致密块状或粒状集合体；颜色铜黄，条痕为绿黑色；金属光泽；硬度 3～4，小刀能刻破；性脆，相对密度 4.1～4.3。

黄铜矿以颜色较深且硬度小可与黄铁矿相区别。

*方铅矿 PbS：单晶常为立方体，通常呈致密块状或粒状集合体；颜色铅灰，条痕为灰黑色；金属光泽。硬度 2～3；有三组解理，沿解理面易破裂成立方体。相对密度 7.4～7.6。

*闪锌矿 ZnS：常为致密块状或鼓状集合体；颜色自浅黄到棕黑色不等（因含 Fe 量增高而变深），条痕为白色到褐色；光泽自松脂光泽到半金属光泽；透明至半透明；硬度 3.5～4；解理好；相对密度 3.9～4.1（随含铁量的增加而降低）。

*石英 SiO_2：常发育成单晶并形成晶簇，或呈致密块状或粒状集合体；纯净的石英无色透明，称为水晶；石英因含杂质可呈各种色调，例如含 Fe^{3+} 呈紫色者，称为紫水晶，含有细小分散的气态或液态物质呈乳白色者，称为乳石英；石英晶面为玻璃光泽，断口为油脂光泽，无解理；硬度 7；贝壳状断口；相对密度 2.65；隐晶质的石英称为石髓（玉髓），常呈肾状、钟乳状及葡萄状等集合体；一般为浅灰色、淡黄色及乳白色，偶有红褐色及苹果绿色；微透明；具有多色环状色带的石髓称为玛瑙。

*赤铁矿 Fe_2O_3：常为致密块状、鳞片状、鲕状、豆状、肾状及土状集合体；显晶质的赤铁矿为铁黑色到钢灰色，隐晶质或肾状、鲕状者为暗红色，条痕呈樱红色；金属、半金属到土状光泽；不透明；硬度 5～6，土状者硬度低；无解理；相对密度 4.0～5.3。

*磁铁矿 Fe_3O_4：常为致密块状或粒状集合体，也常见八面体单晶；颜色为铁黑色；条痕为黑色；半金属光泽；不透明；硬度 5.5～6.5；无解理；相对密度 5；具强磁性。

*褐铁矿：实际上不是一种矿物而是多种矿物的混合物，主要成分是含水的氢氧化铁（$Fe_3O_4 \cdot nH_2O$），并含有泥质及 SiO_2 等；褐至褐黄色，条痕黄褐色；常呈土块状、葡萄状，硬度不一。

*萤石 CaF_2：常能形成块状、粒状集合体，或立方体及八面体单晶；颜色多样，有紫红、蓝、绿和无色等；透明；玻璃光泽；硬度 4；解理好，易沿解理面破裂成八面体小块；相对密度 3.18。

*方解石 $CaCO_3$：常发育成单晶，或晶簇、粒状、块状、纤维状及钟乳状等集合体；纯净的方解石无色透明；因杂质渗入而常呈白、灰、黄、浅红（含 Co、Mn）、绿（含 Cu）、蓝（含 Cu）等色；玻璃光泽；硬度 3；解理好；易沿解理面分裂成为菱面体；相对密度 2.72；遇冷稀盐酸强烈起泡。

白云石 $CaMg[CO_3](OH)_2$：单晶为菱面体，通常为块状或粒状集合体；一般为白色，因含 Fe 常呈褐色；玻璃光泽；硬度 3.5～4；解理好；相对密度 2.86，含铁高者可达 2.9～3.1；白云石以在冷稀盐酸中反应微弱，以及硬度稍大而与方解石相区别。

孔雀石 $Cu[CO_3](OH)_2$：常为钟乳状、块状集合体，或呈皮壳附于其他矿物表面；深绿或鲜绿色，条痕为淡绿色；晶面上为丝绢光泽或玻璃光泽；硬度 3.5～4；相对密度 3.5～4.0；遇冷稀盐酸剧烈起泡；孔雀石以其特有颜色而易与其他矿物相区别。

硬石膏 $Ca[SO_4]$：单晶体呈等轴状或厚板状；集合体常为块状及粒状；纯净者透明，无色或白色，常因含杂质而呈暗灰色；玻璃光泽；硬度 3～3.5；解理好，沿解理面可破裂成长方形小块；相对密度 2.9～3.0。

石膏 $Ca[SO_4] \cdot 2H_2O$：单晶体常为板状，集合体为块状、粒状及纤维状等；无色或白色，有时透明；玻璃光泽，纤维状石膏为丝绢光泽；硬度 2；有极好解理，易沿解理面劈开成薄片，薄片具挠性；相对密度 2.30～2.37；石膏中透明而呈月白色反光者称透明石膏，纤维状者称纤维石膏，细粒状者称雪花石膏。

* 磷灰石 $Ca_5[PO_4]_3$（F，Cl，OH）：常为六方柱状之单晶，集合体为块状、粒状、肾状及结核状等；纯净磷灰石为无色或白色，但少见；一般呈黄绿色，可以出现蓝色、紫色及玫瑰红色等；玻璃光泽；硬度 5；断口参差状；断面为油脂光泽；相对密度 2.9～3.2。以结核状出现的磷灰石称磷质结核；用含钼酸铵的硝酸溶液滴在磷灰石上，有黄色沉淀（磷钼酸铵）析出，是鉴别磷灰石的重要方法。

橄榄石（Mg，Fe）$_2[SiO_4]$：常为粒状集合体；浅黄绿到橄榄绿色，随含铁量增高而加深；玻璃光泽；硬度 6～7；解理不好；相对密度 3.2～4.4，随含铁量增高而增大。

* 石榴子石 $X_3Y_2[SiO_4]_3$：化学式中的 X 代表二价阳离子 Ca^{2+}、Mg^{2+}、Mn^{2+}、Fe^{2+} 等，Y 代表三价阳离子 Al^{3+}、Fe^{3+}、Cr^{3+} 等，阳离子为铁、铝者称为铁铝榴石，阳离子为钙、铝者，称为钙铝榴石；尽管它们的化学成分有某种变化，但其基本结构相同，特征近似；石榴子石常形成等轴状单晶体，集合体呈粒状和块状；浅黄白、深褐到黑色（一般随含铁量增高而加深）；玻璃光泽；硬度 6～7.5；无解理；断口为贝壳状或参差状；相对密度 4 左右。

* 红柱石 $Al_2[SiO_4]O$：单晶体呈柱状，横切面近于正方形，集合体呈放射状，俗称菊花石，常为灰白色及肉红色；玻璃光泽；硬度 6.5～7.5；有平行柱状方向的解理；相对密度 3.13～3.16。

蓝晶石 $Al_2[SiO_4]O$：单晶体常呈长板状或刀片状；常为蓝灰色；玻璃光泽，解理面上有珍珠光泽；有平行长轴方向的解理。硬度 5.5～7；平行伸长方向的硬度小，垂直伸长方向的硬度大；相对密度 3.53～3.65。

夕线石 $Al[AlSiO_4]O$：通常为针状及纤维状集合体；常为灰白色；玻璃光泽；硬度 7；有平行伸长方向的解理；相对密度 3.38～3.49。

* 绿帘石 $Ca_2(Al，Fe)_3[SiO_4]O(OH)$：单晶体为柱状，集合体为粒状或块状；绿色，色调随含铁量增加而变深；玻璃光泽；硬度 6～6.5；有平行柱状方向的解理；相对密度 3.38～3.49。

* 海绿石（K，Na，Ca）（Fe^{3+}，Al，Fe^{2+}，Mg）$_2[(Si，Al)Si_3O_6](OH)_2 \cdot nH_2O$：常呈小圆粒状集合体分散在石灰岩及砂岩中；颜色为黄绿到绿黑色；光泽暗淡；硬度 2；相对密度 2.4～2.95。

硅灰石 $Ca_3(Si_3O_9)$：多为放射状及纤维状集合体；白到灰白色；玻璃光泽；硬度 4.5～5；有平行长轴方向的完全解理；相对密度 2.87～3.09。

透辉石 $CaMg[Si_2O_6]$：单晶体为短柱状，横切面多近于正方形，集合体为粒状；无色，因含铁质可染成绿色；玻璃光泽；硬度 5.5～6；有平行柱状方向的两组解理发育，交角为 87°；相对密度 3.22～3.38。

* 普通辉石（Ca，Mg，Fe，Al）$_2[(Si，Al)_2O_6]$：单晶体为短柱状，横切面呈近八边形（图 3-7），集合体为粒状；绿黑色或黑色；玻璃光泽；硬度 5.5～6.0；有平行柱状方向的两组的解理，交角为 87°；相对密度 3.2～3.4。

透闪石 $Ca_2Mg_5[Si_2O_1](OH)_2$：单晶体为长柱状，集合体为纤维状及放射状；白色或灰白色，富含铁质者呈绿色，称为阳起石；硬度 5～6；有平行柱状方向的两组中等到完全解理（图 3-8），其交角为 56°；相对密度 3.02～3.44，随含铁量增高而变大。

蓝闪石 $Na_2Mg_5Al_2[Si_8O_{22}](OH)_2$：通常为放射状及纤维状集合体；蓝色；其他特点与透闪石相似。

* 普通角闪石（Ca，Na）$_{2-3}$（Mg，Fe，Al）$_5[Si_6(Si，Al)_2O_{22}](OH，F)_2$：单晶体较常见，为长柱状；横切面呈六边形，经常还以针状形式出现；绿黑色或黑色；玻璃光泽；硬度 5～6；有平行柱状的两组解理，交角为 56°；相对密度 3.02～3.45，随着含 Fe 量增高而

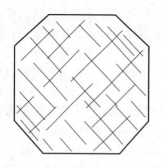

图 3-7　辉石晶体的横切面及其两组解理

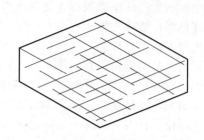

图 3-8　透闪石晶体的横切面及其两组解理

加大。

* 滑石 $Mg_3[Si_4O_{10}](OH)_2$：单晶体为片状，通常为鳞片状、放射状、纤维状、块状等集合体；无色或白色；解理面上为珍珠光泽；硬度 1；平行片状方向有极解理；有滑感；薄片具挠性；相对密度 2.55～2.58。

* 蛇纹石 $Mg_6[Si_4O_{10}](OH)_8$：一般为细鳞片状、显微鳞片状以及致密块状集合体，呈纤维状合集合体者称蛇纹石石棉；黄绿色，或深或浅；块状者常具油脂光泽，纤维状者为丝绢光泽；硬度 2.5～3.5；相对密度 2.83。

* 高岭石 $Al_4[Si_4O_{10}](OH)_3$：一般为土块或块状集合体；白色，常因含杂质而呈其他色调；土状者光泽暗淡，块状者具蜡状光泽；硬度 2；相对密度 2.61～2.68；具有可塑性。

* 白云母 $KAl_2[AlSi_3O_{10}](OH, F)_2$：单晶体为短柱状及板状，横切面常为六边形；集合体为鳞片状，其中晶体细微者称为绢云母；薄片为无色透明，具珍珠光泽；硬度 2.5～3；有平行片状方向的极好解理，易撕成薄片，具弹性；相对密度 2.77～2.88。

* 黑云母 $K(Mg, Fe)_3[AlSi_3O_{10}](OH, F)_2$：单晶体为短柱状、板状，横切面常为六边形，集合体为鳞片状；棕褐色或黑色，随含 Fe 量增高而变暗；其他光学与力学性质同白云母相似；相对密度 2.7～3.3。

* 绿泥石 $(Mg, Al, Fe)_6[(Si, Al)_4O_{10}](OH)_8$：常呈鳞片状集合体；绿色，深浅随含铁量增减而不同；解理面上为珍珠光泽；有平行片状方向的解理；硬度 2～3；相对密度 2.6～3.3；薄片具挠性。

* 长石：长石是硅酸盐矿物中分布最广的一类矿物，约占地壳重量的 50%。长石包括三个基本类型：

钾长石　$K[AlSi_3O_8]$（代号 Or）

钠长石　$Na[AlSi_3O_8]$（代号 Ab）

钙长石　$Ca[Al_2Si_2O_8]$（代号 An）

钾长石与钠长石因其中含有碱质元素 Na 与 K，故常称碱性长石；钠长石与钙长石常按不同比例混溶在一起，组成类质同像系列。

钠长石　Ab　100%～90%　An　0%～10%

更长石　Ab　90%～70%　An　10%～30%

中长石　Ab　70%～50%　An　30%～50%

拉长石　Ab　50%～30%　An　50%～70%

培长石　Ab　30%～10%　An　70%～90%

钙长石　Ab　10%～0%　An　90%～100%

这六种长石成分上连续过渡，总体称为斜长石。其中钠长石与更长石常称为酸性斜长石；拉长石、培长石及钙长石常称为基性斜长石（此处酸性、基性为地质上的，非化学上的意义）。

斜长石有许多共同的特征——单晶体为板状或板条状；常为白色或灰白色，玻璃光泽；硬度6～6.52；有两组解理，彼此近于正交；相对密度2.61～2.75，随钙长石成分增大而变大。

钾长石包含正长石、钾微斜长石、透长石及冰长石等变种，其成分无变化，仅结构略有差别，其中常见的是正长石；单晶体常为柱状或板柱状（图3-9）；常为肉红色，有时具有较浅的色调，玻璃光泽；硬度6；有两组方向相互垂直的解理；相对密度2.54～2.57。

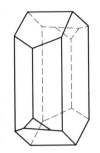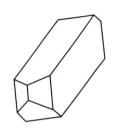

图3-9　正长石的晶体

3.3　岩　石

岩石是在地质作用过程中由一种（或多种）矿物或由其他岩石和矿物的碎屑所组成的一种集合体。这种集合体多数是由多种矿物所组成，而且在地壳中有一定的分布，是组成地壳的基本单元。所以也是在工作中首先要遇到的对象。组成地壳（或岩石圈）的岩石包括大量固体状的岩石及少量尚未固结的松散堆积物（也可称为松散岩石）。

按照成因把岩石划分成三大类——岩浆岩、沉积岩和变质岩。①岩浆岩是熔融状态的岩浆冷凝而形成的岩石。岩浆岩通常分为侵入岩和喷出岩两类。岩浆在地表以下不同深度的部位冷凝而成的岩石称侵入岩。岩浆喷出地表冷凝而形成的岩石称喷出岩（火山岩）。②沉积岩是在地表或接近地表的条件下由母岩（岩浆岩、变质岩和已形成的沉积岩）风化剥蚀的产物经搬运、沉积和成岩作用形成的岩石。③变质岩是指地壳中早先形成的岩石（包括岩浆岩、沉积岩和变质岩）经过变质作用形成的新岩石。

岩浆岩、沉积岩和变质岩在成因、野外的宏观产状、内部特征（结构、构造）和物质组成上都有很大差别。与之相关的矿产乃至它们本身的物理性质都有所不同。它们共同组成了我们赖以生存的地壳，然而它们在地壳中的分布和数量都是很不均一的。其中，沉积岩多半分布于地壳表层及不太深的范围内，它可以覆盖地表相当大的面积，但只占岩石总体积的少部分。岩浆岩多分布于地壳相对较深处，在地表出露不多，是三大类岩石中数量最多的一类，是组成地壳的主体岩石成分。变质岩常常分布于大的造山带的核心部位或构造活动带，其数量介于前二者之间。

这三大类岩在产出状态上是很不相同的。岩浆岩常成团块状出现，不分层，有时具方向性，但也不明显，向下延伸的深度也较大。沉积岩则多表现为层状出现或水平地覆盖于地表或以不同角度倾斜地堆叠于地表，但往下延伸的深度一般不大。变质岩则介于其间，有的也具明显的定向性，但向下的延伸一般要比沉积岩深。

从成分上说，岩浆岩多含硅镁质和硅铝质成分，不含有机物质。而沉积岩则恰好相反，常含有机质，特别是含有生物遗体或遗迹所组成的化石，也含有蒸发作用所形成的某些盐类，如石膏、芒硝等。变质岩则视其变质程度深浅不同而异，若变质程度较浅，则可保存其原岩成分；若变质程度较深，则产生新生变质矿物，难见原岩组分。

常见的岩浆岩有：花岗岩、闪长岩、辉长岩、橄榄岩、流纹岩、安山岩、玄武岩等。

常见的沉积岩有：砾岩、砂岩、粉砂岩、页岩、石灰岩、白云岩等。

常见的变质岩有大理岩、石英岩、蛇纹岩、板岩、千枚岩、片岩、片麻岩等。

3.3.1 岩浆岩

岩浆岩又称火成岩，它是三大类岩石的主体，占地壳岩石体积的64.7%。它由岩浆冷凝形成，是岩浆作用的最终产物。岩浆岩通常分为侵入岩和喷出岩两类。

3.3.1.1 岩浆岩的物质成分

（1）岩浆岩的化学成分　岩浆岩的很复杂，几乎包括了地壳中的所有元素，但它们的含量却很不一致，其中以O、Si、Al、Fe、Ca、Na、K、Mg、Ti等元素的含量最多，其总和约占岩浆岩化学元素总量的99%以上。若以氧化物计，则以SiO_2、Al_2O_3、Fe_2O_3、FeO、MgO、CaO、Na_2O、K_2O、TiO_2、H_2O等为主，同样也占99%以上。其中又以SiO_2的含量最多，因此岩浆岩实际上是一种硅酸盐岩石。SiO_2在各类岩浆岩中的含量是不同的，而且具有明显的变化规律。根据SiO_2的含量，可将岩浆岩分为四大类（表3-4）。

表3-4　岩浆岩按SiO_2含量分类简表

岩　类	SiO_2含量/%	颜　色	岩石举例
酸性岩类	>65	浅	花岗岩
中性岩类	52～65	↓	闪长岩
基性岩类	45～52		辉长岩
超基性岩类	>45	深	橄榄岩
碱性岩类	与中性岩相当	与中性岩相当	正长岩（或霞石正长岩）

（2）岩浆岩的矿物成分　矿物成分对研究岩浆岩的化学成分、生成条件及其成因都有重要意义，它又是划分岩浆岩类别的重要依据。组成岩浆岩的矿物成分繁多，常见的有20余种，其中以橄榄石、辉石、角闪石、黑云母、斜长石、钾长石和石英等7种矿物最为重要。这7种矿物在不同的岩浆岩中，其组合及含量是各不相同的。岩浆岩中常见的这7种矿物，就其化学成分而言，橄榄石、辉石、角闪石、黑云母等主要为铁镁的硅酸盐，习惯上称为铁镁矿物，由于颜色较深，又称它们为暗色矿物；其余的斜长石、钾长石、石英等，习惯上称硅铝矿物或浅色矿物。此外，还有霞石、白榴石，它们是碱性岩中的特征矿物，常称为副长石类矿物，颜色亦较浅。

岩浆岩中的矿物，根据其在岩石中的相对含量及其在分类中所起的作用，可划分为主要矿物、次要矿物及副矿物。

① 主要矿物是指岩石中那些含量很多并对岩石大类命名起决定性作用的矿物。例如，花岗岩中的石英和钾长石为主要矿物，如果没有石英就不能称为花岗岩。

② 次要矿物是指岩石小含量较少的矿物，这一类矿物在岩石中的含量次于主要矿物，它的存在是岩石进一步定名的依据，但不影响大类的划分。例如，花岗岩中的黑云母或角闪石含量达到5%以上时，此岩石可进一步定名为黑云母花岗岩或角闪花岗岩。

③ 副矿物是指岩石中含量很少，对岩石定名不起作用的矿物，其含量通常小于1%，个别情况下，可达3%左右。常见的副矿物有锆石、独居石、磷灰石、磁铁矿、榍石等。研究某一岩体中副矿物的种类、含量、外表特征以及所含微量元素特征等，对于了解该岩浆岩体的形成条件，岩体之间的对比，确定岩体的时代，以及对于寻找某些稀有分散元素矿物等，都具有重要意义。

3.3.1.2 岩浆岩的结构构造

（1）岩浆岩的结构　岩浆岩的结构是指岩石中所含矿物的结晶程度，矿物颗粒的大小、形状以及矿物之间组合关系所表现出来的特征。岩浆岩的结构是岩浆岩的一个基本特征。它是研究岩浆岩形成条件及分类命名的依据之一。

① 按岩石中矿物的结晶程度划分。

全晶质结构：岩石全部由结晶的矿物所组成。这是由于岩浆缓慢冷凝，充分结晶而形成的。此结构多见于深成侵入岩中。

玻璃质结构：岩石中不含结晶的矿物，几乎全由未结晶的火山玻璃所组成。这是由于岩浆喷出地表，温度和压强骤然降低，岩浆在快速冷凝过程中各组分来不及结晶，即已冷凝而形成未结晶的玻璃质结构。此结构多出现于酸性喷出岩或浅成侵入体的边缘部分。

半晶质结构：岩石由部分结晶矿物和部分玻璃质矿物所组成。这是由于岩浆在深部就已开始结晶，后又上升至地表或近地表处，快速冷凝而形成的结构。此结构多见于浅成侵入岩体的边缘及喷出岩中。

② 按岩石中矿物颗粒的绝对大小划分。

粗粒结构：矿物颗粒直径大于 5mm。

中粒结构：矿物颗粒直径在 2~5mm 之间。

细粒结构：矿物颗粒直径在 0.2~2mm 之间。

微粒结构：矿物颗粒直径小于 0.2mm，肉眼无法分辨。此结构多见于浅成岩或喷出岩中。

矿物颗粒直径大于 0.2mm 以上，其矿物颗粒能用肉眼分辨者，称为显晶质结构；颗粒直径小于 0.2mm，用肉眼不能分辨者，则称为隐晶质结构。

③ 按岩石中矿物颗粒的相对大小划分。

等粒结构：岩石中主要矿物颗粒直径大小基本一致，此种结构一般为深成岩所具有。

不等粒结构：岩石中主要矿物颗粒大小不等。

斑状结构：岩石由两组大小截然不同的矿物颗粒所组成。大的叫斑晶，小的称基质。此种结构为喷出岩及浅成岩所具有。

似斑状结构：如果斑晶和基质都为显晶质，则称为似斑状结构。这种结构的斑晶与基质通常都是在相同或近于相同的冷凝条件下形成的。一般见于深成岩或部分浅成岩中。

④ 按岩石中矿物的自形程度划分。

自形结构：岩石中主要矿物晶体全呈自形晶，晶面完整，晶体规则。它是在岩浆冷却速度缓慢，结晶时间充分或晶体生长能力强的状况下形成的。此结构常见于深成岩中。

半自形结构：岩石中主要矿物晶体的自形程度不一致，有些是自形晶，有些是他形晶，仅大部分是半自形晶。晶体发育成半自形，是因为它在结晶过程中受已析出的其他晶体所限或者同时结晶的矿物比较多，互相干扰，没有自由空间，不能按自己的结晶习性发育成完整的自形晶体。大部分深成岩都具有这种结构。例如，酸性侵入岩中暗色矿物往往比长石自形程度高，长石又比石英自形程度高，石英则为他形。

他形结构：岩石中主要矿物完全不具晶形而呈他形，晶面不完整，晶形不规则。此种结构常见于浅成岩中。

(2) 岩浆岩的构造　岩浆岩的构造是指岩石中各种矿物和其他组成部分之间的空间排列和充填方式所表现的岩石外貌特征。构造特征是岩石分类定名的重要依据之一。

常见的岩浆岩构造类型有以下几种。

块状构造：块状构造表现为岩石中的矿物排列无一定次序，无一定方向，紧密镶嵌，呈均匀块体。它是侵入岩特别是深成岩所具有的典型构造。

带状构造：带状构造表现为岩石中颜色、成分、粒度不同的矿物有规律地逐层交替成条带状，平行或近于平行排列，此种构造在某些侵入岩，特别是在基性岩中常见。

流纹构造：流纹构造为流纹岩所具有的典型构造，其特征是因不同颜色的条带、矿物及拉长的气孔等在岩石中呈一定方向的流纹状排列，它反映熔岩的流动状态，是喷出地表的岩浆在流动过程中迅速冷却而保留下来的痕迹。此种构造为喷出岩类所具有，常见于酸性或中酸性熔岩中。

气孔构造：岩石中分布着大小不等的圆形或椭圆形的空洞，称为气孔构造。当岩浆喷溢出地表后，由于冷却速度较快，其中所含气体物质来不及全部逸出而保留在已经冷凝的熔岩层顶部（底部较少），即形成气孔构造。气孔的拉长方向指示着岩浆的流动方向。此种构造在玄武岩中经常见到。

杏仁状构造：喷出岩中的气孔被外来矿物所充填，称杏仁状构造。此种构造在玄武岩和安山岩中最常见。充填的矿物多为沸石、冰洲石、玉髓、方解石等，有时有金属物质（如自然铜等）充填其中而形成有工业价值的矿床。

流线构造及流面构造：流线构造是由于长柱状矿物及长条形捕虏体、析离体等的延长方向呈定向排列所致，一般平行于岩浆流动方向。流面构造是因片状矿物、板状矿物、扁形捕虏体及析离体呈层状及带状排列而形成，一般平行于岩体的接触面。因此，利用流面可以推断岩体接触面的产状。

3.3.1.3　岩浆岩的分类

（1）岩浆岩分类的依据　地壳中的岩浆岩是多种多样的。据统计，现有的岩石种类就有上千种。它们之间存在着成分、结构、构造、产状及成因等方面的差异，同时，又存在着共性与过渡的内在联系和变化规律。岩浆岩的分类依据基本包括岩浆岩的化学成分、矿物成分、结构和构造、产状等。以岩浆岩的化学成分、矿物成分及其含量进行分类，可以反映岩石的主要性质。按岩浆岩的结构和构造、产状进行分类，可以反映出岩石的形成环境。岩浆岩所具有的这些特性是区别其他类岩石的主要依据。

（2）主要岩浆岩分类简表　主要岩浆岩分类见表 3-5。

表 3-5　主要岩浆岩分类简表

岩石类型			超基性岩	基性岩	中性岩	酸性岩
颜色			深（黑、绿、深灰）浅（浅红、浅灰黄）			
SiO_2 含量/%			＜ 45	45～52	52～65	＞ 65
主要矿物			橄榄石、辉石、角闪石	基性斜长石、辉石	中性斜长石、角闪石	正长石、酸性斜长石、石英
次要矿物			基性斜长石、黑云母	橄榄石、角闪石、黑云母	黑云母、正长石、石英、辉石	黑云母、角闪石
产状	结构	构造	岩石名称			
喷出岩	火山锥、熔岩流、熔岩被	玻璃质、隐晶质、斑状	气孔、杏仁、流纹、块状	科马提岩、苦橄岩(少见)	玄武岩（大量出现）	浮岩、黑曜岩
						安山岩（大量出现）　　流纹岩
侵入岩　浅成岩	岩床、岩盘、岩盆、岩墙	半晶质、等粒、斑状	块状	少见	辉绿岩	闪长玢岩　花岗斑岩
深成岩	岩柱、岩基	全晶质、等粒、似斑状	块状	橄榄岩	辉长岩	闪长岩　花岗岩

注：1. 表的上半部表示岩浆岩的化学成分（主要是 SiO_2 含量）和矿物成分。

①石英：在酸性岩里有石英，超基性岩无石英，基性岩中无或微含石英，中性岩中含少量石英。

②长石成分：超基性岩中可含很少量的基性斜长石，基性岩和中性岩分别以基性斜长石和中性斜长石为主，酸性岩以正长石和酸性斜长石为主。

③暗色矿物：超基性岩中以橄榄石和辉石为主；基性岩、中性盐和酸性岩分别以辉石、角闪石、黑云母等为主。暗色矿物的含量从超基性岩到酸性岩逐渐减少。

2. 表的下半部表示岩浆岩的产状、结构和构造，自下而上依次为深成岩、浅成岩和喷出岩。同时列出各大岩石的代表性岩石名称。同一纵行里的岩石矿物成分相同，属同一岩类，只是因为产状不同，结构、构造不同，因而具有不同的名称；同一横行里的岩石，产状结构、构造相同，但矿物成分不同，因而属于不同的岩类。

3.3.1.4 常见的岩浆岩

（1）**橄榄岩** 橄榄岩常为橄榄绿至暗绿色或黑绿色，主要由橄榄石和辉石所组成，橄榄石的含量占 40%～50% 以上，有时含铬铁矿及磁铁矿等副矿物。当矿物成分基本为橄榄石时，则为纯橄榄岩。橄榄岩为中-粗粒结构，块状构造。岩石标本上可见橄榄石为淡黄色，玻璃光泽，贝壳状断口。辉石的颜色较深，常呈翠绿色或褐绿色，并可见到较平的解理面。橄榄岩是深成侵入岩。

（2）**辉石岩** 辉石岩色深，常为灰绿、灰黑色，矿物成分几乎全由辉石（90%～100%）组成，含有少量橄榄石、角闪石、黑云母、铬铁矿、磁铁矿、钛铁矿等，中-粗粒结构，块状构造。辉石岩为深成侵入岩。

（3）**辉长岩** 辉长岩颜色为灰黑色，主要矿物成分为辉石和基性斜长石，次要矿物有橄榄石、角闪石、黑云母等，中粒至粗粒结构。辉长岩通常为块状构造。

（4）**辉绿岩** 辉绿岩一般为暗绿色或黑色，主要矿物成分为辉石和基性长石，还有少量的橄榄石、黑云母、石英、磁铁矿、钛铁矿等。辉绿岩为细粒至隐晶质结构或辉绿结构。如为斑状结构，则此种辉绿岩称辉绿玢岩，其斑晶成分为斜长石和暗色矿物。辉绿岩常呈岩床、岩墙等产出。

（5）**玄武岩** 玄武岩一般为黑色、黑绿色，成分与辉长岩相当，细粒至隐晶结构。有时见斑状结构。斑晶为橄榄石、基性斜长石等；基质为隐晶质或玻璃质。玄武岩多为气孔构造和杏仁状构造。

（6）**闪长岩** 闪长岩颜色多为灰色和灰绿色，主要由斜长石和角闪石组成，此外，还有辉石和黑云母以及榍石、磷灰石、磁铁矿等副矿物，一般不含或含少量石英和钾长石。闪长岩是全晶质中-粗粒结构，块状构造。闪长岩在我国分布广泛，岩体常呈岩株、岩床或岩墙产出，大部分与花岗岩或辉长岩呈过渡关系。

（7）**安山岩** 安山岩常为红、褐、紫红、深灰等色。安山岩是成分与闪长岩相当的喷出岩，斑状结构。斑晶多为结晶较小的斜长石、角闪石、辉石、黑云母等；基质多为隐晶质或玻璃质。安山岩具气孔状或杏仁状构造。

（8）**花岗岩** 花岗岩一般为肉红色和灰白色，主要矿物成分是石英（含量在 20% 以上）、钾长石和斜长石，暗色矿物为黑云母和角闪石，含有磁铁矿等副矿物。石英自形程度不好。花岗岩具全晶质中-粗粒结构，有时为似斑状结构，具似斑状结构者称斑状花岗岩。花岗岩具块状构造。花岗岩通常呈巨大的岩基产出，也有的以岩株、岩盖产出。

（9）**花岗斑岩** 花岗斑岩化学成分及矿物成分与花岗岩相当，常为灰白色、肉红色，斑状结构。斑晶为石英及钾长石，可含少量斜长石；基质由细粒石英、长石及少量暗色矿物组成。

（10）**流纹岩** 流纹岩是酸性喷出岩，一般为灰色、灰红色、肉红色等，成分与花岗岩相当，具隐晶质结构或斑状结构。斑晶多为透长石（透明的钾长石）和石英；基质多为致密的隐晶质或玻璃质，常具流纹构造。流纹岩中气孔构造、杏仁构造也常见。

3.3.2 沉积岩

由沉积物固结变硬而成的岩石就是沉积岩。是否经过固结是沉积岩与沉积物的根本区别。

3.3.2.1 沉积岩中的矿物

组成沉积岩的常见矿物有石英、白云母、黏土矿物、钠长石、方解石、白云石、石膏、硬石膏、赤铁矿、褐铁矿、玉髓、蛋白石等。其中石英、钾长石、钠长石、白云母也是岩浆岩的常见矿物，因而它们是岩浆岩与沉积岩共有的矿物。此外，岩浆岩中常见的橄榄石、辉石、角闪石、黑云母、中性及基性斜长石在沉积岩中很少出现，而岩浆岩中一般难以出现甚至不能存在的方解石、白云石、黏土矿物、石膏、硬石膏等在沉积岩中相当普遍。

引起这一差别的原因在于沉积岩是在常温、常压条件下由外力地质作用形成的。那些只能形成于高温条件下的矿物，如橄榄石、辉石、角闪石、黑云母、中性及基性斜长石等，在外力地质作用下不能生成，也难以抵抗外力地质作用的破坏而长期稳定存在；相反，石英、钾长石、钠长石及白云母等，具有适应温度变化的能力且化学性质较稳定，在地表条件下就能够作为碎屑物而稳定存在。至于黏土矿物、石膏、硬石膏、方解石以及白云石等则是在地表条件下形成的特征性矿物。

3.3.2.2 沉积岩的结构

沉积岩的结构指沉积岩颗粒的性质、大小、形态及其相互关系。主要有以下两类结构。

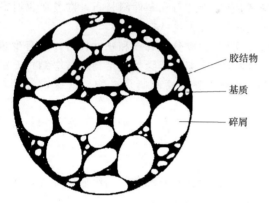

图 3-10 碎屑、基质和胶结物

(1) 碎屑结构 岩石中的颗粒是机械沉积的碎屑物。碎屑物可以是岩石碎屑（岩屑）、矿物碎屑（如长石、石英、白云母）、石化的生物有机体或其碎片（生物碎屑）以及火山喷发的固体产物（火山碎屑）等。按碎屑粒径大小可分为：

砾状结构　　　　粒径＞2mm
砂状结构　　　　粒径 2～0.05mm
粉砂状结构　　　粒径 0.05～0.005mm
泥状结构　　　　粒径＜0.005mm

具有砾状与砂状结构者用肉眼能辨认其中碎屑之外形，同时可以看出其中碎屑颗粒及基质与胶结质的关系（图 3-10）。具有粉砂状结构者用放大镜能辨认其中碎屑之界线。泥状结构的岩石，只有借助于显微镜甚至电子显微镜才能辨认其中之黏土碎屑颗粒。

碎屑颗粒粗细的均匀程度称为分选。大小均匀者，为分选良好；大小混杂者，为分选差（图 3-11）。

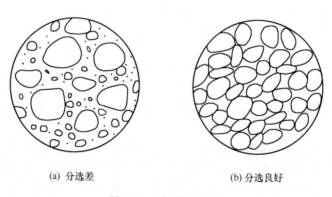

(a) 分选差　　　　　　　　　(b) 分选良好

图 3-11 碎屑的分选性

碎屑颗粒棱角的磨损程度称为圆度。圆度有不同级别，如图 3-12 所示，有棱角形、次棱角形、次圆形、圆形 4 种。

(2) 非碎屑结构 岩石中的颗粒是化学沉积作用或生物化学沉积作用形成。其中大多数为晶质的或隐晶质的。此外，某些岩石由呈生长状态的生物骨骼构成格架，格架内部充填以其他性质的沉积物，称为生物骨架结构。

3.3.2.3 沉积构造

沉积构造是指沉积岩形成时所生成的岩石的各个组成部分的空间分布和排列形式，有以

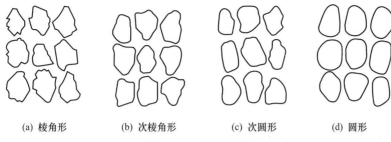

(a) 棱角形　　　(b) 次棱角形　　　(c) 次圆形　　　(d) 圆形

图 3-12　碎屑的圆度

下主要类型。

（1）**层理**　沉积岩的成层性，是沉积岩最特征、最基本的沉积构造。它是岩石不同部分的颜色、矿物成分、碎屑（或沉积物颗粒）的特征及结构等所表现出的差异而引起的，是因不同时期沉积作用的性质变化而形成的。层理中各层纹相互平行者称为平行层理，层纹倾斜或相互交错者称为交错层理（图 3-13）。

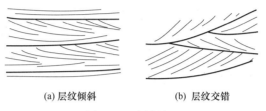

(a) 层纹倾斜　　　(b) 层纹交错

图 3-13　交错层理

分隔不同性质沉积层的界面称为层面。沉积岩岩石易于沿层面劈开。

由层面分隔的分层岩石的厚度（层的顶底面之间的距离）是不同的。厚度＞1m 者称为块层；厚度 1～0.5m 者称为厚层；厚度 0.5～0.1m 者称为中厚层；厚度 0.1～0.01m 者称为薄层；厚度＜0.01m 者称为微层。

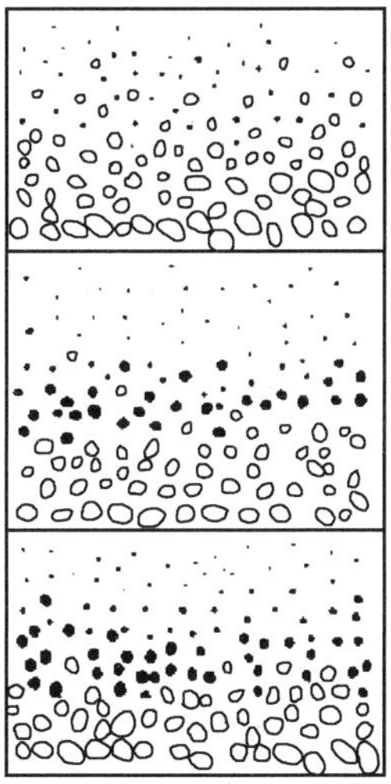

（2）**递变层理**　同一层内碎屑颗粒粒径向上逐渐变细（图 3-14）。它的形成常常是因沉积作用发生在运动的水介质中，其动力由强逐渐减弱。同一层内碎屑颗粒从上往下逐渐变粗者，称为反递变层理。

（3）**波痕**　层面呈波状起伏。它是沉积介质动荡的标志，见于具有碎屑结构岩层的顶面。当介质作定向运动时所形成的波痕为非对称状，顺流坡较陡逆流坡较缓，系由流水或风引起；当介质是来回运动的波浪时形成对称波痕，其两坡坡角相等（图3-15）。如波峰较鲜明波谷较宽缓，或波谷中有云母集中时，可用以确定岩层的顶底，即波峰所在一侧为顶，波谷所在一侧为底。

图 3-14　递变层理

（4）**泥裂**　由岩层表面垂直向下的多边形裂缝（图 3-16）。裂缝向下呈楔形尖灭。刚形成的泥裂是空的，地质历史中形成的泥裂均已被砂、粉砂或其他物质所填充。它是滨海或滨湖地带泥质沉积物暴露水面后

失水变干收缩而成。利用泥裂可以确定岩层的顶底，即裂缝开口方向为顶，裂缝尖灭方向为底。

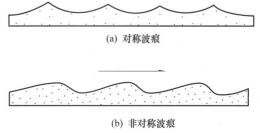

(a) 对称波痕

(b) 非对称波痕

图 3-15　波痕

（5）**缝合线**　岩石剖面中呈锯齿状起伏的曲线。沿缝合线岩层易于劈开，劈开面参差起伏，称为缝合面。突起的柱体称为缝合柱。缝合线具有多种形态特点（图 3-17）。缝

合面上常分布有含铁的黏土质薄层或含有机质的泥质薄层。缝合线的起伏幅度一般是数毫米到数十厘米，总的展布方向与层面平行。规模较大的缝合线代表沉积作用的短暂停顿或间断，规模较小的缝合线是沉积物固结过程中在上覆沉积物的压力下，内富含 CO_2 的淤泥水沿层面循环时溶解两侧物质所致。缝合线主要见于石灰岩及白云岩，有时也出现在砂岩中。

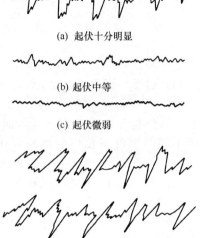

(a) 起伏十分明显

(b) 起伏中等

(c) 起伏微弱

(d) 缝合柱与缝合面的延展方向斜交

图 3-16　泥裂

图 3-17　缝合线的各种形态

(6) **结核**　沉积岩中某种成分的物质聚积而成的团块为结核。它常为圆球形、椭球形、透镜状及不规则形态。石灰岩中常见的燧石结核主要是 SiO_2 在沉积物沉积的同时以胶体凝聚方式形成的，部分燧石结核是在固结过程中由沉积物中 SiO_2 的自行聚积而形成的。结核的形态多种多样（图 3-18）。含煤沉积物中常有黄铁矿结核，它是固结过程中沉积物中的 FeS_2 自行聚积形成的，一般为球形。黄土的中钙质结核或铁锰结核是地下水从沉积物中溶解 $CaCO_3$ 或 Fe、Mn 的氧化物后在适当地点再沉积而形成的，其形状多不规则。

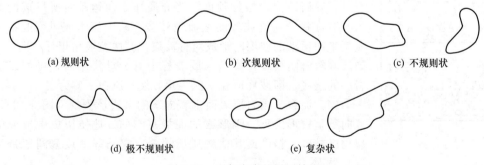

(a) 规则状　　　　　(b) 次规则状　　　　　(c) 不规则状

(d) 极不规则状　　　　　(e) 复杂状

图 3-18　石灰岩中的燧石结核

(7) **印模**　沉积岩层底面上之突起为印模（图 3-19）。突起的形态为长条状、舌状、鱼鳞状或不规则的疙瘩状等。其大小不等，长度由小于 1cm 到数十厘米不等，一般数厘米。一向伸长、排列方向多相互平行的定向性印模主要是在沉积作用停顿时沉积物顶面受到流水冲刷，或受到流水携带物体刻划，形成沟槽，然后坡上覆沉积物充填铸模而成。不规则形状的印模是在固结过程中沉积物不均匀压入下伏沉积物内使物质发生重新聚积而成。印模只见于具有碎屑结构的岩层中。

3.3.2.4 常见的沉积岩

(1) **砾岩、角砾岩** 具有砾状结构之岩石。碎屑为圆形或次圆形者为砾岩，碎屑为棱角形呈半棱角形者为角砾岩。其进一步定名主要根据碎屑成分。如碎屑主要为石灰岩者，称为石灰岩质砾岩（角砾岩）；碎屑主要为安山岩者称为安山岩质砾岩（角砾岩）。

图 3-19　印模

(2) **砂岩** 具有砂状结构的岩石。碎屑成分常为石英、长石、白云母、岩屑及生物碎屑。岩石颜色多样，随碎屑成分与填隙物成分而异。如富含黏土者颜色较暗；含铁质者为紫红色；碎屑为石英，胶结物为 SiO_2 者呈灰白色；碎屑富含钾长石者显灰红色。按照碎屑粒径大小可分为粗粒砂岩、中粒砂岩、细粒砂岩。砂岩的进一步定名应根据碎屑成分、胶结物或基质成分、碎屑粒径综合考虑。如岩石中碎屑主要是石英，其次为长石，胶结物为 $CaCO_3$，碎屑为粗粒，则定名为粗粒钙质长石石英砂岩；岩石中碎屑主要为石英，其次为岩屑，基质为黏土质，碎屑为粗粒，则定名为粗粒黏土质岩屑石英砂岩；当胶结物或基质成分肉眼难以确定时可根据碎屑特征定名，如称为粗粒长石石英砂岩，细粒岩屑石英砂岩等。当碎屑成分与胶结物成分肉眼都难以判别时，也可以仅根据颜色命名，如紫红色砂岩、灰绿色砂岩、灰黑色砂岩等。

(3) **粉砂岩** 具有粉砂状结构之岩石。碎屑成分常为石英及少量长石与白云母。颜色为灰黄、灰绿、黑、红褐等色。其进一步定名的原则与砂岩相同，但一般着重考虑其颜色与胶结质成分。

(4) **黏土岩** 由黏土矿物组成并常具有泥状结构之岩石。硬度低，用指甲能刻划。高岭石是黏土岩中的常见矿物。除了黏土矿物外，黏土岩中可以混有不等量的粉砂、细砂以及 $CaCO_3$、SiO_2、$Fe_2O_3 \cdot nH_2O$ 等化学沉淀物，有时含有机质。黏土岩具有灰白色、灰黄色、灰绿色、紫红色、灰黑色、黑色等颜色，视其混入杂质之成分而定。

黏土岩中固结微弱者称为黏土，固结较好但没有层理者称为泥岩，固结较好且具有良好层理者称为页岩。

黏土岩的进一步定名应考虑其混入物成分和颜色、如称为黄绿色钙质页岩、黑色硅质岩、紫红色钙质泥岩、灰白色黏土等。

(5) **硅质岩** 化学成分为 SiO_2，组成矿物为微粒石英或玉髓，少数情况下为蛋白石。质地坚硬，小刀不能刻划，性脆。含有机质的硅质岩颜色为灰黑色。富含氧化铁的硅质岩称为碧玉，常为暗红色，也有灰绿色。具有同心圆状构造者称为玛瑙（图 3-20），其各层颜色不同，十分美观。呈结核状产出者即为燧石结核。少数硅质岩质轻多孔，称为硅华。硅质岩中含黏土矿物丰富者称为硅质页岩，质地较软。

硅质岩有多种成因。部分硅质岩是热泉涌出富含 SiO_2 的热水凝聚沉淀或交代碳酸钙沉积物而成（这一作用发生在海底或陆上）。部分硅质岩的形成与海中硅质生物，如硅藻或放射虫的迅速繁衍及其骨骼的大量堆积有关。

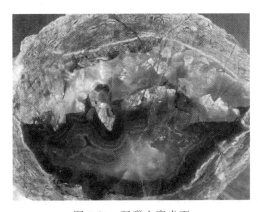

图 3-20　玛瑙之磨光面

(6) **石灰岩** 由方解石组成，遇稀盐酸剧烈起泡。岩石为灰色、灰黑色或灰白色。性脆，硬度 3.5。石灰岩常具有燧石结核及缝合线，有碎屑结构与非碎屑结构两种类型。

碎屑结构的石灰岩中碎屑成分皆为 $CaCO_3$，按其成固方式有三种类型的碎屑。

① 海盆中已固结的碳酸钙沉积被海水冲击破碎而成者，称为内碎屑。其中粒径 > 2mm 者称为砾屑，粒径 < 2mm 者称为砂屑。

② 海中动物的介壳、骨骼或植物硬体被海水冲击破碎而成者，称为生物碎屑。

③ 由海水中 $CaCO_3$ 凝聚而成者的，称为球粒、团块、鲕粒或豆粒。球粒，粒径 < 0.3mm，形态浑圆，内部无同心圆构造；团块，粒径 > 0.3mm，外形不甚规则，内部无同心圆构造。球粒与团块是低等生物（如藻类）吸取 $CaCO_3$ 后凝聚而成的。鲕粒或豆粒，外形浑圆，内部具有同心圆构造。碳酸钙鲕粒是在干旱炎热的气候条件下在深仅数米的动荡浅水海域中形成的。在这种环境下海水中的 $CaCO_3$ 能够达到过饱和，而且因有充分的碎屑物质供应，使 $CaCO_3$ 能够以碎屑为核心逐次沉淀并形成同心圆构造。

碎屑间的填隙物为 $CaCO_3$，其中粒径 > 0.01mm 者，常为透明的方解石颗粒，称为亮晶，是 $CaCO_3$ 的化学沉淀物，相当于胶结物；粒径 < 0.005mm 的方解石微粒，称为泥晶，是机械混入物，相当于基质。

具有碎屑结构的石灰岩可以根据碎屑性质进一步定名，由内碎屑构成者称为内碎屑石灰岩，如竹叶状石灰岩（图 3-21），其碎屑形似竹叶，长径由数厘米到数十厘米；由生物碎屑构成者称为生物碎屑石灰岩；由球粒、团状、鲕粒、豆粒构成者分别称为球粒石灰岩、团块石灰岩、鲕状石灰岩（图 3-22）、豆状石灰岩。

图 3-21　竹叶状石灰岩

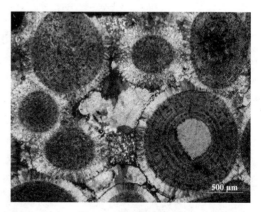

图 3-22　鲕状石灰岩

应该说明，当碎屑粗大时，肉眼易于识别出碎屑结构；如碎屑细小，肉眼较难观察时，可用水将岩石湿润或用稀盐酸腐蚀岩石表面，碎屑结构特征便可显示出来。

非碎屑结构石灰岩也包括多种类型，如泥晶石灰岩系由粒径 < 0.005mm 之方解石微粒组成，岩石极为致密，方解石微粒系由生物化学作用等方式形成。钙华也可以看成是具有非碎屑结构的石灰岩，它是纯化学成因的。礁灰岩则是具有生物骨架结构之石灰岩，其中由珊瑚骨骼作为支撑骨架者则称为珊瑚礁石灰岩。

(7) 白云岩　白云岩由白云石组成，遇冷的稀盐酸不起泡。岩石常为浅灰色、灰白色，少数为深灰色。断口呈粒状。硬度较石灰岩略大，岩石风化面上有刀砍状溶蚀沟纹。

白云岩具有不同成因。部分白云岩是在气候炎热、干旱地区咸度增高的海水中由化学方式沉淀而成，部分白云岩是 $CaCO_3$ 的沉积物在固结过程中被富含镁质的海水作用后，方解石被白云石交代置换而成。由化学作用沉积的白云岩具有晶质结构，晶粒为细粒或微粒，由交代置换作用形成的白云岩常保留原有石灰岩的结构。

白云岩与石灰岩的化学成分相近，其形成条件有密切联系，因而在白云岩与石灰岩之间有过渡类型的岩石存在，各种过渡性岩石的主要差别在于岩石中的 MgO 与 CaO 的含量比例。以白云石为主并含有一定数量的方解石者称为钙质白云岩，以方解石为主并含一定数量的白云石者称为白云质石灰岩，遇冷的稀盐酸后，前者微弱起泡，后者起泡较强烈。

3.3.3 变质岩

变质岩是指已经形成的岩石（岩浆岩、沉积岩、早期的变质岩）因物理化学条件的改变，使原岩的矿物成分、结构、构造发生变化而形成的岩石。原岩为岩浆岩经变质作用形成的变质者，称正变质岩；原岩为沉积岩经变质作用形成的变质岩，称副变质岩。它们的岩性特征一方面受原岩的控制，具有一定的继承性，仍残留有原岩的某些特征，例如碎屑结构、层理、杏仁构造等；另一方面由于经受了变质作用的改造，在岩石的矿物成分和结构构造上具有其独特之处，如独特的变质矿物相、独特的定向构造等。

3.3.3.1 变质岩的化学成分

变质岩的化学成分主要由 SiO_2、Al_2O_3、Fe_2O_3、FeO、MgO、CaO、K_2O、Na_2O、MnO、H_2O、CO_2、TiO_2、P_2O_5 等氧化物所组成。在变质作用过程中，原岩化学成分的变化有两种情况：一种是原岩的化学成分基本保持不变，可以反映原岩化学成分特征，如石灰岩经热接触变质作用形成的大理岩；另一种是在变质过程中伴有交代作用，岩石变质前后的化学成分有显著变化，不能反映原岩化学成分特点，如中酸性岩浆侵入碳酸盐岩成分的围岩通过交代作用所形成的夕卡岩。

3.3.3.2 变质岩物质成分的变化

岩石的物质成分包括化学成分和矿物成分，两者密切相关。化学成分改变要引起矿物成分的转变，而矿物成分的转变在较多情况下要通过化学成分的改变来完成。

（1）岩石中挥发性成分（H_2O、CO_2、C 等）的逃逸或获得，使其余的化学成分重新组合，形成新的矿物。如沉积岩中常见的黏土矿物脱水后可以变成红柱石和石英，其反应式如下：

$$Al_4[Si_4O_{10}][OH]_8(高岭石)\underset{放热}{\overset{吸热}{\rightleftharpoons}}2Al_2[SiO_4]O(红柱石)+2SiO_2(石英)+4H_2O$$

这一反应在 $500℃$ 左右的温度下即可发生。

如果黏土矿物的脱水反应进行不彻底，则形成白云母、绿泥石，它们也含有 OH^-，但含量较黏土矿物低。

沉积岩中另一种常见矿物-方解石受热作用后可以释放 CO_2，剩余的 CaO 同岩石中的 SiO_2 结合，形成新矿物-硅灰石，其反应式如下：

$$CaCO_3(方解石)+SiO_2(石英)\underset{放热}{\overset{吸热}{\rightleftharpoons}}CaSiO_3(硅灰石)+CO_2\uparrow$$

在这一反应中起决定作用的仍然是温度，反应是在温度高于 $400℃$ 时发生。

脱水与脱 CO_2（或脱碳酸）反应对于沉积岩的变质是很普遍的：如含有黏土质的砂岩、页岩受热后多变成含红柱石、云母、绿泥石的变质岩；不纯石灰岩受热后变成含硅灰石的大理岩，这都是它们从低温环境进入高温环境后遭受变质的结果。与此相反，如果原岩为岩浆岩，而变质温度与压力并不很高，那么岩浆岩中不含或少含 H_2O 或 CO_2 的矿物，就吸水、吸 CO_2 发生水合作用与碳酸化作用。经过水合作用后，橄榄石可以变成蛇纹石，辉石可以变成绿泥石或黑云母，钾长石可以变成白云母；经过碳酸化作用后，中、基性斜长石等含钙矿物可变成方解石。这两种反应在岩浆岩中相当常见。当变质温度与压力很高时，含水矿物就趋向于消失。

（2）体积大、密度小的矿物转变成为密度大、体积小的矿物，其决定性条件是静压力，如黏土矿物在压力低于 5.5×10^8 Pa 时转变成相对密度较小（3.13～3.16）的红柱石、压力高于 5.5×10^8 Pa 时转变成相对密度较大（3.53～3.65）的蓝晶石，而这两种反应所要求的温度相差较小。

另外，在很高的静压力作用下，密度小、体积大的不同矿物可以结合成密度大、体积小的新矿物并伴随着总体积缩小。如岩浆岩中橄榄石与钙长石在高压下可以结合成石榴子石，总体积大约减小 17%，其反应式如下：

$$Mg[SiO_4]（橄榄石）+Ca[Al_2Si_2O_8]（钙长石）\longrightarrow CaMg_2Al_2[SiO_4]_3（石榴子石）$$

据岩石实验研究，在压力为 30×10^8 Pa（相当于地下 110 km 深度的压力）时，石英变成柯石英，其成分未变，但相对密度由 2.65 变为 2.93。柯石英在自然界已经发现，它是形成于地幔中的一种高压矿物。

（3）岩石化学成分的交换，即某些成分的原子、离子、分子从原岩中带出，而另一些成分的原子、离子、分子从外部带入，从而使岩石的化学成分与矿物成分发生改变，这种作用称为交代作用。交代作用是岩石在固态下发生的，因而前后岩石的体积不变。此外，交代作用是通过矿物的原子、离子和分子交换进行的，因而交代作用的发生不仅需要有一定的温度，而且需要有媒介。起媒介作用的物质就是以水为主的富含各种化学成分的化学活动性流体，它们易于在岩石的空隙中进行渗透或扩散，促成交代作用进行。如果原子、离子、分子处在干燥缺水的环境下，尽管温度很高，其扩散仍是困难的，速度缓慢。钾长石被 Na^+ 交代而转变成为钠长石并带走 K^+，就是自然界广泛出现的一种离子交换现象，其反应式如下：

$$K[AlSi_3O_8]（钾长石）+Na^+ \longrightarrow Na[AlSi_3O_4]_8（钠长石）+K^+$$

当岩浆侵入时，在侵入岩与碳酸盐围岩之间最易发生物质成分的交换。侵入岩中的 SiO_2、Al_2O_3 等成分被带到围岩中，围岩中的 CaO、MgO 等成分被带入侵入岩内，结果在接触带两侧由交代作用而形成石榴子石、透辉石、透闪石、阳起石等矿物。这些矿物既含 SiO_2、Al_2O_3（来自侵入岩），又含 CaO、MgO（来自围岩），说明物质成分发生了比较复杂的变化。

3.3.3.3 变质岩中的矿物

变质岩常具有某些特征性矿物，这些矿物只能由变质作用形成，称为变质矿物。由于原料成分的多样性和变质作用的复杂性，决定了变质岩矿物成分较岩浆岩和沉积岩要复杂得多。根据矿物适应温度、压力等变质因素变化的情况，可将变质岩的矿物成分分为两类：一类是能适应较大温度、压力变化范围的矿物，在变质岩中可以保存下来，如石英、长石、云母、角闪石和辉石等；另一类是变质作用形成的新的变质矿物，如硅灰石、红柱石、蓝晶石、石榴子石、堇青石、十字石、阳起石、绿泥石、绿帘石、符山石、滑石、蛇纹石、石墨等。这些矿物是变质岩中特有的矿物，它们的大量出现就是岩石发生变质作用的有力证据，同时也是区别岩浆岩和沉积岩的主要标志。

除了典型的变质矿物之外，变质岩中也有既能存在于岩浆岩又能存在于沉积岩的矿物，它们或者是在变质作用中形成的，或者是从原岩中继承下来的。属于这样的矿物有石英、钾长石、钠长石、白云母、黑云母等。这些矿物能够适应温度、压力较大幅度的变化而保持稳定状态。不过云母虽然也存在于岩浆岩与沉积岩之中，但其数量少，是作为次要矿物出现的；如果岩石中云母大量存在，成为岩石的主要矿物，那么，它就是变质作用造成的。那些只能适应常温、常压条件下的黏土、蛋白石、玉髓、石膏等沉积矿物在变质岩中是难以存在的。

3.3.3.4 变质岩的构造

变质岩的构造是指岩石中各种矿物在空间分布和排列的方式。变质岩的构造能反映变质作用的基本特征。岩浆岩与沉积岩的构造通过变质作用可以全部或部分消失,形成变质岩的构造。

(1) 变成构造 通过变质作用而形成的新构造,有以下类型。

① 斑点状构造。岩石中某些组分集中成为或疏或密的斑点。斑点为圆形或不规则形状,直径常为数毫米,成分常为炭质、硅质、铁质、云母或红柱石等,基质为隐晶质,它是在较低变质温度影响下,岩石中部分化学组分发生迁移并重新组合而成。如温度进一步升高,斑点即可转变成变斑晶。

② 板状构造。岩石具有平行、密集而平坦的破裂面,沿此面岩石易分裂成薄板。此种岩石常具有变余泥状结构或显微变晶结构。它是岩石受较轻的定向压力作用而形成的。

③ 片理构造。岩石中片状或长条状矿物连续而平行排列,形成平行、密集而不甚平坦的纹理——片理,沿片理方向岩石易于劈开。如岩石的矿物颗粒细小且在片理面上出现丝绢光泽与细小皱纹者称为千枚状构造;如矿物颗粒较粗肉眼能清楚识别者称为片状构造(图 3-23)。

④ 片麻状构造。组成岩石的矿物是以长石为主的粒状矿物,伴随有部分平行定向排列的片状、柱状矿物,后者在前者中呈断续的带状分布。片

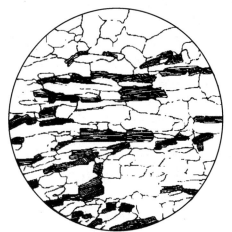

图 3-23 片状构造(×10)

麻状构造的形成除与造成片理的因素有关外,还有可能受原岩成分的控制,即不同成分的层变质成为不同矿物的条带;也可以是在变质过程产岩石的不同组分发生分异并分别聚集的结果。

具有片麻状构造的岩石,其矿物的颗粒较粗。其中长石特别粗大,好似眼球者,称为眼球状构造。

⑤ 块状构造。矿物均匀分布,无定向排列。它是岩石受到温度和静压力的联合作用而形成。

(2) 变余构造 变质岩中残留的原岩的构造,如变余气孔构造、变余杏仁构造、变余层状构造、变余泥裂构造等。应该指出,当变质程度不深时,原岩的构造易于部分保留。因此,变余结构的存在便成为判断原岩属于岩浆岩还是沉积岩的重要依据。前面所说的变余结构也起着类似的作用。

一般将由岩浆岩变质而成的岩石称为正变质岩,由沉积岩变质而成的岩石称为副变质岩。

某些变质岩具有一些特征性的矿物、结构及构造,其质地优异,色泽与构造喜人,是很好的建筑装饰材料,如蛇纹大理岩;有些变质矿物成为宝石,如蓝(红)宝石。

3.3.3.5 常见变质岩

(1) 板岩 板岩为深灰色至黑色,矿物颗粒极细小,以绢云母、黏土矿物和绿泥石等为主,变余结构或隐晶质变晶结构,板状构造,岩石十分致密,易裂成厚度均一的薄板,锤击有脆声,可与页岩区别。板岩在水的长期作用下易泥化形成软弱夹层。

(2) 千枚岩 千枚岩为灰色、绿色至黑色,主要由隐晶质的绢云母、绿泥石等组成,变

余结构或变晶结构，千枚状构造，岩石表面有较强的丝绢光泽。千枚岩多由黏土岩变质而成，质地松软，强度低，抗风化能力差。

（3）**片岩**　片岩矿物成分主要是云母、绿泥石、滑石等片状矿物，变晶结构裂成薄片。片岩强度低，抗风化能力差，不宜用作建筑材料。

（4）**片麻岩**　片麻岩主要由长石和石英组成，此外尚有少量的黑云母、角闪石及石榴子石等一些变质矿物，矿物晶体粗大并呈条带状分布，变晶结构或变余结构，具典型的片麻状构造。

（5）**大理石**　大理石为白色、灰色等，主要矿物成分为方解石、白云石，变晶结构，块状构造。大理岩是由石灰岩或白云岩重结晶而成。遇稀盐酸强烈起泡，是一种良好的建筑装饰石料。

（6）**石英岩**　石英岩为白色、浅红色，矿物成分以石英为主，变晶结构，块状构造，一般由石英砂岩变质而成。石英岩强度高，抗风化能力强，是良好的建筑材料。

（7）**角岩**　又称角页岩，为具有细粒状变晶结构和块状构造的中高温热接触变质岩的统称。原岩可以是黏土岩、粉砂岩、岩浆岩及火山碎屑岩。原岩成分基本上全部重结晶，一般不具变余结构，有时可具不明显的层状构造。

（8）**云英岩**　主要由花岗岩在高温热液影响下经交代作用所形成的一种变质岩石。一般为浅色，如灰白色、粉红色等。矿物成分主要为石英、云母、黄玉、电气石和萤石等。云英岩一般分布在花岗岩侵入体边部及接触带附近的围岩。

（9）**蛇纹岩**　一种主要由蛇纹石组成的岩石。由超基性岩经中低温热液交代作用或中低级区域变质作用，使原岩中的橄榄石和辉石发生蛇纹石化形成。岩石一般呈黄绿至黑绿色，致密块状，硬度较低，略具滑感。风化面常呈灰白色，有时可见网纹状构造。因外表像蛇皮的花纹，故得名。蛇纹岩常与镍、钴、铂等金属矿床密切共生。蛇纹石化过程中还可形成石棉、滑石、菱矿等非金属矿床。

（10）**混合岩**　由混合岩化作用所形成的各种变质岩石。主要特点是岩石的矿物成分和结构、构造不均匀在交代作用较弱的岩石中，可分辨出来原来变质岩的基体和新生成的脉体两部分。脉体主要由浅色的长石和石英组成，可含少量暗色矿物。随着交代作用增强，基体与脉体之间的界线逐渐消失，最后可形成类似花岗质岩石的混合岩。根据混合岩化作用的方式、强度以及岩石的构造特征等，可将混合岩分为不同的类型，如眼球状混合岩、条带状混合岩、混合片麻岩、混合花岗岩等。

（11）**糜棱岩**　为原岩遭受强烈挤压破碎后所形成的一种粒度细的动力变质岩石。显微镜观察，主要由细粒的石英、长石及少量新生重结晶矿物（绢云母、绿泥石等）所组成。矿物碎屑的粒度一般小于 0.5mm，有时可见少量较粗的原岩碎屑，呈眼球状的碎斑，碎屑呈明显的定向排列，形成糜棱结构。由于碾碎程度的差异或被碾碎物质成分和颜色的不同，可以形成条纹状构造。岩性坚硬致密，肉眼观之与硅质岩相似，见于断层破碎带。

（12）**片理化岩**　凡因断裂作用而使断裂带中的岩石发生强烈的压碎和显著的重结晶作用，并具有片状构造的动力变质岩均属于片理化岩。它与糜棱岩的主要区别是重结晶作用显著，有大量新生变质矿物的出现。

3.3.4　三大岩类的演变

三大类岩石具有不同的形成环境和条件，而环境和条件又随地质作用的发生而变化。因此，在地质历史中，总是某些岩石在形成，而另一些岩石在消亡。如岩浆岩（变质岩、沉积岩的情况相同）通过风化、剥蚀而破坏，破坏产物经过搬运、堆积而形成沉积岩；沉积岩受到高温作用又可以熔融转变为岩浆岩。岩浆岩与沉积岩都可以遭受变质作用而转变成变质岩；变质岩又可再转变成沉积岩或熔融而转变成为岩浆岩。因此，三大类岩石不断相互转化，图 3-24 表示了三者的转化关系。

图 3-25 进一步表示了岩石的转变与环境、条件、能量和地质作用的性质、方式的关系。图中的地表环境指沉积岩形成的环境，属于常温、常压；深部环境指地壳下层，这里具有较高的温度与压力。图中表示出各种能量来源，一种是太阳能，它主要影响地表，控制外力作用的进行；另一种是放射性热能，它包含在岩石中，控制内力作用的进行。此外，以地球重力能和地球旋转能为代表的地球因素，在引起各种地质作用中也是不可忽视的作用。图中还表示了各种地质作用的内容和作用进行的方向，其中极其突出的是构造运动，它本身属于内力地质作用，但是它对其他内力作用及外力作用都有重要影响。如果没有构造运动，在地下形成的侵入岩与变质岩就不能上升和遭受破坏，转变成沉积岩；如果没有构造运动，地表就难以强烈拗陷并堆积大量沉积物；如果没有构造运动，沉积岩与岩浆岩也不能沉入地下遭受变质。构造运动对岩浆的形成和上升也有重要影响。

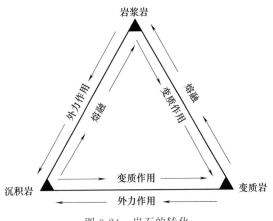

图 3-24　岩石的转化

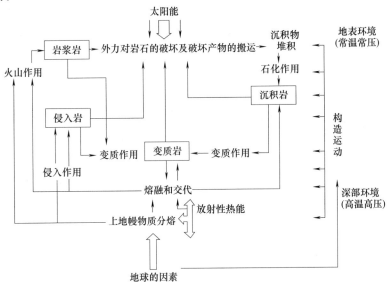

图 3-25　岩石转变与环境条件等的关系

3.3.5　岩石肉眼鉴定的主要特征

为了分辨和描述种类繁多的岩石，首先要依据前面所述的三大类岩石的宏观特征来区别它们的成因类型；然后再进一步从岩石内部的微观特征上来详细研究其他内容，这主要是指岩石的结构和构造以及组成它们的物质成分（主要是指矿物成分）。只有依据岩石的结构、构造及矿物成分，才能更详细地划分出各大类岩石中的不同岩石种类。

3.3.5.1　岩石的结构

岩石的结构一般是指组成岩石的矿物或碎屑个体本身的特征。对由结晶的矿物所组成的岩石来讲包括矿物颗粒的大小（相对大小和绝对大小）、结晶程度、自形程度等。对由碎屑组成的岩石（沉积岩）来讲，是指碎屑颗粒的大小、圆度和分选性（即大小均一程度）

等。结构反映了岩浆岩、变质岩形成的条件，或者反映了沉积岩的搬运距离、搬运介质条件甚至沉积速度等环境条件。所以反过来说，岩石的结构特征是它们形成条件的一个重要记录。

三大类岩石常见的结构及形成条件如表 3-6 所示。

表 3-6　三大类岩石的常见结构

岩类	结构名称	形 成 条 件
岩浆岩类	花岗岩	形成于缓慢冷却条件，一般为地表下较深处
	斑状结构	部分早形成的矿物形成于较深处，其他形成于较浅处，先形成者为斑晶，后者为基质
	隐晶质结构	形成于较快速冷凝的地表或近地表条件
	玻璃质结构（非晶质结构）	迅速冷凝条件，多半形成于地表或水下
沉积岩类	碎屑结构	形成于地表，经过搬运滚动的条件，包括碎屑和胶结物
	泥质结构	形成于较少流动的水体中或呈悬浮状态搬运的条件下
	化学结构	形成于相对稳定的沉积条件
	生物碎屑结构	形成于生物繁盛的地表，但又经过水体搬运而破碎的水下条件
变质岩类	变晶结构	形成于再度受热或受压的环境，也可能有新化学物质加入的重结晶条件
	变余结构	形成于初步变质的环境，温度、压力较低条件，保持有原岩结构

在实际鉴定中可以确定出不同尺度来进一步定量地划分岩石的结构并分别给予不同名称，而且把它们作为岩石进一步分类和命名的依据之一。如岩浆岩可进一步划分出粗粒结构、中粒结构和细粒结构等。沉积岩可再区分为角砾状、砾状、粗砂状、细砂状和粉砂状结构等。变质岩也可分为粒状变晶结构、鳞片变晶结构、变余砾状结构、变余砂状结构等。

3.3.5.2　岩石的构造

岩石的构造是指由组成岩石的各种结晶矿物、未结晶的物质成分或碎屑等物质在岩石中的整体排列方式或分布均匀程度，以及固结的紧密程度等所显示的岩石总体外貌特征。例如，矿物在岩石中定向排列显出明显的定向性称为片理构造；沉积岩中物质成分或结构不同，显示的分层特征称为层理构造；岩石中矿物或碎屑分布无明显定向而又固结牢固者称块状构造；岩浆岩中由于气体的逸散在岩石中留下的孔洞称为气孔构造等。

岩石的构造也是在一定成因条件下形成的，所以具有成因意义，可以很好地反映其形成时的深度、温度、压力或沉积岩形成时的水动力条件、搬运距离等。岩石中常见的构造及形成条件如表 3-7。

表 3-7　三大类岩石常见的构造

岩类	构造名称	形 成 条 件
岩浆岩类	块状构造	岩浆在地下深处缓慢冷却
	气孔构造	岩浆喷出地表，快速冷却
	杏仁构造	气孔被后期次生物质充填
	流纹构造	岩浆喷出地表，且有流动
	枕状构造	岩浆水下喷发（多为海水中）
沉积岩类	层理构造	地表或水下沉积形成
	层面构造（波痕、泥裂）	浅水或风沙环境形成波纹，浅水泥质沉积又暴露于地表，经晒裂而形成泥裂
变质岩类	片理构造（板状、千枚状、片状和片麻状构造）	在定向压力为主的条件下形成，有时伴有重结晶及外来成分加入
	块状构造	温度或化学活动性流体作用下，以重结晶为主的条件

结构和构造都是由岩石的生成环境或条件所决定的，但又是完全不同的两个概念，各有

其具体含义，很容易被初学者混淆。要特别注意结构是相对微观的个体特征，构造是宏观的整体特征。

3.3.5.3 矿物成分

不同岩石类型的形成条件不同，物质来源也不同，因此其矿物组合也有差异，虽然它们大都是由一些最常见的造岩矿物组成，但其组合方式乃至特征上都是有区别的。

岩浆岩中最常见的造岩矿物有：橄榄石、辉石、角闪石、钾长石、斜长石、黑云母、白云母及石英等。

变质岩中除橄榄石外，上述其他矿物均可出现，但在结晶形态上它们常常要比在岩浆岩中要伸展得更长一些，压得扁一些，在岩石中的排列有时具定向性。此外变质岩中还有一些典型的变质条件下形成的特有矿物，如石榴子石、绢云母、红柱石、绿泥石、透闪石、十字石、蓝晶石、夕线石、石棉、蛇纹石等，它们是识别变质岩的重要标志。

沉积岩多数是由岩石碎屑或矿物碎屑经过地表流水（或风沙流）搬运及沉淀后，再胶结压固而成岩，少数经化学或生物化学作用形成，所以一般是不结晶的，不具完整的矿物形态，但无论岩石碎屑或矿物碎屑都可以用某些鉴定方法判定其矿物成分。沉积岩中常可见到地表蒸发条件下形成的可溶盐类矿物，如石膏、芒硝、岩盐、钾盐等矿物及可燃有机物形成的矿物，如煤、石油、天然气等，也可见到直接保存在岩石中的生物遗体或遗迹，即各种化石。

所有这些矿物成分及物质特征都是在一定的温度及压力条件下形成的，并且常常在共生组合上有一定规律可循，所以既是鉴定标志，又是环境标志。了解它们的物理性质及化学组成是了解其生成环境的重要线索，与结构构造具有同等意义。

3.3.6 各类岩石的划分及命名原则

3.3.6.1 岩浆岩的分类及命名原则

岩浆岩的分类，首先是依据其化学组成中 SiO_2 的含量确定的，因为它们都是由硅酸盐类矿物组成的。当 SiO_2 含量高时称酸性，含量较少时称中性，含量过少且镁铁等含量高时称为基性或超基性。如 SiO_2 和镁铁等含量均低，而钾和钠含量高时称碱性。但地壳中典型的碱性环境并不多，故碱性岩石也少。当岩石中酸性程度较高时，岩石化学组分中的 SiO_2 组分和其他元素离子一起首先组成各种硅酸盐矿物，如果还有剩余的 SiO_2 组分存在，才能单独结晶形成石英矿物。这里的石英与前述分类时的 SiO_2（指化学组分）是不同的概念，不要混淆。一种是岩石总化学成分中的 SiO_2 含量，它可以而且首先应组成一切在化学组成中可能包含 Si 和 O 的矿物。一种是指由 SiO_2 独立组成的矿物——石英。由此可知，如果在岩浆岩中能直接看到石英时，说明岩石属于比较酸性的岩类，SiO_2 含量是较高的。相反，当岩石中无石英矿物出现时，一般比较基性，但并不表明岩石化学组成中不含 SiO_2 的化学成分，只能说明它仅够组成其他硅酸盐矿物，而无多余的 SiO_2 析出形成石英。由此也可以知道石英比其他硅酸盐矿物结晶要晚。据此可用石英存在与否来初步判断岩浆岩的酸、中、基性。

把结构、构造和矿物的化学成分（表现为矿物组合）结合起来就得出了岩浆岩的详细分类表和判别依据（表3-8）。由此可知划分和鉴定岩浆岩就是依据矿物成分和结构构造。命名时就首先依据主要矿物成分及结构构造确定其基本名称。

3.3.6.2 沉积岩的分类和命名原则

沉积岩的分类及命名首先是依据结构来划分的，然后再考虑物质成分。所以在鉴定中也应首先分辨其结构特征，然后判断其主要物质成分，确定基本名称，再依据胶结物成分或其他特征确定次级名称（表3-9）。如具碎屑结构者称碎屑岩。碎屑结构中具粗砂状结构者叫砂岩。再依据碎屑的物质成分主要为石英，次为长石，则可定为长石石英粗砂岩。

表 3-8　岩浆岩分类简表

岩类	大类	SiO₂ 质量分数	岩石类型	主要矿物成分	构造	结构
深成岩	酸性岩	>65%	花岗岩、花岗闪长岩、似斑状花岗岩	钾长石、斜长石、石英、黑云母	块状构造	全晶质中-粗粒结构、似斑状结构
	中性岩	52%~65%	正长岩	钾长石、闪长石		
			闪长岩	角闪石、斜长石		
	基性岩	45%~52%	辉长岩	辉石、斜长石		
	超基性岩	<45%	橄榄岩、辉石岩	橄榄石、辉石		
浅成岩	酸性岩	>65%	花岗斑岩、花岗闪长斑岩	钾长石、斜长石、石英、黑云母	块状构造、气孔构造	细粒结构、斑状结构、似斑状结构
	中性岩	52%~65%	正长斑岩	钾长石、角闪石		
			闪长玢岩	角闪石、斜长石		
	基性岩	45%~52%	辉长玢岩	辉石、斜长石		
	超基性岩	<45%	橄榄玢岩	橄榄石、辉石		
喷出岩	酸性岩	>65%	流纹岩、英安岩	钾长石、斜长石、石英、黑云母	气孔构造、杏仁构造、流纹构造	隐晶质结构、斑状结构、玻璃质结构
	中性岩	52%~65%	粗面岩	钾长石、角闪石		
			安山岩	角闪石、斜长石		
	基性岩	45%~52%	玄武岩	辉石、斜长石		
	超基性岩	<45%	苦橄岩	橄榄石、辉石		

表 3-9　沉积岩分类简表

分类	碎屑岩			黏土岩	化学岩及生物化学岩	火山碎屑岩		
结构	碎屑结构			泥质结构	生物结构或化学(结晶)结构	碎屑结构		
	砾状结构 >2mm	砂状结构 2~0.05mm	粉砂状结构 0.05~0.005mm	粒径 <0.005mm		粒径 >100mm	粒径 2~100mm	粒径 <2mm
岩石名称	砾岩、角砾岩	砂岩	粉砂岩	泥岩、页岩	石灰岩、白云岩、生物灰岩、硅质岩、煤、盐质岩、铁质岩、铝质岩	集块岩	火山角砾岩	凝灰岩

3.3.6.3　变质岩的分类和命名原则

变质岩常按其成因分为两大类。一大类是以热力变质（包括接触变质及气-液变质）为主的，称热接触变质岩类。它们一般无明显定向构造，结晶程度也有差异，但多形成一些特殊的变质矿物，已如前述，分类和鉴定时的主要依据就是认识这些特殊矿物及其组合。所以鉴定这些变质矿物是鉴定这类岩石的关键。其岩石的定名则因为这类岩石多数已成有用岩石，常常有专门的名称，故因袭使用，如大理岩、夕卡岩；也有少数是按矿物名称命名的，如蛇纹岩、石英岩等。另一大类则是主要形成于区域性的动力作用或区域构造作用而分布，面积又具区域性的变质岩类，其形成因素往往具有温度、压力等多种作用，它们常具有特殊的定向构造，统称片理构造，按其变晶矿物的结晶程度和片理构造的发育程度又可进一步分为板状构造、千枚状构造、片状构造和片麻状构造等。所以这类岩石的分类和命名首先是依据片理特征（构造特征）并采用片理构造的名称确定岩石的基本名称，然后再根据组成矿物的主次确定详细名称（表 3-10）。

表 3-10   变质岩分类简表

变质类型	变质岩名称	主要变质矿物	结　　构	构　　造
接触变质作用	大理岩	方解石、白云石、透闪石、硅灰石	粒状变晶结构	块状、条带状
	角岩	云母、石英、长石、红柱石、石榴子石	斑状变晶结构	块状构造
	夕卡岩	石榴子石、辉石、绿帘石、云母、透闪石	粒状变晶结构	块状构造
	石英岩	石英、长石、云母	粒状变晶结构	块状构造
气-液变质作用	蛇纹岩	蛇纹石、石棉、磁铁矿、铬铁矿、钛铁矿	隐晶质、网纹状结构	块状、带状、片状构造
	青磐岩	钠长石、阳起石、绿帘石、绿泥石、黝帘石、方解石、绢云母	粒状变晶结构、变余斑状结构	块状构造
	云英岩	石英、云母、萤石、黄玉、电气石	粒状变晶结构、鳞片变晶结构	块状构造
动力变质作用	构造角砾岩	视原岩成分而定	角砾状结构	块状构造
	碎裂岩	绿泥石、绢云母	碎裂结构、碎斑结构	块状结构
	糜棱岩	绿泥石、绢云母、石英、绿帘石、透闪石、长石	糜棱结构	条带结构

3.4　岩石的工程性质

岩石的性质包括岩石的物理性质和力学性质两个方面。其影响因素主要为矿物成分、结构构造与风化作用。

3.4.1　岩石的物理性质及水理性质

3.4.1.1　岩石的物理性质

岩石的物理性质是岩石的基本工程地质性质，主要是指岩石的重力性质和孔隙性，包括相对密度、重度（重力密度）、干重力密度、天然重力密度、饱和重力密度、孔隙率和孔隙比等，其定义的实质与土完全相同。

(1) **重量**　重量是岩石最基本的物理性质之一。一般用相对密度和重度两个指标表示。

相对密度是岩石固体（不包括孔隙）部分单位体积的重量。数值上等于岩石固体颗粒的重量与同体积的水在 4℃ 时重量的比。岩石比重的大小，取决于组成岩石的矿物的相对密度及其在岩石中的相对含量。常见的岩石的相对密度一般为 2.4～3.3。

重度是指岩石单位体积的重量，数值上等于岩石试件的总重量（包括孔隙中的水重）与其总体积（包括孔隙体积）之比。影响岩石重度的大小因素有岩石中矿物的相对密度、岩石的孔隙及岩石含水率。单位体积的岩石含水率为零时的重量称为干重度。当岩石中的孔隙全部被水充满时，单位体积的重量就是岩石的饱和重度。一般来讲，组成岩石的矿物相对密度越大，岩石的孔隙越小，岩石的重度就越大。同种岩石在相同条件下，重度越大，岩石的结构越致密，孔隙越小，其强度和稳定性也就越高。

(2) **岩石的密度**　岩石单位体积的质量称为岩石的密度（ρ）。岩石孔隙中完全没有水存在时的密度，称为干密度。岩石中孔隙全部被水充满时的密度，称为岩石的饱和密度。常见岩石的密度为 2.3～2.8g/cm³。

(3) **岩石的相对密度**　岩石的相对密度（Δ），是固体岩石的质量与同体积 4℃ 水的质量的比值。在数值上，等于固体岩石的单位体积的质量。固体岩石的质量是指不包含气体和水在内的干燥岩石的质量；固体岩石的体积是指不包括孔隙在内的岩石的实体体积。岩石相对密度的大小，取决于组成岩石的矿物的相对密度及其在岩石中的相对含量。常见的岩石，其相对密度一般介于 2.5～3.3 之间。

（4）**岩石的孔隙率**　岩石的孔隙率（n，或称孔隙度）是指岩石中孔隙、裂隙的体积与岩石总体积之比值，常以百分数表示，即

$$n = \frac{V_V}{V} \times 100\%$$

式中，n 为岩石的孔隙率，%；V_V 为岩石中孔隙、裂隙的体积，cm³；V 为岩石总体积，cm³。

岩石孔隙率的大小，主要取决于岩石的结构和构造，同时也受风化或构造作用等因素的影响。一般坚硬岩石的孔隙率小于 2%～3%，但砾岩、砂岩等多孔岩石，则经常具有较大的孔隙率。

3.4.1.2　岩石的水理性质

岩石的水理性质，是指岩石与水作用时所表现的性质，主要有岩石的吸水性、透水性、溶解性、软化性、抗冻性等。

（1）**岩石的吸水性**　岩石吸收水分的性能称为岩石的吸水性。常以吸水率、饱水率两个指标来表示。

① 岩石的吸水率（ω_a）。岩石的吸水率是指在常压下，岩石的吸水能力，以岩石所吸水分的重力与干燥岩石重力之比的百分数表示，即：

$$\omega_a = \frac{G_{\omega_a}}{G_s} \times 100\%$$

式中，ω_a 为岩石吸水率，%；G_{ω_a} 为岩石在常压下所吸水分的重力，kN；G_s 为干燥岩石的重力，kN。

岩石的吸水率与岩石的孔隙数量、大小、开闭程度和空间分布等因素有关。岩石的吸水率愈大，水对岩石的侵蚀、软化作用就愈强，岩石强度和稳定性受水作用的影响也就愈显著。

② 岩石的饱水率（ω_{sat}）。岩石的饱水率是指在高压（15MPa）或真空条件下岩石吸水能力，仍以岩石所吸水分的重力与干燥岩石重力之比的百分数表示。

岩石的吸水率与饱水率的比值，称为岩石的饱水系数，其大小与岩石的抗冻性有关，一般认为饱水系数小于 0.8 的岩石是抗冻的。

（2）**岩石的透水性**　岩石的透水性是指在一定压力下，岩石允许水通过的能力。岩石的透水性大小，主要取决于岩石中孔隙、裂隙的大小和连通情况。岩石的透水性用渗透系数（K）来表示。

（3）**岩石的溶解性**　岩石的溶解性是指岩石溶解于水的性质，常用溶解度或溶解速度来表示。岩石的溶解性，主要取决于岩石的化学成分，但和水的性质有密切关系，如富含 CO_2 的水具有较大的溶解能力。常见的可溶性岩石有石灰岩、白云岩、石膏、岩盐等。

（4）**岩石的软化性**　岩石受水作用后，强度和稳定性发生变化的性质，称为岩石的软化性。岩石的软化性主要决定于岩石的矿物成分、结构和构造特征。岩石软化性的指标是软化系数，软化系数等于岩石在饱和状态下的极限抗压强度和在风干状态下极限抗压强度的比。其值越小，表示岩石在水作用下的强度和稳定性越差。未受风化作用的岩浆岩和某些变质岩，软化系数大都接近于 1，是弱软化的岩石，其抗水、抗风化和抗冻性强；软化系数小于 0.75 的岩石，认为是软化性强的岩石，工程性质比较差。

（5）**岩石的抗冻性**　岩石的孔隙、裂隙中有水存在时，水一结冰，体积膨胀，则产生较大的压力，使岩石的强度和稳定性遭破坏。岩石抵抗这种冰冻作用的能力，称为岩石的抗冻性。在高寒冰冻地区，抗冻性是评价岩石工程地质性质的一个重要指标。

岩石的抗冻性，与岩石的饱水系数、软化系数有着密切关系。一般是饱水系数愈小，岩石的抗冻性愈强；易于软化的岩石，其抗冻性也低。温度变化剧烈，岩石反复冻融，则降低岩石的抗冻能力。

岩石的抗冻性，有不同的表示方法，一般用岩石在抗冻试验前后抗压强度的降低率表示。抗压强度降低率小于20%～25%的岩石，认为是抗冻的；大于25%的岩石，认为是非抗冻的。

常见岩石的物理性质和水理性质的主要指标见表3-11。

表 3-11 常见岩石的物理性质和水理性质指标

岩石名称		相对密度	天然重力密度/(kN/m³)	孔隙率/%	吸水率/%	软化系数
岩浆岩	花岗岩	2.50～2.84	22.56～27.47	0.04～2.80	0.70～0.10	0.75～0.97
	闪长岩	2.60～3.10	24.72～29.04	0.25 左右	0.30～0.38	0.60～0.84
	辉长岩	2.70～3.20	25.02～29.23	0.28～1.13	—	0.44～0.90
	辉绿岩	2.60～3.10	24.82～29.14	0.29～1.13	0.80～5.00	0.44～0.90
	玄武岩	2.60～3.30	24.92～30.41	1.28 左右	0.30 左右	0.71～0.92
沉积岩	砂岩	2.50～2.75	21.58～26.49	1.60～28.30	0.20～7.00	0.44～0.97
	页岩	2.57～2.77	22.56～25.70	0.40～10.00	0.51～1.44	0.24～0.55
	泥灰岩	2.70～2.75	24.04～26.00	1.00～10.00	1.00～3.00	0.44～0.54
	石灰岩	2.48～2.76	22.56～26.49	0.53～27.00	0.10～4.45	0.58～0.94
变质岩	片麻岩	2.63～3.01	25.51～29.43	0.30～2.40	0.10～3.20	0.91～0.97
	片岩	2.75～3.02	26.39～28.65	0.02～1.85	0.10～0.30	0.49～0.80
	板岩	2.84～2.86	26.49～27.27	0.45 左右	0.10～0.80	0.52～0.82
	大理岩	2.70～2.87	25.80～26.98	0.10～6.00	0.10～0.80	—
	石英岩	2.63～2.84	25.51～27.47	0.10～8.70	0.10～1.45	0.96

3.4.2 岩石的力学性质

岩石的力学性质是指岩石抵抗外力作用的性能。岩石在外力作用下，首先发生变形，当外力增加到某一数值时，岩石便开始破坏。岩石破坏时的强度，称为岩石的极限强度。岩石的极限强度可分为极限抗拉强度、极限抗剪强度、极限抗压强度等。

3.4.2.1 岩石的变形

岩石在外力作用下，其内部应力状态发生变化，使各质点改变位置，引起岩石形状和尺寸的改变，称为变形。岩石的变形可分为弹性变形和塑性变形。一般岩石同时具有弹性和塑性，因此岩石的变形和一般固体材料有显著的区别：一般固体材料的变形有一个明显的"屈服点"，在屈服点以前表现为弹性变形，在屈服点以后表现为塑性变形；而岩石则在产生弹性变形的初期，甚至在开始出现弹性变形的同时便出现塑性变形。这是因为岩石由不同的矿物组成，而不同矿物具有不同的弹性限度，而且岩石还具有裂隙，有的岩石还具有胶结物成分。因而岩石在某一荷载作用下，对于一部分矿物还是在弹性限度以内，处于弹性变形，但对另一部分矿物则已超出了弹性限度，发生塑性变形了。岩石中的裂隙压密，也构成了塑性变形。

自然界三大岩类，其矿物组成、结构构造极为复杂。岩石是典型的非均质、各向异性的固体材料。即使是同一类岩石，所表现出来的力学性质也有较大的差异。

岩石的变形规律可用应力-应变曲线表示。根据应力-应变曲线，可以得到表征岩石变形特征的常用物理参数：岩石的变形模量、弹性模量以及泊松比。

（1）岩石的应力-应变关系　根据不同方法的岩石变形试验，可得到三种应力-应变关系：逐级连续加载应力-应变关系；恒量重复加载、卸载应力-应变关系；变量重复加载、卸载应力-应变关系。

① 逐级连续加载应力-应变关系。逐级连续加载即连续递增荷载施加于岩样上（单轴压缩）。对一般坚硬岩石，由其应力-应变曲线，可将变形过程大致划分为三个阶段（图 3-26）。

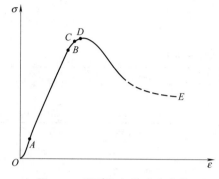

图 3-26　岩石的应力-应变曲线

a. 压密阶段开始加载，应变较大，但随着荷载加大，应变反而渐减，如图 3-26 中的 OA 段。这是由于岩石中裂隙的压密所致。当荷载卸除后，其可恢复的部分为岩石弹性变形的组成部分；而不能恢复的部分，为塑性变形的组成部分。此段变形是以塑性变形为主。

b. 近似直线变形阶段随荷载继续加大，应力与应变基本按比例增长，如图 3-26 中的 AB 段。当荷载卸除后，岩石几乎可恢复原状，这是岩石弹性变形的主要阶段。

c. 破坏阶段随荷载继续增大，变形量不断增大，应力与应变的关系呈明显的非线性，此时由直线转变为曲线，如图 3-26 中的 BC 段，即应变比应力的增长率大很多，最后直至岩样破坏。

需要指出的是，岩石全面破坏后的承载能力虽然在降低，但并不是全部立即丧失，而是仍然具有一定的承载能力。工程中常将岩石的这种尚存的承载能力称为岩石的残余强度。

② 恒量重复加载、卸载应力-应变关系。每次加载、卸载量相等，并重复加载、卸载多次，试验所获得应力-应变关系曲线［图 3-27（a）］，其变形特点：最初应力-应变关系曲线很弯曲，且在卸载后不能恢复的塑性变形较大；往后塑性变形逐渐变小，应力-应变关系曲线愈陡，则愈接近直线；后一级与前一级曲线分别近似平行，说明岩石经多次加载、卸载后，愈益呈现弹性变形。

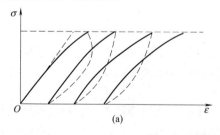

图 3-27　反复加载与卸载时的试验曲线

③ 变量重复加载、卸载应力-应变关系。每次卸载后再逐级加大荷载，试验所获得的应力-应变关系曲线有如下特点［图 3-27（b）］；前一级卸载与随后一级之间，出现一回滞圈，说明了卸载时弹性变形恢复的滞后现象。如果每级卸载后的下一级加载量有规律地递增，则各级峰值应力连线基本呈有规律的直线或曲线，并且其形态与前述逐级加载下的应力-应变曲线相似；与恒量重复加载、卸载一样，最初应力与应变曲线很弯曲，愈后愈近似直线；各级相邻两加载、卸载的应力-应变曲线，分别近于平行。

（2）岩石的变形指标　岩石的变形指标主要有弹性模量、变形模量和泊松比。

① 弹性模量。应力与弹性应变的比值，即

$$E = \frac{\sigma}{\varepsilon_r}$$

式中，E 为弹性模量，MPa；σ 为应力，MPa；ε_r 为弹性应变。

岩石的弹性模量越大，变形越小，说明岩石抵抗变形的能力越高。它可作为岩石分类的指标，也是研究强度及破坏机理的重要指标。

② 变形模量。应力与总应变的比值，即

$$E_0 = \frac{\sigma}{\varepsilon_0 + \varepsilon_r}$$

式中，E_0 为变形模量，MPa；ε_0 为塑性应变；σ、ε_r 同上。

③ 泊松比。岩石在轴向压力作用下，除产生纵向压缩外，还会产生横向膨胀，这种横向应变与纵向应变的比值，称为泊松比，即

$$\mu = \frac{\varepsilon_1}{\varepsilon_2}$$

式中，μ 为泊松比；ε_1 为横向应变；ε_2 为纵向应变。

泊松比越大，表示岩石受力作用后的横向变形越大。岩石的泊松比一般在 0.2～0.4 之间。岩石的变形指标可用来计算岩石变形量，并作为基础设计的重要依据。

常见岩石的变形指标见表 3-12。

表 3-12 常见岩石的变形指标

岩石名称	$E/(\times 10^4 \text{MPa})$	μ	岩石名称	$E/(\times 10^4 \text{MPa})$	μ
花岗岩	5～10	0.1～0.3	页岩	0.2～8	0.2～0.4
流纹岩	5～10	0.1～0.25	石灰岩	5～10	0.2～0.35
闪长岩	7～15	0.1～0.3	白云岩	5～9.4	0.15～0.35
安山岩	5～12	0.2～0.3	板岩	2～8	0.2～0.3
辉长岩	7～15	0.1～0.3	片岩	1～8	0.2～0.4
玄武岩	6～12	0.1～0.35	片麻岩	1～10	0.1～0.35
砂岩	0.5～10	0.2～0.3	石英岩	6～20	0.08～0.25

3.4.2.2 岩石的强度

岩石在外力作用下发生变形，随着外力不断增大，变形也不断加剧，岩石内个别地方开始出现微裂隙。如果外力继续增加，达到或超过某一数值，微裂缝扩展连通形成破裂面，岩石变形就转化为岩石破坏。岩石在达到破坏前所能承受的最大应力称为岩石的强度。表示岩石强度的指标有单向外力作用下的抗压强度、抗拉强度、抗剪强度及抗弯强度；还有双向、三向外力作用下的岩石强度等。

(1) 单轴抗压强度 标准岩石试样在单向压缩时能承受的最大压应力称单轴抗压强度或极限抗压强度，简称抗压强度。根据试样含水情况，抗压强度又可分为烘干试样抗压强度和饱和试样抗压强度。根据外力作用方向与岩石层理、片理方向的关系，又有垂直层理与平行层理抗压强度之分。通常若未加说明，抗压强度是指烘干试样、垂直层理受力的抗压强度，常用 σ_c 表示。

一般都把岩石用作受压构件。抗压强度是岩石最重要的工程性质指标基础。常见岩石抗压强度的数值见表 3-13。

(2) 抗拉强度 岩石试样在单向拉伸时能承受的最大拉应力称抗拉强度。按照这个定义，应当进行单向直接拉伸试验，以便获得抗拉强度数值。但是由于直接拉伸试验比较困难，实际应用中多采用间接方法获取抗拉强度数值。目前国内常用的间接拉伸方法是劈裂法。抗拉强度常用 σ_t 表示。

岩石的抗拉强度远小于抗压强度的原因，一般是因为在压缩条件下，裂缝扩展受阻止的机会多，对强度起作用的不只是岩石颗粒间的连接力，还有摩擦力；而在拉伸条件下裂隙扩

展较快，因为在拉应力场中，储存能的释放速度随裂隙尺寸微量增加而迅速增大。岩石抗拉强度是岩石重要的工程性质指标，常见岩石抗拉强度的数值见表 3-13。

表 3-13　常见岩石 σ_c、σ_t 值

岩石名称	σ_c/MPa	σ_t/MPa	岩石名称	σ_c/MPa	σ_t/MPa
花岗岩	100~250	25~70	页岩	5~100	2~10
流纹岩	160~300	30~120	黏土岩	2~15	0.3~1
闪长岩	120~280	30~120	石灰岩	40~250	7~20
安山岩	140~300	20~100	白云岩	80~250	15~25
辉长岩	160~300	35~120	板岩	60~200	7~20
辉绿岩	150~350	35~150	片岩	10~100	1~10
玄武岩	150~300	30~100	片麻岩	50~200	5~20
砾岩	10~150	15~20	石英岩	150~350	10~30
砂岩	20~250	25~40	大理岩	150~250	7~20

（3）**抗剪强度**　岩石试样在一定法向压应力 σ 作用下，能够承受的最大剪应力 τ 称抗剪强度。抗剪强度可用下式表示：

$$\tau = \sigma \tan\varphi + c$$

式中，τ 为抗剪强度，MPa；σ 为法向压应力，MPa；φ 为内摩擦角；c 为内聚力，MPa。

由于 τ 表示了岩石抵抗被剪断的最大能力，故又可称为抗剪断强度。当 $\sigma=0$ 时，即岩石受剪切时无法向压应力作用，只有内聚力抵抗剪切，此时抵抗剪切的最大能力 $\tau_c = c$ 被称为抗切强度。当岩石试样中已存在一个光滑、平直的裂开面并在此裂开面上有法向压应力 σ 作用时，若沿裂开面进行剪切，$c=0$，抵抗剪切的只有岩石裂开面间的摩擦阻力，此时抵抗剪切的最大能力 $\tau_c = \sigma \tan\varphi$，称为抗摩擦强度。通常应用最广泛的是抗剪断强度，即抗剪强度。表 3-14 列出了常见岩石的 c 及 φ 值。

表 3-14　常见岩石的 c、φ 值

岩石名称	c/MPa	φ/(°)	岩石名称	c/MPa	φ/(°)
花岗岩	10~50	45~60	页岩	2~30	20~35
流纹岩	15~50	45~60	石灰岩	3~40	35~50
闪长岩	15~50	45~55	板岩	2~20	35~50
安山岩	15~40	40~50	片岩	2~20	30~50
辉长岩	15~50	45~55	片麻岩	8~40	35~55
辉绿岩	20~60	45~55	石英岩	20~60	50~60
玄武岩	20~60	45~55	大理岩	10~30	35~50
砂岩	4~40	35~50			

（4）**点荷载强度**　点荷载试验获得的岩石强度是点荷载强度。点荷载试验是把规则或不规则岩石试样置于上下两个球端圆锥形压板之间，通过施加集中荷载使试样破坏（图 3-28）。用下式计算点荷载强度：

$$I_s = P/D^2$$

式中，I_s 为点荷载强度，MPa；P 为破坏荷载，MN；D 为试样两压板接触点间距离，m。

I_s 的用途包括：①直接用 I_s 作为岩石强度分类的指标；②通过不同的换算系数，把 I_s 换算为单轴抗压或间接抗拉等其他强度参数；③用点荷载试验求得各种风化岩石的 I_s 值。

点荷载试验有两个优点：一是小型轻便、易于携带，可以在野外工作中进行大量试验，降低试验成本，缩短试验时间。二是可以使用不规则试样，不仅大大降低了岩样的加工费用和时间，还解决了常规室内试验难以进行的严重风化岩石的试验问题。因此，这种试验对于

野外工作点多、线长、时间紧的工程地质工作更有效。

大量实验表明，岩石的抗压强度最高，抗剪强度居中，抗拉强度最小。岩石越坚硬，其值相差越大；而软弱岩石差别较小。岩石的抗压强度和抗剪强度，是评价岩石或岩体稳定性的两个常用指标，是进行工程岩体稳定性定量分析的依据。由于岩石的抗拉强度很小，在构造运动中岩层受挤压形成褶皱时，在岩层弯曲变形最大的部位易受拉张破坏，产生张性裂隙。

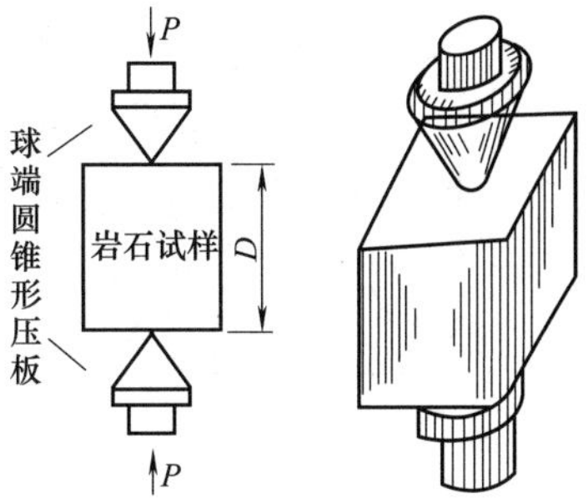

图 3-28　点荷载试验

3.4.3　影响岩石工程地质性质的因素

影响岩石工程地质性质的因素很多，归纳起来主要有两个方面：一是岩石的地质特征，如岩石的矿物成分、结构、构造及成因等；另一个是岩石形成后所受外部环境因素的影响，如水的作用及风化作用等。

3.4.3.1　岩石的矿物组成

岩石是由矿物组成的，岩石的矿物成分对岩石的物理力学性质产生直接的影响。如辉长岩的相对密度比花岗岩大，因为辉长岩的主要矿物成分是辉石和角闪石，其相对密度比石英和正长石大。又比如石英岩的抗压强度比大理岩要高得多，是因为石英的强度比方解石高。说明尽管岩类相同，结构和构造也相同，如果矿物成分不同，岩石的物理力学性质会有明显的差别。但不能简单地认为，含有高强度矿物的岩石强度就一定高。由于岩石受力后，内部应力是通过矿物颗粒的直接接触来传递的，如果强度较高的矿物在岩石中互不接触，则应力传递将会受到中间低强度矿物的影响，岩石不一定能显示出高的强度。只有在矿物分布均匀，高强度矿物在岩石的结构中形成牢固的骨架时，才能起到增高岩石强度的作用。

从工程要求来看，岩石的强度相对来说都是比较高的。所以，对岩石的工程地质性质进行分析和评价时，应注意可能降低岩石强度的因素。如黑云母是硅酸盐类矿物中硬度最低、解理最发育的矿物之一，它容易受风化而剥落，也易于发生次生变化而成为强度较低的铁氧化物和黏土类矿物。石灰岩和砂岩中当黏土类矿物的含量大于 20% 时，就会直接降低岩石的强度和稳定性。

3.4.3.2　岩石的结构

岩石的结构特征，是影响岩石物理力学性质的一个重要因素。根据岩石的结构特征，可将岩石分为两类：一类是结晶联结的岩石，如大部分的岩浆岩、变质岩和一部分沉积岩；另一类是由胶结物联结的岩石，如沉积岩中的碎屑岩等。

结晶联结是由岩浆或溶液中结晶或重结晶形成的。矿物的结晶颗粒靠直接接触产生的力牢固地固结在一起，结合力强，孔隙率小，结构致密、容重大、吸水率变化范围小，比胶结联结的岩石具有较高的强度和稳定性。

胶结联结是矿物碎屑由胶结物联结在一起的。胶结联结的岩石，其强度和稳定性主要取决于胶结物的成分和胶结的形式，同时也受碎屑成分的影响，变化很大。胶结联结的形式，有基底胶结、孔隙胶结和接触胶结三种（图 3-29）。肉眼不易分辨，但对岩石的强度有重要影响。基底胶结的碎屑物质散布于胶结物中，碎屑颗粒互不接触。所以基底胶结的岩石孔隙率小，强度和稳定性完全取决于胶结物的成分。当胶结物和碎屑的性质相同时（如硅质），经重结晶作用可以转化为结晶联结，强度和稳定性将会随之增高。孔隙胶结的碎屑颗粒互相间直接接触，胶结物充填于碎屑间的孔隙中，所以其强度与碎屑和胶结物的成分都有关系。接触胶结则仅在碎屑的相互接触处有胶结物联结，所以接触胶结的岩石，一般孔隙率都比较大、容重小、吸水率高、强度低、易透水。如果胶结物为泥质，与水作用则容易软化而丧失岩石的强度和稳定性。

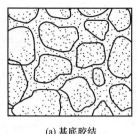 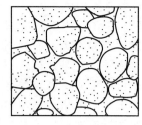 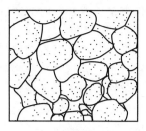

(a) 基底胶结　　　　　　(b) 孔隙胶结　　　　　　(c) 接触胶结

图 3-29　胶结联结的三种形式

3.4.3.3　岩石的构造

岩石的构造对其物理力学性质的影响，主要是由岩石各组成部分的空间分布及其相互间的排列关系所决定的。当岩石具有片状构造、板状构造、千枚状构造、片麻状构造及流纹状构造时，则其矿物成分在岩石中分布极不均匀。一些强度低、易风化的矿物，多沿一定方向富集呈条带状分布，或者成为局部的聚集体，而使岩石的物理力学性质沿一定方向或局部发生很大变化。岩石受力破坏和岩石遭受风化，首先都是从岩石的这些缺陷中开始发生的。另一种情况是，不同的矿物成分虽然在岩石中的分布是均匀的，但由于存在着层理、裂隙和各种成因的孔隙，而使岩石的强度和透水性在不同的方向上呈明显的差异。一般来说，垂直层面的抗压强度大于平行层面的抗压强度，平行层面的透水性大于垂直层面的透水性。假如上述两种情况同时存在，则岩石的强度和稳定性将会明显降低。

3.4.3.4　水的作用

岩石被水饱和后会使岩石的强度降低，当岩石受到水的作用时，水就沿着岩石中的孔眼、裂隙浸入，浸湿岩石全部自由表面上的矿物颗粒，并继续沿着矿物颗粒间的接触面向深部浸入，削弱矿物颗粒间的联结，使岩石的强度受到影响。如石灰岩和砂岩被水饱和后其极限抗压强度会降低 $25\%\sim45\%$。即使是花岗岩、闪长岩及石英岩等致密岩石，被水饱和后，其强度也均有一定程度的降低。降低程度在很大程度上取决于岩石的孔隙率。当其他条件相同时，孔隙率大的岩石，被水饱和后其强度降低的幅度也大。

水对岩石强度的影响在一定程度上是可逆的，当岩石干燥后其强度仍然可恢复。但是，若发生干湿循环，出现化学溶解、结晶膨胀等，使岩石的结构状态发生改变，则岩石强度的降低，就转化为不可逆的过程。

3.4.3.5　风化作用

岩石长期暴露在地表或浅埋地下，经受太阳辐射、大气、水及生物等风化作用，使岩石结构逐渐破碎、疏松，或矿物发生次生变化。因此，风化是在温度、水、气体及生物等综合因素影响下，改变岩石状态、性质的物理化学过程，是自然界最普通的一种地质现象。

风化作用促使岩石中原有裂隙进一步扩大，并产生新的风化裂隙；使矿物颗粒间的联结松散，矿物颗粒沿解理面崩解；岩石的结构、构造和整体性遭到破坏，孔隙率增大，重力密度减小，吸水性和透水性显著增高，强度和稳定性大为降低。随着化学风化过程的加强，引起岩石中的某些矿物发生次生变化，从根本上改变了岩石原有的工程地质性质。

3.4.4　岩体的工程地质性质

岩石和岩体虽都是自然地质历史的产物，然而两者的概念是不同的，所谓岩体是指包括各种地质界面——如层面、层理、节理、断层、软弱夹层等结构面的单一或多种岩石构成的地质体，它被各种结构面所切割，由大小不同、形状不一的岩块（即结构体）所组合而成。岩体是指某一地点一种或多种岩石中的各种结构面、结构体的总体。因此岩体不能以小型的完整单块岩石作为代表，例如，坚硬的岩层，其完整的单块岩石的强度较高，而当岩层被结构面切割成碎裂状块体时，构成的岩体之强度则较小，所以岩体中结构面的发育程度、性质、充填情况以及连通程度等，对岩体的工程地质特性有很大的影响。

作为工业与民用建筑地基、道路与桥梁地基、地下硐室围岩、水工建筑地基的岩体，作为道路工程边坡、港口岸坡、桥梁岸坡、库岸边坡的岩体等，都属于工程岩体。在工程施工过程中和在工程使用与运转过程中，这些岩体自身的稳定性和承受工程建筑运转过程传来的荷载作用下的稳定性，直接关系着施工期间和运转期间部分工程甚至整个工程的安全与稳定，关系着工程的成功与失败，故岩体稳定性分析与评价是工程建设中十分重要的问题。

影响岩体稳定性的主要影响因素有：区域稳定性特性与承载能力、地质构造及岩体风化程度等。

3.4.4.1 岩体结构分析

(1) 结构面

① 结构面类型。存在于岩体中的各种地质界面（结构面）包括：各种破裂面（如劈理、节理、断层面、顺层裂隙或错动面、卸荷裂隙、风化裂隙等）、物质分异面（如层理、层面、沉积间断面、片理等）以及软弱夹层或软弱带、构造岩、泥化夹层、充填夹泥（层）等。不同成因的结构面，其形态与特征、力学特性等也往往不同。按地质成因，结构面可分为原生的、构造的、次生的三大类。

a. 原生结构面是成岩时形成的，分为沉积的、火成的和变质的三种类型。

沉积结构面如层面、层理、沉积间断面和沉积软弱夹层等。一般的层面和层理结合是良好的，层面的抗剪强度并不低，但由于构造作用产生的顺层错动或风化作用会使其抗剪强度降低。软弱夹层是指介于硬层之间强度低，又易遇水软化，厚度不大的夹层；风化之后称为泥化夹层，如泥岩、页岩、泥灰岩等。

火成结构面是岩浆岩形成过程中形成的，如原生节理（冷凝过程形成）、流纹面、与围岩的接触面、火山岩中的凝灰岩夹层等，其中的围岩破碎带或蚀变带、凝灰岩夹层等均属于火成软弱夹层。

变质结构面如片麻理、片理、板理都是变质作用过程中矿物定向排列形成的结构面，如片岩或板岩的片理或板理均易脱开。其中云母片岩、绿泥石片岩、滑石片岩等片理发育，易风化并形成软弱夹层。

b. 构造结构面，是在构造应力作用下，于岩体中形成的断裂面、错动面（带）、破碎带的统称。其中劈理、节理、断层面、层间错动面等属于破裂结构面。断层破碎带、层间错动破碎带均易软化、风化，其力学性质较差，属于构造软弱带。

c. 次生结构面，是在风化、卸荷、地下水等作用下形成的风化裂隙、破碎带、卸荷裂隙、泥化夹层、夹泥层等。风化带上部的风化裂隙发育，往深部渐减。

泥化夹层是某些软弱夹层（如泥岩、页岩、千枚岩、凝灰岩、绿泥石片岩、层间错动带等）在地下水作用下形成的可塑黏土，因其摩阻力甚低，工程上要给以很大的注意。

② 结构面的特征。

a. 结构面的规模，规模大的结构面有可能延展数十千米，宽度达数十米的破碎带，规模小的结构面有延展数十厘米至数十米的节理，甚至是很微小的不连续裂隙。

b. 结构面的形态，结构面的形态有平直的（如层理、片理、劈理）、波状起伏的（如波痕的层面、揉曲片理、冷凝形成的舒缓结构面）、锯齿状或不规则的。这些形态对抗剪强度有很大影响，平滑的与起伏粗糙的面相比，后者有较高的强度。

c. 结构面的密集程度，反映岩体完整的情况，通常以线密度（条/m）或结构面的间距表示。见表 3-15。

表 3-15　节理发育程度分级

分　级	I	II	III	IV
节理间距/m	>2	0.5~2	0.1~0.5	<0.1
节理发育程度	不发育	较发育	发育	极发育
岩体完整性	完整	块状	碎裂	破碎

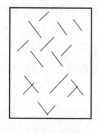 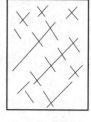 

(a) 非连通的　　(b) 半连通的　　(c) 连通的

图 3-30　岩体内结构面连通性

d. 结构面的连通性，是指在某一定空间范围内的岩体中，结构面在走向、倾向方向的连通程度，如图 3-30 所示。

e. 结构面的张开度和充填情况，结构面的张开度是指结构面的两壁离开的距离，可分为 4 级：闭合的，张开度小于 0.2mm；微张的，张开度在 0.2~1.0mm；张开的，张开度在 1.0~5.0mm；宽张的，张开度大于 5.0mm。闭合的结构面的力学性质取决于结构面两壁的岩石性质和结构面粗糙程度。微张的结构面，因其两壁岩石之间常常多处保持点接触，抗剪强度比张开的结构面大。张开的和宽张的结构面，抗剪强度则主要取决于充填物的成分和厚度：一般充填物为黏土时，强度要比充填物为砂质时的更低；而充填物为砂质者，强度又比充填物为砾质者更低。

（2）结构体的类型　岩体中结构体的形状和大小是多种多样的，但根据其外形特征可大致归纳为：柱状、块状、板状、楔形、菱形和锥形等六种基本形态。如图 3-31 所示。

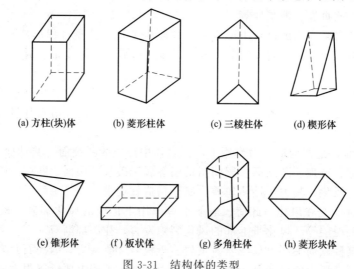

(a) 方柱(块)体　　(b) 菱形柱体　　(c) 三棱柱体　　(d) 楔形体

(e) 锥形体　　(f) 板状体　　(g) 多角柱体　　(h) 菱形块体

图 3-31　结构体的类型

结构体的大小可采用体积裂隙数 J_v 来表示，其定义是：岩体单位体积通过的总裂隙数（裂隙数/m³），表达式为：

$$J_v = \frac{1}{S_1} + \frac{1}{S_2} + \cdots\cdots \frac{1}{S_n} = \sum_{i=1}^{n} \frac{1}{S_i}$$

式中，S_i 为岩体内第 i 组结构面的间距；$\frac{1}{S_i}$ 为该组结构面的裂隙数（裂隙数/m）。

根据 J_v 值大小可将结构体的块度进行分类（表 3-16）。

表 3-16　结构体块度（大小）分类

块度描述	巨型块体	大型块体	中型块体	小型块体	碎块体
体积裂隙数 J_v /(裂隙数/m³)	<1	1~3	3~10	10~30	>30

(3) 岩体结构特征

① 岩体结构概念与结构类型。岩体结构是指岩体中结构面与结构体的组合方式。不同组合方式组成的多种多样的岩体结构类型，具有不同的工程地质特性（承载能力、变形、抗风化能力、渗透性等）。

岩体结构的基本类型可分为整体块状结构、层状结构、碎裂结构和散体结构，它们的地质背景、结构面特征和结构体特征等列于表 3-17 中。

表 3-17　岩体结构的基本类型

结构类型	亚类	地质背景	结构面特征	结构体特征 形态	结构体特征 强度/MPa
整体块状结构	整体结构	岩性单一，构造变形轻微的巨厚层岩体及岩浆岩体，节理稀少	结构面1~3组，延展性差，多呈闭合状，一般无充填物 $\tan\varphi \geq 0.6$	巨型块体	>60
整体块状结构	块状结构	岩性单一，构造变形轻微~中等的厚层岩体及岩浆岩体，节理一般发育，较稀疏	结构面2~3组，延展性差，多闭合状，一般无充填物，层面有一定结合力，$\tan\varphi=0.4\sim0.6$	大型的方块体、菱块体、柱体	一般>60
层状结构	层状结构	构造变形轻微~中等的中厚层状岩体（单层厚>30cm），节理中等发育，不密集	结构面2~3组，延展性较好，以层面、层理、节理为主，不时有层间错动面和软弱夹层，结构面一般含泥膜，结合力差，$\tan\varphi\approx0.3\sim0.5$	中到大型层块体、柱体、菱柱体	>30
层状结构	薄层（板）状结构	构造变形中等~强烈的薄层状岩体（单层厚<30cm），节理中等发育，不密集	结构面2~3组，延展性较好，以层面、节理、层理为主，不时有层间错动面和软弱夹层，结构面一般含泥膜，结合力差，$\tan\varphi\approx0.3$	中到大型的板状体、板楔体	一般10~30
碎裂结构	镶嵌结构	脆硬岩体形成的压碎岩，节理发育，较密集	结构面>2~3组，以节理为主，组数多，较密集，延展性较差，闭合状，无或少量充填物，结构面结合力不强	形态大小不一，棱角显著，以小到中型块体为主	>60
碎裂结构	层状破裂结构	软硬相间的岩层组合，节理、劈理发育，较密集	节理、层间错动面、劈理带软弱夹层均发育，结构面组数多较密集到密集，多含泥膜、充填物，$\tan\varphi=0.2\sim0.4$，骨架硬岩层，$\tan\varphi=0.4$	形态大小不一，以小到中型的板柱体、板楔体、碎块体为主	骨架硬结构体≥30
碎裂结构	碎裂结构	岩性复杂，构造变动强烈，破碎遭受弱风化作用，节理裂隙发育、密集	各类结构面均发育，组数多，彼此交切，多含泥质充填物，结构面形态光滑度不一，$\tan\varphi=0.2\sim0.4$	形状大小不一，以小型块体、碎块体为主	含微裂隙<30
散体结构	松散结构	岩体破碎，强烈风化，裂隙极发育，紊乱密集	以风化裂隙、夹泥节理为主，密集无序状交错，结构面强烈风化、夹泥、强度低	以块度不均的小碎块体、岩屑及夹泥为主	碎块体，手捏即碎
散体结构	松软结构	岩体强烈破碎，全风化状态	结构面完全模糊不清	以泥、泥团、岩粉、岩屑为主，岩粉、岩屑呈泥包块状态	"岩体"已呈土状，如土松软

② 风化岩体结构特征。工程利用岩面的确定与岩体的风化深度有关，往地下深处岩体渐变至新鲜岩石，但各种工程对地基的要求是不一样的，因而可以根据其要求选择适当风化程度的岩层，以减少开挖的工程量。

3.4.4.2 岩体的工程地质性质

岩体的工程地质性质首先取决于岩体结构类型与特征，其次才是组成岩体的岩石的性质（或结构体本身的性质）。譬如，散体结构的花岗岩岩体的工程地质性质往往要比层状结构的页岩岩体的工程地质性质要差。以下为不同结构类型岩体的工程地质性质。

(1) **整体块状结构岩体的工程地质性质**　整体块状结构岩体因结构面稀疏、延展性差、结构体块度大且常为硬质岩石，故整体强度高、变形特征接近于各向同性的均质弹性体，变形模量、承载能力与抗滑能力均较高，抗风化能力一般也较强，所以这类岩体具有良好的工程地质性质，往往是较理想的各类工程建筑地基、边坡岩体及硐室围岩。

(2) **层状结构岩体的工程地质性质**　层状结构岩体中结构面以层面与不密集的节理为主，结构面多闭合或微张状、风化微弱、结合力不强，结构体块度较大且保持着母岩岩块性质，故这类岩体总体变形模量和承载能力均较高。作为工程建筑地基时，其变形模量和承载能力一般均能满足要求。但当结构面结合力不强，有时又有层间错动面或软弱夹层存在，其强度和变形特性均具各向异性特点，一般沿层面方向的抗剪强度明显的比垂直层面方向的更低，特别是当有软弱结构面存在时更为明显。这类岩体作为边坡岩体时，一般地说，当结构面倾向坡外时要比倾向坡里时的工程地质性质差得多。

(3) **碎裂结构岩体的工程地质性质**　碎裂结构岩体中节理、裂隙发育、常有泥质充填物质，结合力不强，其中层状岩体常有平行层面的软弱结构面发育，结构体块度不大，岩体完整性破坏较大。其中镶嵌结构岩体因其结构体为硬质岩石，尚具较高的变形模量和承载能力，工程地质性能尚好；而层状碎裂结构和碎裂结构岩体的变形模量、承载能力均不高，工程地质性质较差。

(4) **散体结构岩体的工程地质性质**　散体结构岩体节理、裂隙很发育，岩体十分破碎，岩石手捏即碎，属于碎石土类，可按碎石土类研究。

习　题

1. 矿物的主要性质有哪些，在标本上如何认识？
2. 常见鉴定矿物的方法有哪些？肉眼鉴定矿物的一般方法和程序？举例说明。
3. 岩浆岩常见的矿物成分、结构、构造有哪些？
4. 如何理解矿物的条痕、光泽、透明度、硬度、相对硬度、绝对硬度、解理？
5. 按 SiO_2 的含量不同，岩浆岩可划分为哪四种类型？
6. 组成沉积岩的主要矿物成分有哪几种？沉积岩的结构、构造特征是什么？
7. 说明沉积岩的分类方法和常见沉积岩代表性岩石。
8. 什么是变质作用？变质作用有哪些类型？
9. 变质岩的主要矿物组成、结构、构造特征是什么？
10. 说明三大类岩石在物质组成、结构、构造上的异同。
11. 岩石的工程地质性质表现在哪三个方面？各自用哪些主要指标表示？
12. 试说明影响岩石工程地质性质的主要因素。

第 4 章
地质构造及其工程影响

地壳中存在很大的应力，组成地壳的上部岩层，在地应力的长期作用下就会发生变形，形成构造变动的形迹，如在野外经常见到的岩层褶曲和断层等。我们把构造变动在岩层和岩体中遗留下来的各种构造形迹，称为地质构造。地质构造是地壳运动的产物。

在漫长的地质历史过程中，地壳经历了长期、多次复杂的构造运动。在同一区域，往往会有先后不同规模和不同类型的构造体系形成，它们互相干扰，互相穿插，使区域地质构造显得十分复杂。但大型的复杂的地质构造，总是由一些较小的、简单的基本构造形态按一定方式组合而成的。本章简单列出了一些典型的基本构造形态。

4.1 岩层的产状

4.1.1 岩层的产状要素

岩层在空间的位置，称为岩层产状。倾斜岩层的产状由岩层层面的走向、倾向和倾角三个产状要素（图 4-1）来表示。

走向指的是岩层层面与水平面交线的方位角。岩层的走向表示岩层在空间延伸的方向。

倾向是指垂直走向顺倾斜面向下引出的直线在水平面的投影的方位角。岩层的倾向，表示岩层在空间的倾斜方向。

倾角是指岩层层面与水平面所夹的锐角。岩层的倾角表示岩层在空间倾斜角度的大小。

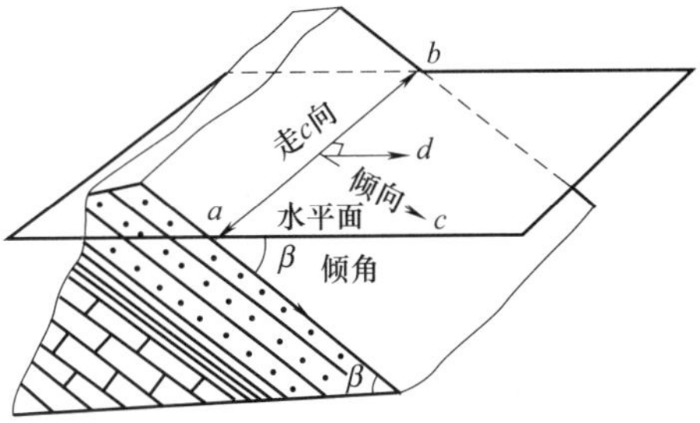

图 4-1 岩层产状要素

ab—走向；*cd*—倾向；*β*—倾角

4.1.2 岩层产状的测定及表示方法

4.1.2.1 岩层产状的测定

岩层产状要素在野外是用地质罗盘仪（图 4-2）直接测定其走向、倾向和倾角。

（1）**选择岩层层面** 测量前先正确选择岩层层面，不要将节理面误认为是岩层层面，另外注意确定岩层的真正露头，而不是滚石。选择的岩层层面要平整，且层面产状具有代表性。

（2）**测定岩层走向** 将地质罗盘仪的长边（即罗盘刻度的南北方向）紧贴岩层层面，并使罗盘水平，读罗盘的南针或北针所指的方位角即为所测的岩层走向。

（3）**测定岩层倾向** 将罗盘仪的短边紧贴岩层上层面，并使罗盘水平，读罗盘北针所指的方位角即为所测的岩层倾向。若罗盘仪的短边无法紧贴岩层上层面，只能贴下层面时，保持罗盘水平，罗盘南针所指的方位角，即所测的岩层倾向。

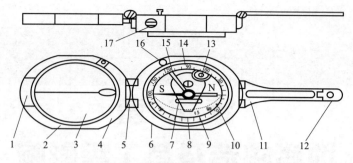

图 4-2　地质罗盘仪构造

1—瞄准钉；2—固定光圈；3—反光镜；4—上盖；5—连接合页；6—外壳；7—长水准器；
8—倾角指示器；9—压紧圈；10—磁针；11—长照准合页；12—短照准合页；13—圆水准器；
14—方位刻度环；15—拨杆；16—开关螺钉；17—磁偏角调整器

(4) 测岩层的倾角　将罗盘的长边的面沿着最大倾斜方向紧贴岩层层面，并旋转倾角指示针使垂直气泡居中（或放松倾斜悬锤），此时，倾角指示针所指的下刻度盘的度数即为所测岩层的倾角。

4.1.2.2　岩层产状的表示方法

岩层产状要素可用文字和符号两种方法表示。

(1) 文字表示法　由于地质罗盘的方位标记既有以东（E）、南（S）、西（W）、北（N）为标志的象限角；也有以正北方向为 0°，按顺时针方向划分 360°为标志的方位角。因此，文字表示方法也有两种。

① 方位角表示法。岩层产状记录中最常用的方法，一般只记录倾向和倾角。如 200°∠30°，表示岩层的倾向为 SW200°，倾角为 30°；其走向可用倾向加减 90°得出，即走向为 290°或 110°。

② 象限角表示法。以南、北方向作为标准，一般记录走向、倾角和倾向。如 N40°E/30°SE，表示某岩层的走向为 N40°，倾角为 30°，向南东倾斜。目前，象限角表示法很少被应用。

(2) 符号表示法　在地质图上，岩层产状要素是用符号来表示的，常用符号如下。

⊥₃₀ 长线表示走向，短线表示倾角，数字表示倾角。长短线必须按实际方位标绘在地质图上；

┼ 岩层产状水平（倾角小于 5°）；

▽ 岩层产状直立，箭头指向较新岩层；

⌄₄₀ 岩层倒转，箭头指向倒转后的岩层倾向，即指向老岩层，数字表示倾角。

后面将要讲到的褶皱轴面、节理面、裂隙面和断层面等形态的产状意义、表示方法和测定方法，均与岩层相同。

岩层产状要素的符号和书写方式，在国内外的地质书刊和地质图上并不完全相同，参阅文献资料时应予以注意。

4.1.3　水平岩层、倾斜岩层和直立岩层

岩层是指被两个平行或近于平行的界面所限制的，同一岩性组成的层状岩石。岩层的上下界面叫层面，上层面又称顶面，下层面为底面。

岩层顶、底面之间的垂直距离是岩层的厚度。有的岩层厚度比较稳定，在较大范围内变化不大，有的岩层受形成环境、形成方式的影响，岩层原始厚度变化较大，向一个方向变薄以致尖灭，形成楔形体，如向两个方向尖灭，则成为透镜体（图 4-3）。

沉积岩是在比较广阔而平坦的沉积盆地（如海洋、湖泊）中一层一层堆积起来的，它们的原始产状大都是水平的，仅在盆地边缘才稍有倾斜，仅是局部现象。

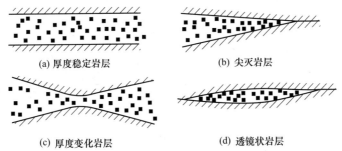

(a) 厚度稳定岩层　　　　　　(b) 尖灭岩层

(c) 厚度变化岩层　　　　　　(d) 透镜状岩层

图 4-3　岩层的厚度及其形态

岩层形成后，受到构造运动的影响，原始水平产状会发生变化，有的基本保持不变，仍呈水平产状，有的与水平面呈不同角度的交角，形成倾向岩层，有的形成直立、甚至倒转岩层。

4.1.3.1　水平岩层

岩层形成后，受构造运动影响轻微，仍保持原始水平产状的岩层称为水平岩层。绝对水平的岩层很少见，一般将倾角小于 5° 的岩层都称为水平岩层。水平岩层地层界线的分布特征如下。

（1）新岩层总是位于老岩层之上。地形平坦地区，地表只见到同一岩层。地形起伏很大的地区，新岩层分布在山顶或分水岭上，低洼的河谷、沟底才见到老岩层，即岩层时代越老出露位置越低，越新则出露位置越高。当岩层受切割时，老岩层出露在河谷低洼区，新岩层出露于高岗上。水平岩层表现为在同一高程的不同地点出露的均是同一岩层（图 4-4）。

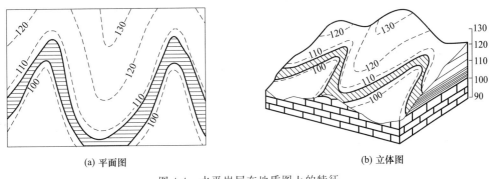

(a) 平面图　　　　　　　　　　　　　　　(b) 立体图

图 4-4　水平岩层在地质图上的特征

（2）水平岩层的地层界线（即岩层面与地面的交线）与地形等高线平行或重合，呈不规则的同心圈状或条带状，在沟、谷中呈锯齿状条带延伸，地层界线的转折尖端指向上游。水平岩层的分布形态完全受地形控制，如图 4-4 所示。

（3）水平岩层顶面与底面的高程差就是岩层的厚度。

（4）水平岩层的露头宽度（即岩层顶面和底面界线间的水平距离）与地面坡度、岩层厚度有关。当岩层厚度一样时，地面坡度越缓，露头宽度越大；反之，露头宽度就越小 [图 4-5（a）]。而当地面坡度相同时，岩层厚度越大，露头宽度也越大；反之，露头宽度就越小 [图 4-5（b）]。

4.1.3.2　倾斜岩层

由于地壳运动使原始水平的岩层发生倾斜，岩层层面与水平面之间有一定夹角的岩层，为倾斜岩层，亦称倾斜构造。它常常是褶皱的一翼或断层的一盘，也可以是大区域内的不均匀抬升或下降所形成的。在一定地区内同一方向倾斜和倾角基本一致的岩层又称单斜构造。

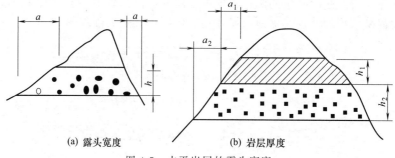

(a) 露头宽度　　　　　　　(b) 岩层厚度

图 4-5　水平岩层的露头宽度

倾斜构造的产状可以用岩层层面的走向、倾向和倾角三个产状要素来表示。

一般情况下，倾斜岩层仍然保持顶面在上、底面在下，新岩层在上、老岩层在下的产出状态，称为正常倾斜岩层。当构造运动强烈，使岩层发生倒转，出现底面在上、顶面在下，老岩层在上、新岩层在下的产出状态时，称为倒转倾斜岩层。

岩层的正常与倒转主要依据化石来确定，也可依据岩层层面构造特征（如岩层面上的泥裂、波痕、虫迹和雨痕等）或标准地质剖面来确定。

倾斜岩层按倾角 α 的大小又可分为缓倾岩层（$\alpha<30°$）、陡倾岩层（$30°\leqslant\alpha<60°$）和陡立岩层（$\alpha\geqslant60°$）。

倾斜岩层的地层界线的分布特征：倾斜岩层的地层界线一般是弯曲的，穿越不同的高程，在地质图上表现为与地形等高线相交。倾斜岩层的倾角越小，地层界线受地形影响越大，越弯曲；倾角越陡，受地形影响越小，地质界线越趋于直线。但是地层界线的弯曲方向有一定规律可循，这个规律又称为"V"字形法则。

（1）当岩层倾向与地面坡向相反时，岩层界线与地形等高线弯曲方向相同，但岩层界线弯曲程度较小，等高线弯曲程度较大，如图 4-6 所示。岩层界线的"V"字形尖端在沟谷中指向上游，在山脊上指向山脊下坡。

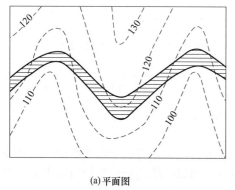

(a) 平面图　　　　　　　　(b) 立体图

图 4-6　倾斜岩层在地质图上的特征（一）

（2）当岩层倾向与地面坡向相同，且岩层倾角大于地形坡角时，岩层界线与地形等高线弯曲方向相反，岩层界线的"V"字形尖端在沟谷中指向下游，在山脊上指向山脊上坡，如图 4-7 所示。

（3）当岩层倾向与地面坡向相同，但岩层倾角小于地形坡角时，岩层界线与地形等高线弯曲方向相同，但岩层界线弯曲程度较大，等高线弯曲程度较小，如图 4-8 所示。

4.1.3.3　直立岩层

直立岩层指岩层倾角等于 90° 的岩层。绝对直立的岩层也较少见，习惯上将岩层倾角大

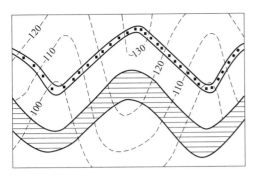
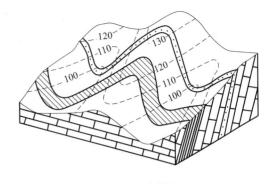

(a) 平面图　　　　　　　　　　　　　　　　　(b) 立体图

图 4-7　倾斜岩层在地质图上的特征（二）

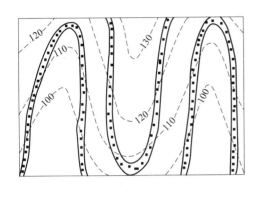
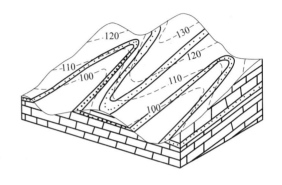

(a) 平面图　　　　　　　　　　　　　　　　　(b) 立体图

图 4-8　倾斜岩层在地质图上的特征（三）

于 85°的岩层都称为直立岩层。直立岩层地质界线在空间是一条沿走向延伸的直线，不受地形影响。直立岩层地质界线间的水平距离就是岩层的厚度。直立岩层的露头宽度只与岩层厚度有关，岩层厚度越大，露头宽度也越大；反之，露头宽度越小，如图 4-9 所示。直立岩层一般出现在构造运动强烈、紧密挤压的地区。

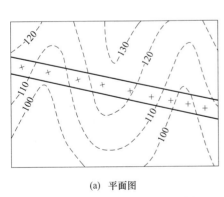
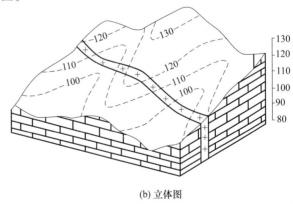

(a) 平面图　　　　　　　　　　　　　　　　　(b) 立体图

图 4-9　直立岩层在地质图上的特征

4.2　褶　皱　构　造

　　组成地壳的原始产状岩层，在长期复杂的构造运动所产生的地应力（构造应力）的强烈作用下，产生塑性变形，形成一系列的波状弯曲，但仍具有连续性和完整性的地质构造，称为褶皱构造，简称褶皱。褶皱能直观地反映构造运动的性质和特征。

褶皱构造是岩层在地壳中广泛发育的基本构造形态之一，它在层状沉积岩中表现最为明显，在片状、板状变质岩中也有存在，在块状岩体中较为少见。大多数褶皱是在水平挤压作用下形成的，如图 4-10（a）所示，部分褶皱是在垂直作用力的作用下形成的，如图 4-10（b）所示，还有一些褶皱是在一对力偶的作用下形成的，图 4-10（c），后者多发生在两个坚硬岩层之间的较软岩层中或断层带附近。

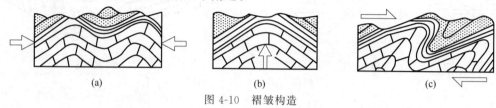

(a)　　　　　　　　(b)　　　　　　　　(c)

图 4-10　褶皱构造

4.2.1　褶皱和褶皱要素

4.2.1.1　褶皱的基本类型

褶皱的形态是多种多样的，而其基本形式有两种（图 4-11）：一种是岩层向上弯曲，其核心部位的岩层时代较老，外侧岩层较新，称为背斜；另一种是岩层向下弯曲，核心部位的岩层较新，外侧岩层较老，称为向斜。

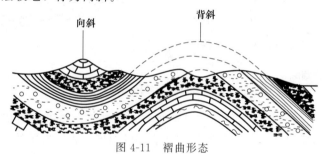

图 4-11　褶曲形态

不论是背斜褶皱，还是向斜褶皱，如果按褶皱的轴面产状，可将褶皱分为如图 4-12 所示的几个形态类型。

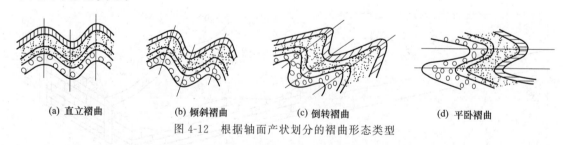

(a) 直立褶曲　　　(b) 倾斜褶曲　　　(c) 倒转褶曲　　　(d) 平卧褶曲

图 4-12　根据轴面产状划分的褶曲形态类型

（1）**直立褶皱**　轴面直立，两翼向不同方向倾斜，两翼岩层的倾角基本相同，在横剖面上两翼对称，所以也称为对称褶皱。

（2）**倾斜褶皱**　轴面倾斜，两翼向不同方向倾斜，但两翼岩层的倾角不等，在横剖面上两翼不对称，所以又称为不对称褶皱。

（3）**倒转褶皱**　轴面倾斜程度更大，两翼岩层大致向同一方向倾斜，一翼层位正常，另一翼老岩层覆盖于新岩层之上，层位发生倒转。

（4）**平卧褶皱**　轴面水平或近于水平，两翼岩层也近于水平，一翼层位正常，另一翼发生倒转。

在褶皱构造中，褶皱的轴面产状和两翼岩层的倾斜程度，常和岩层的受力性质及褶皱的强烈程度有关。在褶皱不太强烈和受力性质比较简单的地区，一般多形成两翼岩层倾角舒缓的直立褶曲或倾斜褶曲；在褶皱强烈和受力性质比较复杂的地区，一般两翼岩层的倾角较大，褶曲紧闭，并常形成倒转或平卧褶皱。

如按褶皱的枢纽产状，又可分为水平褶皱和倾伏褶皱。

(1) 水平褶皱 褶皱的枢纽水平展布，两翼岩层平行延伸（图 4-13）。

(2) 倾伏褶皱 褶皱的枢纽向一端倾伏，两翼岩层在转折端闭合（图 4-14）。

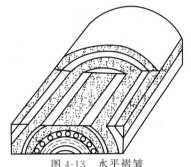

图 4-13 水平褶皱

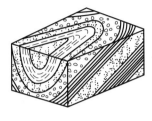

(a) 倾伏向斜

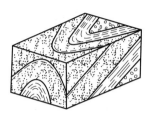

(b) 倾伏背斜

图 4-14 倾伏褶皱

褶皱的枢纽倾伏时，在平面上会看到，褶皱的一翼逐渐转向另一翼，形成一条圆滑的曲线。在平面上，褶皱从一翼弯向另一翼的曲线部分，称为褶皱的转折端，在倾伏背斜的转折端，岩层向褶皱的外方倾斜（外倾转折）。在倾伏向斜的转折端，岩层向褶皱的内方倾斜（内倾转折）。在平面上倾伏褶曲的两翼岩层在转折端闭合，是区别于水平褶曲的一个显著标志。

褶皱构造延伸的规模，长的可以从几十千米到数百千米以上，但也有比较短的。按褶皱的长度和宽度的比例，长宽比大于 10:1，延伸的长度大而分布宽度小的，称为线形褶皱。褶皱向两端倾伏，长宽比介于 3:1～10:1 之间，呈长圆形的，如是背斜，称为短背斜；如是向斜，称为短向斜。长宽比小于 3:1 的圆形背斜称为穹隆；向斜称为构造盆地。两者均为构造形态，不能与地形上的隆起和盆地相混淆。

4.2.1.2 褶皱要素

褶皱的各个组成部分称为褶皱要素。部分褶皱要素如图 4-15 所示。

核部：褶皱的核心（中心）部分叫核部，通常指褶曲出露地表最中心部分的一个岩层。

翼部：指褶皱核部两侧相对平直的部分。通常两侧出露的岩层是对称的，当背斜与向斜相连时，其中一翼是公用的。

拐点：相邻的背斜和向斜公用翼的褶皱面常呈"S"或倒"S"形弯曲，褶皱面上不同凸向的转折点称为拐点。如果翼平直，则取其中点作为拐点。

翼角：翼部岩层与水平面间的最大夹角称为翼角。翼角大小反映褶曲的强烈程度。

翼间角：指正交剖面上两翼间的内夹角。圆弧形褶皱的翼间角是指通过两翼上两个拐点的切线之间的夹角。翼间角可大可小，大至 180°，小可至 5°以下。

转折端：是指褶曲一翼向另一翼过渡的弯曲部分，即两翼的汇合部分。其形态常为圆滑的弧形，也可以是尖凸、箱状、挠曲等。

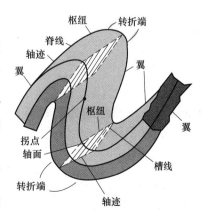

图 4-15 褶皱要素图示

轴面：通过核部大致平分褶皱两翼的面称为褶皱轴面。轴面是一个设想的标志面，用于标定褶曲方位和产状。轴面可以是平直面、曲面、直立面以及倾斜、平卧或卷曲的面。

轴线：轴面与水平面或垂直面的交线称为轴线。轴线方向表示褶曲在水平面或垂直面上的延伸方向，轴线长度表示褶曲延伸的规模。轴线可以是直线，也可以是曲线。

枢纽：指轴面与褶皱岩层某一层面的交线，也是褶皱中单一层面上的最大弯曲点的连线。枢纽可以是水平的、倾斜的，也可以是波状起伏的。枢纽表示褶曲延伸方向上产状的变化。

脊线和槽线：同一褶皱面上沿着背斜最高点的连线称为脊线，沿着向斜最低点的连线为槽线。脊线或槽线的延伸方向通常是起伏变化的。脊线中最高点表示褶皱隆起部位，称为轴隆，脊线中最低部位称为轴陷。

4.2.2 褶皱的形态分类

褶皱一般的情况都是线形的背斜与向斜相间排列，以大体一致的走向平行延伸，有规律地组合成不同形式的褶皱构造。褶皱的形态多种多样，种类繁多，可以从下述不同角度进行分类。

4.2.2.1 根据轴面产状和两翼岩层特点分类

（1）**直立褶皱**　轴面直立，两翼岩层向两侧倾斜，方向相反，倾角近于相等，如图 4-16（a）所示。

（2）**倾斜褶皱**　轴面倾斜，两翼岩层向两侧倾斜，方向相反，但倾角不相等，如图 4-16（b）所示。

（3）**倒转褶皱**　轴面倾斜，褶曲中有一翼岩层发生倒转，致使两翼岩层向同一方向倾斜。发生倒转的一翼，老岩层覆盖在新岩层之上，如图 4-16（c）所示。

（4）**平卧褶皱**　轴面近于水平，两翼岩层也近于水平，一翼岩层层序正常，另一翼为倒转岩层，如图 4-16（d）所示。

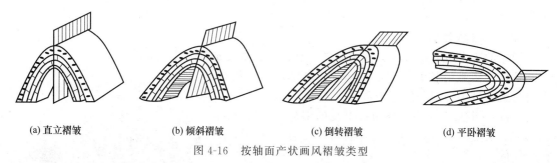

|(a) 直立褶皱|(b) 倾斜褶皱|(c) 倒转褶皱|(d) 平卧褶皱|

图 4-16　按轴面产状画风褶皱类型

4.2.2.2 根据枢纽的产状分类

（1）**水平褶皱**　枢纽近于水平，两翼同一岩层的走向彼此平行，见图 4-17（a）。

（2）**倾伏褶皱**　枢纽倾斜，两翼同一岩层的走向不平行而呈弧形变化，见图 4-17（b）。

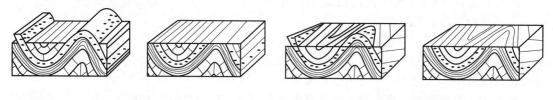

(a) 水平褶皱　　　　　　　　　　(b) 倾伏褶皱

图 4-17　平褶皱倾和倾伏褶皱

4.2.2.3　根据平面上的形态分类

（1）**线状褶皱**　枢纽近于水平，向一定方向延伸很远，一般长度超过宽度 10 倍以上。

（2）**短轴褶皱**　褶皱两端延伸不远即倾伏，长度为宽度的 3～10 倍。

（3）**穹隆和盆地构造**　延伸很短，褶皱的长度不超过宽度的 3 倍，若为背斜则叫做穹隆；若为向斜则称作做构造盆地（图 4-18）。

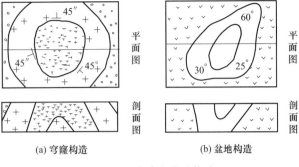

图 4-18　穹隆和盆地构造

4.2.2.4　根据各褶皱层厚度变化分类

（1）**平行褶皱**　不同岩层的褶皱面近于平行弯曲。同一褶皱层的厚度在褶皱各部分一致，故也称为等厚褶皱，弯曲的各层具有同一曲率中心，所以也称为同心褶皱。由中心向外，褶皱面的曲率半径逐渐增大，曲率变小，岩层弯曲趋于平缓，如图 4-19（a）所示。

一般平行褶皱的形态随深度的变化而变化。要保持同一褶皱层的厚度不变，褶皱面的几何形态就必须随深度调整。顺轴面向下，褶皱面的弯曲越来越紧闭，甚至成为尖顶状背斜，或者为了调整褶皱层的向心挤压，在背斜核部会出现复杂的小褶皱和逆冲断层。与此相反，顺轴面向上，褶皱面越来越平缓，褶皱趋于消失。

（2）**相似褶皱**　组成褶皱的各褶皱面作相似的弯曲。各褶皱面曲率相同，但没有共同的曲率中心。所以，褶皱的形态随着深度的变化保持不变，各褶皱层的厚度则发生有规律的变化，两翼变薄，转折端加厚；平行轴面的厚度在褶皱各部分保持一致，如图 4-19（b）所示。

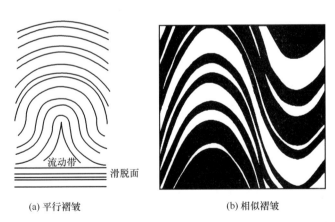

(a) 平行褶皱　　　　　　　(b) 相似褶皱

图 4-19　平行褶皱和相似褶皱

4.2.2.5　根据组成褶皱的各褶皱面之间的几何关系分类

（1）**协调褶皱**　各褶皱面弯曲的形态一致或作有规律的变化，其间没有明显不协调的突变现象，如相似褶皱和平行褶皱，如图 4-20（a）所示。

（2）**不协调褶皱**　各褶皱面弯曲形态有明显不同，有突变现象。褶皱不协调较为普遍。这是由于各褶皱层的岩性和厚度的差异、不同部分受力不均等原因引起的。图 4-20（b）为大连金州龙王庙寒武纪大林组的不协调褶皱，其形态近似流褶皱。

此外，也可根据褶皱之间的关系进行划分，如在褶皱的翼部发育有次一级的小向斜或小背斜，称之为复向斜或复背斜，如图 4-21 所示。

(a) 协调褶皱   (b) 不协调褶皱

图 4-20 协调褶皱和不协调褶皱

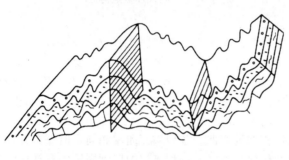

图 4-21 复向斜和复背斜

4.2.3 褶皱构造野外观察

一般情况下，背斜为山，向斜为谷。但有时候，强烈的地质构造运动也会形成向斜山和背斜谷。所以地形的起伏情况并非识别褶曲构造的主要标志。在野外工作时，对于不能窥得其貌的大型褶曲构造，常用穿越的方法和追索的方法进行观察。

(1) 穿越法 穿越法就是沿着选定的调查路线，垂直岩层走向进行观察。用穿越的方法，便于了解岩层的产状、层序及其新老关系。当路线通过地带的岩层呈有规律地重复出现时，则必为褶皱构造，如果老岩层在中间，新岩层在两边，则为背斜；反之为向斜。若两翼岩层均向外倾斜或向内倾斜，且倾角大体相等，为直立背斜或直立向斜，倾角不等，为倾斜背斜或倾斜向斜；若两翼岩层向同一方向倾斜，则为倒转背斜或倒转向斜；若一翼岩层层序正常，另一翼岩层为倒转岩层，则为平卧褶皱，若两翼岩层均倒转则为扇形褶皱。

(2) 追索法 追索法就是平行岩层走向进行观察的方法。平行岩层走向进行追索观察，便于查明褶曲延伸的方向及其构造变化的情况，当两翼岩层在平面上彼此平行展布时为水平褶曲，如果两翼岩层在转折端闭合或呈 "S" 形弯曲时，则为倾伏褶曲。

穿越法和追索法，不仅是野外观察褶曲的主要方法，同时也是野外观察和研究其他地质构造现象的一种基本的方法。在实践中一般以穿越法为主，追索法为辅，根据不同情况，穿插运用。

4.2.4 判断褶皱形成年代的方法

褶皱在漫长的地质历史长河中，可能经历了不同的构造运动，它们之间相互作用、相互制约，并有一定的联系。所以，研究褶皱不仅应从空间上研究它们的分布、形态、规模、类型等，而且还应从时间上研究它的形成年代和发展历史。确定褶皱形成年代的方法主要有三种。

(1) 角度不整合法 褶皱的形成时代，通常是根据区域性的角度不整合的时代来确定，即从不整合面上、下构造形态是否连续一致来推断包括褶皱在内的各种构造的形成时代。其基本原则是褶皱运动应发生在组成褶皱的最新地层年代之后与覆于褶皱之上的未参与该褶皱的最老地层年代之前。

(2) **放射性年龄法** 通过测定与褶皱相接触的岩浆岩体的同位素年龄来推测褶皱的形成时代。

(3) **叠加褶皱分析法** 同一时期形成的褶皱，其排列遵循一定的规律，可用统一的应力作用方式解释。而不同时期形成的褶皱，由于应力作用方式不同，先后形成的褶皱常有相互切割，相互干扰的重叠现象。因此，可以根据这一现象分析多期褶皱形成的先后顺序。

4.2.5 褶皱的工程地质评价

一般来说，褶皱构造对工程建筑有以下几方面的影响。

(1) 褶皱构造的核部，岩层倾向发生显著变化，岩层受应力作用最集中的地方，不论公路、隧道或桥梁工程，容易遇到工程地质问题，主要是由于岩层破碎而产生的岩体稳定问题和向斜核部地下水的问题。

(2) 在褶皱翼部布置建筑工程时，重点注意岩层的倾向及倾角的大小，因为如果开挖边坡的走向近于平行岩层走向，且边坡倾向与岩层倾向一致，边坡坡角大于岩层倾角，则容易造成顺层滑动现象。

(3) 在隧道工程中遇到褶皱构造地质条件时，隧道工程从褶曲的翼部通过一般是比较有利的（图 4-22）。如果中间有松软岩层或软弱构造面时，则在顺倾向一侧的洞壁，有时会出现明显的偏压现象，甚至会导致支撑破坏，发生局部坍塌。

4.2.6 边坡、隧道和桥基设置与地质构造的关系

岩层产状与岩石路堑边坡坡向间的关系控制着边坡的稳定性。当岩层倾向与边坡坡向一致，岩层倾角等于或大于边坡坡角时，边坡一般是稳定的。若坡角大于岩层倾角，则岩层因失去支撑而有滑动的趋势产生。如果岩层层间结合较弱或有较弱夹层时，易发生滑动。如铁西滑坡就是因坡脚采石，引起沿黑色页岩软化夹层滑动的。当岩层倾向与边坡坡向相反时，

图 4-22 褶皱构造与隧道位置选择
1、3—不利；2—较好

若岩层完整、层间结合好，边坡是稳定的；若岩层内有倾向坡外的节理，层间结合差，岩层倾角又很陡，岩层多呈细高柱状，容易发生倾倒破坏。开挖在水平岩层或直立岩层中的路堑边坡，一般是稳定的，如图 4-23 所示。

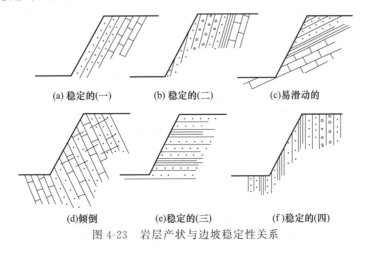

(a) 稳定的(一) (b) 稳定的(二) (c)易滑动的

(d)倾倒 (e)稳定的(三) (f)稳定的(四)

图 4-23 岩层产状与边坡稳定性关系

隧道位置与地质构造的关系密切。穿越水平岩层的隧道，应选择在岩性坚硬、完整的岩层中，如石灰岩或砂岩。在软、硬相间的情况下，隧道拱部应当尽量设置在硬岩中，设置在软岩中有可能发生坍塌。当隧道垂直穿越岩层时，在软、硬岩相间的不同岩层中，由于软岩层间结合差，在软岩部位，隧道拱顶常发生顺层坍方。当隧道轴线顺岩层走向通过时，倾向洞内的一侧岩层易发生顺层坍滑，边墙承受偏压，如图 4-24 所示。

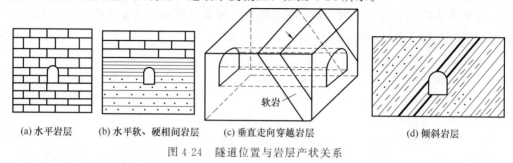

(a) 水平岩层　　　　(b) 水平软、硬相间岩层　　　　(c) 垂直走向穿越岩层　　　　(d) 倾斜岩层

图 4-24　隧道位置与岩层产状关系

在图 4-24 中，(a) 为水平岩层，隧道位于同一岩层中；(b) 为水平软、硬相间岩层，隧道拱顶位于软岩中，易坍方；(c) 为垂直走向穿越岩层，隧道穿过软岩时易发生顺层坍方；(d) 为倾斜岩层，隧道顶部右上方岩层倾向洞内侧，岩层易顺层滑动，且受到偏压。

一般情况下，应当避免将隧道设置在褶曲的轴部，该处岩层弯曲、节理发育、地下水常常由此渗入地下，容易诱发坍方，如图 4-25 所示。通常尽量将隧道位置选在褶曲翼部或横穿褶曲轴。垂直穿越背斜的隧道，其两端的拱顶压力大，中部岩层压力小；隧道横穿向斜时，情况则相反，如图 4-26 所示。

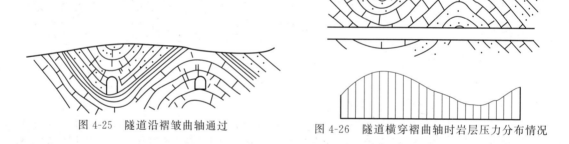

图 4-25　隧道沿褶皱曲轴通过　　　　图 4-26　隧道横穿褶曲轴时岩层压力分布情况

4.3　断　裂　构　造

构成地壳的岩体，受力作用发生变形，当变形达到一定程度后，使岩体的连续性和完整性遭到破坏，产生各种大小不一的断裂，称为断裂构造。

断裂构造在地壳中分布极为普遍，它既可发育于沉积岩中，也可广泛发育于岩浆岩与变质岩中。其规模有大有小，巨型的可长达上千公里以上，微细的要在显微镜下才能看出。根据岩体断裂后两侧岩块相对位移的情况，断裂构造可分为节理和断层两类。

4.3.1　节理

节理，也称裂隙，就是未发生明显位移的断裂。一次构造作用中形成的节理一般是有规律的，并且是成群产出的，构成一定的组合型式，称为节理组或节理系，节理的断裂面称为节理面。节理的分布极为广泛，除疏松的现代沉积外，几乎所有的岩层中都有发育。节理的大小不一，由几厘米到几十米不等。节理的存在大大降低了岩体本身的强度，破坏了岩体的稳定性。如岩石边坡失稳和隧道洞顶坍塌等工程灾害往往与节理有关。

4.3.1.1 节理的类型

(1) 按成因分类 形成节理的原因很多，并非都是构造运动所造成的。按节理的成因，可将其分为构造节理、原生节理和次生节理三种类型，其中，以构造节理为主。

① 构造节理。由于地壳构造运动而形成的裂隙，具有很强的分布规律，并与周围的地质构造如褶皱和断层的成因有密切的联系，对不同性质的岩石和在不同的构造部位，构造节理的力学性质和发育程度都不相同。

② 原生（成岩）节理。在成岩过程中形成的节理称为原生节理。例如，沉积岩中由于表层沉积物失水收缩形成的泥裂；玄武岩中的六方柱状或多边形柱体状节理是由于岩熔冷却时发生的张应力作用形成的。

③ 次生节理。由于风化、冰川运动或冰劈作用、山崩地滑以及人工爆破等原因造成的节理为次生节理。次生节理一般分布不广，局限于一定岩层或一定深度之内，且多为张节理，分布无规律。

(2) 按形成的力学性质分类 构造节理裂隙按其力学性质可分为剪节理和张节理（图4-27）。

① 剪节理。岩石受剪应力作用且其承受的最大剪应力达到或超过岩石的抗剪强度时，产生的破裂面称为剪节理。其两组剪切面一般形成"X"型的节理，因此又称为X节理（图4-27中的Ⅱ）。剪节理常与褶皱和断层伴生，分布于褶皱的核部或断裂带附近，发育较密，常呈羽状排列。一般剪节理产状较稳定，沿走向和倾向延伸较远，但穿过不同岩性的岩层时，其产状可能发生改变。裂隙面较平直光滑，有时具有因剪切滑动而留下的擦痕和擦光面。剪节理面两壁一般紧闭或距离较小，较少被矿物质充填，如被充填，脉宽较为均匀，脉壁较为平直。相同级别的剪节理通常有大致等距离的发育分布规律。发育于砾岩和砂岩等岩石中的剪节理，一般较平整地切割砾石和胶结物。由于剪节理互相交叉切割岩层，使岩层形成方形或菱形，破坏岩体的完整性，剪节理面较易于滑动。

② 张节理。张节理指岩石受张应力作用，且在某个方向的张应力超过了岩石的抗张强度而产生的破裂面（图4-27中的Ⅰ）。张节理产状不甚稳定，延伸不远，常呈不规则的弯曲。节理面粗糙不平，一般无擦痕。张节理多为开口状，常常被矿脉充填成楔形、扁豆状、透镜状及其他不规则形状。脉宽变化较大，脉壁不平直。在砾岩或砂岩中的张节理常常绕砾石或粗砂粒而过。张节理有时呈不规则的树枝状、网络状，有时也具一定几何形态，如追踪X型节理的锯齿状张节理、单列或共轭雁列式张节理等。

(3) 按节理的几何形态分类 节理是一种相对小型的构造，总是与其他构造伴生。节理的产状与其他构造的产状之间往往存在一定的几何关系。

① 根据节理产状与岩层产状的关系分类（图4-28）。

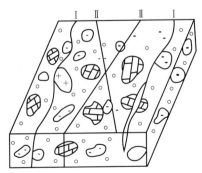

图4-27 砂岩中张节理和剪节理

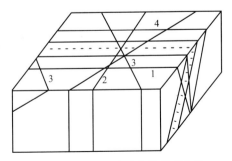

图4-28 节理与岩层产状关系分类
1—走向节理；2—倾向节理；
3—斜向节理；4—岩层节理

走向节理，节理走向与岩层走向近于平行。

倾向节理，节理走向与岩层走向近于垂直。

斜向节理，节理走向与岩层走向斜交。

顺层节理，节理面与岩层的层面近于平行。

② 根据节理与褶皱轴的关系分类。

纵节理，节理走向与褶皱轴向近于平行。

横节理，节理走向与褶皱轴向近于垂直。

斜节理，节理走向与褶皱轴向斜交。

（4）按节理张开程度分类 宽张节理，节理缝宽度大于 5mm；张开节理，节理缝宽度为 3～5mm；微张节理，节理缝宽度为 1～3mm；闭合节理，节理缝宽度小于 1mm。

4.3.1.2 节理的工程地质评价

地壳中广泛发育的节理，在工程上除了有利于开采外，对岩体的强度和稳定性均有不利的影响。

（1）破坏了岩体的整体性，促进岩体风化速度，增强岩体的透水性，使岩体的强度和稳定性降低。

（2）当裂隙主要发育方向与路线走向平行，倾向与边坡一致时，无论岩体的产状如何，路堑边坡都容易发生崩塌等不稳定现象。

（3）在路基施工中，岩体裂隙影响爆破作业的效果。

所以，在节理发育地区，为保证工程建筑的安全，应对其进行深入细致的调查研究，详细论证节理对岩体工程建筑条件的影响，必要时还应采取相应的处理措施。

4.3.1.3 节理调查、统计和表示方法

为了反映裂隙的分布规律及其对岩体稳定性的影响，需要进行野外调查和室内资料整理工作，并用统计图的形式把岩体节理的分布情况表示出来。

（1）观测点的选择 首先根据调查工作的性质和任务确定调查的范围和详细程度。观测点的数量与密度要视具体的情况和任务而定。通常，在进行小比例尺的地质测绘时，在构造复杂地段加密观测点；而在进行中、大比例尺的地质测绘和工程勘察时，要结合工程项目的位置，选择有代表性的地段，加密观测点。如在进行 1：50000 到 1：10000 的地质测绘时，一般每平方公里内设置 4～6 个观测点。

此外，在选定观测点时还要考虑：①露头良好，最好便于两面观测，露头面积一定不小于 10m²，便于大量测量；②构造的特征清楚，岩层产状稳定；③节理组、系及其相互关系明确。

（2）节理调查的内容 在每一个观测点上，首先确定其地理位置、构造部位和地层岩性产状，然后从以下几个方面对节理进行调查。

① 裂节理产状及节理面的性质。其中，节理产状测量方法与岩层产状相同。

② 观测节理面张开度、长度和填充情况。如张开节理中有充填物的，应观察描述充填物的成分、特征、数量、胶结情况及性质等。对后期重新胶结的节理，应描述胶结物成分和胶结程度。

③ 描述节理壁的粗糙程度和裂隙充水情况。

④ 统计节理发育特征及相互的穿插关系。

⑤ 统计节理的组数、密度、间距、数量，确定节理发育程度和节理的主导方向。

每一测点的测量统计面积应视裂隙发育的程度而定，一般取 1～4m²，观测以上内容。记录表格可根据目的和任务编制，一般性节理观察点记录表格见表 4-1。其中统计节理密度的方法是在垂直节理走向方向上取单位长度计算节理条数，以条/m 表示。间距等于密度的倒数。根据节理发育特征，按节理密度可划分其裂隙发育程度或岩体完整程度，具体划分见表 4-2。

（3）**节理观测资料的室内整理**　野外调查的统计资料，到室内阶段要进行整理，并用各种统计图把它表示出来，以便对比分析。统计图的种类很多，常用的有节理玫瑰花图、节理等密图等。其中，节理玫瑰花图能较直观地反映出节理的产状和分布情况，且作图简单容易，常被广泛应用。节理玫瑰图可以用节理走向编制，也可以用节理倾向编制。其编制方法如下。

① 节理走向玫瑰图。在一任意半径的半圆上，画上刻度网。把所测得的节理按走向以每5°或每10°分组，统计每一组内的节理数并算出其平均走向。自圆心沿半径引射线，射线的方位代表每组节理平均走向的方位，射线的长度代表每组节理的条数。然后用折线把射线的端点连接起来，即得节理走向玫瑰图，见图4-29（a）。

表 4-1　节理观测点登记表

点号及位置	地层时代、层位及岩性	岩层产状和构造部位	节理产状	节理组系及其力学性质和相互关系	节理分期和配套	节理密度	节理面特征及充填物	备注

表 4-2　节理裂隙发育程度划分表

发育程度等级	节理不发育	节理较发育	节理发育	节理很发育
岩体完整程度	完整	较完整	较破碎	破碎
平均节理间距/m	＞0	0.4～1	0.2～0.4	≤0.2
节理密度/（条/m）	0～1	1～3	3～5	≥5

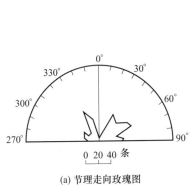

（a）节理走向玫瑰图　　　　（b）节理倾向玫瑰图

图 4-29　节理玫瑰图

图中的每一个"玫瑰花瓣"，代表一组节理的走向，"花瓣"的长度，代表这个方向上节理的条数，"花瓣"越长，反映沿这个方向分布的节理越多。从图上可以看出，比较发育的节理有：走向330°、30°、60°、300°及走向东西的共五组。

② 节理倾向玫瑰图。先将测得的节理，按倾向以每5°或每10°分组，统计每一组内节理的条数、并算出其平均倾向。用绘制走向玫瑰图的方法，在注有方位的圆周上，根据平均倾向和节理的条数，定出各组相应的点子。用折线将这些点子连接起来，即得节理倾向玫瑰图，见图4-29（b）。

如果用平均倾角表示半径方向的长度，用同样方法可以编制节理倾角玫瑰图。同时也可看出，节理玫瑰图编制方法简单，但最大的缺点是不能在同一张图上把节理的走向、倾向和倾角同时表示出来。节理的发育程度，在数量上有时用节理率表示。节理率是指岩石中节理的面积与岩石总面积的百分比。节理率越大，表示岩石中的节理越发育。反之，则表明节理不发育。公路工程地质常用的节理发育程度的分级，见表4-3。

表 4-3　裂隙 (节理) 发育程度分级表

发育特征	基本特征	附 注
裂隙不发育	裂隙 1~2 组, 规则, 构造型, 间距在 1m 以上, 多为密闭裂隙, 岩体被切割成巨块状	对基础工程无影响, 在不含水且无其他不良因素时, 对岩体稳定性影响不大
裂隙较发育	裂隙 2~3 组, 呈 X 型, 较规则, 以构造型为主, 多数间距大于 0.4m, 多为密闭裂隙, 少有充填物, 岩体被切割成大块状	对基础工程影响不大, 对其他工程可能产生相当影响
裂隙发育	裂隙 3 组以上, 不规则, 以构造型或风化型为主, 多数间距小于 0.4m, 大部分为张开裂隙, 少有填充物, 岩体被切割成大块状	对工程建筑物可能产生很大影响
裂隙很发育	裂隙 3 组以上, 杂乱, 以风化型和构造型为主, 多数间距小于 0.2m, 以张开裂隙为主, 一般均有填充物, 岩体被切割成碎石状	对工程建筑物产生严重影响

注: 裂隙宽度<1mm 的为密闭裂隙; 1~3mm 的为微张裂隙; 3~5mm 的为张开裂隙; >5mm 的为宽张裂隙。

4.3.1.4　节理形成年代

节理在野外常成群成组出现, 有时当某一方向的节理特别发育时, 常常会把节理面与层面相混淆, 因此在野外必须认真区别节理面与层面。通常把在同一时期同样力学成因条件下形成的彼此平行或近于平行的特征相近的节理归于一组。裂隙的产状以节理面的走向、倾向和倾角来确定, 其测量与记录方法同岩层产状。根据岩石露头上节理组的交叉切割和限制关系, 可以划分出它们形成时间上的相对先后。一般来说, 被切割的节理组比切割它的节理组形成得早; 若一组节理被另一组节理所限制发育, 则被限制发育的节理形成时间相对要晚些; 如果两组不同方向的节理互相切割和限制, 则它们可能是同期形成的共轭 X 型节理系。

4.3.2　断层

断层是指地层界限不连续或岩层中断, 背斜核部上升盘变宽, 向斜核部下降盘变宽 (图 4-30)。断层是一种重要的地质构造, 一般是由裂隙进一步发展而成。在力学成因方面两者并无本质的差别。断层在地壳中分布很广, 规模相差也很大, 大的可延伸数百公里甚至上千公里, 小断层可见于岩石手标本; 断层的切割深度也差别很大, 浅的见于地表, 深的可达上地幔; 断层破坏了岩体的连续完整性, 不仅对工程岩体的稳定性和渗透性有重大影响, 而且还是地下水运动的良好通道和汇聚的场所。隧道中大多数的塌方、突涌、地震等都与断层有关。

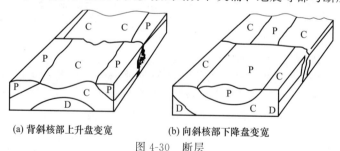

(a) 背斜核部上升盘变宽　　　　(b) 向斜核部下降盘变宽

图 4-30　断层

4.3.2.1　断层要素

习惯上把断层的各个组成部分叫作断层要素。一般断层要素有断层面、断层线、断盘和断距等 (图 4-31)。

(1) 断层面　岩层发生断裂错动的面称为断层面。断层面可以是平面, 也可以是弯曲或波状起伏的曲面。由于断层面两侧岩体的错动, 常在断层面上留有擦痕。断层面产状的测定和岩层面的产状测定方法一样, 即用走向、倾向和倾角表示它的空间状态。

（2）**断层线** 是断层面与地面的交线。反映了断层在地表的延伸方向。它可以是直线，也可以是曲线，主要取决于断层面的产状和地形的起伏情况。

（3）**断盘** 是断层面两侧相对移动的岩块。片断层面是倾斜的，则在断层面上方的断盘叫上盘，在断层面下方的断盘叫下盘。若断层面直立，则无上、下盘之分。

（4）**断距** 是断层两盘相对错开的距离。岩层原来相连的两点，沿断层面错开的距离称为总断距，总断距的水平分量称为水平断距，铅直分量称为铅直断距。

（5）**断层破碎带与影响带** 较大的断层，往往不只是一个破裂面，而是有几个甚至很多个大致互相平行的破裂面。破裂面之间的岩层十分破碎，成为多棱角的碎块和砂泥物质，从而组成具有一定宽度的断层破碎带。破碎带内的岩石动力变质现象十分明显，常见到有因断层错动而破裂搓碎的岩石碎块、碎屑部分，如断层角砾岩、糜棱岩和断层泥等，有时还能见到岩层的揉皱现象（即岩层中的小型褶皱）。在断层破碎带两侧的一定宽度范围内，岩体受断层影响、节理发育或岩层产生牵引弯曲，呈现比较破碎的现象，称为断层影响带。

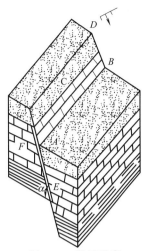

图 4-31　断层要素
AB—断层线；C—断层面；
α—断层倾角；E—上盘；
F—下盘；DB—总断距

4.3.2.2　断层的类型

断层的分类方法很多，所以有各种不同的类型。

（1）**按断层两盘相对运动分类** 按断层两盘相对运动特点，断层可分为正断层、逆断层和平移断层三种基本形态类型（图 4-32）。

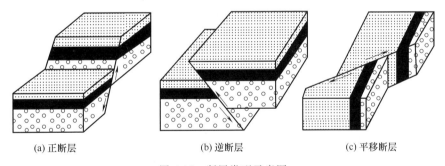

(a) 正断层　　　　　　　(b) 逆断层　　　　　　　(c) 平移断层

图 4-32　断层类型示意图

① 正断层。正断层的基本特征是上盘沿断层面相对下降，下盘相对上升。它一般受水平张应力或重力作用，使上盘向下滑动形成的，所以在构造变动中多垂直于张力的方向发生。其断距可以从几厘米到数百米，延伸范围一般自几米到数千米。正断层的断层线较平直，倾角较陡，一般大于 45°。在野外有时可见数条正断层排列组合在一起，形成阶梯式断层、地垒和地堑等。

a. 阶梯式断层。岩层沿多个相互平行的断层面向同一方向依次下降形成。

b. 地垒。两边岩层依次沿断层面下降，中间岩层相对上升形成。

c. 地堑。两边岩层依次沿断层面上升，中间岩层相对下降形成。

② 逆断层。逆断层的基本特征是上盘沿断层面相对上移，下盘相对下移。

逆断层一般受水平压力作用沿剪切破裂面形成，常与褶皱构造相伴生。断层带中往往夹有大量的角砾岩和岩石碎屑。逆断层的倾角变化很大，根据其倾角大小，又可将逆断层分为冲断层、逆掩断层、碾掩断层和叠瓦式断层。

a. 冲断层。断层面倾角大于 45°的高度逆断层。

b. 逆掩断层。断层面的倾角在 25°～45°之间，往往是由倒转褶皱发展而成，它的走向与褶皱轴大致平行，逆掩断层的规模一般都较大。

c. 碾掩断层。倾角小于 25°的逆断层，常为区域性的巨型断层。断层为一盘较老地层沿着平缓的断层面推覆在另一盘较新的岩层之上，断距可达数千米，破碎带宽度可达几十米。

d. 叠瓦式断层。一系列冲断层或逆掩断层，使岩层依次向上冲掩，形成叠瓦式断层（图 4-33）。

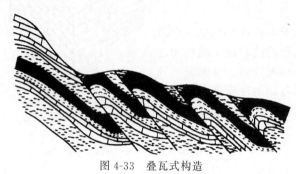

图 4-33 叠瓦式构造

③ 平移断层。是断层两盘产生相对水平位移的断层。一般受剪应力作用形成，因此多与褶皱轴斜交、与"X"节理平行或沿该节理发育，断层的倾角常常近于直立。这种断层的破碎带一般较窄。沿断层面常有近水平的擦痕。

(2) 按与有关构造的几何关系分类

① 按断层产状与岩层产状的关系分类。

走向断层：断层走向与岩层走向基本一致。

倾向断层：断层走向与岩层走向基本直交。

斜向断层：断层走向与岩层走向斜交。

顺层断层：断层面与岩层层理等原生地质界面基本一致。

② 按断层走向与褶皱轴向之间的关系分类。

纵断层：断层走向与褶皱轴向平行。

横断层：断层走向与褶皱轴向垂直。

斜断层：断层走向与褶皱轴向斜交。

(3) 按断层力学性质分类 断层产生的根本原因是岩体内部受到了相应压应力、张应力或扭应力（剪应力）。因此，断层按力学性质可分为以下三种类型。

① 压性断层。由压应力作用形成。压性断层的走向与压应力方向垂直，在断层面两侧，主要是上盘岩体受挤压相对向上位移，如逆断层等。压性断层常成群出现构成挤压构造带。断层带往往有断层角砾岩、糜棱岩和断层泥，形成软弱破碎带。在较硬脆的岩石中，断层面上常有反映错动方向的擦痕。

② 张性断层。主要由张（拉）应力形成。张性断层的走向垂直于张应力方向，断层上盘岩体因拉张相对向下位移，如正断层等。张性断层面较粗糙，形状不规则，有时呈锯齿状。断层破碎带宽度变化大，断层带中常有较疏松的断层角砾岩和破碎岩块。

③ 扭性断层。内扭（剪）应力作用形成。扭性断层一般是两组共生，呈"X"形交叉分布，往往一组发育，另一组不发育，如平移断层等。扭性断层面平直光滑，产状稳定，延伸很远，断层面上有时见到近水平的擦痕，断层带内伴有角砾岩或糜棱岩。

④ 压扭性断层。具有压性断层兼扭性断层的力学特性，如平移逆断层。

⑤ 张扭性断层。具有张扭性断层兼扭性断层的力学特性，如平移正断层。

此外，根据断层走向与岩层走向的关系，可分为走向断层（与岩层走向平行）、倾向断层（与岩层走向垂直）、斜交断层（与岩层走向斜交）。又根据断层走向与褶皱轴向的关系还可分纵断层（与褶皱轴向一致）、横断层（与褶皱轴向正交）及斜断层（与褶皱轴向斜交）。

4.3.2.3　断层的识别标志

断层的存在，在大多数情况下对工程建筑是不利的。而大部分断层由于后期遭受剥蚀破坏和覆盖，常常不能直接观察或不易分辨清楚。但断层总会在产出地段有关的地层分布、构造、伴生构造以及地貌水文方面反映出来。因此，可以通过这些现象、标志等间接证据来识别断层。

(1) 构造线和地质体的不连续　任何线状或面状的地质体，如地层、岩脉、岩体、不整合面、侵入体与围岩的接触界面、褶皱的枢纽及早期形成的断层等，在平面或剖面上突然中断、错开等不连续现象是判断断层存在的一个重要标志（图4-34）。

(2) 地层的重复与缺失　在倾斜岩层中，地层出现重复或缺失现象是断层存在的重要识别标志。

地层的重复或缺失一般出现在走向断层（断层走向与岩层走向一致）的断层面两侧，其形式见图4-34。断层造成的地层重复和褶皱造成的地层重复的区别是前者是单向重复，后者是对称重复。断层造成的缺失与不整合造成的缺失也不同，断层造成的地层缺失只限于断层两侧，而不整合造成的缺失有区域性特征。

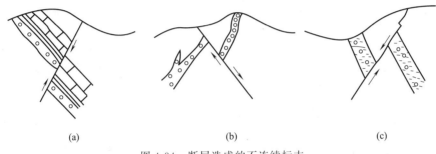

(a)　　　　　　　　　　　(b)　　　　　　　　　　　(c)

图4-34　断层造成的不连续标志

(3) 断层面（带）的构造特征　断层面（带）的构造特征是指由于断层面两侧岩块的相互滑动和摩擦，在断层面上及其附近留下的各种证据（图4-35）。

① 擦痕、阶步和摩擦镜面。断层上、下盘沿断层面作相对运动时，因摩擦作用在断层面上形成一些刻痕、小阶梯或磨光的平面，分别称为擦痕、阶步和摩擦镜面［图4-35（a）］。

② 构造岩。断层破碎带内碎裂的岩、土体经胶结或重结晶后所形成的岩石称为构造岩［图4-35（b）］。构造岩中碎块颗粒直径大于2mm时叫断层角砾岩，当碎块颗粒直径为0.01～0.2mm时叫碎裂岩；当颗粒被碾磨成泥状，单个颗粒不易分辨面，又未面结时叫断层泥。

③ 牵引现象与伴生节理。断层运动时，断层面附近的岩层受断层面上摩擦阻力的影响，在断层面附近形成弧形弯曲现象，称为断层牵引现象。弧形突出的方向指示本盘相对移动的方向，据此可判别断层的性质［图4-35（c）］。断层两侧的岩层由于断层剪切滑动而诱导的局部应力所产生的节理称为伴生节理［图4-35（d）］。伴生张节理多与断层斜交，其锐角指示本盘的错动方向。伴生剪节理常为两组剪节理与断层呈大角度斜交，其方位不稳定，另一组剪节理与断层呈小角度斜交，方位比较稳定，与其断层相交的锐角指示对盘的错动方向。

(4) 地貌及水文标志　在断层通过地区，沿断层线常形成一些特殊地貌现象。如在断层两盘的相对运动中，上升盘常常形成陡崖，称为断层崖；当断层崖受到与崖面垂立方向的地表流水侵蚀切割，使原崖面形成一排三角形陡壁时，称为断层三角面；沿断层带常形成一些串珠状分布的断陷盆地、洼地、湖泊、泉水等，可指示断层延伸方向；正常延伸的山脊突然被错断或山脊突然断陷成盆地、平原，正常流经的河流突然产生急转弯。一些顺直深切的河谷，均可指示断层延伸的方向，判断一条断层是否存在，主要是依据地层的重复、缺失和构造不连续这两个标志，但不能孤立地根据一种标志进行分析，应详细地进行调查研究，综合

| (a) 阶步与擦痕 | (b) 构造岩 | (c) 牵引现象 | (d) 伴生节理 |

图 4-35　断层面的构造特征

分析判断，才能得到可靠的结论。

4.3.2.4　断层的形成时代

断层的形成时代可根据断层与地层的切割关系来确定。如果断层切过了一套地层，则断层的形成时代应晚于这套地层中最新的地层时代；当断层又被另一套地层所覆盖时，则断层的形成时代要早于上覆地层中最老的地层时代。如果断层切割的一套地层之上，未见区域性不整合的较新地层时，那么可以利用其他的方法和标志来确定断层的活动时代。比如可以利用断层的相互切割关系及侵入岩体的关系来确定其形成年代。如果岩体、岩脉或矿脉充填在断层中，说明断层的形成年代要比这些充填物要早；若断层切割岩体、岩脉或矿体时，说明断层形成的年代比这些矿体要晚。确定上面的时代形成顺序后，再利用放射性同位素测定岩体的年龄，最终可确定断层的形成时代。

长期活动断层的下降盘一侧，一般厚度较大，且地层沉积连续完整；而在上升盘一侧，往往厚度较小，地层剖面不完整。所以，长期活动断层的发育时代，可根据上述断层两层的差异得出。距今不远的现代断层常常保留了较好的地貌特征，故可以借助地貌学与第四纪地质学有关沉积和构造活动的标志来确定其形成时代。

4.3.2.5　断层的组合形式

断层的形成和分布，受着区域性或地区性地应力场的控制，并经常与相关构造相伴生，很少孤立出现。在各构造之间，总是依一定的力学性质，以一定的排列方式有规律地组合在一起，形成不同形式的断层带。断层带也叫断裂带，是局限于一定地带内的一系列走向大致平行的断层组合，如阶状断层（图 4-36）、地堑、地垒（图 4-37）和叠瓦式构造（图 4-38）等，就是分布比较广泛的几种断层的组合形式。

在地形上，地堑常形成狭长的凹陷地带，如我国山西的汾河河谷，陕西的渭河河谷等，都是有名的地堑构造。地垒多形成块状山地，如天山、阿尔泰山等，都广泛发育有地垒构造。

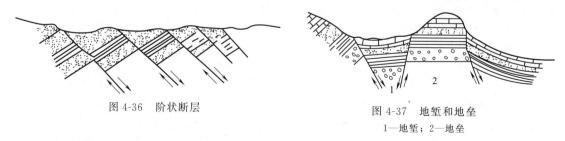

图 4-36　阶状断层

图 4-37　地堑和地垒
1—地堑；2—地垒

在断层分布密集的断层带内，岩层一般都受到强烈破坏，产状紊乱，岩层破碎，地下水多，沟谷斜坡崩塌、滑坡、泥石流等不良地质现象发育。

4.3.2.6　断层的工程地质评价

岩层的断裂致使岩体裂隙增多、岩石破碎，破坏了岩体的完整性，加速风化作用、地下水的

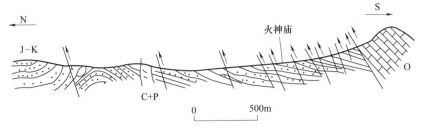

图 4-38 河北兴隆火神庙地区叠瓦式构造

O—奥陶纪石灰岩；C＋P—石炭二叠纪砾岩、砂岩、页岩夹煤层；J－K—侏罗纪白垩纪火山岩

发育，促进岩溶发育，从而降低了岩石的强度和稳定性，对工程建筑造成了种种不利的影响。

（1）公路的路线布局、选择桥位和隧道位置，尽量避开大的断层破碎带。

（2）研究河谷路线布局时注意河谷地貌与断层构造的关系。当路线与断层走向平行，路基靠近断层破碎带时，开挖路基容易引起边坡发生大规模坍塌，直接影响施工和公路的正常使用。

（3）大桥桥位勘测时注意查明桥基部分有无断层存在，其影响程度如何，以便在设计基础工程时采取相应的处理措施。

（4）断层发育地带修建隧道是最不利的情况。由于岩层的整体性遭到破坏，地面水或地下水的侵入，岩层强度和稳定性很差，容易产生洞顶坍落，影响施工安全。

（5）隧道轴线与断层走向平行时应避免与断层破碎带接触。隧道横穿断层时，个别段落受断层影响，地质及水文地质条件不良，必须预先考虑措施，保证施工安全。特别当断层破碎带规模很大，或者穿越断层带时，会使施工十分困难。

4.3.2.7 断层的野外识别

从上述情况可以看出，断层的存在，在许多情况下对工程建筑是不利的。为了采取措施，防止其对工程建筑物的不良影响，首先必须识别断层的存在。当岩层发生断裂并形成断层后，不仅会改变原有地层的分布规律，还常在断层面及其相关部分形成各种伴生构造，并形成与断层构造有关的地貌现象。在野外可以根据这些标志来识别断层。

（1）地貌特征 当断层（张性断裂或压性断裂）的断距较大时，上升盘的前缘可能形成陡峭的断层崖，如经剥蚀，则会形成断层三角面地形（图 4-39）；断层破碎带岩石破碎，易于侵蚀下切，可能形成沟谷或峡谷地形。此外，如山脊错断、错开，河谷跌水瀑布，河谷方向发生突然转折等，很可能都是断裂错动在地貌上的反映。在这些地方应特别注意观察，分析有无断层存在。

（2）地层特征 如岩层发生重复 [图 4-40（a）] 或缺失 [图 4-40（b）]，岩脉被错断，或者岩层沿走向突然发生中断 [图 4-40（c）]，与不同性质的岩层突然接触等地层方面的特征，则进一步说明断层存在的可能性很大。

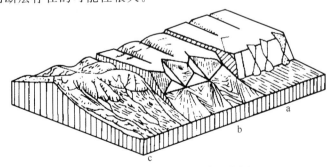

图 4-39 断层三角面形成示意图

a—断层崖剥蚀成冲沟；b—冲沟扩大，形成三角面；c—继续侵蚀，三角面消失

（3）**断层的伴生构造现象**　断层的伴生构造是断层在发生、发展过程中遗留下来的形迹。常见的有岩层牵引弯曲、断层角砾、糜棱岩、断层泥和断层擦痕等。

岩层的牵引弯曲，是岩层因断层两盘发生相对错动，因受牵引而形成的弯曲，多形成于页岩、片岩等柔性岩层和薄层岩层中。当断层发生相对位移时，其两侧岩石因受强烈的挤压力，有时沿断层面被研磨成细泥，称为断层泥；如被研碎成角砾，则称为断层角砾。断层角砾一般是胶结的，其成分与断层两盘的岩性基本一致。断层两盘相互错动时，因强烈摩擦而在断层面上产生的一条条彼此平行密集的细刻槽，称为断层擦痕。顺擦痕方向抚摸，感到光滑的方向即为对盘错动的方向。可以看出，断层伴生构造现象，是野外识别断层存在的可靠标志。此外，如泉水、温泉呈线状出露的地方，也要注意观察，是否有断层存在。

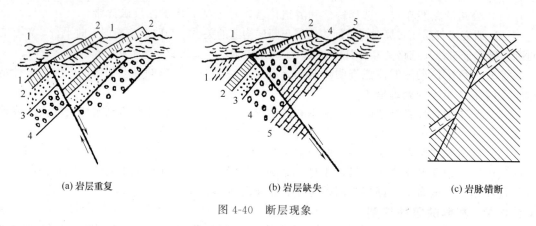

(a) 岩层重复　　　　　　　(b) 岩层缺失　　　　　　　(c) 岩脉错断

图 4-40　断层现象

4.3.3　活断层

活断层是指现在正在活动或在最近地质时期（全新世，1 万年）发生过活动的断层。由于它对工程建设地区稳定性影响大，所以是区域稳定性评价的核心问题。

活断层对工程建筑物的影响是通过断裂的蠕动、错动和地震对工程造成危害。活断层的蠕动及伴生的地面变形，直接损害断层上及附近的建筑物。例如宁夏石嘴山红果子沟明代（约 400 年）长城错动是活断层蠕动造成。长城边墙水平错开 1.45m（右旋），且西升东降垂直断距约 0.9m。断层蠕动还会导致地面产生地裂缝，如西安地裂缝斜贯西安市共有 9 条，最长者可达 10km 以上。该地裂缝发现于 1959 年，至今仍在活动，使大量建筑物开裂、道路变形，并切断地下管线、多次穿越陇海铁路线。地震缝发育不受地貌单元影响，有的地方见到地裂缝向深处与基岩断裂一致。西安地裂缝大多研究者认为是由于长安临潼断裂的张性蠕动引起。活断层发震错动并伴有地表断裂会对工程造成危害。例如 1976 年 7 月 28 日我国唐山地震时，产生长达 8km 的地表错动。它呈北 30°东方向由市区通过，最大水平错距 3m，垂直断距 0.7～1m。错开了道路、房屋、水泥地面等一切建筑物。

4.3.3.1　活断层的特性

（1）**活断层的活动方式**　活断层的活动方式可以分为蠕滑和黏滑两种形式。蠕滑是一个连续的滑动过程，因其只发生较小的应力降，因而不可能有大地震相伴随。这种方式活动的断层仅伴有小震或无地震活动。黏滑活动则是断层发生快速错动，在突发快速错动前断层呈闭锁状态，往往没有明显的位移发生。在同一条断裂带的不同区段可以有不同的活动方式。例如黏滑运动的断层有时也会伴有小的蠕动，而大部分地段以蠕动为主的断层，在其端部也会出现黏滑，产生大地震。由于活断层错动速率相当缓慢，所以不能采用一般的观测方法，通常用定期的形变测量采取得它的活动标志。

活断层平均水平位移量与垂直位移量之比能反映块体运动状态。例如，根据 20 世纪 80 年代初对西安南郊地裂缝所进行的形变观测，在其东段断层两侧水平运动分量与垂直运动分量的比值在 1/2.98 与 1/2.61 之间，地裂缝运动性质以正断层为主。

（2）**活断层的规模及活动速率**　断层的规模包括其长度和切割深度，它能反映其能量和破坏力。据统计，我国 M（震级）$\geqslant 8$ 级大震，有关断裂长度约超过 500km，有些超过 1000km；$M=7\sim7.9$ 级地震，有关断裂长度达 100km 以上；$M=6\sim5.9$ 级地震，有关断裂长度 >10km。通过地震观测得到的震源深度代表断层错动的位置，所以它小于断层切割深度。根据中国各地区地震震源深度的统计，大多数地震震源深度比沉积盖层厚度大（多数地区沉积盖层厚度为 $3\sim5$km）。$M\geqslant 6$ 级地震震源深度都在地壳下部或震源深度都在 10km 以上，最深达 570km。

活断层的活动速率是断层活动性强弱的重要标志。世界范围统计资料表明，活断层活动速率一般为每年不足 1mm 到几毫米，最强的也仅有几十毫米。

我国中部沿贺兰山、六盘山和青藏高原东缘为一条近南北方向的活动构造带。它不仅是东、西两侧地形的分界线，也是重要的构造分界线。我国大陆活断层水平滑动速率，在南北构造线两侧具有不同特点。南北构造线以西的断层两盘相对位移速率每年多在 6mm 以上，有的甚至可达 10mm 以上。例如云南东川（位于小江活动断裂带）1956 年至 1965 年累积滑动位移量达 10cm，平均每年大于 10mm，结果于 1966 年 2 月 5 日东川发生 6.5 级地震。南北构造线以东地区，活断层两盘相对位移速率多在每年 5mm 以下，有些断层则在每年 $0.1\sim1$mm 之间，如京津地区一些活断层，活动速率为每年 $0.24\sim0.27$mm。

根据断层滑动速率，可将活断层分为活动强度不同的级别。日本活断层研究组，针对日本活断层平均滑动速率，将活断层作如表 4-4 所示的分级。断层滑动速率不仅是断层活动性强弱的标志，而且也是计算大地震重复周期的重要参数。

表 4-4　活断层分级

等　级	平均滑动速率/(mm/a)
AA	>10
A	$1\sim10$
B	$0.1\sim1$
C	$0.001\sim0.1$

（3）**活断层重复活动周期**　活断层的活动方式以黏滑为主时，往往是间断性地产生突然错动。两次突然错动之间的时间间隔也就是地震重复周期。确定活断层突发错动事件的重复周期可以通过取得某一断层多次古地震事件及其年代数据来进行。相邻两次发震的时间即为重复周期，此方法称古地震法。表 4-5 列出我国部分活断层的大震重复周期、主要是用古地震法获得的。

表 4-5　我国部分活动断裂的强震重复周期

活动断裂名称	最近一次地震名称(年)	重复周期	震　级
新疆喀什断裂	新疆尼勒克地震(1812)	$2000\sim2500$ 年	8.0
新疆二台断裂	新疆富蕴地震(1931)	约 3150 年	8.0
山西霍山山前断裂	山西洪洞地震(1303)	5000 年左右	8.0
宁夏海原南西华山北麓断裂	海原地震(1920)	约 1600 年	8.5
河北唐山	唐山地震(1976)	约 7500 年	7.8
云南红河断裂北段		(150 ± 50) 年	$6\sim4$
四川鲜水河断裂	四川炉霍地震(1973)	约 50 年	7.9
郯庐断裂中南段	郯城地震(1668)	3500 年	8.5

分析断层位移量与地震重复的关系也是确定地震重复周期的重要途径。里德提出震级

（M）和位移量（D）的经验公式：

$$\lg D = 0.55M - 3.71 \tag{4-1}$$

这里的位移量 D（单位：m）是指地震时断层的位移量。日本学者松田时彦利用日本的断层位移与地震的关系得出：

$$\lg D = 0.6M - 4.0 \tag{4-2}$$

而大地震平均时间间隔是由大震时位移量与断层的年平均滑移速率求得：

$$R = \frac{D}{s} \tag{4-3}$$

式中，R 为大震周期，a；s 为年平均位移量，mm/a；D 为由一次大地震引起的位移量，mm。

笠原：

$$\lg R = 0.6M - (\lg s + 4.0) \tag{4-4}$$

式中，R 为大震周期，a；M 为震级；s 为年平均位移量，mm/a。

当一条断层无历史地震资料，无法用古地震法求重复周期时，可先从断层规模估计震级，然后按上述方法求得断层地震的重复周期。

松田时彦还提出"预警断层"的概念。根据活断层地震发生的周期性，距上一次大地震至今时间愈长，则离下次地震就越近。距上一次大地震的时间 t 和地震重复周期 R 之比为消失率（$E = t/R$），其能粗略地代表不久的将来该断裂大地震发生的潜在趋势。具有 $E > 0.5$ 的活断层称"预警断层"，即有发生大地震的可能性。当 $E < 0.5$ 时，则表示是安全的。

近年，许多研究证实活动褶皱与地震活动紧密相关。位于地表的活动褶皱受控于深部活断层。与活动褶皱有关的派生断层属于低震断层，具震源浅、震级低的特点。然而这些断层会产生较大范围的地表变形和破裂并对工程造成危害。

4.3.3.2 活断层的判别标志

（1）**地质标志** 通过第四纪堆积物及生物化石研究、填制地质构造图及槽探方法，可以发现活断层存在证据。如图 4-41 所示，第四系包括全新统被断层切断而直接与奥陶纪灰岩接触，是一条活断层。断层活动造成的相关沉积，也是重要标志，例如断层快速运动，相对上升的一盘在地表形成陡崖称断层崖。后来在重力和流水作用下，断崖物质经剥蚀发生再沉积，堆积在断层崖脚下，其形态呈楔形或不等边三角形、厚度不超过垂直断距，称崩积楔。图 4-42 所示为宁夏红果子沟槽崩积楔。此外，地震断层的张裂隙及沟槽中的填充堆积物和崩积楔同样是活断层活动的标志。测定这些沉积物的同位素年龄即可知地震断层活动年代。槽探是向地下开挖的方法，揭示出地质特征，具有干扰少、真实性强、经济有效等特点。

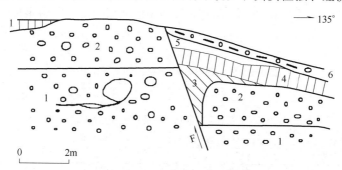

图 4-41 太原呼延村采石场剖面

1—夹巨砾、粗砂的砾石层；2—含大砾石夹层的砾石层；3—砾石崩积楔；
4—黄土类土；5—黄土类土、砾石崩积楔；6—砾石夹黄土类土

（2）**地貌标志** 通过地貌标志研究活断层是一种比较成熟和易行的方法。仅就有关河流地

形研究方面进行简要介绍。例如河流纵比降（$i_n = h/L$，h 为两测量点间之高差，L 为测量点之间水平距离）一般向上游段增大，向下游段减小，如果出现违反常规的异常现象，河床坡降曲线突然变陡则指示有隐伏活断层存在的可能。又如河漫滩与平水期河水面之高度差，可反映构造运动是上升或下降。河漫滩二元结构面形成之后［图 4-43（a）］，地壳上升，此面则高于平水期河面［图 4-43（b）］，上升速

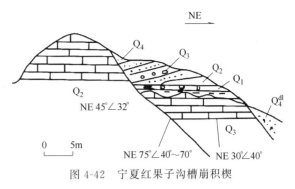

图 4-42　宁夏红果子沟槽崩积楔

度快则高差愈大；反之若地壳下降，此面低于平水期河面［图 4-43（c）］。断块隆起与断陷盆地交接带常发育短而平行的梳状水系，是活动断裂的地貌特点（图4-44）。

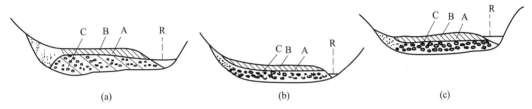

图 4-43　河漫滩二元结构
A—二元结构面；B—河漫滩相；C—河床相；R—平水期河水面

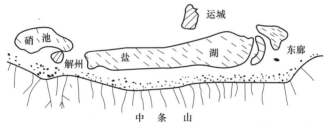

图 4-44　中条山断块隆起与运城断陷盆地交界带的水系示意图

（3）**地壳变形测量、地球物理和地球化学标志**　地壳形变测量就是对比同一地区、同一路线相同点位在不同时期的测量结果。用这种方法可以确定断层两盘的相对位移。地震波法等地球物理方法也是研究活断层的有效手段。特别是地震波法广泛应用于松散层中的隐伏断裂研究。地球化学方法对了解地下断层带活动与否具有较高的灵敏度和分辨率。常用的方法是测量土壤中汞、氡气或氦气。当断层有新的活动表现时，这些气体便从地壳内部大量释放，这时分析测定它们的含量，即可判别断层带中气体的异常情况，例如氦气在活断层上可达 27000～30000ppm，而正常背景含量仅 0.5ppm。

（4）**活断层评价**　活断层因其未来具有活动的可能性，会以发展、错动或蠕动等方式对工程建设地区稳定性产生影响，活断层评价一般需首先了解工程场地及其附近是否存在活断层，以及活断层的规模、产状特征，活断层活动时代（其中最晚一次活动的时代最为重要），活断层活动性质（黏滑、蠕滑）、活动方式（走滑、倾滑）、活动速率等特征。还要了解和评价断层地震危险性，即是否为发震断裂，其最大震级及复发周期。

活断层发震造成工程震害，就其原因和特点来看，主要有两方面：地震震动破坏和地面破坏。

① 地震震动破坏及对策。地震震动破坏程度取决于地震强度、场地条件和建筑物抗震性能。工程地质研究的重点是场地条件对工程的危害性。

地震震动破坏取决于工程场地在未来地震造成的地表影响范围或影响场中的位置，或震中距等一系列因素。当活断层发展时，其影响场中各点烈度大小可用下式表示：

$$I = f(M、H、\Delta、\alpha \cdots) \tag{4-5}$$

上式表示烈度（I）是震级（M）、震源深度（H）、震中距（Δ）及地质地形条件（α）等综合因素的函数。由于这些因素的复杂性和不确定性，目前难以直接进行求解。而是用烈度衰减经验公式，通常是采取若干有仪器观测结果的地震资料，测量每条等轴线长半轴（a）及短半轴（b）的长度，用二元回归分析得出烈度衰减的经验公式。或是根据历史地震等震线所得的平均衰减曲线（震级、烈度与震中距关系曲线）查找。

国内外地震灾害统计资料表明，场地地形地质条件会引起地震灾害或烈度发生变化。地震震害与震级大小、场地条件和建筑物抗震性能三方面因素有关。工程地质着重研究场地条件对地震烈度的影响，又称作工程场地地震效应研究。主要反映在以下方面。

a. 地质构造条件。就稳定而言，地块优于褶皱带，老褶皱带优于新褶皱带，隆起区优于凹陷区。非发展活断层住往形成高烈度异常区，而老断裂构造无加重震害趋势。

b. 地基特性。在震中距相同情况下，基岩上的建筑物比较安全。就土而言，土的成因有很大影响，抗震性能顺序是：洪积物＞冲积物＞海、湖沉积物及人工填土。软硬土层结构不同，烈度影响也不相同：硬土层在上部时，厚度愈大震害愈轻；软土层在上部时，厚度愈大则震害愈重。

c. 卓越周期。地震波在地基岩土体中传播，迫使其振动，在地震记录图（频度-周期图）上频度最大周期为该岩土体的卓越周期。如地基为单一土层时，大体与其自振周期相一致，其表达式为：

$$T = \frac{4H}{V_s} \tag{4-6}$$

式中，T 为卓越周期；H 为表土层厚度；V_s 为该表土层的剪切波（横波）速度。

如果地表层是由不同的多层次组成时，情况比上述复杂。从共振效应的角度来看，当地震波的振动周期与场地岩土体的自振周期相同时，会使地表振动加强而出现最大峰值。例如地基土为巨厚冲积层时，高层建筑（自振周期较长）在远震时易遭受破坏，其原因就是共振。

卓越周期可通过人为或自然震动源引起的场地脉动观测绘制频度周期曲线来加以确定。岩土卓越周期一般值如表4-6。

表 4-6　各类岩土卓越周期

岩土类型	坚硬岩石	强风化岩	洪积黏土	冲积黏土	厚软土层
卓越周期/s	0.1～0.2	0.25	0.2～0.4	0.4～0.6	0.6～3.0

d. 砂基液化。疏松的砂性土，特别是粉细砂，被水饱和，在受到地震的情况下，砂体达到液化状态，丧失承载能力。

e. 孤立突出的地形。此地形使震害加剧，低洼沟谷使震害减弱。

f. 地下水埋藏深度。地下水埋藏愈浅，地震烈度增加愈大。

② 地面破坏及对策。在某些大地震，例如唐山地震中，由地震引起地裂、地形变破坏是超过地震震动破坏的主要破坏类型。由于这种破坏量大并且是瞬时发生的，工程措施难以抵御它的破坏，所以要避开一段距离。即使是不发展的活断层，工程也应远离，更不能跨越其上，以防断层位移错动或蠕动，对工程造成影响。

地裂缝按其成因主要有两类。

a. 构造地裂缝。可以指示深部发展断裂或蠕动断裂方向。构造成因地裂缝不受地形、土体性质和其他自然条件控制，延伸稳定、活动性强、规模大。

b. 非构造地裂缝。与地基液化、抽取地下水等有关。

工程远离活断层和地震危险区，应从烈度衰减规律出发，即顺断层走向时烈度衰减缓慢，而垂直时衰减快。所以工程布局应垂直活断层并离开一段距离。

4.4 不 整 合

在野外，我们有时可以发现，形成年代不相连续的两套岩层重叠在一起的现象，这种构造形迹，称为不整合（图4-45）。不整合不同于褶皱和断层，它是一种主要由地壳的升降运动产生的构造形态。

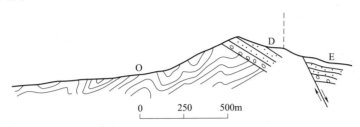

图4-45 南岭五里亭地质剖面

O—奥陶纪泥板岩；D—泥盆纪砾岩、砂岩；

E—古近纪红色砂岩

4.4.1 整合与不整合

我们知道，在地壳上升的隆起区域发生剥蚀，在地壳下降的凹陷区域产生沉积。当沉积区处于相对稳定阶段时，则沉积区连续不断地进行着堆积，这样，堆积物的沉积次序是衔接的，产状是彼此平行的，在形成的年代上也是顺次连续的，岩层之间的这种接触关系，称为整合接触［图4-46（a）］。在沉积过程中，如果地壳发生上升运动，沉积区隆起，则沉积作用即为剥蚀作用所代替，发生沉积间断。其后若地壳又发生下降运动，则在剥蚀的基础上又接受新的沉积。由于沉积过程发生间断，所以岩层在形成年代上是不连续的，中间缺失沉积间断期的岩层，岩层之间的这种接触关系，称为不整合接触。存在于接触面之间因沉积间断而产生的剥蚀面，称为不整合面。在不整合面上，有时可以发现砾石层或底砾岩等下部岩层遭受外力剥蚀的痕迹。

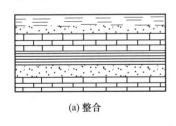
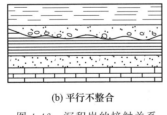
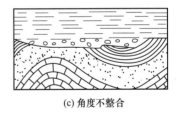

(a) 整合　　　　　　　　　(b) 平行不整合　　　　　　　　　(c) 角度不整合

图4-46 沉积岩的接触关系

4.4.2 不整合的类型

根据不整合面的上下地层的产状及所反映的地壳运动特征，不整合可分为两种主要类型，即平行不整合（也称假整合）和角度不整合（即狭义的不整合）。

4.4.2.1 平行不整合

平行不整合表现为上下两套地层的产状彼此平行，但在两套地层之间缺失了一些时代的地层，表明在这段时期发生过沉积间断，这两套地层之间的接触面——不整合面，就代表这个没有沉积的侵蚀时期。不整合面也就是古剥蚀面，在这个面上常有底砾岩（其砾石为下伏地层的岩石碎块），有时还保存着古风化壳或古土壤层。不整合面有的是平整的，有的是高低起伏的，反映出当时没有沉积，并遭受剥蚀时期的古地貌形态。

平行不整合的形成是由于地壳在一段时期处于上升，而在上升过程中地层又未发生明显褶皱，只是露出水面，发生沉积中断并遭受剥蚀。经过一段时期后，又再次下降接受新的沉积，从而上下地层之间便缺失了一部分地层，但彼此的产状却是基本平行的。这一过程可以表示为：下降、沉积→上升、沉积间断、遭受剥蚀→再下降、再沉积。

如我国华北和东北南部广大地区的中石炭统（本溪统）直接覆盖在中奥陶统马家沟组的石灰岩侵蚀面之上（图4-47），其间缺失了自上奥陶统到下石炭统的一系列地层，而上下地层的产状又是基本平行的，这是一个典型的平行不整合接触。

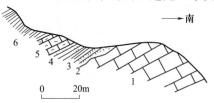

图4-47 北京周口店太平山奥陶系与石炭系接触关系

1—奥陶系石灰岩；2~6—为石炭系

平行不整合在平面上和剖面上表现为：不整合面上、下两套地层的界线在较大区域内呈平行展布，产状也基本一致，但其间却缺失部分地层。

4.4.2.2 角度不整合

角度不整合又简称为不整合。主要表现为：不整合面上、下两套地层之间既缺失部分地层，产状又不相同。在不整合面上常有底砾岩、古风化壳、古土壤层等。上覆的较新的地层的底面通常与不整合面基本平行，而下伏的较老地层层面与不整合面则相截交。

角度不整合的形成过程可以概括为：下降、沉积→褶皱、变质作用或岩浆侵入、不均匀隆起、沉积间断并遭受剥蚀→再下降、再沉积。因此，角度不整合的存在反映了该地区在地层沉积之前曾发生过褶皱运动。

角度不整合在平面上和剖面上均表现为：不整合面上、下两套地层的产状有较明显的差异，其间又缺失一部分地层。上覆较新地层的底面（一般代表不整合面）的界线即不整合线与下伏较老的不同层位的地层相交截，如图4-48中的下二叠统（P_1）的底面界线在平面上与中泥盆统（D_2）和上泥盆统（D_3）相交截，在剖面上则覆盖切截了上奥陶统（O_3）、下泥盆统（D_1）和中泥盆统（D_2）等地层。

以上所述是不整合的两种基本类型的典型的特征。而自然界不整合的形态是多种多样的，它们在时间关系上和空间上的分布都很复杂，常出现互相过渡、转化等错综关系。例如，上、下两套地层呈不整合接触关系，在部分露头上或小范围内，彼此产状也可能是平行的。但是，通过区域地质调查和填图就会发现，上覆地层在不同地方会与下伏的不同层位的老地层接触，这就说明从局部地区的表征来看是"平行不整合"，而从较大区域来看，却是明显的角度不整合。这种不整合现象称为"地理不整合"或"区域不整合"。

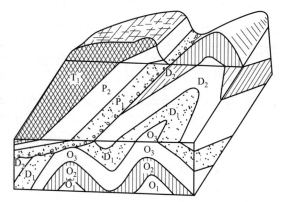

图4-48 平行不整合和角度不整合立体示意图

D_1与O_3之间为平行不整合；P_1与D_3、D_1及D_2之间为角度不整合

又如，有的不整合面在较大范围内基本上是平整的，上覆地层的底部层理与之平行；而有的不整合面在局部地方却是凹凸不平，致使上覆地层和下伏地层均与之呈截交关系，这种

不整合接触关系可以称为"嵌入不整合"（图4-49）。至于沉积岩与变质岩或与岩浆岩体之间的不整合，可称为"异岩不整合"或"非整合"。

4.4.3 不整合的观察和研究

地层不整合接触是研究地质发展历史及鉴定地壳运动特征和时期的一个重要依据。在岩石地层学上它也是划分地层单位的依据之一。对不整合在空间上的分布和类型的变化情况的研究，有助于了解古地理环境的变化。不整合面及其上下相邻岩层中，常形成铁、锰、磷及铝土矿等沉积矿床（图4-50）。不整合也是构造上的一个软弱带，常成为岩浆及其他含矿溶液的活动地带，有利于形成交代型或填充型的内生矿床（图4-51）及次生富集矿床。同时，不整合对油、气和地下水的储集也具有重要意义。因此，在野外工作中，必须系统地收集有关资料，对不整合进行系统地仔细观察和分析研究。

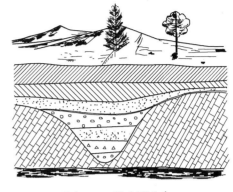

图4-49 嵌入不整合

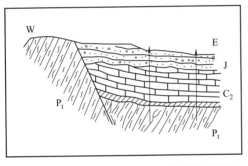

图4-50 华南某锰矿床剖面示意图

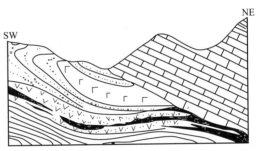

图4-51 山西某铜矿床剖面示意图

4.4.3.1 确定不整合的存在

不整合是地壳运动的产物，地壳运动必然引起岩石变形、区域变质和岩浆活动等地质作用，并造成地表自然地理环境的巨大变化，从而又影响到生物界的演化和沉积物的变化。因此，这些与地壳运动有关的地质作用所产生的现象，又都是确定不整合的直接或间接的标志。

(1) **地层古生物方面的标志** 上、下两套地层中的化石所代表的地质时代相差较远，或二者的化石反映出生物演化过程存在不连续现象，包括种、属的突变；或二者的生物群迥然不同。这些都反映了该区在下伏地层沉积之后，由于地壳运动引起了自然地理环境的根本变化。根据化石和区域地层对比，确定两套地层之间存在某些层位的缺失而又不是断层造成的，则是不整合存在的确切的证据。

(2) **沉积方面的标志** 上、下两套地层在岩性和岩相上截然不同；两套地层之间往往有一个较平整或起伏不平的古侵蚀面，这个面上可能保存着古风化壳，古土壤层或与之有关的残积型矿床如铁、锰、磷、镍、稀土或铝土矿等。上覆地层的底层常有由下伏地层的岩石碎块、砾石或砂组成的底砾岩。如四川广元-江油一带位于不整合面上的下侏罗统白田坝组的底砾岩中的砾石，就是下伏地层的下泥盆统石英砂岩及二叠-三叠系的碳酸盐。如下伏岩石是片麻岩或花岗岩等富含长石的岩石，则不整合面上常有高岭土层或长石砂岩层。这些都是不整合的沉积标志。

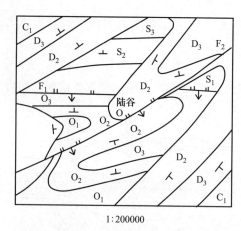

图 4-52 陆谷地区地质图

(3) 构造方面的标志 上、下两套地层产状不同，褶皱型式和强弱以及断裂构造发育情况的不同是角度不整合的构造标志。一般地说，下伏较老地层遭受的构造变形期次多于上覆较新地层，因而下伏地层的褶皱相对要强烈复杂，断层、节理也较发育，或某些断层、节理延至不整合面而中止，不伸入上覆地层，或者上、下两套地层的构造线方向截然不同（图 4-52，O_1-S_3 与 D_2-C_1 两套地层的构造线方向截然不同，二者为角度不整合接触），这些都是不整合的构造标志。需要注意的是，褶皱的强弱和断裂构造的发育方面的明显差异，可以是其他因素的影响，如岩石物理性质的不同等，因此，不能仅仅根据两套地层的构造形态的差异，就认为有角度不整合存在。

(4) 岩浆活动和变质作用方面的标志 由不整合面分隔的上、下两套地层中，往往有各自相伴生的不同时期和不同特点的岩浆活动和变质作用。如四川攀西地区的会理群为一套变质中基性-中酸性火山岩和沉积岩组成的浅变质岩系，并有含铜、镍矿床的超基性岩和基性岩及含铁、锡矿床的花岗岩侵入岩体。在它们之上覆盖着未经变质的火山碎屑岩和沉积岩组成的震旦系地层，二者呈明显的角度不整合接触关系。所以上、下两套变质程度有明显差异的地层直接接触，而又不是断层关系，则可能为不整合接触。

上述的各种标志，从不同方面说明不整合存在的表征。但是，也要注意到其他某些地质作用也可能造成与上述某些标志相似的现象。因此，野外调查时，要仔细观察和辨认这些现象的特征和成因，综合分析各种资料，才能得出正确的结论。

4.4.3.2 观察研究不整合形态及其上下层位的岩性特征

不整合面是较平整的还是起伏不平的，反映了该区当时的大陆侵蚀程度和地貌特征。有些不整合面由于后来的构造变动，而与上下地层一起褶皱，或发生断层而呈波状弯曲或错位。因此，要系统测量不整合面和上下地层的产状，对它们进行比较和分析，以了解不整合面的形态。

不整合面有的比较明显，有的却不甚明显。例如在靠近不整合面的下伏岩层，常因风化剥蚀而碎裂，从而与其上的风化残积层成过渡关系，而这些风化残积层与上覆岩层也常成过渡关系。这就要仔细观察，详细测制剖面，了解岩性变化和风化物特征，才能较正确地确定不整合面的位置。对不整合面上下地层要对一定层位的地层剖面进行系统观察和研究以了解沉积环境的变化，为寻找有关矿产和古地理研究提供资料。对底砾岩要分析砾石的成分和砾岩中可能含有的化石，以了解砾石的来源；对砾石粒度、圆度、分选性和排列方向等资料的系统收集，有助于分析下伏地层抬升出露情况和古地理特征。如北京西山石炭二叠纪煤系底砾岩，其圆度和分选性均好，反映当时该区地势较平坦，砾石经过长距离流水搬运后堆积的。而四川广元-江油地区，下侏罗统白田坝组底砾岩的砾石大都成次棱角状，分选也较差，再从砾石成分和分布特征来看，可以说明当时龙门山北段已褶皱隆起成山，地形有较大起伏，从泥盆系到三叠系部不同程度地遭受剥蚀，其岩石碎块经流水搬运出山区不远就堆积下来。

在野外观察过程中，对不整合接触出露良好，地质现象典型而清楚的地点，应仔细观察描述，绘制剖面图、素描图和照相。还要沿露头进行适当追索，观察其分布变化情况。如发现矿产，应查明其层位关系并了解其变化。

4.4.3.3 研究不整合的空间分布和类型变化

对不整合的观察研究，不能只局限于一两个地点，要尽可能地在较大区域研究其分布和类型变化情况。因为在一次地壳运动影响的范围内，在不同地区强弱不同。因此，由一次地壳运动所形成的不整合，有的地方表现为角度不整合，有的则形成微弱角度不整合，或成为平行不整合，在其相邻地区甚至看不出有沉积间断而是整合接触关系。

在一次地壳运动所影响的范围内，不同地区发生褶皱、隆起和再下降、再沉积的时期可能有先有后。因此，在不同地段，不整合面上下相接触的地层的层位时代也就会有所不同。另一方面，在一定区域内，可以发生多次地壳运动，形成若干个角度不整合或平行不整合，在不同地段，诸不整合之间缺失的地层可能各不相同，在接近长期隆起的古陆地方，几个不整合往往逐渐归并，其间所缺失的地层也较多。因此，在观察研究不整合时要考虑到这些变化多端的复杂情况，切忌不顾具体情况就把在一个地区确定的某一时期的某种类型的接触关系，到处生搬硬套；同时，也要注意，不要把同期地壳运动在不同地方表现出来的不同类型的不整合，或者仅根据不同地段不整合上下相接触的地层有差异，就确定它们是不同时期地壳运动的产物。如果这样做，就会在地层划分对比上造成混乱，对分析区域构造发展史时得出错误的结论。因此，只有综合广大地区的地层、构造和岩浆活动等方面的大量资料，进行对比和综合分析，才能正确认识不整合，并对构造运动时期、表现形式、影响范围和强弱程度以及区域构造的发展得出正确的结论。

4.4.3.4 确定不整合的时代

不整合的形成时代，通常是根据不整合面的下伏地层中最新一层的时代与上覆地层中最老一层的时代来测定的。上、下两套地层之间缺失的那部分地层所相当的时代，就是不整合的形成时代。如果是角度不整合，这段时期就是构造运动相对剧烈时期，即代表一个"褶皱系"。如果地层缺失不多，上下地层时代间隔较短，不整合形成时代可以确定得比较准确；如果地层缺失较多，上下地层时代相差较远，不整合时代就难于准确的确定，其间可能经历多次运动。另外，就地层缺失来说，也有两种情况：一是"缺"，即当时就没有沉积；一是"失"，即原有的地层被剥蚀掉了。对一个地区的不整合所缺失的地层要确定哪些是"缺"，哪些是"失"是较困难的。因此，不整合时代的下限也较难于准确地确定。只有根据大区域内的地层分析对比和古地理及区域构造发展史的综合研究，才能比较准确地鉴定出不整合所代表的地壳运动的时期。

4.5 地 质 图

地质图是将某一地区的各种地质现象和地质条件，如地层、地质构造等，按一定比例缩小，用规定的图例符号、颜色、花纹和线条，投影绘制在平面上的图件。一幅完整的地质图，包括平面图、剖面图和综合地层柱状图，并标明图名、比例、图例和接图等。平面图反映地表相应位置分布的地质现象，剖面图反映地表以下的地质特征，综合地层柱状图反映测区内所有出露地层的顺序、厚度、岩性和接触关系等。工程建设的规划、设计都需要以地质图作为依据。因此，学会阅读和分析地质图的方法是很重要的。

4.5.1 地质图的类型、规格与符号

4.5.1.1 地质图的类型

地质图种类很多，由于建设目的不同，绘制的地质图也不同，常见的地质图有以下几种。

(1) **普通地质图** 普通地质图是表示某地区地形、地层岩性和地质构造条件的基本图件，它是把出露于地表的不同地质年代的地层分界线和主要构造线等地质界线投影到地形图上编制而成的，并附以典型地质剖面图和地层柱状图。

(2) **第四纪地质与地貌图** 第四纪地质与地貌图是根据一个地区的第四纪地层的成因类

型、岩性及其形成时代、地貌的类型、形态特征而编制的综合图件。

（3）**水文地质图**　水文地质图是表示一个地区地下水的形成、分布规律、赋存条件、循环特征和有关参数的图件。有综合水文地质图或为某项工程建设需要而编制的专门水文地质图，如岩溶区水文地质图等。

（4）**工程地质图**　工程地质图一般是在普通地质图的基础上，增加各种与工程建筑有关的工程地质内容而成。如居民建筑工程地质图、水库坝址工程地质图、矿山工程地质图、铁路工程地质图、公路工程地质图、港口工程地质图、机场工程地质图等。还可根据工程项目细分，如铁路工程地质图还可分为线路工程地质图、工点工程地质图。工点工程地质图又可分为桥梁工程地质图、隧道工程地质图、站场工程地质图等。可在工程地质图上，表示出围岩类别、地下水位和水量、岩石风化界线、滑坡、泥石流及崩塌等不良地质现象的分布情况等。

（5）**地质剖面图及综合地层柱状图**（或钻孔柱状图）　一副完整的地质图应包括平面图、剖面图和柱状图。平面图是全面反映地表地质条件的图件，是最基本的图件。剖面图是反映某一断面地表以下地质条件的图件，剖面图直观反映了地层层序和地质构造。柱状图是综合反映一个地区各地质年代的地层特性、厚度、接触关系的图件。

4.5.1.2　地质图的规格与符号

（1）**地质图的规格**　地质图应有图名、图例、比例尺、编制单位及编制日期等。

地质图图例中，地层图例严格要求自上而下或自左而右，从新地层到老地层排列。比例尺的大小反映了图的精度，比例尺越大，图的精度越高，对地质条件的反映也越详细、越准确，在一定范围内要求做的地质工作量（如野外观测路线长度、观测点密度、勘探试验工作多少等）就越多。一般地质图比例尺的大小是由工程的类型、规模、设计阶段和地质条件复杂程度决定的。如在峡谷基岩地区建坝，坝址在规划阶段的地质图比例尺为 $1:5000 \sim 1:1000$，初步设计阶段第一期的地质图比例尺为 $1:5000 \sim 1:2000$。

（2）**地质图的符号**　地质图是根据野外地质勘测资料在地形图上填绘编制而成的。它除了应用地形图的轮廓线和等高线外，还需要用各种地质符号来表明地层的岩性、地质年代和地质构造情况。要分析和阅读地质图，就需要了解和认识常用的各种地质符号。

① 地层年代符号。在小于 $1:10000$ 的地质图上，沉积地层的年代是采用国际通用的标准色来表示的，见表 4-7 不同地层再加注地层年代和岩性符号。在每一系中，又用淡色表示新地层，深色表示老地层。岩浆岩的分布一般用不同的颜色加注岩性符号表示，见表 4-8。在大比例尺的地质图上，多用单色线条或岩心花纹符号再加注地质年代符号的方法表示。当基岩被第四纪松散沉积层覆盖时，在大比例的地质图上，一般根据沉积层的成因类型，用第四纪沉积成因分类符号表示。

表 4-7　地层的代号及色谱

地层	代号	色谱	地层	代号	色谱
第四系	Q	淡黄色	志留系	S	果绿色
新近系	N	鲜黄色	奥陶系	O	蓝绿色
古近系	E	老黄色	寒武系	€	暗绿色
白垩系	K	鲜绿色	震旦系	Z	绛棕色
侏罗系	J	鲜蓝色	南华系	Nh	绛棕色
三叠系	T	绛紫色	青白口系	Qb	棕红色
二叠系	P	淡棕色	蓟县系	Jx	棕红色
石炭系	C	灰色	长城系	Ch	棕红色
泥盆系	D	咖啡色	时代不明显的变质岩层	M	深桃红色

表 4-8　主要岩浆岩的代号及色谱

岩石名称	花岗岩	流纹岩	闪长岩	安山岩	辉长岩	玄武岩
代号	γ	λ	δ	α	ν	β
色谱	红色	红色	橘红色	橘红色	深绿色	深绿色

② 地质构造符号。地质构造符号是用来说明地质构造的。常见的地质构造符号如图4-53所示。组成地壳的岩层，经构造变动后形成各种地质构造，这就不仅要用岩层产状符号表明岩层变动后的空间形态，而且要用褶曲轴、断层线、不整合面等符号表明这些构造的具体位置和空间分布情况。

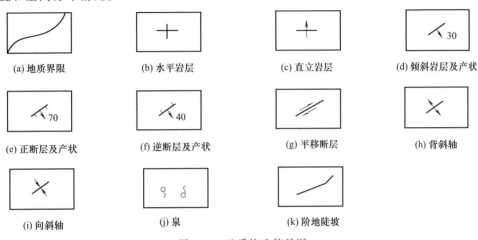

图 4-53　地质构造符号图

③ 岩石符号。岩石符号是用来表示岩浆岩、沉积岩和变质岩的符号，反映岩石成因特征的花纹及点线组成，如图4-54所示。在地质图上，这些符号画在什么地方，表示这些岩石分布在什么地方。

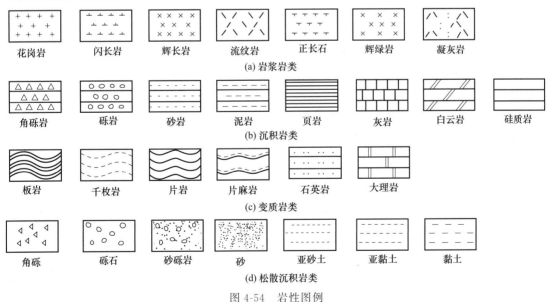

图 4-54　岩性图例

4.5.2　地质条件在地质图上的表示

当岩层产状、断层类型等地质条件按规定图例符号绘入图中时，按符号可阅读。但有些地质现象是没有图例符号的，如接触关系。这时需要根据各种界线之间或地形等高线的关系来分析判断。掌握这些现象在图中的表现规律，对阅读和分析地质图是很重要的。

（1）岩层产状 在地质图中，岩层产状常用符号来表示。但有时图中没有直接表示产状，而根据地形等高线与不同产状岩层界限的分布关系可以进行判断，其特征如下。

① 水平岩层。岩层分界线与地形等高线平行或重合（图4-55）。

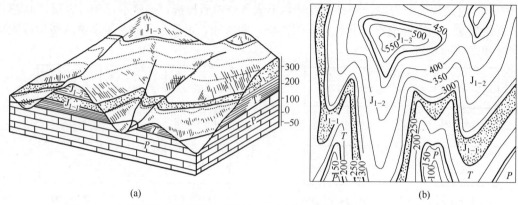

(a)　　　　　　　　　　　　(b)

图 4-55　水平岩层在地质图上的特征（地层分界线与地形等高线平行或重合）

② 倾斜岩层。岩层倾向与沟谷坡向相反，V 字形尖端指向上游，但 V 字形弯曲度大于等高线的弯曲度（图4-56）；岩层倾向与沟谷坡向相同，岩层倾角大于沟谷坡度，V 字形尖端指向下游（图4-57）；岩层倾向与沟谷坡向相同，岩层倾角与沟谷坡度一致，在沟谷两侧岩层露头互相平行（图4-58）；岩层倾向与沟谷坡向相同，岩层倾角小于沟谷坡度，V 字形尖端指向上游，但 V 字形弯曲度小于等高线的弯曲度。

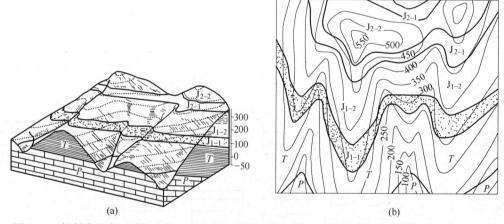

(a)　　　　　　　　　　　　(b)

图 4-56　倾斜岩层在地质图中的分布特征（岩层倾向与边坡倾向相反，但地层界线弯曲程度小）

③ 直立岩层。岩层界线不受地形等高线影响，沿走向呈直线延伸。

（2）褶皱 水平褶皱的地层在地形图上呈带状分布，岩层新老分布对称于褶皱轴；倾伏褶皱的两翼呈不平行对称分布，似抛物线型，可以根据核部和两翼地层的新老关系判断是向斜还是背斜。

（3）断层 除平移层外，符号中的长线表示断层的出露位置和断层面走向，垂直于长线带箭头的短线表示断层面的倾向，数值表示断层面的倾角。平移断层中是用平行于长线带箭头的短线表示断层两盘的相对运动方向。若无图例符号，则根据岩层分布重复、缺失、中断、宽窄变化或错动现象识别。

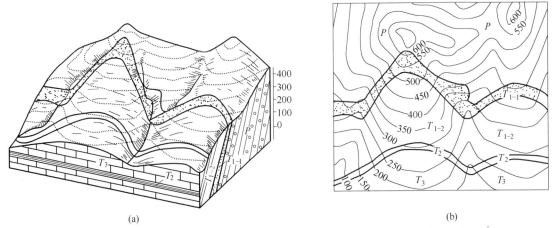

图 4-57　倾斜岩层在地质图中的分布特征（岩层倾向与边坡倾向相同，岩层倾角大于坡角）

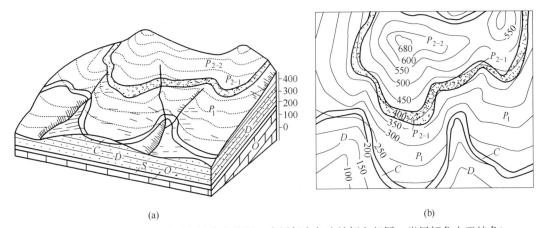

图 4-58　倾斜岩层在地质图中的分布特征（岩层倾向与边坡倾向相同，岩层倾角小于坡角）

（4）接触关系　整合和平行不整合在地质图上的表现是相邻岩层的界限弯曲特征一致，只是前者相邻岩层时代连续，后者不连续。角度不整合在地质图上的特征是新岩层的分界线遮住了老岩层的分界线。侵入接触使沉积岩层界限在侵入体中露出中断，但在侵入体两侧无错动；沉积接触表现出侵入体被沉积岩层覆盖中断。

4.5.3　地质图的阅读与分析

在学习地质图基本知识的基础上，进行地质图的阅读和分析，了解工程建筑地区地层岩性分布和地质构造特征，分析地质工程特征对工程建设的影响具有重要的实际意义。

（1）先看图名和比例尺，了解地质图所表示的内容、位置、范围及精度，同时了解图中岩层的地质时代，并熟悉图例的颜色及符号。在附有地层柱状图时，可与图例配合阅读，通过综合地层柱状图能较完整、清楚地了解地层的新老次序、岩性特征及接触关系等。

（2）分析地形，通过等高线和河流水系的分布特点，了解本区的地形起伏、相对高差、山川形式、地貌特征等地形起伏情况。

（3）阅读岩层的分布、新老关系、产状及其与地形的关系，分析不同地质时代地层的分布规律、岩性特征及接触关系等。

（4）综合分析各种地层、构造等现象之间的关系，根据工程建设要求，对图幅范围内的区域地层岩性条件和地质构造特征进行初步分析评价。

习　题

1. 什么叫岩层的产状？产状三要素是什么？岩层产状是如何测定和表示的？

2. 什么叫褶皱构造？什么叫褶曲？褶曲要素及基本形态有哪些？

3. 如何识别褶曲并判断其类型？

4. 如何区别张节理与剪节理？

5. 什么叫断层？断层由哪几部分组成？断层的基本类型有哪些？在野外如何识别断层？

6. 试说明岩层间接触关系的类型，各自的含义及识别方法。

7. 什么是活断层？它具有哪些特征？

8. 什么叫整合、假整合（平行不整合）和角度不整合？在地质图上各有什么特征？

9. 什么是侵入接触、沉积接触和断层接触？在地质图上各有什么特征？

10. 什么是地质图，地质图的基本类型有哪些？

11. 各种地质现象或地质构造在地质图中的表现形式如何？

12. 怎样阅读地质图？

第 5 章
地下水及其工程影响

地下水是地壳中一个极其重要的天然资源，也是岩土三相组成部分中的一个重要组成部分。

地下水分布很广，与人们的生产、生活和工程活动关系密切。它一方面是饮用、灌溉和工业供水的重要水源之一，另一方面，它与土石相互作用，会使土体和岩体的强度和稳定性降低，产生各种不良的自然地质现象和工程地质现象，如滑坡、岩溶、潜蚀、地基沉陷、道路冻胀和翻浆等，给工程的正常使用造成危害。可见，地下水是工程地质分析、评价和地质灾害防治中的一个极其重要的影响因素。本章就地下水的赋存、类型，地下水的物理性质和化学成分，地下水的地质作用及对建筑工程的影响等作简要介绍。

5.1   地下水的赋存状态

5.1.1   岩土中的空隙

坚硬的岩石或多或少含有空隙，松散土中则有大量的空隙存在，这为地下水的赋存提供了必要的空间条件。同时，岩土中的空隙也是地下水渗透的通道，空隙的多少、大小、形状、连通情况及其分布规律，决定了地下水的分布与渗透。

根据岩土空隙的成因不同，可分为孔隙、裂隙和溶隙三类，如图 5-1 所示。

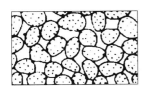

(a) 分选良好，排列疏松的砂

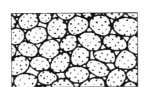

(b) 分选良好，排列紧密的砂

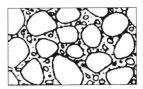

(c) 分选不良，含泥沙的砾石

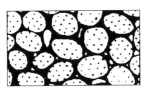

(d) 经过部分胶结的砂岩

(e) 具有裂隙的岩石

(f) 具有溶隙及溶穴的可溶岩

图 5-1   岩土中的空隙

(1) 孔隙   土中颗粒或颗粒集合体之间呈小孔状分布的空隙，称为孔隙。衡量孔隙发育程度的指标是孔隙率（又称孔隙度）。孔隙率是反映含水介质特性的重要指标，其计算式为：

$$n = \frac{V_n}{V} \times 100\%$$ (5-1)

式中，n 为孔隙率；V_n 为岩土中的孔隙体积；V 为包括孔隙在内的岩土总体积。

孔隙率的大小主要取决于土的密实程度及分选性。此外，颗粒形状和胶结程度也对其有影响。土越疏松，分选性越好，孔隙率越大，如图 5-1（a）所示。反之，岩土越紧密［图5-1（b）］或分选性越差［图 5-1（c）］，孔隙率越小。

（2）**裂隙**　岩石受地壳运动及其他内外地质营力作用的影响产生的空隙，称为裂隙。裂隙的发育程度除与岩石受力条件有关外，还与岩性有关。质坚性脆的岩石，如石英岩、块状致密石灰岩等张性裂隙发育，透水性较好；质软具塑性岩石，如泥岩、泥质页岩等闭性裂隙发育，透水性很差，甚至不透水，构成隔水层。

衡量岩石裂隙发育程度的指标称裂隙率，其计算式如下：

$$k_T = \frac{V_T}{V} \times 100\% \tag{5-2}$$

式中，k_T 为裂隙率；V_T 为岩石中裂隙的体积；V 为包括裂隙在内的岩石总体积。

（3）**溶隙**　可溶的沉积岩，如岩盐、石膏、石灰岩和白云岩等，在水的作用下会产生空洞，这种空洞称为溶隙。溶隙的规模相差悬殊，大的宽度达数十米、高度达数十米至百余米、长度则达几公里至几十公里，而小的溶隙直径仅几毫米。

溶隙发育程度用溶隙率表示，其计算式为：

$$k_K = \frac{V_K}{V} \times 100\% \tag{5-3}$$

式中，k_K 为溶隙率；V_K 为可溶岩中溶隙的体积；V 为可溶岩体积。

研究岩土的空隙时，不仅要研究空隙的多少，还要研究空隙的大小、空隙间的连通性和分布规律。松散土孔隙的大小和分布都比较均匀，而且连通性好，所以，孔隙率可表征一定范围内孔隙的发育情况；岩石裂隙无论其宽度、长度和连通性差异均很大，分布也不均匀，因此，裂隙率只能代表被测定范围内裂隙的发育程度；溶隙大小相差悬殊，分布很不均匀，连通性更差，所以，溶隙率的代表性更差。

5.1.2　岩石的水理性

岩石的水理性质是指与水分的储容和运移有关的岩石性质，指水进入岩石空隙后，岩石空隙所表现出的与地下水的贮存和运移有关的一些物理性质。在岩石的空隙中，依次分布着强结合水、弱结合水和重力水。空隙大小不同，各种形式水所占的比例不同。空隙越大，重力水所占比例越大，空隙越小，结合水所占比例越大。当空隙的半径小于结合水的水层厚度时，则孔隙中全是结合水，不含重力水。而在砂砾石，大裂隙或大溶穴等大空隙中，结合水的数量甚微，几乎全部为重力水占据。因此水进入岩石后，因孔隙大小不同，岩石中水的存在形式也不同，那么岩石能够容纳、保持、释放或允许水透过的性能也有所不同，而具有不同的容水性、持水性、给水性与透水性等水理性质。

（1）**容水性**　岩石能容纳一定水量的性能为容水性。衡量容水性的指标称容水度。容水度即岩石中所容纳的水的体积与岩石总体积之比，用小数或百分数表示。显然，容水度在数值上与孔隙率、裂隙率、溶率相等，但具有膨胀性的黏土，充水后体积增大，容水度可大于孔隙率。

（2）**持水性**　岩石在重力作用下仍能保持一定水量的性能称为持水性。衡量持水性的指标称为持水度。持水度即受重力影响时岩石仍能保持的水的体积与岩石总体积之比。有时也用重量比表示。在重力影响下，岩石空隙中尚能保持的主要是结合水。因此，持水度实际上表明岩石中结合水的含量。岩石颗粒表面面积愈大，结合水含量愈多，持水度愈大。颗粒细小的黏性土的总表面积大，持水度就大，甚至可等于容水度。砂的持水度较小，具有宽大裂隙或溶穴的岩石，持水度更小。

（3）**给水性**　饱水岩石在重力作用下，能自由排出一定水量的性能称为给水性。衡量给水性的指标称为给水度。给水度在数值上等于存水度减去持水度。不同的岩石给水度不同。

具有张开裂隙的坚硬岩石和粗粒松散岩石，持水度很小，给水度接近于容水度。具闭合裂隙的岩石及黏土，持水度接近容水度，给水度很小甚至近于零（表5-1）。

表5-1　松散岩石的给水度值

岩石名称	粗砂	中砂	细砂	极细砂	亚黏土	黏土
颗粒大小/mm	2～0.5	0.5～0.25	0.25～0.1	0.1～0.05	0.05～0.002	<0.002
最大分子水容度/%	1.57	1.6	2.73	4.75	10.8	44.85

（4）**透水性**　岩石可透过水的性能为透水性。透水性的衡量指标为渗透系数。岩石透水性的好坏，首先取决于岩石空隙的大小，同时也与空隙的多少、形状、连通程度有关。松散沉积物孔隙率变化较小，给水度的大小在很大程度上可反映透水性的好坏。根据岩石的透水性，可以分为三种类型：

透水岩石，孔隙率较大的沉积岩（砂岩、砾岩等）、裂隙碳酸盐岩（石灰岩、白云岩等）、未胶结的土壤层等，地下水在这些岩石中能够比较容易的运动，可以自由地穿透岩层。

弱透水岩石，泥岩、亚黏土、亚砂土、黄土等，地下水的通过能力减弱，运动速度减慢，可以起到一定的阻隔作用。

不透水岩石（隔水岩石），孔隙不连通的火山岩（玄武岩、安山岩等）、无裂缝的结晶岩石（如花岗岩、片麻岩、大理岩等）和紧密胶结的沉积岩等。地下水很难通过这类岩石，这起到限制地下水流向和入渗的作用，也阻挡地下水向地壳深部运移的作用。

松散沉积物的透水性取决于碎屑物颗粒的大小及其结构性质。一般地讲，构成岩石的碎屑物颗粒越大，孔隙率越大，其透水性也越好；颗粒越小孔隙率越小，其透水性也越差。在自然条件下，大部分的松散碎屑物颗粒大小是不均匀的，细小的颗粒充填在粗颗粒之间，减小了孔隙率，也影响了岩石的透水性。

裂隙岩石的透水性取决于岩石裂隙的大小和密度，可溶性岩石还取决于岩石中的空隙（洞穴）和空隙的连通性。在岩石孔隙中流动的地下水称为孔隙水，裂隙中的地下水称为裂隙水，岩溶通道中的地下水称为岩溶水。

5.1.3　岩石中水的类型

地下水赋存于地下的岩石（或土层）空隙中，根据地下水与岩石的关系，可以将岩石中的水分为以下几种类型。

（1）**蒸汽状水**（气态水）　分布于岩石的空隙中，不含液态水的空气中，水分子以气态的形式存在。在岩石的空隙中与其他类型的水形成动态平衡，可以相互转化，且具有很大的流动性。如果岩石的空隙与大气直接连通，则蒸汽状水还可与大气中的气态水直接进行交换。蒸汽状水在不同的岩石和大气中具有不同的水汽张力。

（2）**结合水**

① 强结合水（吸附水）。强结合水是岩石中的水分子靠不同极性吸附于岩石分子表面的第一个水分子层，与岩石分子具有很强的结合能力。岩石孔隙表面形态越复杂，所吸附的强结合水就越多，因此在松散的岩石（如黏土、亚黏土等）中包含有较多的强结合水。强结合水是很难被利用的地下水类型。

② 弱结合水（薄膜水）。分布于岩石表面强结合水之外的若干个水分子层，形成附着在岩石孔隙上的水薄膜。弱结合水也是依靠分子极性电力所形成的附着力吸附在岩石孔隙表面的，不同的岩石有不同的吸附能力，薄膜水的厚度也不同。对于同一种岩石，弱结合水的厚度越大，岩石对外层的水分子的控制力越弱，相邻的两个岩石颗粒弱结合水的厚度如果不同，厚度大的一方就会向厚度小的一方运移。弱结合水的外层可以被植物所吸收。

（3）**毛细水**　靠水的表面张力部分或全部充满岩石或土层中的毛细管的水的形式。岩石中的所有毛细管都充满水时，其含水量称为毛细容水量。毛细水还可以分出两种类型，一种是与地下水位没有联系的毛细悬着水，由大气降水的入渗获得，通常位于包气带上部；一种是毛细上升水，位于地下水面上，是地下水沿毛细管上升形成的。

毛细水对岩石中地下水的分布有很大意义，土壤盐渍化与毛细作用密切相关。对于气候炎热、蒸发强烈的干旱地区，地下水补给较少且埋藏不深时，水分不断被蒸发带走，盐分不断积聚沉淀而形成土壤盐渍化。此外，对土木工程也需要考虑防止毛细水进入造成的破坏作用。

（4）**重力水**　能够在重力或其他水动力的作用下自由地在岩石的空隙中流动的水，可以分为充满透水岩石孔隙的重力水和由大气降水保留在潜水面以上的重力水。重力水可以被植物所吸收，可以被人类利用。泉、井、钻孔及矿井巷道中流出的水都是重力水。

（5）**固态水**　以固体冰形式存在于岩石空隙中。当岩石温度低于水的冰点 0℃时，岩石空隙中的重力水便冻结成为固态冰。冻结岩石中并非所有的水都呈固体状态，结合水尤其是强结合水，其冰点较低仍可保持液态。固态水分布于多年冻结区或季节冻结区。我国内蒙古、黑龙江与青藏高原的某些地区，可形成多年冻土和季节性冻土，其中含固态水。

（6）**矿物水**　存在于矿物结晶内部及期间的水，称矿物水，如沸石水、结晶水、结构水等。

① 沸石水。以水分子形式，存在于沸石族矿物，如方沸石（$Na_2Al_2 \cdot SiO_{12} \cdot nH_2O$）晶体之间的通道中，加热时可以逸出，但晶体并不因此而破坏。

② 结晶水。水分子进入矿物的晶格中，构成矿物的一部分，如石膏（$CaSO_4 \cdot 2H_2O$）、芒硝（$Na_2SO_4 \cdot 10H_2O$）等，芒硝中水的含量占矿物总量达 55.9%。这部分水经过加热可以从矿物晶格中释放出来。

③ 结构水。在矿物中以 OH^- 形式与矿物紧密结合，如白云母［$KAl_2(OH) \cdot AlSi_2O_{10}$］中的 OH 即属此种水。当加热到一定温度（400～500℃）时，它可以分离出来。

5.2　地下水的成因、类型及流动规律

5.2.1　地下水的成因

地下水的形成有多种途径，最主要来自于下述的几种成因。

（1）**入渗地下水**　通过大气降水入渗到地下透水层中形成的，是地下水补给的主要形式。大量的降雨和厚层积雪的融化，会使地下水的水位发生明显的上升，而长期的干旱则使地下水水位明显下降。河流、湖泊和海洋也可以通过渗流与地下水进行动态交换，显示了水圈作为统一体的相互作用关系。

（2）**凝结地下水**　在一些气候干旱的地带，如沙漠、戈壁等，由于大气降水很少，蒸发量很大，地下水的补给方式可以通过凝结的方式进行。含有水蒸气的大气进入地表以下的岩石孔隙中，由于沙漠地区昼夜温差很大，大气中的水分子很容易在夜间凝结成液态的水，附着在岩石的孔隙中，形成地下水。这一凝结过程类似于露水的形成，对于昼夜温差很大的干旱地区，凝结作用具有重要的意义，可以使植物获得所需的水源。

（3）**沉积地下水**　这是沉积岩在形成过程中封闭在孔隙中的地下水类型。原来渗入到沉积物孔隙中的地下水，在成岩过程中由于沉积物被压缩、孔隙被封闭而保留下来，也称为"封存水"。由于沉积岩大多是海相成因的，沉积水也大多是海洋卤水，因而大多数是属于高矿化度的地下水。即使是形成时的封存水是淡水，但在长时间的地质作用中，水溶液中也已经溶解了各种离子。这类地下水通常很难被开采利用。

（4）**原生地下水**　在现代火山活动区或第四纪以来的火山活动区，地下水有较高的温度，并常以喷泉的形式出现，这类地下水还常常含有与普通地下水不一样的化学组分和气

体。这类地下水可能与岩浆冷却过程中由岩浆中分异出来的原生水有关，称为原生地下水。原生水通常以气态的形式从岩浆中析离出来，然后顺着深部断裂构造和断裂上升，进入较低温地段时逐渐冷却成为液态水，并最终喷出地表。有时候这类地下水要积聚到一定的程度才可以克服地下某种构造的束缚，才能喷出地表，形成间歇喷泉。

（5）**再生地下水**　是从含结晶水的矿物中分离出来的水。从结晶水转变成自由水通常需要高温高压过程来实现，如石膏的脱水过程。

5.2.2　地下水的类型

地下水按埋藏条件可分为包气带水、潜水、承压水三类；根据含水层的空隙性质可分为孔隙水、裂隙水、岩溶水三类。根据上述分类原则，将地下水的基本类型列于表5-2。由表中看出地下水的类型可综合为九种水。下面就常见的几种类型的地下水及其主要特征作简要介绍。

表 5-2　地下水分类表

地下水的基本类型	亚类			水头的性质	补给区与分布区的关系	动态特点	成因
	孔隙水	裂隙水	岩溶水				
包气带水	土壤水、沼泽水、不透水透镜体上的上层滞水，主要是季节性存在的地下水	基岩风化壳（黏土裂隙）中季节性及经常性存在的水	垂直渗入带中季节性经常性存在的水	无压水	补给区与分布区一致	一般为暂时性水	基本上是渗入成因，局部才能凝结成因
潜水	坡积、洪积、冲积、湖积、冰碛和冰水沉积物中的水；当经常出露或接近地表时，成为沼泽水、沙漠和海滨沙丘水	基岩上部裂隙中的水	裸露岩溶化岩层中的水	常常为无压水	补给区与分布区一致	水位升降决定地表水的渗入和地下蒸发并在某些地方取决于水压的传递	基本上是渗入成因，局部才能凝结成因
承压水	松散沉积物构成的向斜和盆地——自流盆地中的水、松散沉积物构成的单斜和山前平原——自流斜地中的水	构成盆地或向斜中基岩的层状裂隙水、单斜岩层中层状裂隙水、构造断裂带及不规则裂隙中的深部水	构造盆地或向斜中岩溶化岩石中的水、单斜岩溶化岩层中的水、单斜岩溶化岩层中的水	承压水	补给区与分布区不一致	水位的升降取决于水压的传递	渗入成因或海洋成因

5.2.2.1　按埋藏条件划分

（1）**包气带水**　包气带水处于地表面以下潜水位以上的包气带岩土层中，包括土壤水、沼泽水、上层滞水以及基岩风化壳（黏土裂隙）中季节性存在的水（图5-2）。包气带水的特征是受气候控制，季节性明显，变化大，雨季水量多，旱季水量少，甚至干涸。包气带水对农业有很大意义，对工程建筑有一定影响。

（2）**潜水**　埋藏于地表以下，第一个稳定隔水层之上具有自由水面的饱水带中的重力水。也是地下水最常见的形式。

这层水除岩石表面颗粒对水流具有相当阻力外，很少受其他因素影响，是具有十分均一性或近似均一性的水。它只受重力作用，并顺着地下水面倾斜方向自由流到最低的水位处去。这种水通常是无压的，故称自由水，其水面即为第一地下水面，称为自由水面或潜水水面。从潜水面到隔水底板的距离称为潜水含水层厚度。潜水面到地面的距离称为潜水埋藏深度。工程中通常把这个自由水面标高称作地下水位。

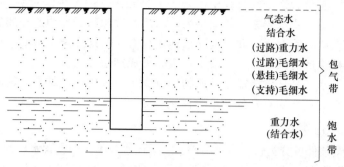

图 5-2　包气带及饱水带

潜水由于气候条件的变化，尤其是大气降水的变化，潜水水位、水量和水质也会随时发生变化。在丰水年份，大气降水增加，潜水水位升高；在缺水年份，则水位下降。潜水位发生波动时，地下的一些透水层也会时而充水，时而干涸。这种动态的变化使地下水从隔水层以上可以分为三部分：常年饱水带、间歇性饱水带和包气带（图 5-3）。常年饱水带是最低潜水位到隔水层之间的部分，岩石孔隙总是充满地下水；最低潜水位到最高潜水位之间部分为间歇性饱水带，只有在丰水期才会充满地下水；最高潜水位之上为包气带，此带只在局部隔水层上含有重力水，即上层滞留水。在自然条件下，潜水和河流、湖泊和其他水体有着内在的联系。通常情况下，潜水向河流、湖泊等水体排泄，潜水面向排泄区倾斜；而在洪水期，河流将水倒灌进地下，潜水面向相反方向倾斜；洪水期一过，又会恢复正常状态。

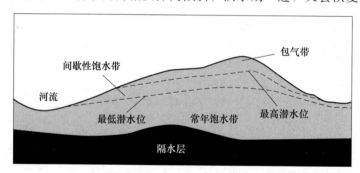

图 5-3　地下水的结构示意图

潜水在重力或其他水动力的驱动下会发生运动，在地形的低洼处潜水会以泉水的形式向河流或湖泊排泄重力水，潜水排泄地段称为潜水的泄水区。潜水在地下岩石的连通孔隙或裂隙中以平行的细流方式运动，属于层流运动。地下水的流动速度取决于岩石的透水性能和地下水的层的坡度。地下水的运动遵循达西定律：

$$V = kh/l$$

式中，V 为地下水流速，h 为两点间的高差，l 为两点间的距离，k 为常数，与岩石性质有关。h/l 也称为水头梯度。地下水的流速很慢，一般只有 $0.5 \sim 2 \text{m/昼夜}$。在透水性好的地区，如未胶结的鹅卵石，地下水的流速可以达到 30m/昼夜。

一般情况下，潜水面不是水平的，而是向排泄区倾斜的曲面，起伏大体与地形一致，但常较地形起伏缓和。潜水面上各点的高程称为潜水位。将潜水位相等的各点连线，即得潜水等水位线图，如图 5-4（a）所示。该图能反映潜水面形状。

潜水等水位线图的用途如下。

① 确定潜水流向。在相邻两等水位线间作一垂直连线，由高水位指向低水位的方向即为此范围内潜水的流向。

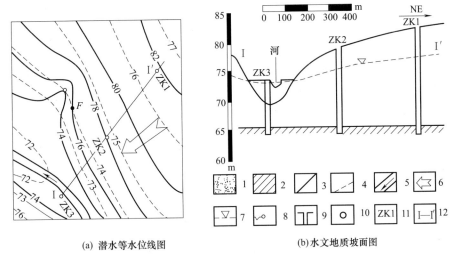

(a) 潜水等水位线图   (b)水文地质坡面图

图 5-4　潜水等水位线图及水文地质剖面图

1—砂土；2—黏土；3—地形等高线；4—潜水等水位线；5—河流及流向；6—潜水流向；7—潜水面；
8—下降泉；9—钻孔（剖面图）；10—钻孔（平面图）；11—钻孔编号；12—Ⅰ—Ⅰ′剖面线

② 确定潜水水力梯度。取潜水流向上两点的水位差，除以两点间的距离，即得潜水水力梯度。

③ 确定潜水与地表水之间的关系。根据等水位线可以判断潜水与地表水的相互补给关系。如果潜水流向指向河流，则潜水补给河水；如果潜水流向背向河流，则河水补给潜水。

④ 确定潜水的埋藏深度。将等水位线图绘于附有地形等高线的图上时，某一点的地形标高与潜水位之差即为该点潜水的埋置深度。如图 5-4（a）所示，F 点潜水的埋深等于 2m。

（3）承压水　埋藏并充满在两个隔水层之间的含水层中的地下水，是一种有压重力水。当埋藏在两个隔水层之间的地下水未充满含水层时则为无压水。

如图 5-5 所示，承压含水层出露地表较高的一端称为补给区，较低的一端称为排泄区。承压含水层上覆盖隔水层的区域称为承压区。承压含水层上部的隔水层称为隔水顶板，下部的隔水层则称为隔水底板。隔水顶、底板之间的距离为承压含水层厚度。

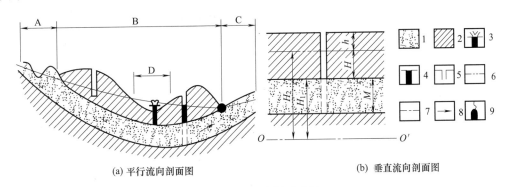

(a) 平行流向剖面图   (b) 垂直流向剖面图

图 5-5　承压水层示意图

1—含水层；2—隔水层；3—自流井；4—非自流井；5—干井；6—潜水位；7—承压水位；8—地下水流向；9—上升泉；
A—补给区；B—承压区；C—排泄区；D—自流区；h—承压水位埋深；M—承压含水层厚度；
H_1—初见水位；H_2—承压水位；H—承压水头；OO'—基准面

在承压区，钻孔钻穿隔水顶板后才能见到地下水。见水高程（H_1），即隔水顶板底面的高程，在工程上称为初见水位。承压水在静水压力作用下沿钻孔上升到一定高度停止下来，此高程称为承压水位或测压水位（H_1）。承压水位高出隔水顶板底面的距离（H），称为承压水头。承压水位高于地表的地区称为自流区（D）。从地面打井至此区域时，有大量的水涌出地面，形成自流井。各井点承压水位连成的面称为承压水面。承压水面不是一个真正的地下水面，而只是一个压力面。

承压水没有自由水面，并承受一定的静水压力。其特征是上下都有隔水层，具有明显的补给区、承压区和泄水区，且补给区和泄水区相距很远；由于具有隔水层顶板，受地表水文、气候因素影响较小，动态变化稳定；水质好、水温变化小，是很好的给水水源。但是当地下工程穿过该层时（深挖地道的竖井或斜井往往要穿过），由于层间水压力较大，要采取可靠的防压力水渗透措施，否则将造成严重后果。

承压水的补给方式较潜水复杂很多。当承压水的补给区出露地表时，大气降水是主要的直接补给源，补给区内有地表水体时，地表水也是补给源。此外，当补给区位于潜水含水层之下，潜水便直接补给承压水，在适宜的地形和地质构造下，承压水之间也可相互补给。承压水的径流条件取决于地形、含水层透水性和地质构造条件，以及补给区和排泄区的承压水位差。承压水的排泄形式也多种多样，承压水可以补给地表水、潜水，在一定构造条件下，还可以泉的方式排泄。

承压水面不同于潜水面，常常与地形极不吻合。钻孔钻到承压水位处不会见到水，只有凿穿隔水顶板才能见到水。承压水面在平面图上用承压水等水压线图表示。将承压含水层测压水位相等的各点连线，即时得到等水压线，如图 5-6 所示。等水压线图必须附有地形等高线和顶板等高线。根据等水位线图可以判断承压水流向，确定初见水位、承压水埋深、承压水头大小及水力梯度等。

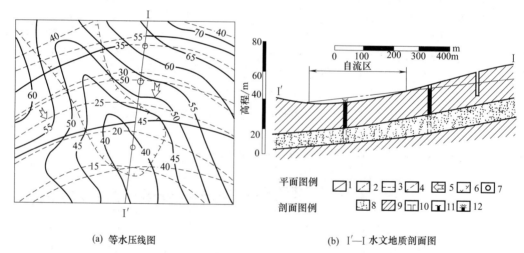

(a) 等水压线图　　　　　　(b) Ⅰ'—Ⅰ 水文地质剖面图

图 5-6　等水压线图及水文地质剖面图

1—地形等高线图；2—顶板等高线；3—等水压线；4—承压水位线；5—承压水流向；6—自流区；
7—井；8—含水层；9—隔水层；10—干井；11—非自流井；12—自流井

5.2.2.2　按含水层的空隙性质划分

地下水的类型根据含水层的空隙性质可分为孔隙水、裂隙水、岩溶水。

（1）孔隙水　孔隙水主要赋存于松散沉积物颗粒之间，是沉积物的组成部分。在特定沉积环境中形成不同类型的沉积物，受到不同向水动力条件的制约，其空间分布、粒径与分选均各具特点，从而控制着赋存于其中的孔隙水的分布以及它与外界的联系。

孔隙水存在的松散岩层包括第四系松散堆积层和坚硬基岩的风化壳。这些松散岩层多呈均匀而连续的层状分布，因此一般连通性好，孔隙水在其中的运动大多呈层流状态。因为岩石孔隙的大小和多少不仅关系到岩石透水性的好坏，而且也直接影响到岩石中地下水量的多少，以及地下水在岩石中的运动条件和地下水的水质，所以孔隙水的存在条件和特征取决于岩石的孔隙情况。一般情况下，颗粒大而均匀，则含水层孔隙大、运水性好、地下水水量大、运动快、水质好；反之，则含水层孔隙小、透水性差，地下水运动慢、水质差、水量也小。

孔隙水由于埋藏条件不同，可形成上层滞水、潜水或承压水，即分别称为孔隙-上层滞水、孔隙潜水和孔隙承压水。

(2) 裂隙水 埋藏在坚硬岩石裂隙中的地下水称为裂隙水，它主要分布在山区和第四系松散覆盖层下的基岩中。这种水运动复杂，水量变化较大，并与裂隙的类型、性质和发育程度密切相关。裂隙水的埋藏和分布极不均匀，透水性在各个方向上往往呈现各向异性，动力性质比较复杂。

裂隙水按基岩裂隙成因分类有：风化裂隙水、成岩裂隙水和构造裂隙水。

① 风化裂隙水。赋存在风化裂隙中的水为风化裂隙水。风化裂隙是由岩石的风化作用形成的，其特点是广泛地分布于出露基岩的表面、延伸短、无一定方向、发育密集而均匀，构成彼此连通的裂隙体系，一般发育深度为几米到几十米，少数也可深达百米以上。风化裂隙水绝大部分为潜水，在一定范围内互相连通，具有统一的水面，多分布于出露基岩的表层，其下新鲜的基岩为含水层的下限。水平方向透水性均匀，垂直方向随深度而减弱。风化裂隙水的补给来源主要为大气降水，其补给量的大小受气候及地形因素的影响很大。气候潮湿多雨和地形平缓地区，风化裂隙水较丰富，常以泉的形式排泄于河流中。

② 成岩裂隙水。成岩裂隙为岩石在形成过程中所产生的空隙，一般常见于岩浆岩中。喷出岩类的成岩裂隙尤以玄武岩最为发育。这一类裂隙在水平和垂直方向上都比较均匀，常形成柱面节理和层面节理，裂隙均匀密集，彼此相互连通。侵入岩体中的成岩裂隙，通常在其与围岩接触的部分最为发育，而赋存在成岩裂隙中的地下水称为成岩裂隙水。

喷出岩中的成岩裂隙常呈层状分布，当其出露地表，接受大气降水补给时，形成层状潜水。它与风化裂隙中的潜水相似，所不同的是分布不广，但水量往往较大，裂隙不随深度减弱，而下伏隔水层一般为其他的不透水岩层。侵入岩中的裂隙，特别是在与围岩接触的地方，常由于裂隙发育而形成富水带。

成岩裂隙中的地下水水量有时可以很大，在疏干和利用时，皆不可忽视，特别是在工程建设时，更应予以重视。

③ 构造裂隙水。构造裂隙是由于岩石受构造运动应力作用所形成的，赋存于其中的地下水就称为构造裂隙水。由于构造裂隙较为复杂，构造裂隙水的变化也较大。一般按裂隙分布的产状，又将构造裂隙水分为层状裂隙水和脉状裂隙水两类。

层状裂隙水埋藏于沉积岩、变质岩的节理及片理等裂隙中。由于这类裂隙常发育均匀，能形成相互连通的含水层，具有统一的水面，可视为潜水含水层。当其上部被后期沉积层所覆盖时，就可以形成层状裂隙承压水。

脉状裂隙水往往存在于断层破碎带中，通常为承压水性质，在地形低洼处，常沿断层带以泉的形式排泄。其富水性取决于断层性质、两盘岩性及次生充填情况。经研究证明：一般情况下，压性断层所产生的破碎带不仅规模较小，而且两盘的裂隙一般都是闭合的，裂隙的富水性较差；当遇到规模较大的张性断层，两盘又是坚硬脆性岩石，不仅破碎带规模大，且裂隙的张开性也好，富水性强。当这样的断层沟通含水层或地表水体时，断层带特别是富水优势断裂带兼具贮水空间、集水廊道及导水通道的功能、对地下工程建设危害较大，必须给予高度重视。

(3) 岩溶水 埋藏于可溶岩的溶隙中的重力水称为岩溶水（又称喀斯特水）。岩溶水可以是潜水，也可以是承压水。一般来说，在裸露的石灰岩分布区的岩溶水主要是潜水；当岩溶化岩层被其他岩层所覆盖时，岩溶潜水可能转变为岩溶承压水。根据岩溶水的埋藏条件可分为岩溶上层滞水、岩溶潜水及岩溶承压水。我国岩溶的分布十分广泛，特别在南方地区。

因此，岩溶水分布很普遍，水量丰富，对供水极为有利，但对矿床开采、地下工程和建筑工程等都会带来一些危害，因此研究岩溶水对国民经济有很大的意义。根据岩溶水的埋藏条件可分为：岩溶上层滞水、岩溶潜水及岩溶承压水。

　　a. 岩溶上层滞水。在厚层灰岩的包气带中，常有局部非可溶的岩层存在，起着隔水作用，在其上部形成岩溶上层滞水。

　　b. 岩溶潜水。在大面积出露的厚层灰岩地区广泛分布着岩溶潜水。岩溶潜水的动态变化很大，水位变化幅度可达数十米。水量变化的最大与最小值之差，可达几百倍。这主要是受补给和径流条件影响，降雨季节水量很大，其他季节水量很小，甚至干枯。

　　c. 岩溶承压水。岩溶地层被覆盖或岩溶层与砂页岩互层分布时，在一定的构造条件下，就能形成岩溶承压水。岩溶承压水的补给主要取决于承压含水层的出露情况。岩溶水的排泄多数靠导水断层，经常形成大泉或群泉，也可补给其他地下水，岩溶承压水动态较稳定。

　　岩溶的发育特点决定了岩溶水的特征。岩溶水具有水量大、运动快、在垂直和水平方向上分布不均匀的特性。其动态变化受气候影响显著。由于溶隙较孔隙、裂隙大得多，能迅速接受大气降水补给，水位年变幅度可达数十米。在分水岭地区，常发育着一些岩溶漏斗、落水洞等，构成了特殊地形"峰林地貌"。它也是岩溶水的补给区。在岩溶水汇集地带，常形成地下暗河，并有泉群出现，其上经常堆积一些松散的沉积物。大量岩溶水以地下径流的形式流向低处，集中排泄，即在谷地或是非岩溶化岩层接触处以成群的泉水出露地表，水量可达每秒数百升，甚至每秒数立方米。

　　岩溶水水量丰富，对供水极为有利，但对矿床开采、地下工程等都会带来一些危害。在建筑地基内有岩溶水活动时，不但在施工时会有突然涌水的事故发生，而且对建筑物的稳定性也有很大影响。因此，在建筑场地和地基选择时应进行工程地质勘察，针对岩溶水的情况，用排除、截源、改道等方法处理，如挖排水、截水沟，筑挡水坝，开凿输水隧洞改道等。

5.2.2.3　泉

　　泉是地下水天然露头。主要是地下水含水层通道露出地表形成的。因此，泉是地下水的主要排泄方式之一。

　　泉的实际用途很大，不仅可作供水水源，当水量丰富，动态稳定，含有碘、硫等物质时，还可做医疗之用。同时研究泉对了解地质构造及地下水都有很大意义。

　　泉的出露多在山麓、河谷、冲沟等地面切割强烈的地方，而平原地区堆积物厚，切割微弱，地下水不易出露，所以山区和丘陵区的沟谷中多泉，而平原地区极少见到泉。泉的类型很多，从不同的角度可以作不同的分类。

　　(1) 按照补给源性质分类

　　① 上升泉。上升泉又称自流泉，主要靠承压水补给，动态稳定，年度变化不大，多分布于自流盆地及自流斜地的排泄区和构造断裂带上。

　　② 下降泉。下降泉又称潜水泉，主要靠潜水补给，水流做向下运动，有季节性变化规律。

　　(2) 按照出露原因分类

　　① 侵蚀泉。河谷切割到潜水含水层时，潜水即出露为侵蚀下降泉，见图 5-7（a）；若切穿承压含水层的隔水顶板时，承压水便喷涌成泉，称为侵蚀上升泉，见图 5-7（b）。

　　② 接触泉。透水性不同的岩层相接触，地下水流受阻，沿接触面出露，称为接触泉，见图 5-7（c）。

　　③ 断层泉　断层使承压含水层被隔水层阻挡，当断层导水时，地下水沿断层上升，在地面标高低于承压水位处出露成泉，称为断层泉。沿断层线可看到呈串珠状分布的断层泉，见图 5-7（d）。

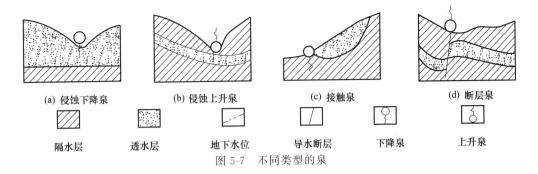

| (a) 侵蚀下降泉 | (b) 侵蚀上升泉 | (c) 接触泉 | (d) 断层泉 |

隔水层　　　　透水层　　　　地下水位　　　导水断层　　　下降泉　　　上升泉

图 5-7　不同类型的泉

(3) 根据泉水温度分类

① 冷泉。泉水温度大致相当或略低于当地年平均气温叫冷泉。冷泉大多由潜水补给。

② 温泉。温泉的泉水温度高于当地年平均气温。如陕西临潼华清池温泉水温 50℃，云南腾冲一些温泉水温高达 100℃。温泉多由深层自流水补给。温泉的形成受岩浆活动的影响，同时，还与地下深处地热的影响有关。因此，温泉往往出现在近代火山活动和深大断裂分布的地区。

5.2.3　地下水运动的基本规律

从广义的角度讲，地下水的运动包括包气带水的运动和饱水带水的运动两大类。包气带与饱水带有十分密切的联系（例如，饱水带往往是通过包气带接受大气降水补给的），但是在土木工程实践中，掌握饱水带重力水的运动规律具有更大的意义。重力水的运动方式主要有有层流和紊流两种。

5.2.3.1　基本概念

(1) 渗流　地下水在岩石空隙中的运动称为渗流。发生渗流的区域称为渗流场。岩土中的地下水的渗流是在岩土颗粒间的孔隙中发生的。受孔隙的形状、大小及分布影响渗流水质点的运动轨迹极不规则，流动远比地表水缓慢。

(2) 层流和紊流　在空隙小的的岩土（如砂、裂隙不大的基岩）中流动时，重力水受到介质的吸引力较大，水的质点排列较有秩序，故作层流运动，层流运动符合达西定律。在空隙较大的岩土中流动时，因水的流速较大，水的质点是无秩序的、互相混杂的流动，故称紊流运动。作紊流运动时，水流所受阻力比层流状态大，消耗的能量较多，介于层流和紊流之间，称为混流运动。

(3) 雷诺数　运动流体的惯性力和黏滞力的比值称为雷诺数。利用雷诺数可判别土中孔隙水的流动方式。

5.2.3.2　线性渗流定律——达西定律

1856 年，法国工程师达西利用图 5-8 所示的试验装置，研究水的线性渗透定律。研究发现：水在土中的渗流量 Q 除了与试样的横截面 A 及渗流时间 t 成正比外，还与试样两端的水头差（h_1-h_2）成正比，与渗径长度 L 成反比，即：

$$Q=kAt\frac{h_1-h_2}{L} \qquad (5\text{-}4)$$

则，达西定律（渗透定律）可表示为：

$$\nu=\frac{Q}{At}=k\frac{h_1-h_2}{L}ki \qquad (5\text{-}5)$$

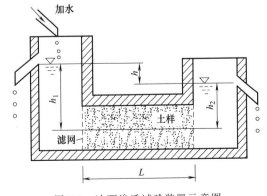

图 5-8　达西渗透试验装置示意图

式中，ν 为渗流速度，cm/s，是在单位时间（s）内流过单位截面（cm^2）的水量（cm^3），不是地下水的实际流速；i 为水力梯度，指沿渗流方向单位距离的水头损失；k 为渗透系数，cm/s。

达西定律表明了水的渗流速度与水力梯度的一次方成正比。因此，达西定律又称为线性渗透定律。达西定律只适用于雷诺数不大于 10 的地下水层流运动。在自然条件下，地下水流动时阻力较大，一般流速较小，绝大多数属层流运动。但在岩石的洞穴及大裂隙中地下水的运动多属于非层流运动。

达西定律采用了两个基本假定：①采用以整个断面计算的假想平均流速，而不是孔隙流体的实际流速，实际流速要比平均流速大。②采用以土样长度为渗流路径的平均水力梯度，而不是渗透水流的真正水力梯度。

从达西定律 $\nu = ki$ 可以看出，水力坡度 i 是无因次的。故渗透系数 k 的因次与渗流速度相同，一般采用 m/d 或 cm/s 为单位。令 $i=1$，则 $\nu = k$。意即渗透系数为水力坡度等于 1 时的渗流速度。水力坡度为定值时，渗透系数愈大，渗流速度就愈大；渗流速度为一定值时，渗透系数愈大，水力坡度愈小。由此可见，渗透系数可定量说明岩土的渗透性能。渗透系数愈大，岩土的透水能力愈强。k 值可在室内做渗透试验测定或在野外做抽水试验测定。其大致数值见表 5-3 所示。

表 5-3　岩土的渗透系数 k

透水性等级	标准渗透系数 k/(cm/s)	岩体特征	土类
极微透水	$k < 10^{-6}$	完整岩石、含等价开度 <0.025mm 裂隙的岩体	黏土
微透水	$[10^{-6}, 10^{-5})$ ①	含等价开度 0.025～0.05mm 裂隙的岩体	黏土、粉土
弱透水	$[10^{-5}, 10^{-4})$	含等价开度 0.05～0.01mm 裂隙的岩体	粉土、细粒土质砂
中等透水	$[10^{-4}, 10^{-2})$	含等价开度 0.01～0.5mm 裂隙的岩体	砂、砂砾
强透水	$[10^{-2}, 1)$	含等价开度 0.5～2.5mm 裂隙的岩体	砂砾、砾石、卵石
极强透水	$k \geq 1$	含连通孔洞或等价开度 >2.5mm 裂隙的岩体	粒径均匀的巨砾

① "["表示包含此数值。

5.2.3.3　非线性渗流定律

地下水在较大的岩土空隙中运动，其流速相当大时，呈紊流运动，此时的渗流服从非线性渗透（A. Chezy）定律：

$$\nu = k \sqrt{i} \tag{5-6}$$

此时渗透流速与水力梯度的平方根成正比。

5.3　地下水的物理性质与化学性质

5.3.1　地下水的物理性质

地下水的物理性质主要包含地下水的密度、温度、颜色、透明度、放射性、气味和口味等。

（1）温度　由于自然地理条件不同，地下水的补给来源和埋藏深度不同，地下水的温度变化很大。浅层地下水的温度一般相当于该区年平均气温，在寒带和多年冻结区某些高矿化水水温可低至零下5℃左右；而在火山活动区或由深处上升的地下水水温可高于100℃，如我国西藏羊八井，某井深45m，水温高达150～160℃。根据温度可以将地下水分为：过冷水（<0℃）、冷水（0～20℃）、温水（20～42℃）、热水（42～100℃）、过热水（>100℃）五类。

（2）**颜色**　地下水一般无色，只有当水中含有某些离子成分、悬浮物或胶体成分时，才呈现不同的颜色（表5-4）。

表5-4　地下水颜色与其中物质关系表

水中物质	呈现颜色	水中物质	呈现颜色
H_2S	黑绿色	含锰化合物	暗红
Fe^{2+}	浅绿色	腐殖酸	暗黄或带荧光
Fe^{3+}	黄褐色、铁锈色	悬浮物（含暗色矿物及碳质）	浅灰色
含硫细菌	红色	悬浮物（含黏土、浅色矿物）	浅黄、无荧光

（3）**透明度**　地下水通常透明、无色，当水中含有某种离子、胶体、有机质或悬浮物质时，透明度将降低。如煤矿矿井水含大量煤屑等悬浮物而呈不透明或半透明状。按透明度可将地下水划分为透明的、微浑浊的、浑浊的和极浑浊的四级。

（4）**气味**　地下水的气味取决于水中所含的气体成分和有机物质的含量。地下水一般无气味，若含有 H_2S 气体，水有臭鸡蛋味；含 Fe^{3+}，水有铁锈味；含腐殖质有腐草味或淤泥臭味。水中气味强弱程度和水温有关，一般在低温时气味不明显，若将水加热至 40～60℃时，气味显著。

（5）**味道**　地下水的味道取决于水中所含的化学成分和气体成分。地下水一般淡而无味，若含有较多的氯化钠，水具咸味；含较多的二氧化碳，水清凉可口；含碳酸钙、镁的水味美适口，称"甜水"；若含有较多的有机质或腐殖质，水有腻人的土甜味，不宜饮用；含硫酸钠的水味涩；含氯化镁和硫酸镁较多的水味苦，可引起呕吐和腹泻。地下水中味道的强弱，取决于所含盐类的浓度。

（6）**密度**　地下水的密度取决于地下水中的其他物质成分含量，当地下水比较纯净时，其密度接近 $1g/cm^3$，而当地下水溶有较多的其他化学物质时，其密度则可达 $1.2～1.39g/cm^3$。

（7）**导电性**　地下水的导电性取决于水中溶解的电解质的数量和性质，即取决于各种离子的含量和离子价。离子含量越多，价数越高，则水的导电性越强。此外，温度也影响导电性。

水的导电性通常用导电率表示，单位是 $\Omega^{-1} \cdot cm^{-1}$。导电率为电阻率的倒数。淡水的电阻率为 $n \times 10^{-3} \sim n \times 10^{-1}/\Omega \cdot cm$，故淡水的导电率为 $n \times 10^{-4} \sim n \times 10^{-2}/\Omega \cdot cm$。咸水的电阻率比淡水的电阻率小，故可根据电阻率或导电率的不同，确定滨海地区咸水和淡水分界面及其分布范围。

（8）**水的放射性**　地下水的放射性取决于水中放射性物质的含量。大多数地下水都具有放射性，但其含量微弱。放射性矿床与酸性岩浆岩地区的地下水具有较高的放射性。

地下水的物理性质与所含化学成分密切相关，物理性质是化学成分的外部表现。根据地下水的颜色、气味、味道和放射性等，可大致判断具有哪些化学成分。如水显翠绿色，并具强烈的臭鸡蛋味，可知其含有 H_2S；呈浅蓝绿色，品尝具有涩味，闻一下有铁腥味的水可能含有 Fe^{2+} 等。地下水的密度和导电性等与水中所含成分的数量和类型有关，水的密度和导电性越大，则其含盐量越高。地下水的物理性质还有较大的实际意义，如利用高温热水可以发电、取暖，温泉水可用来医治疾病；利用地下水的比重特征，可以判别盐湖中盐类的沉积层位，便于分层位开采；利用海水和淡水导电性的明显差异可用来确定咸水、淡水界面和分布范围；利用水中放射性突然增强可寻找放射性矿藏等。

5.3.2 地下水的化学性质

自然界中组成岩石的矿物有数千种，其中包含了各种各样的化学元素，地下水在岩土体中储存、运移并与岩土体不断作用，因而其所含的化学成分繁多，人类活动造成的污染使其所含物质更加复杂。地下水不是纯净的水，而是一种溶有许多化学元素的溶液。

5.3.2.1 地下水的化学成分

地下水的化学成分常以离子状态、气体状态和化合物状态存在于地下水中，此外在地下水中还有一些有机质、微生物及细菌等悬浮物存在。

(1) 地下水中主要离子成分 地下水中阳离子有 H^+、Na^+、K^+、NH_4^+、Mg^{2+}、Ca^{2+}、Fe^{2+}；阴离子有 OH^-、Cl^-、SO_4^{2-}、NO_3^-、HCO_3^-、CO_3^{2-}、SO_4^{2-}、PO_4^{2-}。其中分布最广，含量最多的有七种：K^+、Na^+、Ca^{2+}、Mg^{2+}、Cl^-、SO_4^{2-}、HCO_3^-。构成这些离子的元素，有的是地壳中含量较高，且较易溶于水的，如 O、Ca、Mg、Na、K 等；有的是地壳中含量并不很大，但是溶解度相当大的，如 Cl。有些元素，如 Si、Fe 等，虽然在地壳中含量很大，但由于其溶于水的能力很弱，所以，在地下水中的含量一般并不高。

盐类在地下水中的溶解度具有很大差异，其中，氯盐在地下水中的溶解度最大，其次为硫酸盐，碳酸盐的溶解度在这三者之中最小。

(2) 地下水中主要气体成分 地下水中气体状态的物质主要有：O_2、N_2、CO_2、CH_4、H_2S 以及一些放射性气体等。其中 O_2、N_2 主要来源于大气；CO_2 除来源于大气和地表水以外，地下水中的有机质氧化以及岩石中一些无机矿物的化学反应都有可能生成 CO_2；在有有机质存在的地下封闭缺氧环境中，厌氧细菌活动的结果是生成大量 H_2S 气体，而在氧化环境中，好氧细菌又会将 H_2S 分解。CH_4 是煤系或油系地层中的地下水富含的气体。

(3) 化合物 地下水中所含的化合物主要有 Fe_2O_3、Al_2O_3、H_2SiO_3 等，多为难溶于水的矿物质胶体。此外，地下水中还常含有一些有机质胶体，大量有机质的存在，有利于进行还原作用，从而使地下水化学成分发生变化。

5.3.2.2 影响地下水化学成分的主要作用

地下水中各种化学成分的形成主要和两个方面的因素有关，地下水的补给类型和地下水的存储和运移环境。地下水的补给类型不同，补给源中所含的物质成分不同，形成的地下水所包含的化学元素自然不同；地下水在存储和径流过程中不断与周围的岩土体物质发生着一系列作用来改变其化学成分，这些作用包括溶解溶滤作用、浓缩作用、离子交换和吸附作用、脱碳酸作用和脱硫酸作用等。

(1) 溶解溶滤作用 地下水在岩土体中存储、渗流时，岩土体中的一些可溶性物质溶入水中，难溶物质保留下来，地下水对周围岩土体的这种作用过程称为溶解溶滤作用。地下水中的 K^+、Na^+、Ca^{2+}、Mg^{2+}、Cl^-、SO_4^{2-}、HCO_3^- 等离子都来自于地下水对岩土体的溶解溶滤作用。

(2) 浓缩作用 当地下水埋深较浅时，随着水分的不断蒸发和减少，单位体积的地下水中盐分含量不断增多，这种物理作用称为浓缩作用。在蒸发作用强烈的干旱和半干旱地区，浅层地下水的浓缩作用尤为突出。浓缩作用使地下水的矿化度增高以后，溶解度小的盐类物质会相继沉淀析出，并因此引起地下水化学成分的改变（硫酸盐和氯化物含量增高，碳酸盐含量减少）。

(3) 离子的交换和吸附作用 岩石和土颗粒的表面有较大的吸附能力（电场作用力），因此，当地下水与岩土体的颗粒接触时，其中的一些化学物质会吸附在颗粒表面上与颗粒表面上原来已吸附的某些离子进行交换，并因此而改变地下水的化学成分。

（4）**脱碳酸作用** 碳酸盐在地下水中的溶解量取决于水中 CO_2 含量。当地下水在渗流过程中由于环境改变而使其温度增高或压力降低时，CO_2 便会从地下水中逸出，地下水中的 HCO_3^- 和钙、镁离子结合后沉淀析出：

$$Ca^{2+}+2HCO_3^- \Longrightarrow CaCO_3\downarrow+CO_2\uparrow+H_2O$$

$$Mg^{2+}+2HCO_3^- \Longrightarrow MgCO_3\downarrow+CO_2\uparrow+H_2O$$

上述作用称为脱碳酸作用，石灰岩溶洞中的石笋、钟乳石等就是这种作用的结果。

（5）**生物化学作用** 地下水的生物化学作用是指有细菌参与的一些氧化、还原作用。例如在氧化环境中，好氧的硫黄细菌能使水中的 H_2S 氧化分解，其反应式如下：

$$2H_2S+O_2 \Longrightarrow 2H_2O+S_2$$

$$2H_2O+S_2+3O_2 \Longrightarrow 4H^++2SO_4^{2-}$$

相反，在缺氧环境中，厌氧的脱硫细菌能使硫酸盐还原成 H_2S，即

$$SO_4^{2-}+2C+2H_2O \Longrightarrow H_2S+2HCO_3^-$$

在煤炭矿山的采空区中就容易形成富 H_2S 的积水潭。有的将前一种反应称为硫酸化作用，而将后一种称为脱硫酸作用。

（6）**混合作用** 化学成分不同的地下水相通混合后，经过一系列的化学反应，生成化学成分与原来都不相同的地下水的作用称为混合作用。例如，以 SO_4^{2-}、Na^+ 为主要化学成分的地下水和以 HCO_3^-、Ca^{2+} 为主要化学成分的地下水相混合时就会发生下述反应：

$$SO_4^{2-}+2Na^++Ca^{2+}+2HCO_3^-+2H_2O \Longrightarrow 2Na^++2HCO_3^-+CaSO_4\cdot2H_2O$$

反应后析出石膏，形成以 HCO_3^- 和 Na^+ 为主要成分的地下水。

（7）**人为作用** 人类生产、生活活动中产生的大量垃圾被废弃在地下水的生成和存储环境中使地下水污染日趋严重。这些污染源包括生活污染源、工业污染源和农业污染源，以及沿海地区由于人类大量开采地下水造成的海水倒灌污染等；污染地下水的物质可分为无机污染物、有机污染物和病原体污染物等。

5.3.2.3 地下水的化学性质

（1）**酸碱度（pH 值）** 地下水的酸碱度是指氢离子浓度，常以 pH 值表示。$pH=-\lg[H^+]$。自然界中地下水多呈现弱酸性、中性和弱碱性反应，pH 值一般在 $6.5\sim8.5$ 之间。在煤系地层和硫化物矿床附近地下水的 pH 值很低（$pH<4.5$）。沼泽附近地下水的 pH 值在 $4\sim6$ 之间。

根据 pH 值可将地下水的酸碱度分为五类，见表 5-5。

表 5-5　地下水按 pH 值分类

分类	强酸性水	弱酸性水	中性水	弱碱性水	强碱性水
pH 值	<5.0	$5.0\sim6.4$	$6.5\sim8.0$	$8.1\sim10.0$	>10.0

（2）**矿化度** 矿化度是指地下水中各种离子、分子与化合物的总量，以 g/L 或 mg/L 为单位，它表示水的矿化程度。矿化度通常以在 $105\sim110\,℃$ 将水蒸干后所得的干涸残余物的质量表示，也可利用阴阳离子和其他化合物含量之和概略表示。

根据矿化度可将地下水分为五类，见表 5-6。

表 5-6　地下水按矿化度的分类

分类	淡水	微咸水	咸水	盐水	卤水
矿化度/(g/L)	<1	$1\sim3$	$3\sim10$	$10\sim50$	>50

（3）**硬度** 水中钙、镁离子的含量构成水的硬度。硬度可分为总硬度、暂时硬度和永久硬度。

总硬度是水中 Ca^{2+}、Mg^{2+} 的总量。将水煮沸后，水中一部分 Ca^{2+}、Mg^{2+} 的酸式碳酸盐因失去 CO_2 而生成碳酸盐沉淀下来，致使水中 Ca^{2+}、Mg^{2+} 的含量减少。由于水加热沸腾后所损失的 Ca^{2+}、Mg^{2+} 含量称为暂时硬度，此时仍保持在水中的 Ca^{2+}、Mg^{2+} 含量称永久硬度。因此，总硬度等于暂时硬度加永久硬度。

常见硬度表示的方法有两种：一种是每升水中 Ca^{2+}、Mg^{2+} 的浓度（mmol/L）；另一种是德国度。1mmol/L＝2.8 德国度。1 德国度相当于 Ca^{2+} 10mg/L 或 Mg^{2+} 7.2mg/L。生活饮用水水质标准规定水的硬度以 $CaCO_3$ 的 mg/L 表示，要求＜550mg/L。

根据总硬度将地下水分为 5 类，见表 5-7。

表 5-7　地下水按硬度的分类

分类		极软水	软水	微硬水	硬水	极硬水
总硬度	浓度/(mmol/L)	＜1.5	1.5～3.0	3.0～6.0	6.0～9.0	＞9.0
	德国度	＜4.2	4.2～8.4	8.4～16.8	16.8～25.2	＞25.2

5.4　地下水的地质作用

由于地下水的流速很低，水量分散、动能微弱，因此地下水的各种地质作用也都比较微弱，大部分的地下水没有明显的机械作用。地下水一旦发育成地下暗河，其作用能力就变得异常巨大，此时的地下水与河流的地质作用已基本相似。虽然地下水的机械作用较为微弱，但其化学作用却是非常活跃的，这也是地下水作用的主要形式。

5.4.1　地下水的破坏作用

(1) 机械潜蚀作用　由于在岩石孔隙或裂隙中的地下水流动速度非常缓慢，其机械作用一般较弱，只能对细小颗粒的粉砂、黏土级别的松散碎屑物进行机械潜蚀。在地下水的长期作用下，岩石结构逐渐变得疏松，孔隙扩大。一些松软的岩石或未胶结的土层，在地下水的机械潜蚀下甚至会引起蠕动变形或由于孔隙的扩大造成塌陷。在黄土地区，这种地下水的潜蚀现象尤为明显，经常会有地下漏空造成黄土的塌陷。在岩石的洞穴或较大裂隙中流动的地下水具有较大的动能，会对地下岩石产生较大的破坏作用。

(2) 化学溶蚀作用　这是地下水破坏作用的主要形式，并可形成各种地下岩溶地貌。一般地说，地下水的溶蚀作用主要是含有 CO_2 的水对碳酸盐岩的溶蚀。地下水中所溶解的 CO_2 大约有 1% 会形成 H_2CO_3，其余仍保留游离状态。碳酸的形成使地下水的溶解能力大大提高，如果地下水流经的是可溶性岩石，则化学溶蚀作用就更加明显。含有 CO_2 的地下水对石灰岩溶蚀作用的化学反应式如下：

$$CaCO_3 + CO_2 + H_2O \Longrightarrow Ca(HCO)_2$$

当地下水到达地下较大的洞穴或地表时便发生了逆反应。

5.4.2　地下水的搬运作用

地下水的搬运作用既可以是机械的，也可以是化学的。同样，地下水的机械搬运能力也很弱，其搬运能力的大小与机械潜蚀能力的大小成正比，只有地下河才有较强的机械搬运能力。机械潜蚀的产物以机械搬运为主；化学溶蚀的产物则以溶液的形式搬运。地下水能以溶液的形式大量地搬运溶蚀作用的产物，而且其搬运能力与流速的关系不大，只与流量和地下水的性质有关。地下水的性质主要是水温和 CO_2 含量，CO_2 溶解量大，则地下水溶解和搬运能力也大；CO_2 溶解量减少，则地下水溶解和搬运能力也随之降低。温度升高可以使矿物质的溶解度升高，但温度升高又往往造成 CO_2 的逸出，结果是整体的溶解能力降低。全世界的河流每年将 49 亿吨的溶解物质搬运到海洋，其中绝大部分都是地下水的溶解搬运带来的，反映了地下水巨大的搬运能力。

地下水所搬运的物质成分取决于地下水流经的地区的岩石成分，因此，通过地下水所搬运的物质成分，可以了解地下水所通过的岩石的物质组成。

5.4.3 地下水的沉积作用

地下水的沉积作用同样有机械和化学两种形式，化学沉积是地下水沉积作用的主要形式。

5.4.3.1 机械沉积作用

地下水的机械沉积作用主要是地下河流到达平缓、开阔的地带，使地下水的流速降低，水动力减小，其携带的机械搬运物便沉积下来。沉积物有溶洞塌陷形成的砂砾，但更多的是黏土。与地表水流相比，地下水机械沉积物的磨圆度、分选性都要差。溶洞的垮塌堆积或溶洞角砾岩是由砾、砂、泥形成的混合堆积，无分选和磨圆。

5.4.3.2 化学沉积作用

(1) 过饱和沉积　过饱和沉积是地下水化学沉积的一种最普遍的形式。地下水在运动过程中，由于温度、压力的变化，通常是地下水流出地表或从裂隙流入开阔的洞穴，因压力降低导致 CO_2 的逸出，地下水中的溶解物产生过饱和，使搬运物沉积下来。地下水的过饱和沉积物主要有以下一些类型。

① 泉华。以 $CaCO_3$ 为主要成分的称为钙华；SiO_2 为主要成分的称为硅华。

② 溶洞滴石。富含 $Ca(HCO_3)_2$ 的地下水沿着裂隙流入溶洞中，由于压力降低、蒸发加快，使 $CaCO_3$ 沉淀形成溶洞滴石。地下水在溶洞顶棚蒸发形成的沉淀物称为石钟乳，滴落到溶洞底部形成的沉淀物称为石笋（图 5-9），其生长速度大约是 $6\sim12cm/$千年。地下水的长期作用会使石钟乳向下延伸，石笋向上生长，最终连成石柱。由于溶洞的内部形态非常复杂，地下水逸出时的条件也不尽相同，加上地下水所含的溶质也是千变万化，因此溶洞中可以形成五彩缤纷的、形态各异的溶洞碳酸盐过饱和沉积。

③ 矿脉和假化石。溶解了矿物质的地下水在流入岩石的裂隙后，由于压力的降低，矿物质会沉淀或结晶出来，形成矿脉。在一些较紧闭的裂隙中，有时会沉淀一些树枝状的铁、锰氧化物，称之为假化石。

(2) 石化作用　石化作用是指地下水中溶解的矿物质与掩埋在沉积物中的生物体之间进行的物质交换。在石化过程中，生物体内能够被地下水溶解的物质被地下水溶解带走，留下的空间则被地下水所携带的矿物质所充填。生物体的物质成分虽然发生了变化，但其生物结构却被保留了下来（图 5-10），这就是化石形成的基本原理。

图 5-9　溶洞中的石笋

图 5-10　已经成为化石的硅化木仍然保留了树干的形态

5.5　地下水造成的工程地质问题

地下水与土木工程密切相关、相互影响。一方面，地下水对土木工程存在着各种不良作用（如流砂、管涌等）和影响；另一方面，各种土木工程活动又会诱发和加剧地下水的活动。在地下水发育、丰富的情况下，如何有效、合理地控制地下水的作用与影响，是土木工程建设中必须考虑和解决的重大问题。

5.5.1　地下水对边坡工程的影响

影响边坡稳定性的因素很多，主要有：边坡形态，组成边坡的岩、土体性质和结构，断裂构造发育程度和特点，边坡应力状态和水、风化、地震、人类工程活动作用等。其中，地下水是影响边坡稳定性的重要因素，据统计90％以上的岩体边坡破坏与地下水作用有关，如著名的长江鸡扒子滑坡、甘肃的洒勒山滑坡等都与地下水的活动有关。

5.5.1.1　地下水作用与滑体的稳定性

地下水对滑体的作用主要有两种，即地下水的物理化学作用和地下水的力学作用。

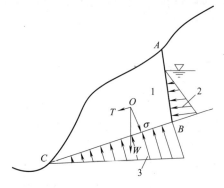

图5-11　孔隙水压力在滑坡中的实际
效用示意图

1—潜滑体；2、3—孔隙水压力分布图；
W—潜滑体自重；σ—正应力；T—切向分力；
AB—张裂隙；BC—潜滑面（带）

（1）地下水对滑体的物理化学作用　地下水的物理化学作用表现为：①软化岩土，降低潜在滑动面的内摩擦角和内聚力，影响边坡稳定；②地下水位上升，边坡岩体重量增加，滑动力增大，滑体容易滑动；③地下水流可能造成冲刷、潜蚀、管涌等的发生，对边坡稳定不利。

（2）地下水对滑体的力学作用　地下水的力学作用能改变构成岩、土体的环境应力：孔隙水压力和渗透压力。如图5-11所示，孔隙水压力主要是减少滑动体在潜滑面上的正应力σ，在高角度张裂隙AB中对滑体产生推力，并对裂隙加深扩大，起到"水楔"作用；渗透压力主要是地下水渗流受到岩土阻碍而对滑体产生推力，并在一定条件下引起渗透变形或渗透破坏。

当滑体相对不透水，潜滑面有地下水活动时，所形成的孔隙水压力可以致使边坡破坏。如重庆云阳滑坡，就是在下暴雨时大量雨水沿地面渗入平行于坡面的陡倾张裂隙中，形成高孔隙水压力而引起滑动的。

5.5.1.2　边坡上地下水应力的分布

土体和岩体边坡上地下水压力分布有很大的差异，以下分别介绍。

（1）土体边坡　图5-12所示均质各向同性土体边坡上的流网图。该图由流线（实线）和等水头线（虚线）组成。流网图展示出土体边坡剖面上不同点地下水压力的大小和地下水的流向，图上任何一条等水头线的水头值等于该线于地下水面相交点的地下水位高程。

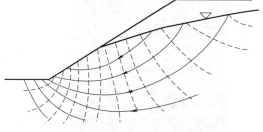

图5-12　边坡典型的水流系统

如果用稳定流网在对边坡稳定性的分析中进行孔隙水压力分布的预测，那么此流网应该是在地下水最高水位时绘制的，对于还不知地下水位的边坡来说，最保守的方法是假定出一个与地面形态基本符合的地下水面。

有时，局部地下水位与坡面重合，如图 5-12 所示的邻坡脚地段。此时，如果依据边坡局部流网估计孔隙水压力就会过低。如果边坡位于一个相当深的谷底，则边坡可能是区域排泄区的一部分，也可能存在着异常高的孔隙水压力。在这种情况下，就应当首先从区域地下水流系统确定孔隙水压力，再分析边坡的稳定性。

在雨季或冰雪化冻季节，地下水位逐渐上升，水位上升与降水之间呈滞后关系。此时，地下水流随时间而变成非稳定状态。在图 5-13 （a）所示边坡剖面上，由于降雨在 t_0、t_1、t_2、…时间内引起的地下水位上升，导致孔隙水压力增大，因此，在潜在滑动面上的孔隙水压力将是时间的函数 ［图 5-13 （b）］。随地下水位升高，稳定系数 F_S 就会随时间变化而降低，当 F_S 变为小于 1 时，边坡的稳定就会遭到破坏，发生崩塌、滑坡 ［图 5-13 （c）］。因此，常常见到，在雨季或化雪之后会发生崩塌、滑坡的现象，其触发机理是沿潜在破裂面孔隙水压力的增大。

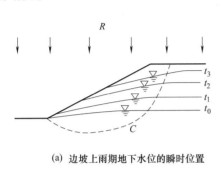
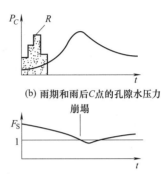

(a) 边坡上雨期地下水位的瞬时位置

(b) 雨期和雨后C点的孔隙水压力

(c) 雨期和雨后的滑体稳定系数曲线

图 5-13　降水对土体边坡稳定性的影响

（2）岩体边坡　为了分析岩体边坡地下水压力的分布，可把岩体边坡分为三类：①由块状坚硬岩石构成的边坡；②由节理裂隙不甚发育的岩石构成的边坡；③由节理裂隙甚为发育的岩石构成的边坡。其中第一类边坡是不常见的。对于第三类边坡，即节理裂隙甚为发育的岩体构成的边坡，与土体边坡没有明显的区别，因此，这类边坡中也存在潜在的圆形滑动面，可以用流网法预测滑动面上的裂隙水压力。本小节主要讨论的是第二类边坡。

这类岩石边坡中裂隙水压力的分布和分布的几何形态不同于土体边坡。主要的差别在于：①在由节理裂隙岩体构成的边坡中，裂隙水压力分布不规则 ［图 5-14 （a）］；②裂隙岩层的裂隙率一般较小（1%～10%），而松散地层的孔隙率较大（20%～50%）。因此，对一

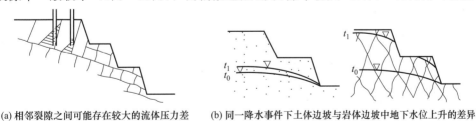

(a) 相邻裂隙之间可能存在较大的流体压力差　(b) 同一降水事件下土体边坡与岩体边坡中地下水位上升的差异

(c)边坡上隔水断层和导水断层对地下水位的影响

图 5-14　岩体边坡中的地下水流

个给定的降水事件来说裂隙岩层中的地下水位上升幅度比松散岩层大 [图5-14（b）]。这样，裂隙岩层中的空隙水压力比土层中高，从而，作为边坡崩塌的一种触发机理来说，降水的潜在影响在岩石边坡中要高一些。边坡上的隔水断层 [图5-14（c），左] 或导水断层 [图5-14（c），右] 都可以影响地下水位，对潜在滑动面上的裂隙水压力产生不同的影响。

5.5.1.3 地下水对天然边坡的影响

（1）堆积于缓坡、凹型山坡上的松散土层，具有多层不连续的含水层和隔水层相间的地层结构，土层滞水往往造成土体沿某层滑动面或基岩顶面滑动。

（2）具有地下补给构造（如断层破碎带）或蓄水构造（如向斜轴部）的山坡，坡体内汇集的大量地下水常直接导致山坡滑动。

（3）若地表水或基岩型裂隙水渗入风化破碎带内，在下伏隔水层顶面聚集，会产生顺层滑坡和沿构造面破碎岩体滑坡。

（4）山坡上积水、流水改变其水文地质条件，是许多滑坡产生的重要原因。

（5）在山坡前缘、坡脚处因开挖等人为因素影响，改变地下水运动条件，是造成新滑坡或老滑坡复活的重要因素。

对于由近期淤积的软土组成的岸坡，特别是分布在掩埋的古河道、冲沟口处的岸坡，其稳定性极差。加之长期受地面水流和波浪的冲刷、潜蚀，常形成上缓下陡的不稳定坡形。这类岸坡在地下水浸泡下，岩土体强度降低，同时地下水会引起岸坡潜蚀和产生渗透压力，影响岸坡稳定。

对于路坡、库坡、土石坝、露天矿边等人工边坡，地下水会使其张开裂隙充水，产生静水压力作用；地下水的渗流，将对边坡产生动水压力；同时地下水还会对边坡岩土体产生软化或泥化作用，降低边坡岩土体强度。对于处在水下的透水边坡如库坡，地下水对其产生浮托力作用，使坡体有效重力减小，从而影响边坡的稳定性。此外，地下水向坡外渗流，还会产生潜蚀、流砂、管涌等现象，破坏边坡岩土的结构和强度，造成边坡变形、崩塌、滑移等破坏。

5.5.2 地下水对混凝土基础的腐蚀破坏

地下水对混凝土建筑物的腐蚀是一项复杂的物理化学过程，在一定的工程地质与水文地质条件下，对建筑材料的耐久性影响很大。混凝土遭受地下水侵蚀常见的破坏主要方式有：混凝土中某些组分被水溶解，或形成盐类结晶产生过大的体积膨胀。环境水对混凝土侵蚀常见的类型有碳酸侵蚀、酸性侵蚀、碱类侵蚀、盐类侵蚀、溶出侵蚀、海水侵蚀等。

5.5.2.1 碳酸侵蚀

硅酸盐水泥遇水生成 $Ca(OH)_2$。如地下水含有 CO_2，它与 $Ca(OH)_2$ 作用生成碳酸钙沉淀：

$$Ca(OH)_2 + CO_2 \longrightarrow CaCO_3 \downarrow + H_2O$$

上述反应后，如水中仍含有多量的 CO_2，则与 $CaCO_3$ 发生以下化学反应，生成重碳酸钙并溶于水，从而破坏混凝土的结构：

$$CaCO_3 + CO_2 + H_2O \Longrightarrow Ca^{2+} + 2HCO_3$$

上式为可逆反应，当水中 CO_2 含量小于平衡所需数量时，反应向左方进行，生成 $CaCO_3$ 沉淀；当 CO_2 含量大于平衡所需数量时，反应向右方进行，使 $CaCO_3$ 溶解。因此，当水中游离含量 CO_2 超过平衡需要时，水中就含有一定数量的侵蚀性 CO_2，此时会对混凝土产生侵蚀作用。

5.5.2.2 酸性侵蚀

硅酸盐水泥硬化后生成大量的碱性水化物 $Ca(OH)_2$，在酸的作用下中和生成盐，这些盐或易溶于水，或体积膨胀，使混凝土受到不同程度的破坏：

$$Ca(OH)_2 + 2HCl \longrightarrow CaCl_2 + 2H_2O$$
$$Ca(OH)_2 + H_2SO_4 \longrightarrow CaSO_4 \cdot 2H_2O$$

使混凝土受到侵蚀作用的酸，可分为无机酸和有机酸两大类。无机酸主要有硫酸、盐酸、硝酸、磷酸、氢氟酸、纸浆废液等。有机酸主要有醋酸、乳酸、柠檬酸、草酸、酒石酸等。无论何种酸都有一定的侵蚀作用，特别是无机酸中的三大强酸（HCl、H_2SO_4、HNO_3）对混凝土的侵蚀最为严重。

5.5.2.3 碱类侵蚀

铝酸盐含量较高的硅酸盐水泥遇强碱（如 $NaOH$）作用后会受到破坏。碱类侵蚀混凝土主要表现为化学侵蚀和结晶侵蚀两种。化学侵蚀反应式如下：

$$3CaO \cdot Al_2O_3 + 6NaOH \longrightarrow 3Na_2O \cdot Al_2O_3 + 3Ca(OH)_2$$

生成物胶结力不强，且易为碱溶液侵蚀；结晶侵蚀是由于碱溶液浸入混凝土孔隙中，在空气中作用，生成含有大量结晶水的碳酸钠晶体析出，体积比原来增加 2.5 倍，从而产生很大的结晶压力，引起混凝土结构的破坏，其化学反应过程如下：

$$2NaOH + CO_2 + 9H_2O \longrightarrow Na_2CO_3 \cdot 10H_2O$$

5.5.2.4 溶出侵蚀

硅酸盐水泥遇水硬化，且形成 $Ca(OH)_2$、水化硅酸钙 $2CaOSiO_2 \cdot 12H_2O$（简写 C_2S）、水化铝酸钙 $3CaOAl_2O_3 \cdot 6H_2O$（简写 C_3A）等。地下水在流动过程中，特别是在有压流动时，对混凝土中的 $Ca(OH)_2$、C_2S、C_3A 里的 CaO 成分不断溶解冲失，结果使混凝土强度下降。混凝土中的 $Ca(OH)_2$ 和 CaO 的溶失不仅和混凝土的密度、厚度有关，而且和地下水中的碳酸盐的含量有关，地下水中碳酸盐含量多时，与混凝土中的 $Ca(OH)_2$ 生成如下 $CaCO_3$ 沉淀：

$$Ca(OH)_2 + Ca(HCO_3)_2 \longrightarrow 2CaCO_3 \downarrow + 2H_2O$$

$CaCO_3$ 是不溶于水的，它可充填混凝土的孔隙，在混凝土周围形成一层保护膜，防止 $Ca(OH)_2$ 的溶出，故地下水中 HCO_3^- 盐含量越高，对混凝土侵蚀性越弱，当 HCO_3^- 低于某一含量时，地下水对混凝土有侵蚀性。

5.5.2.5 硫酸盐侵蚀

地下水中常含有 SO_4^{2-}，若浓度不大时，SO_4^{2-} 和混凝土发生反应，生成水化硫铝酸钙，反应式如下：

$$3CaO \cdot Al_2O_3 \cdot 6H_2O + 3CaSO_4 + 25H_2O \Longleftrightarrow 3CaO \cdot Al_2O_3 \cdot 3CaSO_4 \cdot 31H_2O$$

由反应的生成物可见，水化硫铝酸钙结合着很多的化合水，因而比原反应物体积增大很多，约为原体积的 221.86%，在混凝土中产生很大的内应力，使混凝土破坏。

若地下水中 SO_4^{2-} 很多时，生成二水石膏：

$$CaSO_4 + 2H_2O \Longleftrightarrow CaSO_4 \cdot 2H_2O$$

石膏在结晶时，体积膨胀，使混凝土遭到破坏。

水泥中如 C_3A 含量少，抗硫酸盐侵蚀愈强，由此可见，控制水泥的矿物成分可提高水泥的抗硫酸盐侵蚀的能力。

5.5.2.6 海水侵蚀

海水含盐量的平均值为 3.5%，其中 $NaCl$ 占 78%，$MgCl_2$ 和 $MgSO_4$ 占 15% 左右，其余为 $CaSO_4$ 及其他盐类。$MgCl_2$ 与混凝土中的 $Ca(OH)_2$ 作用生成 $CaCl_2$，由于 $CaCl_2$ 溶于海水，使混凝土成为多孔性结构；$MgSO_4$ 与混凝土中的 $Ca(OH)_2$ 作用形成 $CaSO_4$ 和无胶凝力的 $Mg(OH)_2$；$CaSO_4$ 与铝酸钙作用生成硫铝酸钙，导致混凝土的结构被破坏。此外，海水中的 Cl^- 向混凝土内渗透，使混凝土中的钢筋严重腐蚀，造成体积膨胀、混凝土开裂；由于海水沿混凝土的毛细孔隙渗入，盐类在混凝土中不断结晶聚集，也会造成混凝土开裂。

5.5.3 地下水对地基土的渗流破坏

实际工程中，在地下水位以下开挖基坑，构筑地下室、竖井、隧道、地铁，穿过含水地层时，都会有地下水渗入。有调查表明：带水施工的工程，一般工程质量都较差，渗漏水严重。因此，地下工程施工中，一般情况下不允许带水作业，必须采取可靠措施排除由于渗流而进入基坑或洞内的地下水。

地下水渗流对地下工程施工的影响主要包括地基土的潜蚀、流砂、管涌及突涌等。针对不同情况可以采取不同的措施。

5.5.3.1 潜蚀

（1）**潜蚀的概念与发生** 在较高的渗透速度或水力梯度作用下，地下水流从孔隙或裂隙中携出细小颗粒的作用称为潜蚀。潜蚀使土层孔隙逐渐变大，甚至形成洞穴，导致岩土体结构松动或破坏，以致产生地表裂缝、塌陷、影响建筑工程的稳定。潜蚀不仅在有渗流的岩体、土体中发生，而且在有地下水出露的斜坡或地下水溢出地面的地方也能发生，其结果是破坏边坡稳定，发生地面塌陷。

（2）**潜蚀作用分类** 潜蚀分机械潜蚀和化学潜蚀两种。

两种潜蚀作用一般是同时进行的，且相互影响相互促进的。

① 机械潜蚀。在地下水流的长期作用下，岩土体中细小颗粒发生位移和掏空流失的现象。

② 化学潜蚀。易溶盐类（岩盐、钾盐、石膏等）及某些较难溶解的盐类（如方解石、菱镁矿、白云石等），在地下水的作用下，逐渐被溶解或溶蚀，使岩土体颗粒间的胶结力被削弱或破坏，导致岩土体结构松动，甚至破坏。

（3）**潜蚀产生的条件**

① 岩土层的不均匀系数（$C_u = d_{60}/d_{10}$）越大时，越易产生潜蚀作用。一般当 $C_u > 10$ 时，易产生潜蚀。

② 两种互相接触的岩土层，当其渗透系数之比 $K_1/K_2 > 2$ 时，易产生潜蚀。

③ 当地下渗透水流的水力梯度 I 大于岩土的临界水力梯度 I_0 时，易产生潜蚀。产生潜蚀的临界水力梯度 I_0 可按下式计算：

$$I_0 = (G_s - 1)(1 - n) + 0.5n$$

式中，G_s 为岩土颗粒比重；n 为岩土孔隙率，以小数表示。

（4）**潜蚀的防止** 防止潜蚀的有效措施原则上可分为两大类。

① 改变渗透水流的水动力条件，使水流梯度小于临界水力梯度。措施有堵截地表水流入岩土层；阻止地下水在岩土层中流动；设反滤层；减小地下水的流速等。

② 改善岩土的性质，增强其抗渗能力。如压密、打桩、化学加固处理等方法，可以增加岩土的密实度，降低岩土层的渗透性能。

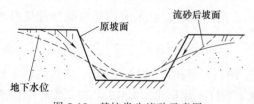

图 5-15 基坑发生流砂示意图

5.5.3.2 流砂

流砂是指在动水压力即渗流力的作用下，表层土局部范围内的土体或颗粒群产生的悬浮、移动现象，如图 5-15 所示。它多发生在颗粒级配均匀的粉、细砂等砂性土中。有时在粉土中也会发生。在地下水位以下的土中开挖构筑地下工程时，往往碰到基坑边挖边冒，无法施工，基坑周围或洞壁周围的土随地下水一起涌进基坑内或洞内，强挖只会掏空地基，上部或邻近有建筑物时，将因地基掏空而下沉、倾斜、甚至倒塌。因此，流砂的发生对地下工程施工和附近建筑物都有很大危害。

(1) 流砂形成的条件

① 岩性。土层由粒径均匀的细颗粒组成（一般粒径在 0.1mm 以下的颗粒含量在30%～35%以上）。由于土中含有较多的片状、针状矿物（如云母、绿泥石等）和含亲水胶体矿物颗粒，从而增加了岩土的吸水膨胀性，降低了土粒重量。因此，在不大的水流冲力下，细小土颗粒即可悬浮流动。流砂破坏示意图见图 5-16。

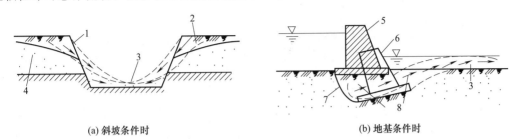

(a) 斜坡条件时　　　　　　　　　　　　　　(b) 地基条件时

图 5-16　流砂破坏示意图

1—原坡面；2—流砂后坡面；3—流砂堆积物；4—地下水位；
5—建筑物原位置；6—流砂后建筑物位置；7—滑动面；8—流砂发生区

② 水动力条件。水力梯度较大，流速增大，动水压力超过了土颗粒的重量时，就能使土颗粒悬浮流动形成流砂。

③ 土的渗透系数 K。渗透系数越小，排水条件不通畅，越易形成流砂。

④ 砂土孔隙率 n。砂土孔隙率越大，越易形成流砂。

(2) 防治流砂可以采取以下措施

流砂对岩土工程危害很大，所以在可能发生流砂的地区应尽量利用其上面的土层做天然地基，也可利用桩基穿透流砂层。应尽量避免水下大开挖施工。若必须开挖时，可以利用下列方法防止流砂。

① 人工降低地下水位。将地下水位降至可能发生流砂的地层以下。

② 打板桩或设置地下连续墙。其作用是加固坑壁，同时增加了渗透路径而减小了水力梯度，减小地下水流速。

③ 水下开挖。基坑开挖期间，坑中保持足够的水，就可避免产生造成流砂的水头差，增加砂土的稳定，阻止流砂产生。

④ 选择枯水期施工。地下水位低、坑内外水位差小、渗流应力小，也可以减轻流砂。

⑤ 其他方法。如冻结法、化学加固法等。

5.5.3.3　管涌

当基坑底面以下或周围的土层为疏松的砂土层时，地基土在具有一定渗透速度（或水力梯度）的水流作用下，其细小颗粒被冲走，土中的孔隙逐渐增大，慢慢形成一种能穿越地基的细管状渗流通路，从而掏空地基，使之变形、失稳，此现象即为管涌，如图 5-17 所示。

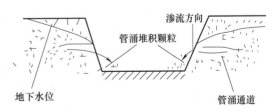

图 5-17　基坑发生管涌示意图

(1) 管涌产生的条件

管涌多发生在非黏性土中。其特征是：颗粒大小比值差别较大，往往缺少某种粒径；土粒磨圆度较好；孔隙直径大而互相联通，细粒含量较少，不能全部充满孔隙；颗粒多由比重较小的矿物构成，易随水流移动；有良好的排泄条件等。具体条件包括：① 土由粗颗粒（粒径为 D）和细颗粒（粒径为 d）组成，其 $D/d>10$；② 土的不均匀系数 $d_{60}/d_{10}>10$；③ 两种互相接触土层渗透系数之比 $K_1/K_2>2\sim3$；④ 渗透水流的水力

梯度 I 大于土的临界水力梯度 I_0。

（2）**管涌临界水力梯度的确定方法**

① 根据土中细粒的百分含量，在临界水力梯度与细粒百分含量的关系曲线（图 5-18）上可查出，当土中细粒含量大于 35% 时，应同时进行流砂可能性的破坏评价。

② 根据土的渗透系数，在临界水力梯度与渗透系数的关系曲线（图 5-19）上可查得。

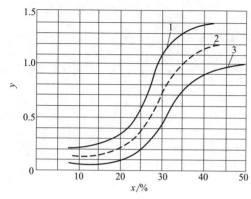

图 5-18　临界水力梯度与细粒含量关系

x—细粒含量；y—临界水力梯度；

1—上限；2—中值；3—下限

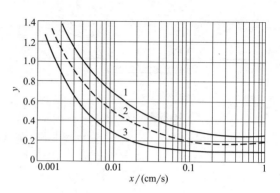

图 5-19　临界水力梯度与渗透系数关系

x—渗透系数；y—临界水力梯度；

1—上限；2—中值；3—下限

③ 据式 $I_0=(G_s-1)(1-n)+0.5n$ 计算求得。

④ 应用已有成功的工程资料，采用工程类比法对比试验成果和相似条件，提出临界水力梯度的参考值。

（3）**容许水力梯度**　对采用上述方法取得的临界水力梯度进行地基渗流管涌稳定评价时，应考虑取一定的安全系数，对于管涌安全系数可取 1.5。经安全系数修正后的水力梯度称容许水力梯度，表 5-8 列出根据渗透系数确定的容许水力梯度的参考数值。

表 5-8　容许水力梯度经验值

土的渗透系数/(cm/s)	容许水力梯度
⩾0.5	0.1
0.5~0.025	0.1~0.2
0.025~0.005	0.2~0.5
⩽0.005	⩾0.5

（4）**防治管涌的措施**

① 增加基坑围护结构的入土深度，使地下水渗流路径长度增加，降低动水水力梯度。

② 人工降低地下水位，改变地下水的渗流方向。

5.5.3.4　突涌

当基坑下伏有承压含水层时（图 5-20），如果开挖后基坑底所留隔水层支持不住承压水压力的作用，隔水层将顶裂，发生冒水冒砂、淹水甚至毁坑事故。这一工程地质现象称为基坑突涌。

（1）**基坑突涌发生的条件**　设计基坑时，必须验算基坑底隔水层的可靠性。根据基坑底隔水层安全厚度 H_a 与承压水头压力的平衡条件，可得：

$$H_a=\frac{\gamma_w}{\gamma}H_0$$

式中，H_0 为承压水位高于隔水顶板的高度，m；γ_w 为水的重度，kN/m^3；γ 为土的重度，kN/m^3。

当基坑底隔水层的厚度 $H \geqslant H_a$ 时，不发生基坑突涌；当 $H < H_a$ 时，发生基坑突涌。

(2) **突涌发生的形式包括**：① 基底被顶裂，出现网状或树枝状裂缝，地下水从裂缝涌出，并带出下部的土颗粒；② 基坑底发生流砂现象，从而造成边坡失稳和整个地基悬浮流动。基底发生类似于"沸腾"的喷水现象，使基坑积水，地基土扰动。

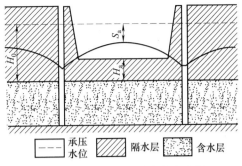

图 5-20　基坑承压水位安全降深

H_0—承压高度；S_a—安全降深；H_a—坑底安全厚度

(3) **基坑突涌的防止**　当工程需要，开挖基坑后的隔水层厚度 H 小于安全厚度 H_a 时，为防止基坑突涌，必须在基坑周围布置抽水井，对承压含水层进行预先排水，局部降低承压水位（图 5-22）。基坑中心承压水位安全降深 S_a 必须满足：

$$(H_0 - S_a)\gamma_w = \gamma H$$

上式中应要求 $S_a > H_0 - \dfrac{\gamma H}{\gamma_w}$ 才有一定的安全度，但大于多少为宜，应根据实际工程经验确定。

5.5.4　地下水位变化的不良影响

5.5.4.1　影响地下水位变化的因素

引起地下水位变化的因素可分为 3 类：自然因素、温室效应和人类工程活动。

(1) **自然因素**　影响地下水位变化的自然因素有气象水文、地形地质、植被等因素。在自然因素影响下，一个地区地下水位的变化常具周期性，且在一定幅度内波动，地质环境"适应"这种变化而不致造成地质灾害。但在灾害年，由于地下水位变化超常，常常可能引发地质灾害。

(2) **温室效应**　温室效应加长降雨历时、增大降雨强度，同时加速了南北极冰雪的消融，促使海平面上升。据联合国预测，到 2030 年，海平面将上升 20cm，到 2100 年，海平面将升高 65cm。我国中科院地学部专家对我国三大三角洲和天津地区进行考察后所作的评估是，预期到 2050 年，全球变暖将使珠江三角洲海平面上升幅度为 40～60cm。上海及天津地区上升的幅度会更高。

(3) **人类工程活动**　人类工程活动是指人类为了提高生存质量，对自然环境进行改造、利用的各种工程活动的总称。人类工程活动已成为改造地球环境的强大力量，它改变地下水的赋存环境，危害岩土工程。

5.5.4.2　地下水位变化对地下工程的影响

(1) **潜水位上升引起的工程地质问题**

① 潜水位上升后，由毛细水作用可能导致土壤次生沼泽化、盐渍化，改变岩土体物理力学性质，增强岩土和地下水对建筑材料的腐蚀。在寒冷地区，可助长岩土体的冻胀破坏。

② 潜水位上升后，原来干燥的岩土被水饱和、软化，降低岩土抗剪强度，可能诱发斜坡、岸边岩土体产生变形、滑移、崩塌、失稳等不良地质现象。

③ 崩解性岩土、湿陷性黄土、盐渍岩土、膨胀性岩土等遇水后，可能产生崩解、湿陷、软化、膨胀，使岩土结构破坏、强度降低、压缩性增大。

④ 潜水位上升，可能使地下硐室淹没，还可能使建筑物基础上浮，地基强度下降。

（2）地下水位下降引起的工程地质问题

① 地面塌陷。地下工程在自流排水或机械排水降低地下水位时，很容易引起潜蚀作用。潜蚀作用将会掏空地基，不仅使地下工程地基失稳，而且往往会引起地表塌陷，危及地面建筑的安全。因此，地下工程在采用排水池降低地下水位时，要注意避免发生潜蚀作用。在一般情况下，城市中的地下工程不应依赖机械降水法防水。采用自流排水的工程，如果出现潜蚀作用，应在排水沟、管上设置反滤层，避免土粒被水流一起冲走。

地面塌陷的分布受岩溶发育规律、发育程度影响，同时与地质构造、地形地貌、地层厚度和岩性有关。

a. 地面塌陷多分布在断裂带及褶皱轴部，因这些部位岩溶发育，是地下水补给、径流和排泄的通道，当抽取地下水时，常沿这些地段发生地面塌陷。

b. 地面塌陷多分布于溶蚀洼地等地形低洼处，因这些地方地表水流集中不易排泄，当抽取地下水时，常在低洼地带发生地面塌陷。

c. 地面塌陷多分布于河床两侧，因这些地方地表水、地下水活动频繁，岩溶发育，若开采地下水时，容易发生地面塌陷。

d. 地面塌陷多分布在土层较薄的地方，土层越薄越易塌陷。同时地面塌陷还与土层岩性有关，一般的砂性土比黏性土易塌；含砾黏土或具双层结构的土层比均匀结构或单一均质黏土层易塌；含水土层比干土层易塌。

e. 非岩溶地区的地面塌陷。常见规模不大的地面塌陷，但其危害性大，不可忽视。它破坏路面影响交通，基础下土体塌陷影响房屋的稳定性。城市上下水道渗漏、建筑施工排水等都会小范围改变地下水均衡，使水力梯度、渗流速度变大，发生潜蚀液化作用，把土体掏空，最后造成小规模的地面塌陷。如1989年1月1日凌晨2时许，南京市区中山南路西慢车道路面突然塌陷，塌陷面积约 $30m^2$，深度近 $2m$，路面塌陷周围路面"架空"。据分析，地面塌陷原因是该路面下大口径下水道断裂破损，成为排泄潜水的通道，使地下水位局部下降，地下水流掏空地层所致。该路面结构较好，刚性较强，塌陷时无车辆通过，可排除外部荷载的诱因。编者认为，夜间气温陡降，空洞内水汽凝结作用增强形成负压区，空洞顶部承受不住大气压力的作用而产生路面突然塌陷的现象。

② 地面沉降。地面沉降又称为地面下沉或地陷。它是在人类工程经济活动影响下，由于地下松散地层固结压缩，导致地壳表面标高降低的一种局部的下降运动（或工程地质现象）。地下水的开采通常是地面沉降的主要诱因。在我国地面沉降比较严重的城市有上海、天津、太原、西安、苏州、常州、无锡、武汉、南通、台北等城市。

a. 地面沉降的危害。

ⓐ 降低城市抵御洪水、潮水和海水入侵的能力。

ⓑ 引起桥墩、码头、仓库地坪下沉，桥面下净空间减小，不利于航运。

ⓒ 还会引起建筑物向沉积中心水平移动，使建筑物倾斜或损坏，桥墩错动，铁路和管道凸起拉断。

b. 地面沉陷地区的特点。纵观国内外，凡是因人类工程活动影响而发生地面沉降的地区，都具有以下几个特点。

ⓐ 沉降都发生于从地层中抽取一定量的流体（石油或地下水）之后。

ⓑ 流体在地层中都处于相对封闭条件之下，并具有相当高的压力，抽取流体后，压力降低。

ⓒ 发生地面沉降的地层都很新，一般不早于第三纪，即发生于未很好固结的地层中。

ⓓ 发生地面沉降的时间、范围和幅度，都与流体压力降低的时间、范围和幅度相对应。

因此，在由黏性土层和砂层相互成层组成的平原地区，特别是在由淤泥或淤泥质黏土与砂土互层的滨海地区，抽取承压水都可能引起地面沉降。

③ 地面沉陷的控制与防治。已发生地面沉降的地区可采取如下措施。

a. 对已发生沉降的地区可采取局部治理改善环境的办法，如在沿海修筑挡潮堤，防止海水倒灌；调整城市给排水系统；调整和修改城市建筑规划。

b. 消除引起地面沉降的根本因素，谋求缓和直至控制地面沉降的发展，现阶段可采取的基本措施有：对地下水资源进行严格管理，对地下水过量开采区压缩地下水开采量，减少甚至关闭某些过量开采井，减少水位降深幅度；向含水层进行人工回灌（用地表水或其他水源，但应严格控制水质以防污染含水层），进行地下水动态和地面沉降观测，以制定合理的采灌方案；调整开采层次，避开在高峰用水时期在同一层次集中开采水，生活用水和工业用水分层开采。

对于可能发生地面沉降的地区防治的方法如下。

a. 预测地面沉降量及其发展趋势。

b. 结合水资源评价，研究确定地下水资源的合理开采方案（在最小的地面沉降量条件下抽取最大可能的地下水开采量）。

c. 采取适当的建筑措施。如避免在沉降中心或严重沉降地区建设一级建筑物。在进行房屋、道路、水井等规划设计时，预先对可能发生的地面沉降量作充分考虑。

5.5.5 岩溶区修建水库的措施与防渗处理

在岩溶区修建水库的一条最主要经验是恰当地选择库坝址，这是在岩溶区建库既能保证充分发挥应有的经济效益又能保证减小工程量、降低造价和缩短工期的根本性措施。经过充分比选得到比较合理的库坝址之后，再根据岩溶发育的实际情况采取综合性防渗处理措施。

5.5.5.1 岩溶区库坝址选择原则

充分利用隔水层、岩溶发育微弱的岩层或有利的水文地质条件。

有隔水层的横谷地段有利于坝区防渗。坝址的选择和防渗方案的采取随岩层产状和坝型而有所不同。总的原则性要求是：既要保证坝基有良好的持力层和排除可能产生深层滑动的滑移面，又要使隔水层能有效地成为截断坝下渗漏通道的天然截水墙。可以有如图 5-21 所示的几种情况。在这种情况下库区向邻谷渗漏的可能性仍较大，所以坝址的选定还必须考虑库区渗漏条件及防渗处理的难易。

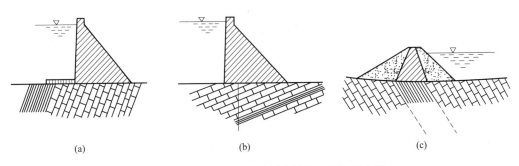

(a)   (b)   (c)

图 5-21　不同情况下利用隔水层的各种可能方案

有隔水层分布的纵谷地段，特别是岩层产状较陡时，库区向邻谷渗漏的可能性较小，但坝区就不对能利用天然隔水层防渗。凡属这种情况，坝址选定必须考虑有利的水文地质条件，主要是选择弱岩溶化地段，尽可能避开河弯地段、上下游有冲沟且分水岭很单薄的地段、河床裂点或其他的河床比降大因而有利于纵向径流的地段，以及有断层因而溶蚀强烈的地段等。

5.5.5.2 岩溶渗漏的防渗处理措施

为了防止岩溶渗漏，往往需要在发育有各种溶蚀渗漏通道的大范围内进行大工程量的防渗处理。岩溶发育程度不同则渗漏通道的形式和规模不同，所以防渗处理也有灌、铺、堵、截、围、喷、塞、引、排等多种方法，其中以前 5 种应用最广。对分散型渗漏以灌、喷为主；对集中型渗漏以堵、截为主；而当渗漏形式和通道较复杂时则采取多种方法联合处理的措施。主要防渗处理方法如表 5-9 所示。

表 5-9　岩溶水库坝址主要防渗处理方法简表

处理方法	主要类型	处理图式	处理说明
灌浆帷幕	全帷幕		坝下防渗帷幕至可靠水层,若两岸帷幕边界接隔水层则为全封闭式
	若帷幕		坝下防渗帷幕至相对隔水层
	悬帷幕		坝下防渗帷幕无隔水层或相对隔水层衔接,幕底利用相对弱隔水层
铺盖	黏土铺盖		库底或库岸岩溶裂隙渗漏,用黏土铺盖,或铺以土工织物
	混凝土铺盖		用混凝土或钢筋混凝土铺盖
堵洞	混凝土堵体		在河床或库岸岩溶管道漏水,用混凝土堵塞漏水溶洞
	级配料堵体		用多种级配料包括反滤料堵洞,结合用黏土铺盖
隔水墙	河床截水墙		在河床存在渗漏通道,用混凝土防渗墙堵截
	岸坡截水墙		在库岸存在漏水通道,用混凝土或浆砌石截水墙,安装排气孔
围隔	河床围坝		在河床有漏水通道或反复泉时,用混凝土或浆砌石围井,将其包围
	岸坡隔坝		在库岸,为防止水流入下游溶蚀注地,在地表做隔坝

灌：通过钻孔用较高压力将水泥浆、黏土浆或化学浆液灌入岩体之中形成灌浆帷幕，以封闭溶蚀裂隙和小型管道。对大型集中渗漏通道必须辅以堵、截等措施方能奏效。

铺：以黏土、混凝土或土工织物等材料在库内地表做铺盖，防止地表分散性的溶蚀裂隙渗漏，如有集中渗漏洞穴则应先堵后铺。

堵：用浆砌块石或混凝土堵塞引起集中渗漏的岩溶洞穴。

截：用浆砌块石或混凝土截水墙截断引起集中渗漏的岩溶暗河、管道等。

围（隔）：用围坝或烟筒式围井，将水库中的岩溶落水洞或竖井包围起来防止渗漏。

喷：用喷涂水泥砂浆的办法将库边分散渗漏的溶蚀裂隙予以堵塞。

塞：用混凝土填实库边较大的溶蚀裂隙，再辅以喷浆处理。

引：将渗漏水流引走，以降低坝基下部过大的扬压力及渗透压力，防止地基渗漏破坏所引起的更大渗漏损失。

排：排除水库蓄水后聚积在溶洞或管道中的气体，以防止气爆破坏溶洞周围岩体或堵塞体而引起的渗漏。

5.5.6 岩石中裂隙水对地下工程的不良影响

岩石中的裂隙水对暗控式地下工程的防水防潮影响很大。随着各地区的气候和地质条件的不同，裂隙水的水量大小和分布情况也不相同。裂隙水不仅会直接渗入地下工程内部，而且由于岩壁潮湿会不断向地下工程内蒸发水分，特别是带静水压力的裂隙水，如果不进行疏导，将给地下工程施工和竣工后的维护管理工作带来很大的困难。

防止裂隙水对地下工程的不良影响是一个比较复杂的问题，设计人员必须深入现场，与施工密切配合，研究水情，观察水量，对于岩层的节理、裂隙、断层破碎带等，仔细观察。只有认真掌握裂隙水的活动规律，才能针对实际情况区别对待，采取有效措施。

为防止裂隙水向基坑和隧道内部渗漏，应采取"因势利导、排堵结合"的原则加以处理。根据地下工程的性质、防水防潮的标准、水量变化情况以及岩层的裂隙、节理、断层的涌水规律，采取综合的防治措施。对于流量大的裂隙水一定要排走，也可集中起来作为地下备用水源，少量的水虽可以堵住，但也要给以出路，使之通过排水沟排水。

<h2 style="text-align:center">习　题</h2>

1. 地下水按埋藏条件可分为哪三类？各自有哪些特点？
2. 地下水按含水层空隙性质可分为哪三类？各有哪些特点？
3. 地下水按结合方式可分为哪几类？
4. 地下水的物理性质包括哪些？地下水中有哪些主要的化学成分？地下水有哪些化学性质？
5. 地下水对混凝土结构的腐蚀类型有哪几种？地下水对钢筋产生腐蚀的原因是什么？地下水对混凝土和钢筋腐蚀性的评价标准是什么？钢筋混凝土的防护措施有哪些？
6. 什么是渗流？达西定律的内容、原理和适用范围是什么？渗透系数如何测定？
7. 渗流常见的破坏类型有哪几种？其破坏的机理是什么？
8. 什么是基坑突涌？基坑突涌产生的条件是什么？
9. 什么是流砂？流砂有哪些破坏作用？流砂形成的条件是什么？防止流砂的措施有哪些？
10. 什么是管涌？管涌有哪些破坏作用？管涌形成的条件是什么？防止管涌的措施有哪些？
11. 什么是潜蚀？潜蚀形成的条件是什么？防止潜蚀的措施有哪些？
12. 人工降低地下水位的方法有哪些？

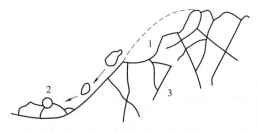

第 6 章
不良地质现象

地壳上部岩土体经受内、外力地质作用和人类工程经济活动的影响而发生变化。这些变化又影响着原有宏观地质、地貌和地形条件的改变，如崩塌、岩堆移动、滑坡、泥石流、岩溶、地震等。虽然这些地质现象仅在部分建筑场地出现，但它对工程的安全和使用造成不同程度的破坏影响，因而称这些地质现象为不良地质现象。不良地质现象常给工程建筑的稳定性和正常使用造成危害，并给人类的生命财产造成巨大威胁。尤其是大型高速滑坡和灾害性泥石流，规模大、突发性强、破坏力大，是重大的地质灾害。

因此，研究不良地质现象的形成条件和发展规律，以便采取相应的防治措施，防灾减灾，保障工程建筑和人类生命财产的安全具有重要意义。本章只介绍最常见的几种不良地质现象及其防治。

6.1 崩塌与滑坡

6.1.1 崩塌

6.1.1.1 崩塌的概念

陡峻悬崖上的巨大岩块在重力作用下，突然而猛烈地向下倾倒、翻滚、崩落的现象称为崩塌（图 6-1）。崩塌常发生在山区的陡峭山坡上，有时也发生在高陡的人工边坡上，如露天采场边坡、路堑边坡等。一般把巨大规模的山坡崩塌称为山崩。斜坡表层岩石由于强烈风化，沿面发生经常性的岩屑顺坡滚落的现象，称为碎落；悬崖陡坡上个别较大岩块不定时的崩落现象，称为落石。

图 6-1 边坡崩塌示意图
1—崩塌体；2—堆积块石；3—风化岩体

6.1.1.2 崩塌产生的条件

斜坡岩体平衡稳定的破坏是形成崩塌的基本原因。此平衡的破坏主要是由重力的分量——剪应力，以及岩体中孔隙水、裂隙水的静水压力或某种振动力造成的。产生崩塌的基本条件如下。

（1）**地形条件** 高陡斜坡是形成崩塌的必要条件。规模较大的崩塌，一般多发生在高度大于 30m，坡度大于 45°（大多数介于 55°～75° 之间）的陡峻斜坡上；斜坡前缘由于应力重分布和卸荷等原因，产生长而深的拉张裂缝，并与其他结构面组合，逐渐形成连续贯通的分离面，在诱发因素作用下发生崩塌（图 6-2）。斜坡的外部形状，对崩塌的形成也有一定的影响。一般在上缓下陡的凸坡和凹凸不平的陡坡上易于发生崩塌。

（2）**岩性条件** 坚硬岩石具有较大的抗剪强度和抗风化能力，才能形成高陡的斜坡。所以，崩塌常发生在由坚硬脆性岩石构成的斜坡上。岩石性质不同其强度、风化程度、抗风化和抗冲刷的能力及其渗水程度都是不同的。如果陡峻山坡是由软硬岩层互层组成，由于软岩层易于风化，硬岩层失去支持而引起崩塌（图6-3）。

在大多数情况下，岩石的节理程度是决定山坡稳定性的主要因素之一。虽然岩石本身可能是坚固的，风化轻微的，但其节理发育亦会使山坡不稳定。当节理顺山坡发育时，特别是当发育在山坡表面的突出部分时（图6-4）最有利于发生崩塌。

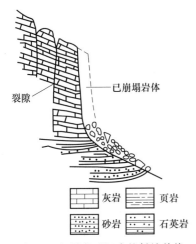

图6-2 坚硬岩石组成的斜坡前缘
卸荷裂隙导致崩塌示意图

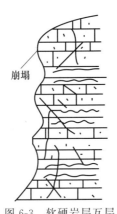

图6-3 软硬岩层互层

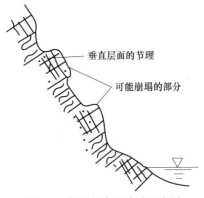

图6-4 节理与崩塌关系示意图

（3）**构造条件**　如果斜坡岩层或岩体的完整性好就不易发生崩塌。实际上，自然界的斜坡经常是由性质不同的岩层以各种不同的构造和产状组合而成的，而且常常为各种构造面所切割，从而削弱了岩体内部的联结，为产生崩塌创造了条件。一般来说，岩层的层面、裂隙面、断层面、软弱夹层或其他的软弱岩性带都是抗剪性能较低的"软弱面"。如果这些软弱面倾向临空且倾角较陡，则当斜坡受力情况突然变化时，被切割的不稳定岩块就可能沿着这些软弱面发生崩塌。

（4）**气候与水文条件**　昼夜的温差、季节温度的变化、湿度大小、风、大气降水等气候条件，会引起岩石热胀冷缩、冻融、冰劈、风蚀、冲刷等地质作用，加剧岩石的风化，这些往往是发生崩塌的诱因；岩石的强烈风化和软化、软裂隙水的冻融、地表水的冲刷、植物根系的楔入，河流、湖泊、海浪对坡脚的冲刷，这些因素都易使边坡失稳，造成崩塌。

（5）**其他因素**　地震、人工爆破、地下采矿、不合理的切坡开挖等人类工程活动，也是产生崩塌的诱因或原因之一，故人工边坡也常发生崩塌现象。

6.1.1.3　崩塌的防治

只有小型崩塌，才能防止其不发生，对于大的崩塌只好绕避。要有效防治崩塌，首先必须进行工程地质调查，掌握地区内崩塌形成的基本条件及其影响因素；然后根据不同的具体情况，采取相应的措施。

（1）**防治原则**　由于崩塌发生得突然而猛烈，治理比较困难，尤其是大型或巨型崩塌的治理十分复杂，所以应采取以防为主的原则。

① 在选择工程建筑场地时，应根据斜坡的具体条件，认真分析发生崩塌的可能性及其规模。对有可能发生大、中型崩塌的地段，应尽量避开。若避开有困难，应采取防治工程。例如，铁路应尽量设在崩塌停积区范围之外。如有困难，也应使路线离坡脚有适当距离，以便设置防护工程。

② 在设计和施工中，避免使用不合理的高陡边坡，避免大挖大切，以维持山体的平衡稳定。在岩体松散或构造破碎地段，不宜使用大爆破施工，避免因工程技术上的失误而引起崩塌。

（2）处理措施

① 刷坡。将陡崖或者岩层表面风化破碎不稳定的斜坡地段削缓，并清除易坠的岩石。

② 护面。清除坡面危石，加固坡面，采用如坡面喷浆、抹面、砌石铺盖（如图 6-5）等，以防止软弱岩层进一步风化；采用灌浆、勾缝、镶嵌、锚栓，以恢复和增强岩体的完整性。

③ 支护工程。危岩支顶，如用石砌或用混凝土作支垛（如图 6-6）、护壁、支柱、支墩、支墙等，以增强斜坡的完整性，或可将易崩塌岩体用锚索、锚杆与斜坡稳定部分联固。

④ 拦截防御。修筑落石平台、落石网、落石槽、拦石堤、拦石墙、明硐或御坍硐（图 6-7）等。

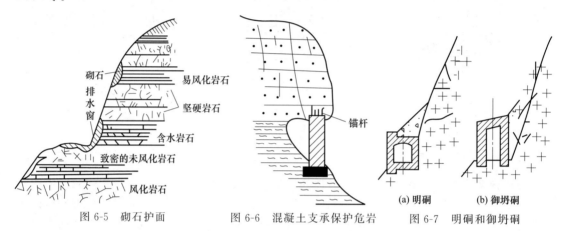

图 6-5 砌石护面　　　图 6-6 混凝土支承保护危岩　　　图 6-7 明硐和御坍硐

⑤ 排水。修筑截水沟、封底加固附近的灌溉引水、排水沟渠等，防止水流大量渗入岩体而恶化斜坡的稳定性。

6.1.1.4 崩塌的工程评价

各类崩塌的岩土工程评价应符合下列规定。

（1）规模大，破坏后果很严重，难于治理的，不宜作为工程场地，线路应绕避。

（2）规模较大，破坏后果严重的，应对可能产生崩塌的危岩进行加固处理，线路应采取防护措施。

（3）规模小，破坏后果不严重的，可作为工程场地，但应对不稳定危岩采取治理措施。

6.1.2 滑坡

滑坡是斜坡土体和岩体在重力作用下失去原有的稳定状态，沿着斜坡内某些滑动面（或滑动带）作整体向下滑动的现象。首先，滑动的岩土体具有整体性，除了滑坡边缘线一带和局部一些地方有较少的崩塌和产生裂隙外，总体上保持着原有岩土体的整体性；其次，斜坡上岩土体的移动方式为滑动，不是倾倒或滚动，因而滑坡体的下缘常为滑动面或滑动带的位置。此外，规模大的滑坡一般是缓慢地往下滑动，其位移速度多在突变加速阶段才显著。有时会造成灾难性的。有些滑坡滑动速度一开始也很快，这种滑坡经常是在滑坡体的表层发生翻滚现象，因而称这种滑坡为崩塌性滑坡。

规模大的滑坡一般是长期缓慢地往下滑动，滑动过程可延续几年、十几年甚至更长时间，其滑动速度在突变阶段才显著增大。有些大型滑坡滑动速度很快，称为大型高速滑坡，滑动速度达到 20m/s 以上。例如，1983 年 3 月发生的甘肃东川洒勒山的滑坡，滑坡体为

$50 \times 10^6 \, m^3$，最大滑速达 $30 \sim 40 m/s$，造成很大的人员伤亡。

6.1.2.1 滑坡的基本构造

一个发育完全的典型滑坡，一般具有如图6-8所示的基本构造特征。

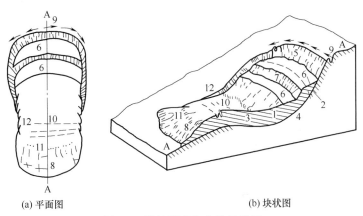

(a) 平面图　　　　　　　　　　　(b) 块状图

图 6-8　滑坡形态和构造示意图

1—滑坡体；2—滑动面；3—滑动带；4—滑坡床；5—滑坡后壁；6—滑坡台阶；7—滑坡后地陷坎；
8—滑坡舌；9—拉张裂缝；10—滑坡鼓丘；11—扇形张裂缝；12—剪切裂缝

① 滑坡体。指滑坡的整个滑动部分，即依附于滑动面下滑的岩土体。这部分岩土体虽然经受了扰动，但大体上仍保持原始结构，内部相对位置基本不变。滑坡体的体积大小视滑坡规模大小而异。滑坡体与周围未滑动的稳定斜坡在平面上的分界线称滑坡周界。滑坡周界圈定了滑坡的范围。

② 滑动面、滑动带、滑坡床。滑动面也称滑床面或滑面，是指滑坡体和滑坡床的连续破坏分界面，与临空面相互贯通，其厚度较大时可形成滑动带。通常，将滑动面上部受滑动揉皱的地带（厚度从数厘米到数米）称为滑动带。在滑动面下伏未动的岩土体，完全保持原有的结构，称为滑坡床。

滑动面的形状随着斜坡岩土的成分和结构的不同而各异。在均质黏性土和软岩中，滑动面近于圆弧形。滑坡体如沿着岩层层面或构造面滑动时，滑动面多呈直线形或折线形。多数滑坡的滑动面由直线和圆弧复合而成，其后部经常呈弧形，前部呈近似水平的直线。

滑动面大多数位于黏土夹层或其他软弱岩层内。如页岩、泥岩、千枚岩、片岩、风化岩等。由于滑动时的摩擦，滑动面常常是光滑的，有时有清楚的擦痕；同时，在滑动面附近的岩土体遭受风化破坏也较厉害。滑动面附近的岩土体通常是潮湿的，甚至达到饱和状态。许多滑坡的滑动面常常有地下水活动，在滑动面的出口附近常有泉水出露。

③ 滑坡后壁。滑坡体滑落后，滑坡后部和斜坡未动部分之间形成的一个陡度较大的陡壁称滑坡后壁。滑坡后壁的左右呈弧形向前延伸，其形态呈"圈椅"状，称为滑坡圈谷。其高度自几厘米至几十米，坡度一般为 $60° \sim 80°$。

④ 滑坡台阶。滑坡体因各段下滑的速度、幅度的差异形成一些错台，出现数个陡坡和高程不同台面，形成滑坡台阶。滑坡台阶的台面往往向着滑坡后壁倾斜。滑坡台阶前缘比较陡的破裂壁称为滑坡台坎。有两个以上滑动面的滑坡或经过多次滑动的滑坡，经常形成几个滑坡台地。

⑤ 滑坡舌。滑坡体前面伸出部分如舌状，故称为滑坡舌。其可深入河谷或河流，甚至超过河对岸。

⑥ 滑坡鼓丘。滑坡体在向前滑动的时候，如果受到阻碍，就会形成隆起的小丘，称为滑坡鼓丘。

⑦ 滑坡裂缝。滑坡体的不同部分，在滑动过程中因受力性质、移动速度的不同，而产生不同力学性质的裂缝。根据受力状况不同，滑坡裂缝可以分为四种。

拉张裂缝：滑坡体与后缘岩层拉开时，在后壁上部坡面上留下的一些弧形裂隙称为拉张裂隙。若斜坡面出现拉张裂隙，往往是滑坡将要发生的先兆。沿滑坡壁向下的拉张裂隙最深、最长、最宽，称为主裂隙。

鼓张裂缝：滑坡体在下滑过程中，如果滑动受阻或上部滑动较下部为快，则滑坡下部会向上鼓起并开裂，这些裂缝通常是张口的。鼓张裂缝的排列方向基本上与滑动方向垂直，有时交互排列成网状。

剪切裂缝：滑坡体两侧和相邻的不动岩土体发生相对位移时，会产生剪切作用；或滑坡体中央部分较两侧滑动快而产生剪切作用，都会形成大体上与滑动方向平行的裂缝。这些裂缝的两侧常伴有如羽毛状平行排列的次一级裂缝。

扇形张裂缝：滑坡体向下滑动时，滑坡舌向两侧扩散，形成放射状的张开裂缝，称为扇形张裂缝，也称滑坡前缘放射状裂缝。

⑧ 主滑轴线。滑坡主轴滑坡在滑动时运动速度最快的纵向线称为主滑轴线。其代表滑体运动的主方向，位于滑体上推力最大、滑床凹槽最深、滑体最厚的纵断面上。在平面上可为直线或曲线。

6.1.2.2　滑坡形成的条件

(1) **岩性条件**　在岩土层中，必须具有受水构造、聚水条件和软弱面（该软弱面也有隔水作用）等，才可能形成滑坡。在硬质岩地层中，发生滑坡的可能性较小，但岩体内夹有软弱破碎带或薄风化层，倾角较陡且有地下水活动时，岩层可能沿软弱面（带）而滑动。在软质易风化岩层中，干燥时，岩层风化成散粒碎屑（碎片），当受水潮湿后，容易形成表面滑动。在鼓性土层中，一般上部地层较松散，易渗水，下部比较致密起隔水作用。当水下渗后，在其分界处构成软弱滑腻面，常使上层土体沿此软弱面滑动。坡积黏性土，当其含水量较大时，抗剪强度显著降低，易沿下伏基岩顶面滑动而产生滑坡。

(2) **地质构造**　边坡体内部的结构构造情况如岩层或土层层面、节理、裂缝等常常是影响边坡体稳定性的决定性因素。一般堆积层和下伏岩层接触面越陡，其下滑力越大，滑坡发生的可能性也愈大。滑坡体常在以下情况发生。

① 硬质岩层中夹有薄层软质岩、软弱破碎带或薄风化层，软弱夹层的倾角较陡且有地下水活动时，岩层可能沿着软弱夹层产生滑动。

② 边坡体有玄武岩等层状介质时，极易顺岩体的层面发生顺层滑坡，含煤地层易沿煤层发生顺层滑坡。

③ 变质岩类中的片岩、千枚岩、板岩等的结构构造面密集，易产生滑坡；坡积地层或洪积地层下方常有基岩面下伏，下伏的基岩面坚硬且隔水，当大气降水沿土体空隙下渗后，极易在下伏基岩面之上形成软弱的饱和土层，使土体沿此软弱面滑动。

④ 存在断层破碎带、节理裂缝密集带的边坡体，易沿此类结构面发生滑坡。

(3) **气候条件**　夏季炎热干燥，使黏土层龟裂，如遇暴雨时，水沿裂缝渗入土体（滑坡体）内部，使滑动。雨季开挖边坡，山坡土湿化，黏聚力降低，重力密度增大，对山坡稳定不利。气候变化使岩土风化，减少黏聚力和结合力，尤其是粉质黏土或夹有黏土质岩的地层，当雨水渗入较多时，易发生浅滑或表土溜滑。

(4) **水文地质作用**　地表水以及地下水的活动常常是导致产生滑坡的重要因素。有关资料显示，90%以上的边坡滑动都和水的作用有关。水的作用表现在以下几个方面。

① 因水的渗入而使边坡体的重量发生变化而导致边坡的滑动。大气降水沿土坡表面下渗，使土层土体的重量增加，改变了土坡原有的受力状态，而有可能引起土坡的滑动。

② 水的渗入造成土坡介质力学性质指标的变化而导致边坡滑动。斜坡堆积层中的上层滞水和多层带状水极易造成堆积层产生顺层滑动。斜坡上部岩层节理裂缝发育、风化剧烈，形成含水层，下部岩层较完整或相对隔水时，在雨季容易沿含水层和隔水层界面产生滑坡。

③ 断裂带的存在使地下水、地表水和不同含水层之间发生水力联系，坡体内水压力变化复杂导致坡体滑动，渗流动水力作用导致的边坡体受力状态的改变也会导致坡体滑动。

④ 地下水在渗流中对坡体介质的溶解溶蚀和冲蚀改变了边坡体的内部构造而导致边坡滑动，或河流等地表水对土坡岸坡的冲刷、切割致使边坡产生滑动。

(5) 地形及地貌条件　边坡的坡高、倾角和表面起伏形状对其稳定性有很大的影响。坡角愈平缓、坡高愈低，边坡体的稳定性愈好。边坡表面复杂、起伏严重时，较易受到地表水或地下水的冲蚀，坡体稳定性也相对较差。另外，边坡体的表面形状不同，其内部应力状态也不同，坡体稳定性自然不同。高低起伏的丘陵地貌，是滑坡集中分布的地貌单元，山间盆地边缘、山地地貌和平原地貌交界处的坡积和洪积地貌也是滑坡集中分布的地貌单元。凸形山坡或上陡下缓的山坡，当岩层倾向与边坡顺向时，易产生顺层滑动。

(6) 其他条件　地震、爆破及机械振动等可能增加下滑力；人为地破坏山坡表层覆盖，引起渗水作用加强，也会促进山坡滑动；人类在山坡附近的工程活动、施工中的不当措施，都可能破坏山坡的平衡，造成滑坡。

6.1.2.3　滑坡的发育过程及判别标志

(1) 滑坡的发育过程　滑坡的发生、发展演化过程，是一个累积性变形破坏过程，而且往往具有多次周期活动的特点。通常将滑坡的发育过程划分为三个阶段：蠕动变形阶段、滑动破坏阶段和渐趋稳定阶段。研究滑坡发育的过程对于认识滑坡和正确地选择防滑措施具有很重要的意义。

① 蠕动变形阶段。此阶段表现为斜坡坡肩附近及坡体某些部位出现拉张裂隙；坡体内局部剪切破坏面亦出现，并向贯通性的滑面方向发展。斜坡在发生滑动之前通常是稳定的。在自然条件和人为因素作用下，斜坡岩土强度逐渐降低，造成斜坡失稳而破坏。在斜坡内部部分岩土体剪应力达到极限强度开始变形，产生微小的移动，变形进一步发展，直至坡面出现断续的拉张裂缝。随着拉张裂缝的出现，渗水作用加强，出现后续拉张、裂缝加宽、小型错距，两侧剪切裂缝也相继出现。坡脚附近的岩土被挤压、滑坡出口附近潮湿渗水，此时滑动面已大部分形成，但尚未全部贯通。斜坡变形进一步发展，后缘拉张裂缝不断加宽，错距不断增大，两侧羽毛状剪切裂缝贯通并撕开，斜坡前缘的岩土挤紧并鼓出，出现较多的鼓张裂缝，滑坡出口附近渗水浑浊，这时滑动面已全部形成，便开始整体地向下滑动。从斜坡的稳定状况受到破坏，坡面出现裂缝，到斜坡开始整体滑动之间的这段时间称为滑坡的蠕动变形阶段。蠕滑变形阶段的持续时间与斜坡中应力集中和分异的速度以及外力作用的强度有关，一般持续时间较长。一般说来，滑动的规模愈大，蠕动变形阶段持续的时间愈长。斜坡在整体滑动之前出现的各种现象，叫做滑坡的前兆现象。尽早发现和观测滑坡的各种前兆现象，对于滑坡的预测和预防都是很重要的。

② 滑动破坏阶段。滑动面已贯通，滑体的前后及两侧出现了不同力学机制的裂隙，并有局部坍塌。这些都标志着斜坡处于滑动阶段。滑坡在整体往下滑动的时候，滑坡后缘迅速下陷，滑坡壁越露越高，滑坡体分裂成数块，并在地面上形成阶梯状地形，滑坡体上的树木东倒西歪地倾斜，形成"醉林"［图 6-9 (a)］。滑坡体上的建筑物严重变形以致倒塌毁坏。随着滑坡体向前滑动，滑坡体向前伸出，形成滑坡舌。在滑坡滑动的过程中，滑动面附近湿度增大，并且由于重复剪切，岩土的结构受到进一步破坏，从而引起岩土体抗剪强度进一步降低，促使滑坡加速滑动。滑坡滑动的速度大小与滑动过程中岩土抗剪强度变化、滑动面的

特征及外力作用的方式和强度有关。当滑移速率急剧加大，后缘拉裂缝急速张开和下错时，后壁不断坍塌；两侧及前缘表部坍塌；滑动面（带）上岩土体结构进一步破坏，含水量增大，有时随滑舌伸出而流出大量泥水；滑坡体以较大速率向前滑移，滑速可达到每秒数十米，滑距较大；在滑速很大时甚至产生气浪，一般持续时间很短。

③ 渐趋稳定阶段。由于滑坡体在滑动过程中具有动能，所以滑坡体能越过平衡位置，滑到更远的地方。滑动停止后，除形成特殊的滑坡地形外，在岩性、构造和水文地质条件等方面都相继发生了一些变化。例如：地层的整体性已被破坏，岩石变得松散破碎，透水性增强含水量增高，经过滑动，岩石的倾角或变缓或变陡，断层、节理的方位也发生了有规律的变化；地层的层序也受到破坏，局部的老地层会覆盖在第四纪地层之上等。在自重作用下，滑坡体上松散的岩土逐渐压密，地表的各种裂缝逐渐被充填，滑动带附近岩土的强度由于压密固结又重新增加，这时对整个滑坡的稳定性也大为提高。经过若干时期后，滑坡体上东倒西歪的"醉林"又重新垂直向上生长，但其下部已不能伸直，因而树干呈弯曲状，称它为"马刀树"［见图 6-9（b）］，这是滑坡趋于稳定的一种现象。当滑坡体上的台地已变平缓，滑坡后壁变缓并生长草木，没有崩塌发生；滑坡体中岩土压密，地表没有明显裂缝，滑坡前缘无水渗出或流出清凉的泉水时，就表示滑坡已基本趋于稳定。滑坡趋于稳定之后，如果滑坡产生的主要因素已经消除，滑坡将不再滑动，而转入长期稳定。若产生滑坡的主要因素并未完全消除，且又不断积累，当积累到一定程度之后，稳定的滑坡便又会重新滑动。

(a) 醉林   (b) 马刀树

图 6-9　醉林和马刀树

（2）滑坡判别的标志

① 地物地貌标志。滑坡在斜坡上常造成环谷（如圈椅、马蹄状地形）地貌，或使斜坡上出现异常台坎及斜坡坡脚侵占河床（如河床凹岸反而稍微突出或有残留的大孤石）等现象。滑坡体上常有鼻状凸丘或多级平台，其高程和特征与外围阶地不同。有的滑坡体上还有积水洼地、地面裂缝、醉林、马刀树和房屋倾斜、开裂等现象。

② 岩、土结构标志。滑坡范围内的岩、土常有扰动松脱现象。基岩层位、产状特征与外围不连续，有时局部地段新老地层呈倒置现象，常与断层混淆。常见有泥土、碎屑充填或未被充填的张性裂缝，普遍存在小型坍塌。

③ 水文地质标志。斜坡含水层的原有状况常被破坏，使滑坡体成为复杂的单独含水体。在滑动带前缘常有成排的泉水溢出。

④ 滑坡边界及滑坡床标志。滑坡后缘断壁上有顺坡擦痕，前缘土体常被挤出或呈舌状凸起；滑坡两侧常以沟谷或裂面为界；滑坡床常具有塑性变形带，其内多由黏性物质或黏粒夹磨光角砾组成；滑动面很光滑，其擦痕方向与滑动方向一致。

6.1.2.4　滑坡的分类

滑坡分类的目的，是对滑坡作用的各种环境和现象特征以及产生滑坡的各种因素进行概括，以反映各类滑坡的特征和发生、发展演化的规律，并有效地进行防治。但由于地质条件和作用因素复杂，各种工程分类的目的和要求又不尽相同，因而可以从不同的角度进行滑坡分类。我国的滑坡类型见表6-1。

6.1.2.5　滑坡稳定性评价

滑坡的工程地质评价方法有地质分析法、力学分析法和工程地质类比法三种。

(1) 地质分析法

① 以边坡的地貌形态演化来预测和评价边坡稳定性，可根据以下地貌特征进行判断。

表6-1　滑坡的分类

分类依据	类型	特征说明
按滑体物质组成	黄土滑坡	不同时期的黄土层中的滑坡，并多群集出现，常见于高阶地前缘斜坡上
	黏性土滑坡	黏性土本身变形滑动，或与其他成因的土层接触面或沿基岩接触面而滑动
	堆积土滑坡	各种不同成因类型的堆积层体内滑动或沿基岩面滑动
	岩石滑坡	各种不同成因类型的岩体沿层面、节理、断层进行滑动
按主滑面与层面或结构面关系	顺层滑坡〔图6-10(a)〕	沿岩层面发生滑动，或沿坡积层与基岩交界面或基岩间不整合面等滑动，滑动面形态视岩层面的形态而定，可以是平直的、圆弧状或折线状的
	切层滑坡〔图6-10(b)〕	滑动面与层面相切的滑坡，在坚硬岩层与软弱岩层相互交替的岩体中的切层滑坡等，滑动面一般呈圆弧状或对数螺旋曲线
	均质滑坡〔图6-10(c)〕	发生在均质、无明显层理的岩土体中，滑动面不受层面控制，常呈圆弧面
按滑坡体厚度分(即滑动面深度)	浅层滑坡	滑坡体厚度小于6m
	中层滑坡	滑坡体厚度6~20m
	深层滑坡	滑坡体厚度20~50m
	超深层滑坡	滑坡体厚度大于50m
按滑坡的规模大小分	小滑坡	滑坡体积小于$3×10^4 m^3$
	中滑坡	滑坡体积$3×10^4$~$50×10^4 m^3$
	大滑坡	滑坡体积$50×10^4$~$300×10^4 m^3$
	巨滑坡	滑坡体积超过$300×10^4 m^3$
按形成年代分	新滑坡	由于开挖山体所形成的滑坡
	古滑坡	久已存在的滑坡，其中又可分为死滑坡、活滑坡及处于极限平衡状态的滑坡
按力学条件	牵引式滑坡(图6-11)	滑坡体下部先行变形滑动，上部失去支承力量，因而随着变形滑动
	推移式滑坡(图6-11)	上部先滑动，挤压下部引起变形和滑动
	牵引推移混合式滑坡	既有牵引，又有推动
按滑坡产生原因	自然滑坡	由自然地质作用产生的滑坡
	工程滑坡	由人类工程活动，开挖山体而引起的滑坡

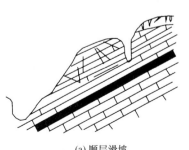
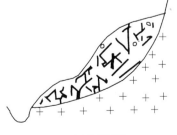

(a) 顺层滑坡　　　　　　　(b) 切层滑坡　　　　　　　(c) 均质滑坡

图6-10　滑坡体切割不同层次的分类

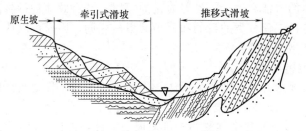

图 6-11　牵引式、推移式滑坡断面

a. 边坡出现独特的簸箕形或因椅形地貌，与上下游河谷平顺边坡不相协调，在岩石外露的陡坡下，中间则有一个坡度较为平缓的核心台地。

b. 在边坡高处的陡坡下部出现洼地、沼泽或其他地形，而又不是硅酸盐类岩层，陡坡的后缘有环状或弧形裂缝。

c. 在地层、构造等条件类似的河段上，局部边坡的剖面呈现上陡、中缓、下陡等地貌形态，而缓坡高程与当地阶地又不相协调。

d. 在现在河床受冲刷的凹岸，山坡反而稍微突出河中，有时形成急滩，或在古河床受冲刷的凹岸，河岸边有大块孤石分布，这很可能是由于滑坡体下缘已被冲走而残留的大孤石。

e. 双沟同源地形。一般山坡上的沟谷多是一沟数源，而在一些大型滑坡体上，两侧为冲沟环抱，而上游同源或相距很近，有时甚至形成环谷，青壮年期的滑坡地形，后部台地清晰，可见陷落洼地或池沼，双沟上游的距离亦较远，而老年期滑坡地形表面剧烈起伏形成缓坡，一直延伸到河岸，地形等高线呈明显紊乱。

f. 在山坡上出现树干下部歪斜上部直立的"马刀树"和东倒西歪的"醉汉树"。

g. 陡峭峡谷段出现缓坡，有可能是滑坡地形，但必须区别因地层岩性变化而出现的缓坡。

② 根据岩性、地质构造等条件评价边坡的变形破坏方式和判别滑坡。

a. 不同岩层组成的边坡有其常见的变形破坏方式。例如，有些岩层中滑坡特别发育，这是由于该岩层含有特殊的矿物成分、风化物，易于形成滑带，如高灵敏的海相黏土、裂缝黏土、第三系、侏罗系的红色页岩，泥岩层、二叠系煤系地层以及古老的泥质变质岩系都是易滑地层。在黄土地区，边坡的变形破坏方式以滑坡为主，而在花岗岩、厚层石灰岩地区则以崩塌为主；在片岩、千枚岩、板岩地区则往往产生地层挠曲和倾倒等蠕动变形。坚硬完整的块状或厚层状岩石，如花岗岩、砾岩、石灰岩等可形成数百米高的陡坡；而淤泥及淤泥质土地段，由于软土的塑性流动，边坡随挖随坍，难以开挖渠道，河岸边坡堆积层中含石块较大，其坡角为30°～40°，而含砾岩或软质碎石较多的，其坡角为25°～30°。

b. 滑坡范围内的岩石常有扰动松脱现象，其基岩层位、产状特征和外围不连续；局部地段新老地层呈倒置现象。

c. 滑带或滑面与倾向坡脚断层面的区别是：滑面产状有起伏波折，总体有下凹趋势而断层面一般产状较稳定；滑坡带厚度变化大，物质成分较杂，所含砾石磨圆度好而挤碎性差，而断层带物质与两侧岩性有关，构造岩类型多样；滑坡擦痕与主滑方向一致，只存在于黏性软塑带中或基岩表面一层，而断层擦痕与坡向或滑体的方向无关，且深入基岩呈平行的多层状。

③ 根据水文地质表示判断滑坡。山坡泉水较多，呈点状不规则分布，说明山坡可能已滑动，使地下水通道切断，坡脚成为高地地下水排泄面；斜坡含水层的原有状况被破坏，使边坡成为复杂的单独含水体。

④ 根据边坡变形体的外形和内部变形迹象判断边坡的演变阶段。

a. 具有以下标志可认为滑坡处于稳定阶段：山坡滑坡地貌已不明显，原有滑坡平台宽大且已夷平，土体密实，无不均匀沉陷现象；滑坡壁面稳定，长满树木，找不到新的擦痕，前缘的斜坡较缓，土体密实，无坍塌现象，滑坡舌迎河部分为含有大孤石的密实土层；河水目前已远离滑坡台地，台地外有的已有海滩阶地；滑坡两侧自然沟谷切割很深，已达基岩；原滑坡台地的坡脚有清澈的泉水外露。

b. 具有以下标志可认为滑坡可能处于复活阶段：边坡产生新的裂缝，并逐渐扩展；虽有滑坡平台，但面积不大，并向下缓倾或山坡表面有不均匀陷落的局部平台，参差不齐；滑坡地表潮湿、坡脚泉水出露点多；在处于当前河流冲刷条件下，但滑坡前缘土体松散、崩塌；在勘探或钻探时发现有明显的滑动面，滑面光滑，并见擦痕，滑面可见新生黏土矿物，可认为是滑坡是否复活的主要根据。

⑤ 根据周期性规律判定促进边坡演变的主导因素。促进边坡变形破坏的各种因素，在地质历史进程中都有其周期性变化规律。在某一时期必然由某一主导因素所制约。例如，河流由侵蚀到淤积、再侵蚀、再淤积的循环往复；气候、水文的季节性和多年性变化；地震的周期性出现，使边坡变形破坏也会具有周期性的规律。因此，研究这些规律，对预测滑坡的形成与发展有重要的意义。

（2）力学分析法　滑坡是在斜坡上岩土体遭到破坏，使滑坡体沿着滑动面（带）下滑而造成的地质现象。滑动面有平直的或弧形的（图 6-12）。在均质滑坡中，滑动面多呈圆形。

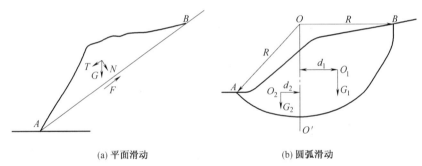

(a) 平面滑动　　　　　　　(b) 圆弧滑动

图 6-12　滑坡力学平衡示意图

① 在平面滑动面情形下，滑坡体的稳定系数 K 为滑动面上的总抗滑力 F 与岩土体重力 Q 所产生的总下滑力 T 之比。即

$$K = \frac{总抗滑力}{总下滑力} = \frac{F}{T} \tag{6-1}$$

当 $K < 1$ 时，滑坡发生；$K \geqslant 1$ 时，滑坡体稳定或处于极限平衡状态。

② 在圆形滑动面情形下，滑动面中心为 O，滑弧半径为 R。过滑动圆心 O 作一铅直线 $\overline{OO'}$，将滑坡体分成两部分。在 $\overline{OO'}$ 线之右部分为滑动部分，其重力为 Q_1，它能绕 O 点形成滑动力矩 $Q_1 d_1$，在 $\overline{OO'}$ 之左部分，其重力为 Q_2，形成抗滑力矩 $Q_2 d_2$，因此，该滑坡的稳定系数 K 为总抗滑力矩与总滑动力矩之比。即

$$K = \frac{总抗滑力}{总下滑力} = \frac{Q_2 d_2 + \tau ABR}{Q_1 d_1} \tag{6-2}$$

式中　τ——滑动面上的抗剪强度。

当 $K < 1$ 时，滑坡失去平衡，而发生滑坡。

③ 在折线滑动面情形下，可采用分段的力学分析。如图 6-13 所示，沿折线滑面的转折

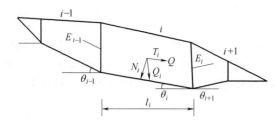

图 6-13 折线滑面的滑坡稳定计算图

处划分成若干块段，从上至下逐块计算推力，每块滑坡体向下滑动的力与岩土体阻挡下滑力之差，也称剩余下滑力，是逐级向下传递的。即

$$E_i = F_s T_i - N_i f_i - c_i l_i + E_{i-1} \psi \quad (6-3)$$

式中，E_i 为第 i 块滑坡体的剩余下滑力，kN/m；E_{i-1} 为第 $i-1$ 块滑坡体的剩余下滑力，kN/m，（如为负值则不计入）；ψ 为传递系数，$\psi = \cos(\theta_{i-1} - \theta_i) - \sin(\theta_{i-1} - \theta_i)\tan\varphi_i$；$T_i$ 为作用于第 i 块滑动面上的滑动分力，kN/m；$T_i = Q_i \sin\theta_i$；N_i 为作用于第 i 块滑动面上的法向分力，kN/m；$N_i = Q_i \cos\theta_i$；Q_i 第 i 块段岩土体重量，kN/m；f_i 为第 i 块滑坡体沿滑动面岩土的摩擦系数，$f_i = \tan\varphi_i$；φ_i、c_i 分别为第 i 块滑坡体滑动面岩土的内摩擦角（度）和内聚力，kN/m；θ_i、θ_{i-1} 分别为第 i 块和第 $i-1$ 块滑坡体的滑动面与水平角之夹角（度）；F_s 为安全系数。

当任何一块剩余下滑力为零或负值时，说明该块对下一块不存在滑坡推力。当最终一块岩土体的剩余下滑力为负值或零时，表示整个滑坡体是稳定的。如为正值，则不稳定。应按此剩余下滑力设计支挡结构。由此可见，支挡结构设置在剩余下滑力最小位置处较合理。

（3）**工程地质类比法** 对拟建工程地区的工程地质条件与具有类似工程地质条件相邻地区的已建工程，进行分析比较而获取对拟建工程岩体稳定性程度的认识，以便参考。

6.1.2.6 滑坡勘察与监测

（1）**滑坡的勘察** 滑坡的勘察应查明滑坡的类型、要素、范围、性质、地质背景及其危害程度，分析滑坡的成因，判断稳定程度，预测其发展趋势，提出防止对策及整治方案，包括以下工作。

① 工程地质测绘。测绘可根据滑坡的规模，选用 1：200～1：2000 的地形、地质图为底图。测绘与调查的内容包括：当地滑坡史、易滑地层分布、气象、地质构造图及工程地质图；微地貌形态及其演变过程，圈定各滑坡要素及分布范围；研究滑动带的部位、划痕指向、滑面的形态等。

② 勘察。勘察的主要任务是查明滑坡体的范围、厚度、地质剖面、滑面的个数、形态及物质的成分，查明滑坡体内地下水的水层的层数、分布、来源、动态及各含水层间的水力关系。勘察的方法可以采用井探、槽探、洞探，如要研究深部滑动可采用钻探并可用地面物探方法。

③ 工程地质试验。主要是测定滑坡体内各土层的物理力学性质及水理性质，特别要重点研究滑带土的抗剪程度指标及变化规律，有时可采用室内和野外原位测试相结合。为了检验采用的滑动面的抗剪强度计算指标是否正确，可采用反演分析法。

（2）**滑坡的监测** 滑坡的监测内容主要是位移观测、地下水动态和水压监测，目的是确定不稳定区的范围，研究边坡的破坏过程和模式，预测边坡破坏的发展趋势，制订合理的处理方案，并包括边坡破坏的中、短期和临滑预报。

① 位移观测。位移是边坡稳定性最直观而灵敏的反映，许多观测资料表明，除局部坍塌和大爆炸引起的边坡破坏外，具有一定的规模的滑坡，从变形到开始破坏，都具有明显的移动过程。

② 地下水动态和水压监测。应用水压计观测边坡坡体内地下水压及地下水位的变化，对分析边坡稳定，检验疏干效果，预报滑坡的发展有重要的作用。边坡如有排水设施，可观

测地下水涌水量。

6.1.2.7 滑坡的防治

滑坡的防治，贯彻以防为主、整治为辅的原则。在选择防治措施前，一定要查清滑坡地形、地质和水文地质条件，认真研究和确定滑坡的性质及其所处的发展阶段，了解产生滑坡的主次原因及其相互联系，结合工程建筑的重要程度、施工条件及其他情况进行综合考虑。

(1) 防治原则 为了预防和制止斜坡变形破坏对建筑物造成的危害，对斜坡变形破坏需要采取防治措施。实践表明，要确保斜坡不发生变形破坏，或发生变形破坏之后不再继续恶化，必须加强防治。防治的总原则应该是"以防为主，及时治理"。具体的防治原则可概括为以下几点。

① 以查清工程地质条件和了解影响斜坡稳定性的因素为基础。查清斜坡变形破坏地段的工程地质条件是最基本的工作环节，在此基础上分析影响斜坡稳定性的主要及次要因素，并有针对性地选择相应的防治措施。

② 整治前必须搞清斜坡变形破坏的规模和边界条件。变形破坏的规模不同，处理措施也不相同，要根据斜坡变形的规模大小采取相应的措施。此外，还需掌握变形破坏面的位置和形状，以确定其规模和活动方式，否则就无法确切地布置防治工程。

③ 按工程的重要性采取不同的防治措施。对斜坡失稳后后果严重的重大工程，势必要提高安全稳定系数，故防治工程的投资量大；非重大的工程和临时工程，则可采取较简易的防治措施。同时，防治措施要因地制宜，适合当地情况。

(2) 防治滑坡的工程措施 防治滑坡的工程措施大致可分为三类：排水、力学平衡和改善滑动面（带）的土石性质。目前常用的工程措施有地表排水、地下排水、减重和支挡工程等。

① 排水。地表排水一般是设置截水沟或排水明沟（图6-14），以截排来自滑坡体外的坡面径流，在滑坡体上设置树枝状排水系统汇集旁引坡面径流于滑坡体外排出；地下排水一般是采用各种渗沟、盲洞及排水孔等形式（图6-15）。

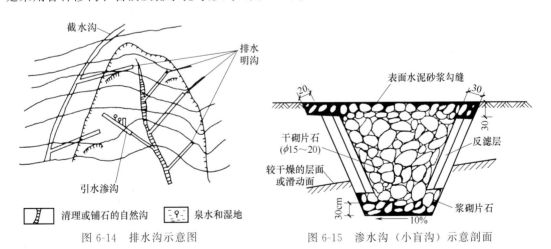

图 6-14　排水沟示意图　　　　图 6-15　渗水沟（小盲沟）示意剖面

② 力学平衡法。一般是在滑坡体下部修筑抗滑挡土墙、抗滑片石垛、抗滑桩、锚杆等支挡建筑物 [图6-16中（a）～（d）]，以增加滑坡体下部的抗滑力；在滑坡体上部则采取刷方和减荷结合的反压措施 [图6-16（d）]，以减小其滑动力。

③ 改善滑动面（带）的土石性质。如采用焙烧、电渗排水、压浆及化学加固等，直接稳定滑坡。此外，还可针对某些影响滑坡滑动的因素进行专门整治。如在雨水多的地区，为防止流水对滑坡前缘的冲刷，可设置护坡、护堤、石笼及拦水坝等防护和导流工程。

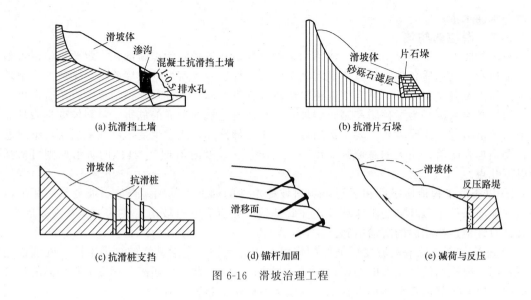

图 6-16　滑坡治理工程

6.2　泥　石　流

在山区，由于暴雨或融雪的急流携带着大量固体物质（黏土、砂粒、块石、碎石）沿着沟谷、陡坡急骤下泄的暂时性山地洪流称为泥石流。泥石流具有爆发突然、来势凶猛、历时短暂、破坏力强等特点，在短时间内可冲毁地表建筑、运输线路、桥梁等，甚至毁坏整个城镇和途经居民点，造成重大的人员伤亡和财产损失。

6.2.1　泥石流的形成条件

泥石流的形成和发展，与流域内的地质、地形和水文气象条件密切相关，同时也受人类活动的深刻影响。其主要因素在于：便于集物的地形，上部有大量的松散物质，短时间内有大量水的来源。

（1）地质条件　地质条件决定了松散固体物质来源，当汇水区和流通区广泛分布有厚度很大、结构松软、易于风化、层理发育的岩土层时，这些软弱岩土层是提供泥石流的主要固体物质来源。此外，还应注意到泥石流流域地质构造的影响，如断层、裂隙、劈理、片理、节理等发育程度和破碎程度，这些构造破坏现象是给岩层破碎创造条件，从而也为泥石流的固体物质提供来源。

（2）水文、气象条件　水既是泥石流的组成部分，又是搬运泥石流物质的基本动力。泥石流的发生与短时间内大量流水密切相关，没有大量的流水，泥石流就不可能形成。因此，就需要在短时间内有强度较大的暴雨或冰川和积雪的强烈消融，或高山湖泊、水库的突然溃决等。气温高或高低气温反复骤变，以及长时期的干燥，均有利于岩石的风化破碎，再加上水对山坡岩土的软化、潜蚀、侵蚀和冲刷等，使破碎物质得以迅速增加，这就有利于泥石流的产生。

（3）地形条件　汇水面积大，地形、沟床坡度比较陡，使地表水迅速集中并沿着沟谷急剧排泄成为可能。典型的泥石流流域，一般可以分为形成、流通和堆积三个动态区，如图6-17所示。

① 形成区。形成区位于流域上游，包括汇水动力区和固体物质供给区，多为高山环抱的山间小盆地，山坡陡峻，沟床下切，纵坡较陡，有较大的汇水面积。区内岩层破碎，风化严重，山坡不稳，植被稀少，水土流失严重，崩塌、滑坡发育，松散堆积物储量丰富，区内

岩性及剥蚀强度，直接影响着泥石流的性质和规模。

② 流通区。流通区一般位于流域的中、下游地段，多为沟谷地形，沟壁陡峻，河床狭窄、纵坡大，多陡坎或跌水。泥石流进入本区后具有极强的冲刷能力，将沟床和沟壁上的土石冲刷下来携走。当流通区纵坡陡长而顺直时，泥石流流动畅通，可直泄而下，造成很大危害。

③ 堆积区。堆积区多在沟谷的出口处。地形开阔，纵坡平缓，泥石流至此多漫流扩散，流速降低，固体物质大量堆积，形成规模不同的堆积扇。当堆积扇稳定而不再扩展时，泥石流对其破坏力减缓而至消失。

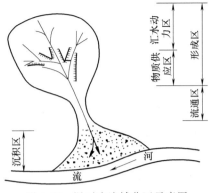

图 6-17　泥石流流域分区示意图

以上几个分区，仅对一般的泥石流流域而言，由于泥石流的类型不同，常难以明显区分，有的流通区伴有沉积，如山坡型泥石流其形成区就是流通区，有的泥石流往往直接排入河流而被带走，无明显的堆积层。

（4）其他条件　土壤与植被直接影响地表径流的形成和泥石流搬运物质的颗粒级配。人为的滥伐山林，造成山坡水土流失；开山采矿、采石弃渣堆石等，往往为泥石流提供大量的物质来源。例如，四川省 1981 年特大暴雨，使全省 1060 余处发生泥石流，其原因之一是森林覆盖率由 20 世纪 50 年代初期的 35％下降为 18.8％，造成大面积山体裸露，风化剥蚀作用加剧，水土流失严重，直接或间接地为泥石流形成提供了物质条件。

6.2.2　泥石流的特征

（1）重度大、流速高、阵发性强　泥石流含有大量的泥沙石块等松散固体物质，其体积含量一般超过 15％，重度一般大于 13kN/m³。黏稠的泥石流固体物质的体积含量可高达 80％以上。泥石流的流速大，其变化范围也大，一般为 2.5～15m/s 不等，具有强大的动能和冲击破坏能力。

（2）具有直线性特征　由于泥石流携带了大量固体物质，在流途上遇沟谷转弯处或障碍物时受阻而将部分物质堆积下来，使沟床迅速抬高，产生弯道超高或冲起爬高，猛烈冲击而越过沟岸或摧毁障碍物，甚至截弯取直冲出新道而向下游奔泻，这就是泥石流的直进性。一般的情况是：流体愈黏稠，直进性愈强，冲击力就愈大。

（3）发生具有周期性　在任何泥石流的发生区，较大规模的泥石流并不是经常发生的。泥石流的发生具有一定的周期性，只有当其条件具备时才可能发生。一次泥石流发生后，其形成区地表的松散物质全部被冲走或大部分被冲走，因此需要一段时间才能聚集足够多的风化碎散物质，才可能发生下一次骤然汇水引发的泥石流，因此不同区域的泥石流发生的周期是不同的。

（4）堆积物特征　泥石流的堆积物，分选性差，大小颗粒杂乱无章，其中的石块、碎石等较大颗粒的磨圆度差，棱角分明，堆积表面呈现垄岗突起、巨石滚滚等不同的特征。以上这些特征可供人们判断和识别泥石流，帮助人们研究泥石流的类型、发生频率、规模大小、形成历史和堆积速度。

6.2.3　泥石流的分类

从工程应用和方便考虑，泥石流多采用以下几种分类方法。

6.2.3.1　按泥石流的成因分

（1）天然泥石流　区域地质环境差，地表松散，岩、土体稳定性较低，生态环境脆弱的某些山区，在长期的自然演变过程中，由于水动力作用，发生的一种泥沙（地表松散物）集中搬运现象。

（2）**人工泥石流** 人类活动对环境的干预所造成的负面结果，在一定条件下将形成人为的泥石流。常见的人类不合理活动有工、矿、交通、城镇建设弃渣不当；切坡、陡坡开荒、过度放牧；过度砍伐森林；不合理的水工和土工建筑物，如堤、坝、中小水库、水渠、支挡等。

（3）**混合型泥石流** 既有天然泥石流，也有一部分是人类不合理活动造成的泥石流。

6.2.3.2 按泥石流活动产出的环境分

（1）**坡面型泥石流** 主要发生在 30°以上的山坡坡面上，不透水层埋藏较浅，表层有较好的植被覆盖，无沟槽水流，水动力为地下水浸泡和有压地下水作用，在同一坡面上可多处同时发生，成梳状排列，突发性强，无固定流路。

（2）**沟谷型泥石流** 有明显的坡面和沟槽汇流过程，松散物主要来自坡面和沟槽两岸及沟床堆积物的再搬运。泥石流流动除在堆积扇上流路不确定外，在山口以上基本集中归槽。

坡面型泥石流与沟谷型泥石流的特点见表 6-2。

表 6-2 泥石流按活动产出的环境

坡面型泥石流	沟谷型泥石流
① 无恒定地域与明显沟槽，只有活动周界；轮廓呈保龄球形	① 以流域为周界，受一定的沟谷制约；泥石流的形成、堆积和流通区较明显；轮廓呈哑铃形
② 限于 30°以上斜面，下伏基岩或不透水层浅，物源以地表覆盖层为主，活动规模小，破坏机制更接近于坍滑	② 以沟槽为中心，物源区松散，堆积体分布在沟两岸及河床上，崩塌、滑坡、沟蚀作用强烈，活动规模大，由洪水、泥沙两种汇流形成，更接近于洪水
③ 发生时不易识别，成灾规模及损失范围小	③ 发生时有一定规律性，可识别，成灾规模及损失范围大
④ 坡面土体失稳，主要是有压地下水作用和后续强暴雨诱发；暴雨过程中的狂风可能造成林、灌木拔起、倾倒，使坡面局部破坏	④ 主要是暴雨对松散物源的冲蚀作用和汇流水体的冲蚀作用
⑤ 总量小，重现期长，无后续性，无重复性	⑤ 总量大，重现期短，有后续性，能重复发生
⑥ 在同一斜坡面上可以多处发生，呈梳状排列，顶缘距山脊线有一定范围	⑥ 构造作用明显；同一地区多呈带状或片状分布，列入流域防灾整治范围
⑦ 可知性低、防范难	⑦ 有一定的可知性，可防范

6.2.3.3 按泥石流体中组成物质特性分

（1）**泥流** 所含固体物质以细颗粒黏土和泥沙为主，仅有少量岩屑碎石，混合较为均匀。泥流的黏度大，呈不同稠度的泥浆状。我国主要分布于甘肃天水、兰州及青海的西宁等黄土高原山区和黄河的各大支流，如渭河、湟水、洛河、泾河等地区。

（2）**水石流** 固体物质以粗颗粒泥沙、石块为主，水沙呈分离状。水石流主要分布于石灰岩、石英岩、大理岩、白云岩、玄武岩及坚硬砂岩地区。如陕西华山、山西太行山、北京西山、辽宁东部山区的泥石流多属此类。

（3）**泥石流** 介于上述两种类型间的一种泥石流类型。固体物质由黏土、粉土、块石、碎石、砂砾所组成，级配差别很大，细颗粒物质和黏土物质含量视流域内土体贮量而异，它是一种比较典型的泥石流类型。全世界的山区，尤其是基岩裸露剥蚀强烈的山区产生的泥石流，多属此类。我国泥石流的高发地区：西藏波密、四川西昌、云南东、贵州遵义等地区。

6.2.3.4 按流体性质分

（1）**黏性泥石流** 其固体物质的体积含量一般在 $40\% \sim 80\%$，其中黏土含量一般为 $8\% \sim 15\%$，其重力密度多介于 $17 \sim 21 kN/m^3$。固体物质和水混合组成黏稠的整体，做等速运动，具层流性质；在运动过程中，常发生断流，有明显的阵流现象；阵流前锋常形成高大

的 "龙头"，具强大的惯性力，冲淤作用强烈；流体到达堆积区后仍不扩散，固液两相不离析，堆积物一般具棱角，无分选性；堆积地形起伏不平，仍保持运动时的结构特征，故又称结构型泥石流。

（2）**稀性泥石流** 也叫紊流型泥石流。其固体物质的体积含量一般小于40%，黏土、粉土含量一般小于5%，其重力密度多介于13～17kN/m³。搬运介质为浑水或稀泥浆，其流速大于固体物质运动速度；在运动过程中，具紊流性质，无阵流现象；停滞后固液两相立即离析，堆积物呈扇形散流，有一定的分选性，堆积地形较平坦。

6.2.3.5 按泥石流的规模及危害程度分

按泥石流的规模及危害程度可将泥石流分为特大泥石流、大型泥石流、中型泥石流和小型泥石流等。

（1）**特大型泥石流** 特大型泥石流多为黏性泥石流，其流域面积大于10km²，最大泥石流的流量约为2000m³/s，一次或每年多次冲出的土石方量总和超过50万立方米。发育地沟谷地表裸露、岩石破碎，风化作用强烈，水土流失十分严重，不良地质现象极为发育，沟谷纵坡坡度大，沟床中有大量巨石，河道内阻塞现象严重，破坏作用巨大。

（2）**大型泥石流** 大型泥石流流域面积大约为5～10km²，最大泥石流的流量约为500～2000m³/s，一次或每年多次冲出的土石方量大约为10万～50万立方米。发育地地表侵蚀和风化作用强烈，水土流失严重，沟谷狭窄，纵坡坡度大，有较多的松散物质堵塞沟道，破坏作用严重。

（3）**中型泥石流** 中型泥石流流域面积大约为2～5km²，最大泥石流的流量约为100～500m³/s，一次或每年多次冲出的土石方量大约为1万～10万立方米。发育地地表侵蚀和风化作用较强烈，水土流失较严重，沟道中有淤积现象，破坏作用较严重。

（4）**小型泥石流** 小型泥石流流域面积小于2km²，最大泥石流的流量小于100m³/s，一次或每年多次冲出的土石方量小于1万立方米。发育地地表侵蚀和风化作用较弱，大部分地区水土流失不严重，不良地质现象零星发育，规模较小，以沟坡坍塌和土溜为主，破坏作用不大。

6.2.3.6 按发育阶段分类

按发育阶段分类，可将泥石流分为发展期泥石流、活跃期泥石流、衰退期泥石流和终止期泥石流等。

（1）**发展期泥石流** 刚开始发生到活跃期以前这一阶段的泥石流为发展期泥石流。其主要特征是重力侵蚀作用正在增强，松散物质聚集速度加快，爆发频率不断增高，发生规模不断加大。

（2）**活跃期泥石流** 正处于强烈活动且持续稳定时期的泥石流为活跃期泥石流。其主要特征为重力侵蚀作用强烈，爆发频率高，发生规模大，输送能力强，堆积扇发展强烈。

（3）**衰退期泥石流** 发生于活跃期以后直至终止期阶段的泥石流为衰退期泥石流。

（4）**终止期泥石流** 已经停止不再发生的泥石流为终止期泥石流。其堆积扇已经出现清水沟槽，沟槽以外的扇体表面开始被植被覆盖。

6.2.3.7 按复生频率分

（1）**高频率泥石流沟谷** 高频率泥石流沟谷基本上每年均有泥石流灾害发生，固体物质主要来源于滑坡、崩塌，泥石流爆发雨强小于2～4mm/10min。除岩性因素外，滑坡崩塌严重的沟谷多发生黏性泥石流，规模大；反之，多发生稀性泥石流，规模小。

（2）**低频率泥石流沟谷** 低频率泥石流沟谷中泥石流灾害发生周期一般在10年以上，固体物质主要来源于沟床，泥石流发生时"揭床"现象明显。暴雨时坡面的浅层滑坡往往是激发泥石流的因素。泥石流爆发雨强一般大于4mm/10min。泥石流规模一般较大，性质有黏，有稀。

6.2.4 泥石流的工程地质评价

泥石流地区工程建设适宜性的评价，应符合下列要求。

（1）特大型泥石流和大型泥石流沟谷不应作为工程场地，各类线路宜避开。

（2）中型泥石流沟谷不宜作为工程场地，当必须利用时应采取治理措施；线路应避免直穿堆积扇，可在沟口设桥（墩）通过。

（3）小型泥石流沟谷可利用其堆积区作为工程场地，但应避开沟口，线路可在堆积扇通过，可分段设桥和采取排洪、导流措施，不宜改沟、并沟。

（4）当上游大量弃渣或进行工程建设改变了原有供排平衡条件时，应重新判定产生新的泥石流的可能性。

6.2.5 泥石流的防治

为了有效防治泥石流，应先进行工程地质调查。通过实地调查和访问，查明泥石流的类型、规模、活动规律、危害程度、形成条件和发展趋势等，并收集工程设计所需要的流速和流量等方面的资料。对已发生过泥石流的地区，应注意调查泥石流的沟谷形态、泥石流运动痕迹；在沟口沉积区的洪积扇或洪积堆的空间分布、厚度及物质组成等。对未曾发生过泥石流，但存在形成泥石流的条件，遇某些特殊情况，如在特大暴雨、大地震的作用下，有可能促使泥石流突然爆发的地区，在工程地质调查时应予以注意。

6.2.5.1 泥石流防治原理

防治泥石流应坚持因地制宜，就地取材的原则，要有总的规划，采取综合防治措施。防护措施的基本原理如下。

（1）抑制泥沙产生的措施：常见有拦沙坝、谷坊、护岸、封山育林、截水沟、坡面梯田化等。

（2）限制水沙下泄量，控制流路，防冲防淤：这类措施有拦沙坝，包括穿透式格拦坝、停淤场、导流堤、排导沟、消理河床、消除弧石等。

（3）避开泥石流的直接冲击，削弱泥石流的能量，把泥石流引向指定地区的措施：如导流坝、拦挡坝、明硐、渡槽、排导沟、防冲墩、防护桩或墩身防护圈等。

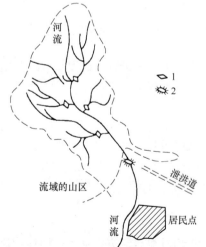

图 6-18　泥石流排导措施
1—坝和堤防；2—导流坝

6.2.5.2 泥石流防治措施

（1）预防措施　在上游汇水区，做好水土保持工作，如植树造林、种植草皮等；调整地表径流，横穿斜坡修建导流堤，筑排水沟系，使水不沿坡度较大处流动，以降低流速；加固岸坡，以防岩土冲刷和崩塌，尽力减少固体物质来源。

（2）治理措施

① 排导采用排导沟。设计排导沟应考虑泥石流的类型和特征，排导沟尽可能按直线布设，其纵坡宜一坡到底，出口处最好能与地面有一定的高差，有足够的堆淤场地（图 6-18）。

② 滞流与拦截。滞流措施是在泥石流沟中修筑一系列低矮的拦挡坝（图 6-19），拦蓄部分泥沙石块，减弱泥石流的规模；固定泥石流沟床，防止沟床下切和谷坡坍塌；减缓沟床纵坡，降低流速。拦截措施是修建拦泥坝或停淤场，将泥石流中的固体物质拦截在沟道内或停积在冲积扇的适当部位。这样不仅起到拦截固体物质的作用，还使山坡

稳定，减轻坡体滑动及沟壁崩塌。

③绕避。通过渡槽、明硐渡槽、高桥、大跨等形式进行平面绕避、立面绕避。

④修建防护工程。在泥石流沟的上游修建蓄水池、小型水库，减少流域中的汇集水流和洪峰流量。修建防护墩、防护桩、门坎、停淤场等进行护坡、护底、护岸。

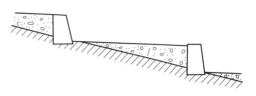

图 6-19　拦挡坝布置示意图

6.3　岩溶与土洞

岩溶，又称喀斯特，是由于地表水或地下水对可溶性岩石侵蚀而产生的一系列地质现象。岩溶主要是可溶性岩石与水长期作用的产物。岩溶与工程建设的关系很密切。如在水利水电建设中，岩溶造成的库水渗漏是水工建设中主要的工程地质问题。

土洞是由于地表水或地下水对土层的溶蚀和冲刷而产生空洞，空洞的扩展，导致地表陷落的地质现象，在有覆盖土的岩溶发育区，土洞作用特别显著。由于土洞发育速度快，分布密，对工程影响远大于岩洞，并且在岩溶地区土洞特别发育，因此将岩溶与土洞并列。

岩溶与土洞作用的结果，可产生一系列的工程地质问题。如在采矿和进行地下工程建设时，大量的岩溶水会影响采矿和工程建设；各种重大工程建筑常因考虑岩溶与土洞特点不周而出现地基塌陷、水库漏水、坝基溶蚀引起溃坝等严重问题。

因此，研究岩溶、土洞的形成条件，岩溶的工程地质问题，提出合理的建设方案与防治措施，对确保建筑物的安全和正常使用是十分重要的。

6.3.1　岩溶的形成条件

岩溶地形是在一定的条件下天然发育而成的一种奇特的自然地貌奇观（见图 6-20）。岩溶地貌的形成必须具备四个基本条件，即岩体、水质、水在岩体中活动、岩溶的垂直分带。

6.3.1.1　岩体

岩体首先是可溶解的。根据岩石的溶解度，能形成岩溶的岩石可分三大组：①碳酸盐类岩石，如石灰岩、白云岩和泥灰岩；②硫酸盐类岩石，如石膏和硬石膏；③卤素岩，如岩盐。这三组岩石中以碳酸盐类岩石的溶解度最低，但当水中含有碳酸时，其溶解度将剧烈增加。应指出，在碳酸盐类矿物中分布最广的有方解石和白云石，其中方解石的溶解度比白云石大得多。硫酸盐类岩石，溶解度远远大于碳酸盐类岩石，硬石膏在蒸馏水中的溶解度几乎等于方解石的 190 倍。卤素岩石如岩盐，其溶解度比上两类岩石都大。就我国分布的情况来看以碳酸盐类岩石特别是

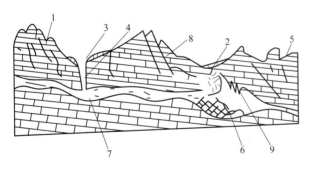

图 6-20　溶洞的形态示意图

1—石芽、石林；2—塌陷洼地；3—漏斗；
4—落水洞；5—溶沟、溶槽；6—溶洞；
7—暗河；8—溶蚀裂缝；9—钟乳石

石灰岩分布最广，石膏和硬石膏次之，岩盐最少。

岩体不仅是由可溶解的岩石组成，而且岩体必须具有透水性能，这才有发展为岩溶的可能。岩体的透水性要注意两个方面：一是可溶岩石本身的透水性，这就是说在岩石内要有畅通水流的孔隙；一是在岩体内要有裂隙，它们往往成为地下水流畅通的通道，是造成岩溶最

发育之所在地。裂隙类型很多，而造成岩溶的裂隙以构造裂隙和层理裂隙影响最大。它是造成深处岩溶发育的必要条件之一。

6.3.1.2 水质

岩体中是有水的，特别在地下水位以下的岩体。由于水中含有一定量的侵蚀性 CO_2，天然水是有溶解能力的。当含有游离 CO_2 的水与其围岩的碳酸钙（$CaCO_3$）作用时，碳酸钙被溶解，这时其化学作用如下：

$$CaCO_3 + CO_2 + H_2O \rightleftharpoons Ca^{2+} + 2HCO_3^-$$

这种作用是可逆的，即溶液中所含的部分 CO_2 在反应后处于游离状态。一定的游离 CO_2 含量相应于水中固体 $CaCO_3$ 处于平衡状态时一定的 HCO_3^- 含量，与平衡状态相应的游离 CO_2 量称为平衡 CO_2。如果水中的游离 CO_2 含量比平衡所需的数量要多，那么，这种水与 $CaCO_3$ 接触时，就会发生 $CaCO_3$ 的溶解。这一部分消耗在与碳酸钙发生反应上的碳酸称作侵蚀性 CO_2。

确定水中的侵蚀性 CO_2 是有意义的，因为水中含侵蚀性 CO_2 越多，则水的溶蚀能力越大。在我国发生岩溶的地方几乎是在石灰岩层中产生的。如果水中含有过多侵蚀性 CO_2，无疑这里岩溶发育必定是剧烈的。但是水中侵蚀性 CO_2 的含量是随水的活动程度不同而不同的。为此我们着重讨论水在岩体中的活动性。

6.3.1.3 水在岩体中活动方面

水在可溶岩体中活动是造成岩溶的主要原因。它主要表现为水在岩体中流动，地表水或地下水不断交替。因而造成水流一方面对其围岩有溶蚀能力，另一方面造成水流对其围岩的冲刷。

地下水或地表水主要来源于大气降水的补给。而大气中含有大量 CO_2，这些 CO_2 就溶解于大气降水中，使水中含有碳酸，这里应指出，土壤与地壳上部强烈的生物化学作用经常排出 CO_2，这就使水渗入地下过程中，将碳酸携带走。这样使水具有溶解可溶性岩石的能力。但水是流动的，不管是地表水或地下水，如为地表水则在地表的可溶岩石表面的凹槽流动，一方面溶解围岩，另一方面流水有动力的结果，又同时冲刷围岩，于是产生了溶沟溶槽和石芽。地下水在向地下流动过程中，与岩石相互作用而不断地耗费了其中具有侵蚀性的 CO_2，这样造成了地下水的溶解能力随深度的加深而减弱。再加上深部水的循环较慢，溶解能力及冲刷能力大大减少，使深部的岩溶作用减弱。

岩溶地区地下水对其围岩的溶解作用和冲刷作用两者是同时发生的。但是在一些裂隙或小溶洞中溶蚀作用占主要地位。而在一些大的地下暗河中，地下水的冲刷能力很强，这时溶解能力已退居次要地位了。

6.3.1.4 岩溶的垂直分带

在岩溶地区地下水流动有垂直分带现象，因而所形成的岩溶也有垂直分带的特征（图 6-21）。

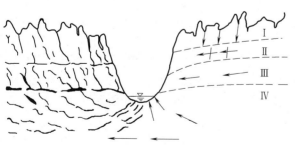

图 6-21 岩溶水的垂直分带
Ⅰ—垂直循环带；Ⅱ—季节循环带；
Ⅲ—水平循环带；Ⅳ—深部循环带

（1）垂直循环带，或称包气带。该带位于地表以下，地下水位以上。这里平时无水，只有降水时有水渗入，形成垂直方向的地下水通道。如呈漏斗状的称为漏斗，成井状的称为落水洞。大量的漏斗和落水洞等多发育于本带内。但是应注意，在本带内如有透水性差的凸镜体岩层存在时，则形成"悬挂水"或称"上层滞水"。于是岩溶作用形成局部的水平或倾斜的岩溶通道。

（2）季节循环带，或称过渡带。该带位于地下水最低水位和最高水位之间，受季节性影响，当干旱季节时，则地下水位最低，这时该带与包气带结合起来，渗透水流呈垂直下流。而当雨季时，地下水上升为最高水位，该带则为全部地下水所饱和，渗透水流则呈水平流动，因而在本带形成的岩溶通道是水平的与垂直的交替。

（3）水平循环带，或称饱水带。该带位于最低地下水位之下，常年充满着水，地下水作水平流动或往河谷排泄。因而本带形成水平的通道，称为溶洞，如溶洞中有水流，则称为地下暗河。但是往河谷底向上排泄的岩溶水，具有承压性质。因而岩溶通道也常常呈放射状分布。

（4）深部循环带，本带内地下水的流动方向取决于地质构造和深循环水。由于地下水很深，它不向河底流动而排泄到远处。这一带中水的交替强度极小，岩溶发育速度与程度很小，但在很深的地方可以在很长的地质时期中缓慢地形成岩溶现象。但是这种岩溶形态一般为蜂窝状小洞，或称溶孔。

6.3.2 岩溶的发育条件

岩石的可溶性与透水性、水的溶蚀性和流动性是岩溶发生和发展的四个基本条件。此外，岩溶的发育与地质构造、新构造运动、水文地质条件以及地形、气候、植被等因素有关。

（1）岩石的可溶性。石灰岩、白云岩、石膏、岩盐等为可溶性岩石，由于它们的成分和结构不同，其溶解性能也不相同。石灰岩、白云岩是碳酸盐岩石，溶解度小，溶蚀速度慢，而石膏的溶蚀速度较快，岩盐的溶蚀速度最快。石灰岩和白云岩分布之泛，经过长期溶蚀，岩溶现象十分显著。质纯的厚层石灰岩要比含有泥质、炭质、硅质等杂质的薄层石灰岩溶蚀速度要快，形成的岩溶规模也大。

（2）岩石的透水性主要取决于岩层中孔隙和裂隙的发育程度。尤其是岩层中断裂系统的发育程度和空间分布情况，对岩溶的发育程度和分布规律起着控制作用。

（3）水的溶蚀性主要取决于水中 CO_2 的含量，水中含侵蚀性 CO_2 越多，则水的溶蚀能力越强，大大增强对石灰岩的溶解速度。湿热的气候条件有利于溶蚀作用的进行。

（4）水的流动性取决于石灰岩层中水的循环条件，它与地下水的补给、渗流及排泄直接相关。岩层中裂隙的形态、规模、密集度以及连通情况决定了地下水的渗流条件，它控制着地下水流的比降、流速、流量、流向等水文地质因素。地形平缓，地表通流差，渗入地下的水量就多，则岩溶易于发育；覆盖为不透水的黏土或亚黏土且厚度又大时，岩溶发育程度减弱。地下水的主要补给是大气降水，降雨量大的地区水源补给充沛，岩溶就易于发育。

6.3.3 岩溶的分布规律

（1）岩溶的分布随深度而减弱，并受当地岩溶侵蚀基准面的控制。因为岩溶的发育是与裂缝的发育和水的循环交替有着密切的关系，而裂缝的发育通常随深度而减少；另一方面，地表水下渗，地下水从地下水分水岭向地表河谷运动，必然促使地下洞穴及管道的形成。但在河谷侵蚀基准面，即当地岩溶侵蚀基准面以下，地下水运动和循环交替强度变弱，岩溶的发育亦随之减弱，洞穴大小和个数随深度而逐渐减少。

（2）岩溶的分布受岩性和地质构造的控制。在非可溶性岩内不会发育岩溶，在可溶性较弱的岩石中岩溶的发育就受到影响，在质纯的石灰岩中岩溶就很发育，而在可溶岩受破坏后，就会促使岩溶的发育。正因为如此，在一个地区就必然可以根据岩石的可溶性不同和构造破坏的程度划分出岩溶发育程度不同的范围。可以看到，在石灰岩裸露区岩溶常呈片状分布；在可溶岩与非可溶性岩相间区岩溶呈带状分布；在可溶岩中节理密集带、断层破碎带，岩溶也呈带状分布（见图6-22）。另外，在可溶岩与非可溶岩接触地带，岩溶作用也表现得非常强烈，岩溶极为发育。

图 6-22　岩溶地貌（往往呈带状分布）

（3）在垂直剖面上岩溶的分布常成层状。地壳常常处于间歇性的上升或下降阶段，由于地壳升降，岩溶侵蚀基准面发生变化，地下水为适应基准面而进行垂直溶蚀，从而产生垂直通道。当地壳处于相对稳定时期时，地下水则向地表河谷方向运动，从而发育成近水平的廊道。若地壳再次发生变化，就会形成另一高度的垂直和水平的岩溶洞穴。如此反复，就可在可溶岩厚度大、裂缝发育、地下水径流量大的地区形成多个不同高程的溶洞层。

（4）岩溶分布的地带性和多代性。由于地处维度不同，影响岩溶发育的气候、水文、生物、土壤条件也不相同，因而岩溶的发育程度和特征就会不同，呈现出明显的地带性。此外，现在看到的岩溶形态，都是经过多次岩溶作用过程，长期发展演变的结果，即经过多次地壳运动、气候变更以及岩溶条件的改变，岩溶或强或弱一次一次积累、叠加而形成的，这就形成了岩溶的多代性。

6.3.4　岩溶场地的勘察

拟建工程场地或其附近存在对工程安全有影响的岩溶时，应进行岩溶勘察。岩溶勘察宜采用工程地质测绘和调查、物探、钻探等多种手段结合的方法进行，并应符合下列要求。

（1）可行性研究勘察应查明岩溶洞隙、土洞的发育条件，并对其危害程度和发展趋势做出判断，对场地的稳定性和工程建设的适宜性做出初步评价。

（2）初步勘察应查明岩溶洞隙及其伴生土洞、塌陷的分布，发育程度和发育规律，并按场地的稳定性和适宜性进行分区。

（3）详细勘察应查明拟建工程范围及有影响地段的各种岩溶洞隙和土洞的位置、规模、埋深，岩溶堆填物性状和地下水特征，对地基基础的设计和岩溶的治理提出建议。

（4）施工勘察应针对某一地段或尚待查明的专门问题进行补充勘察。当采用大直径嵌岩桩时，尚应进行专门的桩基勘察。

6.3.5　土洞的形成

土洞是在有覆盖的岩溶发育区，其特定的水文地质条件，使基岩面以上的土体遭到流失迁移而形成土中的洞穴和洞内塌落堆积物以及引发地面变形破坏的总称。土洞是岩溶的一种特殊形态，是岩溶范畴内的一种不良地质现象，由于其发育速度快、分布密，对工程的影响远大于岩洞。

6.3.5.1　土洞的形成条件

土、岩溶和水是土洞形成的三个必备条件。土洞继续发展，即形成地面塌陷。

（1）**土洞与土质及土层厚度的关系**　土洞多位于黏性土层中，在砂土及碎石土中比较罕见。由于砂土、碎石土的水理性稳定，透水性好，不易被淘蚀，粒径相对较大，有可能堵塞岩溶通道，故砂土、碎石土分布地区很少出现土洞。

① 在黏性土中，取决于黏土颗粒成分、黏聚力、水理性等稳定情况等条件。颗粒细、黏性大、胶结好、水理性稳定的土层则不易形成土洞；反之，则易形成土洞。

② 在溶槽处，经常有软黏土分布，其抗冲蚀能力弱，且处于地下水流首先作用的场所，是易于土洞发育的部位。

③ 当土层厚时，土洞发展到地面引起塌陷所需时间就长，且易形成自然拱，不易引起地面塌陷。当土层薄时，就很快出现塌陷。

④ 土层厚薄不同，土洞塌陷后的剖面最终稳定尺寸及纵断面的形态亦不同。一般薄者小，呈筒状；厚者大，呈碟状或漏斗状。

（2）**土洞与岩溶的关系**　土洞是岩溶作用的产物，其分布受岩性岩溶水、地质构造等因素控制。凡具备土洞发育条件的岩溶地区，一般均有土洞发育。

① 土洞或塌陷地段，其下伏基岩中必有岩溶水通道，该通道不一定是巨大的裂隙和空洞，连接洞底的往往是上大下小的裂隙。

② 土洞常分布于溶沟两侧和落水洞、石芽侧壁的上口等位置。

（3）**土洞与地下水的关系**　水是形成土洞的外因和动力。因此，土洞的分布规律必然服从于土与水相互作用的规律。

① 由地下水形成的土洞多位于地下水变化幅度以内，且大部分分布在高水位与低水位之间（图6-23）。

② 土洞洞径有上大下小的规律，说明土洞在竖向分布上受地下水位线控制。

③ 土洞的发育速度、规模与地下水动力调校、升降幅度及频率有关，发展过程是由下而上。

④ 人工降低地下水位时所引起的水位升降幅度、次数的变化远较自然条件为大，土洞和塌陷的发育也就越强烈。

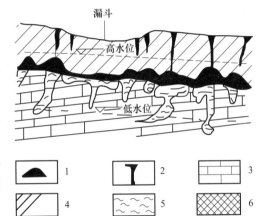

图6-23　土洞的分布和发育示意图
1—土洞；2—裂隙；3—石灰岩；
4—黏性土；5—软土或稀泥；6—充填物

6.3.5.2　土洞形成的过程

根据我国土洞的生长特点和水的作用形式，土洞可分为由地表水下渗发生机械潜蚀作用形成的土洞和地下水流潜蚀作用形成的土洞。在地下水深埋于基岩面之下，岩溶以垂直形态为主的山区，土洞以地表水冲蚀形成为主，如云南个旧等地；当地下水浅埋，略具承压性，岩溶以水平形态为主的准平原地区，土洞以地下水潜蚀形成为主，如广西桂林等地。

（1）**地面水形成的土洞**　当地下水深埋于基岩面以下时，地面水通过土中裂隙、生物孔洞、石芽边缘等通道渗入地下，当水流入渗处的下部有通道时，借冲蚀作用，土洞将自上而下逐渐形成，洞体断面呈漏斗形居多。当入渗处下部岩体中无适宜的通道，开始时入渗的水流逐渐布满土中裂隙空间，继而可沿邻近基岩面上某一有利通道流入岩体，最后到达地下水面。这一运动过程，使最初的土中网状细流汇集为集中的脉状流，流量增大，在基岩入口处流速加快，加剧对土体的冲蚀淘空，在邻近岩面通道口的上方形成土洞，其断面形态多为坛罐状，如向上发展可形成地面塌陷。

这类土洞形成需要有合适的土层，最易发育成土洞的土层性质和条件是含碎石的砂质粉土层；土层底部必须有排泄水流和土粒的良好通道，上部覆盖有土层的岩溶地区，土层底部岩溶发育是造成水流和土粒排泄的最好通道；地表水流能直接从土中裂隙、生物孔洞、石芽边缘等通道渗入地下渗入土层中。在有覆盖土的岩溶发育区，最可能出现适合土洞发生的场所。

（2）地下水形成的土洞 此类土洞的形成与岩溶水是密切相关的。

① 在岩溶地区，地下水动力条件改变时，原来被堵塞的落水洞、下部排水道成为地下水集中活动的地段 [图 6-24 (a)]。

② 地下水位上升，遇抗水性差的土，引起土体强烈崩解，崩解物部分顺喇叭口落入下部溶洞中，初步形成了上覆土层中的土洞 [图 6-24 (b)]。

③ 地下水继续作用，土颗粒沿溶洞洞穴裂隙被带走，使上层土中的空洞逐渐扩大，向上呈拱形发展 [图 6-24 (c)]。

④ 土洞进一步扩大，空洞向地表发展，洞顶位置逐次上移，拱顶土层相应变薄，当拱顶薄到不能支撑上部土的重量时，便突然发生塌落 [图 6-24 (d)]。

⑤ 土洞坍塌后，地面便成为地表径流汇集的场所，大量冲积物堆积，使底部逐渐接近碟形洼地，年代一久，地表夷平面无法确认，土洞便暂时停止发展 [图 6-24 (e)]。

这类土洞发育的快慢主要取决于基岩面上覆土层性质、地下水的活动强度及基岩面附近岩溶和裂隙发育程度。土洞在形成过程中，沉积在洞底的塌落土体有时不能被水带走，而起堵塞通道的作用，若潜蚀大于堵塞，土洞继续发展；反之，土洞就停止发展。因此，不是所有的土洞都能发展到地面塌陷的。

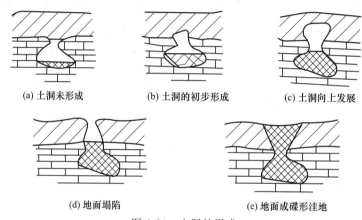

(a) 土洞未形成　　　　(b) 土洞的初步形成　　　　(c) 土洞向上发展

(d) 地面塌陷　　　　(e) 地面成碟形洼地

图 6-24　土洞的形成

6.3.5.3　土洞的处理

在建筑物地基范围内有土洞和地表塌陷时，必须认真进行处理。常用的措施如下。

（1）处理地表水和地下水 在建筑场地范围内，做好地表水的截流、防渗、堵漏等工作，以便杜绝地表水渗入土层中。这种措施对由地表水引起的土洞和地表塌陷，可起到根治的作用。对形成土洞的地下水，当地质条件许可时，可采用截流、改道的办法，防止土洞和地表塌陷的发展。

（2）挖填处理 这种措施常用于浅层土洞。对地表水形成的土洞和塌陷，应先挖除软土，然后用块石或毛石混凝土回填。对地下水形成的土洞和塌陷，可挖除软土和抛填块石后做反滤层，面层用黏土夯实。

（3）灌砂处理 灌砂适用于埋藏深、洞径大的土洞。施工时在洞体范围的顶板上钻两个或多个钻孔。直径大的用来灌砂，直径小的用来排气。灌砂同时冲水直到小孔冒砂为止。如果洞内用水，灌砂困难，可用压力灌注强度等级为 C15 的细石混凝土，也可灌注水或砾石。

（4）垫层处理 在基础底面下夯填黏性土夹碎石做垫层，以提高基底标高，减小土洞顶板的附加压力，这样以碎石为骨架可降低垫层的沉降量并增加垫层的强度，碎石之间由黏性土充填，可避免地表水下渗。

（5）梁板跨越 当土洞发育剧烈，可用梁、板跨越土洞，以支撑上部建筑物，采用这种方案时，应注意洞旁土体的承载力和稳定性。

（6）采用桩基或沉井　对重要的建筑物，当土洞较深时、可用桩基或沉井穿过覆盖土层，将建筑物的荷载传至稳定的岩层上。

6.3.6　岩溶地区工程地质问题

6.3.6.1　岩溶地基的分类

岩溶地基按埋藏条件分有裸露型和覆盖型两种。

（1）裸露型岩溶地基　裸露型岩溶地基是指岩溶岩体直接出露于地表或其上仅有很薄覆盖层的地基。可分为溶洞地基和石芽地基两种。

① 溶洞地基。地基中若存在浅层溶洞时，当溶洞的规模大、埋深浅、溶洞顶板承受不了建筑物的荷载时，就会使溶洞顶板坍塌、地基失稳。必须评价溶洞顶板的稳定性，查清溶洞的规模、埋深及充填情况。一般认为，对于普通建筑物地基，若地下可溶岩石坚硬、完整，裂隙较少，则溶洞顶板厚度大于溶洞最大宽度的 1.5 倍时，该顶板不致塌陷；若岩石破碎、裂隙较多，则溶洞顶板厚度应大于溶洞最大宽度的 3 倍时，才是安全的。对于地质条件复杂或重要建筑物的安全顶板厚度，则需进行专门的地质分析和力学验算才能确定。

② 石芽地基。在纵横交错的溶沟之间多残留有锥状或尖棱状的石芽，致使石灰岩基面高低不平，石芽间的溶沟常被土充填，易引起地基的不均匀沉降或因桩柱支撑不牢靠而导致上部结构破坏。因此，在石芽地基上修建建筑物时，必须查清基岩的埋深、起伏情况、覆盖土层的压缩性及石芽的强度。

（2）覆盖型岩溶地基　覆盖型岩溶地基是指在岩溶平原、洼地、谷地中覆盖着较厚的第四纪松散堆积层，在上覆土层中常常发育着土洞。当土洞顶板在建筑物荷载作用下失去平衡而产生下陷或塌落时，会危及建筑物的安全。该类型地基常会遇到不均匀沉陷和地面塌陷问题（图 6-25）。如广西玉林火电厂的主要设备基础倾斜、水池漏水、仓库开裂、办公楼不均匀沉陷，就是由于从竖井式溶洞中抽水导致地下水位下降而引起的。当地下水位降深 10 m 时，附近地面多处塌陷，次年 3 月，塌陷增至 130 多处，面积 0.13km² 。因此，凡是岩溶地区有第四纪土层分布的地段，都要注意土洞发育的可能性，应查明土洞的成因、形成条件、土洞的位置、埋深、大小，以及与土洞发育有关的溶洞、溶沟的分布。

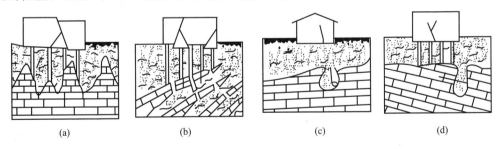

（a）　　　　　　　（b）　　　　　　　（c）　　　　　　　（d）

图 6-25　岩溶地基不均匀沉降和桩柱不可靠支撑示意图

（a）、（b）—水平与倾斜的可溶岩基岩面崎岖不平、桩柱挠曲、桩端支撑不可靠产生不均匀沉陷；
（c）—基岩面附近溶洞上土层坍塌产生结构开裂；（d）—倾斜岩溶基岩面因荷载产生层面滑移、结构开裂

6.3.6.2　岩溶区地基稳定性问题

在岩溶发育地区进行工程建设，由于岩溶发育往往使地面上石芽、溶沟丛生，参差不平整；地下溶洞又破坏了岩体的完整性，岩溶水动力条件的变化，又会使其上部覆盖土层产生沉陷，这些都不同程度地影响工程的稳定性。其影响主要表现在如下几个方面。

（1）被溶蚀的岩石强度大为降低。岩溶水在可溶岩层中溶蚀，使岩层产生孔洞。最常见的是岩层中有溶孔或小洞。所谓溶孔，是指在可溶岩层内部溶蚀有孔径不超过 20～30cm

的，一般小于 1~3cm 的微溶蚀的孔隙。岩石遭受溶蚀后，岩石有孔洞，结构松散，从而降低了岩石强度并增大透水性能。

（2）造成基岩面不均匀起伏，导致上覆土质地基压缩变形不均。因石芽、溶沟溶槽的存在，使地表基岩参差不齐、起伏不均匀；在土层较厚的溶沟溶槽底部，往往又有软弱土的存在，更加剧了地基的不均匀性。因而，如利用石芽或溶沟发育的场地作为地基，必须作出处理。

（3）漏斗对地面稳定性的影响。漏斗是包气带中与地表接近部位所发生的岩溶现象。当漏斗是由于土洞或溶洞顶板的塌落而形成，此时崩落的岩块堆于洞穴底部成一漏斗状洼地。这类漏斗因其塌落的突然性，使地表建（构）筑物的安全受到威胁。

（4）溶洞与土洞对地基稳定性的影响。溶洞与土洞对地基稳定性应考虑如下三个问题。

① 溶洞与土洞分布密度和发育情况。一般认为，对于溶洞与土洞分布密度大，且溶洞与土洞发育处在地下水交替最活跃的循环带内，则洞径较大、顶板薄、裂隙发育，不宜选择为建筑场地和地基。若溶洞与土洞是早期形成的，已被第四纪沉积物所充填，并证实已不再活动，可根据洞的顶板承压性能，决定其是否作为地基。此外，石膏或岩盐溶洞地区不宜选择作为天然地基。

② 洞与土洞埋深对地基稳定性的影响。一般认为，溶洞若埋深很浅，则溶洞的顶板不稳定，甚至会发生地表塌陷。若溶洞顶板厚度 H 大于溶洞最大宽度 b 的 1.5 倍，且溶洞顶板岩石比较完整、裂隙较少，岩石也较坚硬，则该溶洞顶板作为一般地基是安全的。若溶洞顶板岩石裂隙较多，岩石较为破碎，则上覆岩层的厚度 H 大于溶洞最大宽度的 3 倍时，溶洞的埋深是安全的。上述评定是对一般建（构）筑物的地基而言，不适用土洞、重大建（构）筑物和震动基础。

③ 抽水对溶洞顶板稳定的影响。一般认为，在有溶洞与土洞分布的场地，特别是有大片土洞存在时，如果抽取地下水，由于地下水位大幅度下降，使保持多年的水位均衡遭到急剧破坏，大大减弱了地下水对土层的浮托力，并加大了地下水的循环，动水压力会破坏一些土洞顶板的平衡，引起一些土洞顶板的破坏和地表塌陷，而影响溶洞顶板的稳定性，危及地面建筑物的安全。此外，岩溶水的动态变化给施工和建筑物的使用造成不良影响。

6.3.6.3 岩溶区的工程地质问题

因工程类型不同所产生的工程地质问题也不同。房屋建筑工程中经常遇到的岩溶工程地质问题主要是地基塌陷、不均匀下沉；地下工程中则是硐室围岩稳定及涌水；道桥工程建设中会因岩溶而导致路基沉陷等问题。

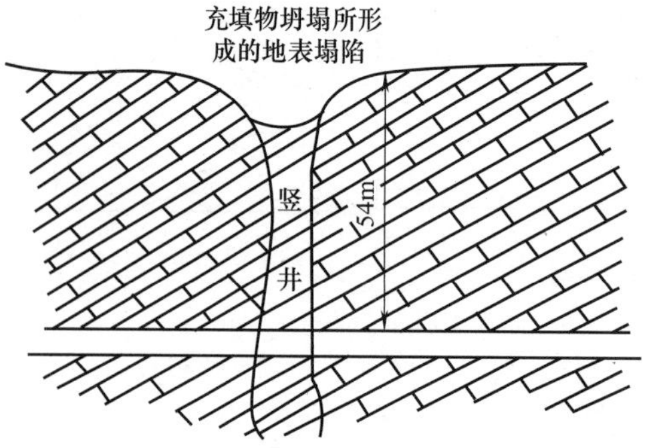

岩溶地区修建地下工程和隧道工程的主要工程地质问题是岩溶水的突袭、洞穴的稳定性以及穿过巨大溶洞时隧道架空的问题。深埋隧道的工程地质问题更多、更复杂。因此，在勘察阶段查明岩溶发育特点，预测隧道涌水量具有重要的意义。如西南某铁路隧道穿过已被充填的天然竖井的中下部（图 6-26）。在施工中充填物经常垮落，其中发生了两次较大的塌方，堵塞导坑。

图 6-26 隧道通过天然竖井中下部

由于地下岩溶水的活动，或因地面水的消水洞穴被阻塞，导致路基基底冒水，水淹路基、水冲路基及隧道涌水等，或由于地下洞穴顶板的坍塌，引起位于其上的路基及其附属构造物发生坍陷、下沉或开裂。

6.3.7 岩溶区常用防治措施

进行建（构）筑物布置，应先将岩溶和土洞的位置勘察清楚并做出相应的防治措施。

当建（构）筑物的位置可以移位时，为了减少工程量和确保建（构）筑物的安全，应首先设法避开有威胁的岩溶和土洞区，实在不能避开时，再考虑处理方案。常见处理方法有以下几种。

① 挖填，即挖除溶洞或土洞中的软弱充填物，回填以碎石、块石或混凝土等，分层夯实，以达到改良地基的效果。对于土洞回填的碎石上设置反滤层，以防止潜蚀发生。

② 跨盖，当洞埋藏较深或洞顶板不稳定时，可采用跨盖方案，如采用长梁式基础或桁架式基础或刚性大平板等方案跨越。但梁板的支承点必须放置在较完整的岩石上或可靠的持力层上，并注意其承载能力和稳定性。

③ 灌注，对于溶洞或土洞，因埋藏较深，不可能采用挖填和跨盖方法处理时，溶洞可采用水泥或水泥黏土混合灌浆于岩溶裂隙中；对于土洞，可在洞体范围内的顶板打孔灌砂或砂砾，应注意灌满和密实。

④ 排导，洞中水的活动可使洞壁和洞顶溶蚀、冲刷或潜蚀造成裂隙和洞体扩大，或洞顶坍塌。因而对自然降雨和生产用水应防止下渗，采用截排水措施，将水引导至他处排泄。

⑤ 打桩，对于土洞埋深较大时，可用桩基处理，如混凝土桩、木桩、砂桩或爆破桩等。其目的除提高支承能力外，有靠桩来挤压挤紧土层和改变地下水渗流条件的功效。

具体工程问题处理措施如下。

① 石芽地基的处理。石芽地基的处理可用深入基岩1m左右的现浇钢筋混凝土桩基（图6-27），或将石芽炸掉。必须指出的是，在石芽地基上采用钢筋混凝土预制支承桩是不合适的，因为石芽地形起伏大、芽面陡，可能产生桩底沿芽面滑动的恶果。

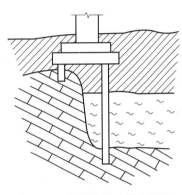

图6-27 现浇钢筋混凝土桩基

② 溶洞地基的处理。溶洞地基的处理视洞穴顶板稳定性和建筑物的重要性而定。若洞穴规模较大，建筑物跨度大且又较重要时，可采用整板刚性基础，并使之支承于溶洞周围较完整的岩体上，溶洞内也可用碎石、泥沙回填（图6-28）。如若洞穴规模较小，且上部为一般建筑物，则仅需对溶洞用碎石、泥沙回填。洞门用钢筋混凝土板支承于洞周围岩石上，采用一般基础即可。

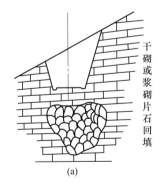

(a)

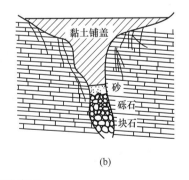

(b)

图6-28 回填溶洞

③ 土洞地基的处理方法。利用竖井、沉井及各种桩（预制桩、灌注桩、爆扩桩），使建筑物基础坐落在坚硬稳定的基础上；利用梁板跨越塌陷；覆盖土层较薄时，可剥离土层进行铺盖，或采用刚性大平板基础直接置于基岩面及溶洞上。

④ 地下工程、隧道工程防治岩溶的措施。a.预防岩溶水突袭，在施工过程中打超前钻探孔，若有突水可能则采取预先排水措施再掘进；灌浆填堵以隔绝水源，灌浆材料可用水

泥、混凝土和沥青等；地面打钻孔进行垂直排水以疏干隧洞区地下水。b.若溶洞规模不大且出现在洞顶或边墙部位时，一般可采用清除充填物后回填堵塞的方案；若出现在边墙下或洞底，则可采用加固或跨越的方案；若溶洞规模较大，甚至有暗河存在时，可在隧道内架桥跨越。

6.4　地　　震

地震是一种地质现象，它主要是由于地球的内力作用而产生的一种地壳振动现象。据统计，地球上每年约有 15 万次以上或大或小的地震。人们能感觉到的地震平均每年达三千次，具有很大破坏性的达 100 次。

地震主要发生在近代造山运动区和地球的大断裂带上，即形成于地壳板块的边缘地带。这是由于在板块边缘处可能因上地幔的对流运动引起地壳的缓慢位移，位移可引起岩石弹性应变，当应力最终超过岩石强度时就产生断层。在弹性应力的作用下，已受到应变的岩石因释放弹性能以振波的形式传播于周围岩石上，引起相邻岩石振动而产生地震。

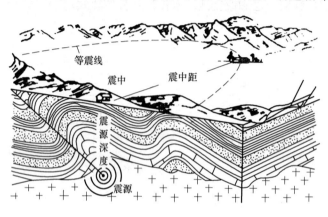

图 6-29　震源、震中和等震线示意图

6.4.1　地震的基本知识

地壳内部发生震动的地方称为震源。震源在地面上的垂直投影称为震中。震源与震中之间的距离叫震源深度。地震所引起的震动以弹性波的形式向各个方向传播，其强度随距离的增加而减小。地震波首先传到震中，震中区受破坏最大，距震中越远破坏程度越小。地面上受震动破坏程度相同的区域的外包线称为等震线，见图 6-29。

6.4.1.1　地震震级与地震烈度

地震学上用地震震级和地震烈度两个不同概念来衡量地震的大小。

（1）**地震震级**　地震震级是依据地震释放出来的能量多少来划分的，释放的能量越大，震级越高。震级的最初含义是标准地震仪在距离震中 100km 处所记录的最大振幅的对数值，振幅以微米为单位。震级能量 E 与振幅 M 的关系为：$\lg E=11+1.6M$。

不同震级所释放出的能量如表 6-3 所示，地震每相差一个能量级，其释放的能量相差约 31.6 倍。

（2）**地震烈度**　地震烈度是指地震对地面和建筑物的影响或破坏程度，地震烈度是根据地震时人的感觉、器物动态、建筑物毁坏及自然现象的表现等宏观现象判定的。地震时按其破坏程度的不同，而将地震的强弱排列成一定的次序作为确定地震烈度的标准，目前中国、俄罗斯和美国采用 12 级地震烈度划分，日本则采用 8 级地震烈度划分。由于地震烈度以人的感觉与观察来判定，不利于实际工程的应用，因此通过大量的客观实践的地震观测，总结出地震烈度与地震加速度之间的关系，制定出我国目前正在使用的地震烈度表（表 6-4）。我国将地震烈度分为 12 度，每一烈度均有相应的地震加速度和地震系数以及相应的地震情况，作为确定地震烈度的标准，对地区进行工程地质调查时，必须收集有关该地区的地震烈度资料。资料收集可通过有关地震研究机关、当地有关历史档案记载（文史记录、碑文、札记等）及向当地居民进行调查访问获得。

表 6-3　震级与能量的关系

震　级	能量/J	震　级	能量/J
1	2.0×10^6	6	6.3×10^{13}
2	6.3×10^7	7	2.0×10^{15}
3	2.0×10^9	8	6.3×10^{16}
4	6.3×10^{10}	9	2.0×10^{18}
5	2.0×10^{12}	10	6.3×10^{19}

在工程建设活动中，不同地震烈度对建筑物的安全要求是不同的。地震烈度在Ⅴ度以下的地区，具有一般安全系数的建筑物是足够稳定的，不会引起破坏。地震烈度达到Ⅵ度的地区，一般建筑物是不采取加固措施，但要注意地震可能造成的影响。地震烈度达Ⅵ～Ⅸ度的地区，会引起建筑物的损坏，必须采取一系列防震措施来保证建筑物的稳定性和耐久性。Ⅹ度以上的地震区有很大的灾害，选择建筑物场地时应予避开。

表 6-4　中国地震烈度表（GB/T 17742）

地震烈度	人的感觉	房屋震害		平均震害指数	其他震害现象	水平向地震动参数	
		类型	震害程度			峰值加速度/(m/s²)	峰值速度/(m/s)
Ⅰ	无感	—	—	—	—	—	—
Ⅱ	室内个别静止中的人有感觉	—	—	—	—	—	—
Ⅲ	室内少数静止中人有感觉	—	门、窗轻微作响	—	悬挂物微动	—	—
Ⅳ	室内多数人、室外少数人有感觉，少数人梦中惊醒	—	门、窗作响	—	悬挂物明显摆动，器皿作响	—	—
Ⅴ	室内绝大多数、室外多数人有感觉，多数人梦中惊醒	—	门窗、屋顶、屋架颤动作响，灰土掉落，个别房屋抹灰出现细微裂缝，个别屋顶烟囱掉砖	—	悬挂物大幅度晃动，不稳定器物搬运或翻倒	0.31(0.22～0.44)	0.03(0.02～0.04)
Ⅵ	多数人站立不稳，少数人惊逃户外	A	少数中等破坏，多数轻微破坏和/或基本完好	0.00～0.11	家具和物品移动；河岸和松软土出现裂缝，饱和砂层出现喷砂冒水；个别独立砖烟囱轻度裂缝	0.63(0.45～0.89)	0.06(0.05～0.09)
		B	个别中等破坏，少数轻微破坏，多数基本完好				
		C	个别轻微破坏，大多数基本完好	0.00～0.08			
Ⅶ	大多数人惊逃户外，骑自行车的人有感觉，行驶中的汽车驾乘人员有感觉	A	少数毁坏和/或严重破坏，多数中等和/或轻微破坏	0.09～0.31	物体从架子上掉落；河岸出现塌方，饱和砂层常见喷水冒砂，松软土地上地裂缝较多；大多数独立砖烟囱中等破坏	1.25(0.90～1.77)	0.13(0.10～0.18)
		B	少数中等破坏，多数轻微破坏和/或基本完好				
		C	少数中等和/或轻微破坏，多数基本完好	0.07～0.22			
Ⅷ	多数人摇晃颠簸，行走困难	A	少数毁坏，多数严重和/或中等破坏	0.29～0.51	干硬土上出现裂缝，饱和砂层绝大多数喷砂冒水；大多数独立砖烟囱严重破坏	2.50(1.78～3.53)	0.25(0.19～0.35)
		B	个别毁坏，少数严重破坏，多数中等和/或轻微破坏				
		C	少数严重和/或中等破坏，多数轻微破坏	0.20～0.40			

地震烈度	人的感觉	房屋震害			其他震害现象	水平向地震动参数	
		类型	震害程度	平均震害指数		峰值加速度 /(m/s²)	峰值速度 /(m/s)
Ⅸ	行动的人摔倒	A	多数严重破坏或/和毁坏	0.49~0.71	干硬土上多处出现裂缝,可见基岩裂缝、错动,滑坡、塌方常见;独立砖烟囱多数倒塌	5.00 (3.54~7.07)	0.50 (0.36~0.71)
		B	少数毁坏,多数严重和/或中等破坏				
		C	少数毁坏和/或严重破坏,多数中等和/或轻微破坏	0.38~0.60			
Ⅹ	骑自行车的人会摔倒,处不稳定状态的人会摔离原地,有抛起感	A	绝大多数毁坏	0.69~0.91	山崩和地震断裂出现,基岩上拱桥破坏;大多数独立砖烟囱从根部破坏或倒毁	10.00 (7.08~14.14)	1.00 (0.72~1.41)
		B	大多数毁坏				
		C	多数毁坏和/或严重破坏	0.58~0.80			
Ⅺ	—	A	绝大多数毁坏	0.89~1.00	地震断裂延续很大,大量山崩滑坡		
		B					
		C		0.78~1.00			
Ⅻ	—	A	几乎全部毁坏	1.00	地面剧烈变化,山河改观		
		B					
		C					

注:表中给出的"峰值加速度"和"峰值速度"是参考值,括弧内给出的是变动范围。

6.4.1.2 地震波及其传播

地震时,震源释放的能量以波动的形式向四面八方传播,这种波称为地震波。地震波在地壳内部传播时的波称为体波;当其到达地表时,使地面发生波动,称为面波。地震波是一种弹性波,它具有振幅和周期(图6-30)。从物理学中知道,振动系统的能量和振幅的平方成正比,所以能量随传播过程减少时,振幅也随传播过程而减小,这就是所谓的阻尼振动,于是离震源愈远,振动愈小。在地面上将会出现距震中愈远,震动强度愈小的等震线(图6-30)。

地震时由震源发出的能量成为波动而传播于地壳内部,然后达于地表。这时在地壳内部传播的波动有两种,纵波和横波,总称体波,纵波和横波的性质各不相同:纵波的质点振动方向与地震波传播方向相一致,即由介质扩张及收缩而传播,其传播速度是所有的地震波中最快的,平均7~13km/s。而在横波中,其质点振动方向与震波传播方向垂直。这种波的传播速度较小,平均4~7km/s。约为纵波速度的0.5~0.6倍(图6-30)。

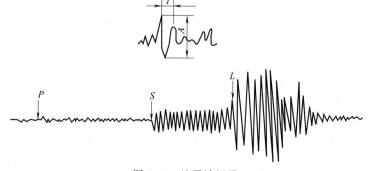

图 6-30　地震波记录

T—周期;A—全振幅;P—纵波;S—横波;L—面波

从震源发出的地震波达到地表面时，就使地面发生波动，这种能沿着地面传播的波也称瑞利波，它具有下列特点。

（1）地面质点在平行于波传播方向的垂直面内作振动，质点沿椭圆轨道运动。椭圆轨道的长轴垂直于地表面，并且差不多大于水平轴的 1.5 倍。这样，在面波经过时，地面质点既有水平方向的位移，也有垂直方向的位移。

（2）瑞利波的强度随离开地表面的深度加深，而迅速减弱。

（3）面波传播的速度近似等于在同一介质中横波传播速度的 0.9 倍。因此面波的传播速度慢于在同一介质中传播的其他弹性波。

（4）当表面波从震中向外扩展时，其振幅实质上随离开震中的距离的平方根成反比。另一方面，我们知道，地震体波（即纵波和横波）的振幅与距离的一次方成反比。因此在地球表面离开震中较远的点上，表面波与体波相比较，表面波将相对地占优势。因而距离震中较远的振动主要是地面波。

6.4.2 地震的成因类型及特点

6.4.2.1 按照地震的成因分类

（1）**构造地震** 由于地壳运动引起的地震。地壳运动使地壳岩层发生变形并产生应力集中，当应力积累超出岩体的强度时，地壳岩层的薄弱处瞬间发生断裂，积累的大量能量迅速释放，形成弹性振动传播至地面，形成地震。世界上 90% 的地震属于构造地震。构造地震的特点是活动性频繁，延续时间较长，影响范围最广，破坏性最大。

（2）**火山地震** 指火山运动所引起的地震。当岩浆突破地壳冲出地面时，伴随大量气体和水蒸气，迅速猛烈地喷发，引起地壳运动。此类地震影响范围不大，仅局限于火山活动地带，强度也不大，地震前有火山喷发作为预兆。火山地震占世界总地震次数的 7% 左右。

（3）**陷落地震** 由岩层大规模崩塌或陷落而引起的地震，多发生于石灰岩地区或矿区，由于岩溶作用或采矿使地下出现空洞，洞顶失去支撑力而发生陷落，引起地表震动形成地震。一般震级较小，影响范围不大，地震的能量主要来自重力作用。此类地震为数很少，只占地震总数的 3% 左右。

（4）**人工诱发地震** 人工爆破及库蓄水等工程活动也可引起地震。此类地震的发生主要取决于当地的地质构造，人类的工程活动只是发生地震的一个可能条件。已有的水库震例表明，往往是断裂构造发育、岩层比较破碎的地区容易发生。此类地震的特点是小震多，震动次数多，震级不是很高。震中位置离蓄水处近，震源较浅。我国广东新丰江水库 1952 年发生过一次 6.4 级地震，是最大的水库地震之一。

6.4.2.2 地震的一般特点

在地震的时候，通常地面的振动最初在短时间内不断地微动，接着便发生剧烈振动，经过短时间以后才逐渐消失，在大地震时像这样一系列的振动要反复发生若干次。其中最初发生的小振动称为前震。前震活动逐渐增加后，接着发生激烈的大地震，称做主震。主震之后继续发生大量的小地震称为余震。余震是成群的，最初发生的频度（单位时间内震动的次数）很高往后逐渐衰减，持续时间长短不一。有的大地震之后余震很少；有的则很多，持续数月乃至数年之久还有小地震发生。

6.4.3 地震破坏作用

在地震作用下，地面会出现各种震害和破坏现象，也称为地震效应，即地震的破坏作用。它主要与震级大小、震中距和场地的工程地质条件等因素有关。地震破坏作用可分为震动破坏与地面破坏两个方面。前者主要是地震力和振动周期的破坏作用，后者则包括地面破裂、斜坡破坏及地基强度失效。

6.4.3.1　地震力效应

地震力，即地震波传播时施加于建筑物的惯性力。假如建筑物所受重力为 W，质量为 W/g，g 为重力加速度，则在地震波的作用下，建筑物所受到的最大水平惯性力（P）为：

$$P=(W/g)\cdot a_{max}=W\cdot a_{max}/g=WK_c \qquad (6\text{-}4)$$

式中，a_{max}/g 为水平地震系数（K_c）。当 K_c 大于等于 1/100 时，相当于烈度为Ⅶ度，建筑物即开始破坏。

由于地震波的垂直加速度分量较水平的小，仅为其 1/2～1/3，且建筑物竖向安全储备一般较大。所以设计时在一般情况下只考虑水平地震力。因此，水平地震系数也称地震系数。

建筑物地基受地震波冲击而振动，同时也引起建筑物的振动。当二者振动周期相等或相近时就会引起共振，使建筑物振幅增大，导致倾倒破坏。建筑物的自振周期取决于所用的材料、尺寸、高度以及结构类型，可用仪器测定或据公式计算。据统计，1、2 层结构物约为 0.2s；4、5 层者约为 0.4s；11、12 层者约为 1s。建筑物越高，自振周期越长。

地震持续的时间越长，建筑物的破坏也越严重。土质越软弱、土层越厚振动历时越长，软土场地可比坚硬场地历时长几秒至十几秒。

6.4.3.2　地面破裂与斜坡破坏效应

地面破裂效应是指地震形成的地裂缝以及沿破裂面可能产生较小的相对错动，但不是发震断层或活断层。地裂缝多产生在河、湖、水库的岸边及高陡悬崖上边。在平原地区松散沉积层中尤为多见。在岸边地带出现的裂缝大多顺岸边延伸，可由数条至十数条大致平行排列。如 1965 年邢台地震时，在震中区附近滏阳河边广泛分布大致平行排列的数条大裂缝，顶宽可达 1m 以上，长可达数百米。

斜坡破坏效应是指在地震作用下斜坡失稳，发生崩塌、滑坡现象。大规模的边坡失稳不仅可以造成道路、村庄、堤坝等各种建筑物的毁坏，而且可以堵塞江河。如 1933 年四川迭溪发生 7.5 级大地震，沿岷江及其支流发生多处大的崩塌、滑坡。崩石堆积堵塞岷江，形成两个堰塞湖。

6.4.3.3　地基失效

地基失效主要是指地基土体产生震动压密、下沉、地震液化及松软地层的塑流变形等，使地基失效造成建筑物的破坏。最常见的是地震液化现象。

地震液化是指饱水砂土受强烈振动后而呈现出流动状态的现象。当液化现象出现后，砂土的抗剪强度完全丧失，失去承载能力，从而导致建筑物破坏。砂土液化现象还可导致地面喷水冒砂、地面下沉、地下掏空等现象。地震液化主要发生在粉、细砂层中，强烈地震时，粉质黏土、中砂层中也可出现。

此外，发生海震时，海啸对沿岸港口、码头等建筑也可造成很大的破坏作用。

6.4.4　地震工程地质研究

地震是现代构造活动在特定构造部位积累起来的弹性应变能的突然释放。减轻地震灾害的一个重要途径是地震预报，即在地震发生前准确预报何时、何地发生多大强度的地震。地震中长期预报主要依据地震地质研究，亦即用地质学的方法判别可能发生破坏性地震的危险构造或活动断层，配合震源机制的研究判定区域构造应力场和发震断层的错动机制，研究地层中存在的古地震现象，配合历史地震的研究判定古地震活动周期和震级。

6.4.4.1　我国地震地质基本特征

我国除台湾东部、西藏南部地震和吉林东部深源地震属板块边缘消减带地震外，其余地区的地震均属大陆板块内部地震。中国大陆岩石圈现代构造变形最显著的特征是，大规模的晚第四纪活动断裂十分发育，将中国大陆切割成不同级别的活动地块。不同地块的运动方式和速度不同，故地块边界的差异运动最为强烈。强烈的差异运动有利于应力高度积累而孕育强震，所以地块的运动及其相互作用对中国大陆强震的孕育和发生起着直接的控制作用。我国大陆几乎所有 8 级和 80%～90% 的 7 级以上强震都发生在此活动地块的边界带上。

6.4.4.2 地震区划分

地震是对人类危害最大的自然灾害，它伴随现代地壳运动而产生，是人力难以制止或控制的内动力地质灾害。减轻地震灾害有相辅相成的两个基本途径。一是地震预报，它以地震发生前应变能积累过程中地球物理场的变化所出现的前兆现象和历史地震活动规律为依据，以短期内准确预报出地震发生的时间、地点、强度为主要目标，以便及时采取人员撤离或其他防范措施。但即使能准确预报地震，重大伤亡虽可避免，建筑物如果没有进行抗震设计和采取抗震措施，仍然会倒塌破坏甚至完全毁坏。所以另一途径就是以地震长期预报为依据，经济、安全而又合理地规定兴建工程的抗震设防技术措施，使所兴建的工程能抗御未来发生的地震，达到"小震不坏，中震可修，大震不倒"，从而大大减轻人民生命财产在地震中的损失。按其工作阶段可以分为地震危险性分析与地震区划、抗震规范、抗震设计、抗震鉴定和加固及抗震救灾 5 个部分。5 个部分的研究内容和相互关系如图 6-31 所示。

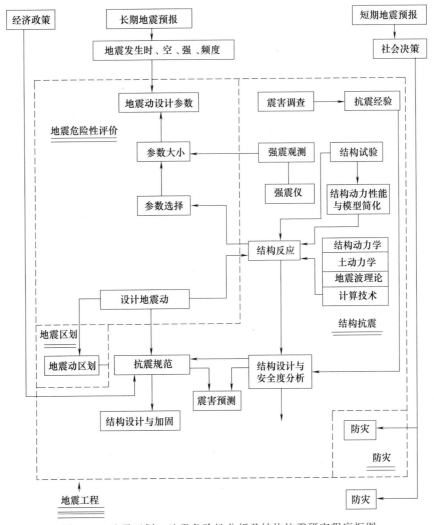

图 6-31　地震区划、地震危险性分析及结构抗震研究程序框图

上述 5 个阶段中的第一阶段地震危险性分析与地震区划的目标是确定抗震设防标准，即

对工程使用期间内可能遭遇到的最大地震作出合理估计。依据地震长期预报的未来地震的时间、地点、强度、概率，对某一地区或重大工程场地的地震危险性，即地震动强度、地震动设计参数的大小和发生概率，作出合理的估计，把地震工作者所作出的长期预报转化为工程抗震所需参数的预报。再根据地震危险性的大小，以地震动参数或地震烈度为指标，划分出危险程度不同的区域，以便于在不同区域采取不同的抗震设防标准和措施。这一方面的研究工作已经形成为地震工程学的一个专门分支——工程地震学，它也是重大工程建设前期可行性研究中区域稳定性分析与评价中一项重要的研究工作。

地震区域划分图是一切多地震国家在经济建设中必不可少的基础资料。我国共经历了三代地震区划，我国第三代地震区划，采用以地震带为统计单元，引入地震活动趋势估计评定地层年均发生率和确定各潜在震源区不同震级档的地震年平均发生率分配系数——地震活动时空非均匀权系数法，能较好地吸取地震地质的研究成果和确定性方法评价地震危险性的经验，其技术途径如图 6-32。按此技术路线由中国地震局编制了第三代中国地震烈度区划图。

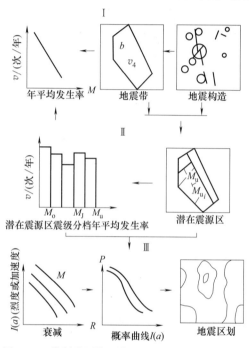

图 6-32　编制我国第三代地震区划图的技术路线

6.4.4.3　地震区抗震设计原则

（1）**选择场地和地基**　选择对抗震设计有利的场地和地基是抗震设计中最重要的一环。

① 尽可能避开产生强烈地基失效及其他加重震害地面效应的场地或地基，属于这类场地或地基的主要有：活断层带，可能产生地震液化的砂层或强烈沉降的淤泥层，厚填土层，可能产生不均匀沉降的地基以及可能受地震引起的崩塌、滑坡等斜坡效应影响的地区，如陡山坡、斜坡及河坎旁。

② 考虑到地基土石的卓越周期和建筑物的自振周期，尽可能避免结构与地基土石之间产生共振。也就是自振周期长的建筑物尽可能不建在深厚松软土体之上，而刚性建筑物则不建于卓越周期短的地基上。

③ 岩溶地区地下不深处有大溶洞，地震时可能塌陷的地区不宜作为场地。

④ 避免以加重震害的孤立突出地形作为建筑场地。

对抗震有利的场地条件是：地形开阔平坦；基岩地区岩性均一坚硬，或上方较薄的覆盖层；若为较厚的覆盖层则应较密实；地下水埋藏较深；崩塌、滑坡、泥石流等不发育。

（2）**选择适宜的持力层和基础方案**　场地如已选定，即应根据详细查明的场地内地质条件，为各类不同建筑物选择适宜的持力层和基础方案。一般说来，在地震区的松散土上进行建筑，有地下室的深基础有利；如采用桩基应为支撑桩而不能用摩擦桩，且桩基不能改变地基土的类别；高层建筑物以采用达到良好持力层的管柱基础为宜，有的资料认为圆柱形薄壳基础能大大提高地基承载力和减少基础变形，对抗震有利；在易于产生不均匀沉降的地基上以采用钢筋混凝土条形基础或筏式基础为宜。

（3）**建筑物合理布置和结构选型**

① 工业民用建筑物。

a. 选择有利抗震的平面和立面是抗震设计的重要环节，尽量使建筑物的质量中心和刚度中心重合，平面上选择矩形、方形、圆形或其他没有凸出凹进的形状，立面上各部分层数尽量一致，以避免各个部分之间振型不同，受力不同，使平面转折或立面上层数不同的两部分连接处受扭转而断裂、倒塌。如必须采用平面转折或立面层数有变化的型式，则应在转折处、层数有变化的部分之间的连接处留抗震缝，使之分割为平面、立面上简单均一的独立单元。

b. 减轻重量、降低重心，加强整体性，使各部分、各构件之间有足够的刚度和强度。一般砖石承重墙抗拉或抗剪强度较低，抗震性能较差，通过改善砌体方式及提高灰缝强度的方法可以增强抗拉强度。钢筋混凝土框架结构抗震性能良好，但也有承重柱薄弱环节破坏的例子，其主要抗震措施是增加角柱配筋和加强柱的箍筋以增加抗弯抗扭性能。

② 水工建筑物。

a. 选择坝型。

选择抗震性能良好的坝型是很重要的。根据震害的调查和研究，各类坝抗震性能比较及主要震害形式如下。

土石坝：以堆石坝抗震性能最好。例如美国的卡斯泰克坝（高 104m），在 1971 年圣费尔南多地震时距震中 32km，坝址加速度水平达 0.39g，垂直为 0.18g，坝体未受损坏。冲填土坝抗震性能较差，比较容易产生坝坡滑坡、坝顶裂缝、严重者能溃决。

混凝土坝：以重力坝及拱坝整体性强抗震性能良好，而大头坝和连拱坝等，因侧向刚度不足而抗震性能较差。如日本丰稔池连拱坝在 1946 年南海地震中，坝址烈度 VI 度，支墩和坝接头处多处漏水。各类混凝土坝主要震害是近坝顶部分、断面突变处为抗震薄弱环节，容易产生断裂；坝内孔口廊道附近易裂缝；坝顶相当于孤立突出山梁，地震反应强，因之其上的附属建筑物易破坏。

b. 工程措施。土石坝应防止地基失稳，提高坝体压实度，降低浸润曲线，以防坝体滑坡。适当增加坝顶宽和坝顶超高，以防涌浪和溃决。

混凝土坝中的重力坝和大头坝应适当增加坝体顶部刚度，顶部坡折宜取弧形，坝面和坝墩顶部的几何形状应尽量平缓、避免突变以减少应力集中，支墩坝应尽可能增加整体性，增强侧向刚度。拱坝应注意拱顶两岸岩体的稳定性。拱顶附属结构应力求轻型、简单、整体性好并加强连接部位。

6.4.5 地震导致的区域性砂土液化

粒间无内聚力的松散砂体，主要靠粒间摩擦力维持本身的稳定性和承受外力。当受到振动时，粒间剪力使砂粒间产生滑移，改变排列状态。如果砂土原处于非紧密排列状态，就会有变为紧密排列状态的趋势；如果砂的孔隙是饱水的，要变密实就需要从孔隙中排出一部分水，如砂粒很细则整个砂体渗透性不良，瞬时振动变形需要从孔隙中排除的水来不及排出于砂体之外，结果必然使砂体中孔隙水压力上升，砂粒之间的有效正应力就随之而降低。当孔隙水压力上升到使砂粒间有效正应力降为零时，砂粒就会悬浮于水中，砂体也就完全丧失了强度和承载能力，这就是砂土液化。这种砂水悬浮液在上覆土层压力作用下，可能冲破上层薄弱部位喷到地表，这就是喷砂冒水现象（图 6-33）。

可导致砂土液化的振动有机械振动和地震。机械振动引起的液化限于个别地基或个别场地范围内，而地震导致的砂土液化则往往是区域性的。例如我国海城 1975 年 2 月 4 日的 7.3 级地震，震中区以西 25～60km 的下辽河平原，数百平方千米范围内砂土强烈液化，到处喷砂冒水。喷水水头高达 5～6m，总喷砂量达 $817 \times 10^4 m^3$，压盖农田约 7.6 万亩，许多道路、桥梁、工业设施、民用建筑、水利工程和堤防遭受破坏。

砂土液化引起的破坏主要有以下 4 种。

① 涌砂。涌出的砂掩盖农田，压死作物，使沃土盐碱化、砂碛化，同时造成河床、渠道、井筒等淤塞，使农业灌溉设施受到严重损害。

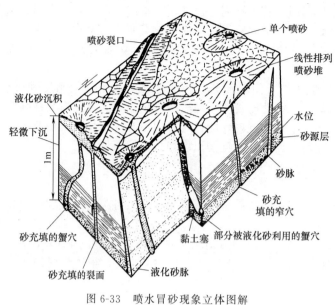

图 6-33 喷水冒砂现象立体图解

② 地基失效。随粒间有效正应力的降低，地基土层的承载能力也迅速下降，直至砂体呈悬浮状态时地基的承载能力完全丧失。建于这类地基上的建筑物就会产生强烈沉陷、倾倒以至倒塌。例如，1976年唐山地震时，天津市新港望河楼建筑群，因地基失效突然下沉38cm，倾斜度达30%。

③ 滑塌。由于下伏砂层或敏感黏土层震动液化和流动，可引起大规模滑坡。如1975年海城地震时，正在施工中的田庄台辽河大桥所处河段岸坡很平缓，震后发现，两岸出现多条顺河延伸的拉张裂缝，显然是裂隙内侧土体向河滑移所致。滑移使两端桥台间距缩短251cm，所有桥墩都产生了变位，位移20~436cm，并都向河心倾倒。

④ 地面沉降及地面塌陷。饱水疏松砂因振动而变密，地面也随之而下沉。低平的滨海湖平原可因下沉而受到海潮及洪水的浸淹，使之不适于作为建筑物地基。

液化砂层之上如有一定厚度的持力层，则由于液化层不向上传递地震剪切波而有隔震作用，使之较未液化场地的宏观烈度要轻一些。

砂土液化及其引起的破坏具有很强的区域性，且往往不与极震区重合，有时距震中远达60~70km，而震中区并不一定有大范围砂土液化。所以，它是一定地震烈度在特定地质环境下造成的一种区域稳定问题，是地震小区划和震害预测的一个重要内容。研究这类问题的形成机制、判定其产生条件和建立预测标志，对城市规划、建筑场地选择以及液化区建筑物防护措施的选定，都具有极其重大的意义。

6.4.5.1 地震时砂土液化机制

砂土地震液化一般包括振动液化和渗流液化两个过程。

（1）振动液化　砂土受振动时，每个颗粒都受到其值等于振动加速度与颗粒质量乘积的惯性力的反复作用。由于颗粒间没有内聚力或内聚力很小，在惯性力周期性反复作用下，各颗粒就都处于运动状态，它们之间必然产生相互错动并调整其相互位置，以便降低其总势能，最终达到最稳定状态。如振动前砂体处于紧密排列状态，经振动后砂粒的排列和砂体的孔隙率不会有很大变化；如振动前砂土处于疏松排列状态，则每个颗粒都具有比紧密排列高得多的势能，在振动加速度的反复荷载作用下，必然逐步变密，以期最终成为最稳定的紧密状态。

如果砂土位于地下水位以上的包气带中，由于空气可压缩又易于排出，通过气体的迅速排出，就可以完成调整与变密，砂土由于体积缩小就会出现的"震陷"现象，不会液化。如果砂土位于地下水位以下的饱水带，就必须排水才能变密。水通过地震产生的孔隙率的瞬时减小排除，由于地震周期变化急速，如果砂的渗透性不良，排水不通畅，孔隙水必然承受由孔隙率减小而产生的挤压力，则剩余孔隙水压力或超孔隙水压力，如果振动持续时间较长，则剩余孔隙水压会不断累积而增大。

已知饱水砂体的抗剪强度 τ 由下式确定：

$$\tau = (\sigma_n - P_w)\tan\varphi = \sigma_0\tan\varphi \tag{6-5}$$

式中，P_w 为孔隙水压；σ_0 为有效正应力。在地震前外力全部由砂骨架承担，此时孔隙水压力称中性压力，只承担本身压力即静水压力。令此时的孔隙水压力为 P_{w0}，振动过程中的剩余孔隙水压力为 ΔP_w，则振动前砂的抗剪强度为：

$$\tau = (\sigma - P_{w0})\tan\varphi \tag{6-6}$$

振动时：
$$\tau = [\sigma - (P_{w0} + \Delta P_w)]\tan\varphi \tag{6-7}$$

随 ΔP_w 累积性增大，最终 $P_{w0} + \Delta P_w = \sigma$，此时砂土的抗剪强度降为零，完全不能承受外荷载而达到液化状态。

H. B. 希德等自 1966 年就采用室内动力剪切试验法模拟砂土在地震时的应力状态，以研究砂土的地震液化过程和液化机制，寻求产生液化所必需的应力比及荷载循环次数与试样的初始结构状态及原始应力状态之间的关系，由此得出液化的评定标准。先后创制了动力三轴剪（循环荷载三轴压缩试验）、直剪、环剪、扭剪等循环荷载试验方法。现以动力三轴剪为例，说明砂土地震液化机制。

试样首先在各向均等的静压力 σ_a 下固结，然后在不排水的条件下同时分别在竖向施加 $\pm\dfrac{1}{2}\sigma_d$（压、拉）、侧向施加 $\mp\dfrac{1}{2}\sigma_d$（拉、压）的循环荷载（双向激振），或保持侧向 σ_a 不变而在竖向施加 $\pm\sigma_d$ 的循环动应力（单向激振）。循环荷载的频率近于地震的频率，即 $1\sim2$ 周/s。双向激振的应力状态如图 6-34 所示。图 6-34 上图竖向荷载为 σ_1，侧向荷载为 σ_3；下图竖向荷载为 σ_3，侧向荷载为 σ_1。且 $\sigma_1 = \sigma_a + \dfrac{\sigma_d}{2}$，$\sigma_3 = \sigma_a - \dfrac{\sigma_d}{2}$，$\sigma_1 - \sigma_3 = \sigma_d$。$\sigma_1$ 与 σ_3 的方向是交替变化的：即竖向 $+\dfrac{1}{2}\sigma_d$，侧向 $-\dfrac{1}{2}\sigma_d$，竖向为 σ_1；而竖向 $-\dfrac{1}{2}\sigma_d$，侧向 $+\dfrac{1}{2}\sigma_d$ 时，侧向为 σ_1。在倾角为 45° 的面上法向应力保持不变，最大剪应力值保持不变（$\tau_d = \dfrac{\sigma_1 - \sigma_3}{2} = \dfrac{\sigma_d}{2}$），由于 σ_1 与 σ_3 的交替变化，剪应力方向则有周期性变化，所以称之为最大循环剪应力。

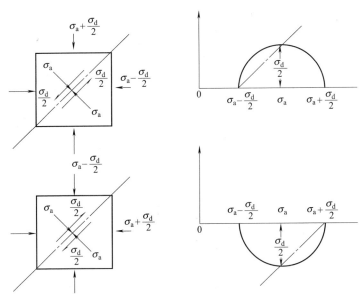

图 6-34　循环荷载三轴压缩试验应力状态图

观察并记录加荷周期数、孔隙水压力和轴向变形随循环荷载周期数的变化，轴向应变达20%即认为试样已经破坏，亦即试样对振幅超过20%的轴向变形失去抵抗能力即为全液化。试验结果可以图6-35表示。

从试验结果可以看出，随动荷载循环周期数的增加，孔隙水压力不断增大。而当孔隙水压力与初始围限压力 σ_a 相等时，砂的剪切变形开始增大。继续反复加荷，松砂与紧密砂工作动态不同，松砂变形迅速增大，不久就转变为全液化状态；密砂的变形则缓慢增大，难于成为全液化状态。

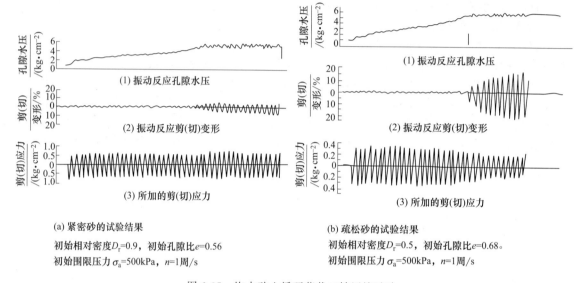

(a) 紧密砂的试验结果
初始相对密度 $D_r=0.9$，初始孔隙比 $e=0.56$
初始围限压力 $\sigma_a=500kPa$，$n=1$周/s

(b) 疏松砂的试验结果
初始相对密度 $D_r=0.5$，初始孔隙比 $e=0.68$。
初始围限压力 $\sigma_a=500kPa$，$n=1$周/s

图 6-35 饱水砂土循环荷载三轴压缩试验

(2) 渗流液化 砂土经振动液化之后，这时某一点的孔隙水压力不仅有振动前的静水压力（P_{w0}），还有由于砂粒不相接触悬浮于水中以致全部骨架压力转化而成的剩余孔隙水压力（P_{we}）。此时该点的总孔隙水压力（P_w）应为：

$$P_w = P_{we} + P_{w0} \tag{6-8}$$

为简化起见，假定砂层无限延伸，地下水面位于地表面，则在一定深度 Z 处：

$$P_{w0} = \gamma_w Z \tag{6-9}$$

$$P_{we} = (\gamma - \gamma_w) Z \tag{6-10}$$

所以 $\qquad P_w = \gamma_w Z + (\gamma - \gamma_w) Z = \gamma Z \tag{6-11}$

式中，γ，γ_w 分别为土和水的容重。

地震前和地震液化后的孔隙水压图形及测压水位如图6-36所示。从图中可以明显看出，震前孔隙水压呈静水压力分布，不同深度处测压水位相同，没有任何水头差。振动液化形成剩余孔隙水压力以后，不同深度处的测压水位就不再相等了，随深度增加测压水位增高。任意深度两点 Z_2 和 Z_1 之间的水头差可以从下式求出：

$$\gamma_w h = (\gamma - \gamma_w) Z_2 - (\gamma - \gamma_w) Z_1 \tag{6-12}$$

这两点之间的水力梯度 J 为：

$$J = \frac{h}{Z_2 - Z_1} = \frac{\gamma - \gamma_w}{\gamma_w} \tag{6-13}$$

此水力梯度恰好等于渗流液化的临界梯度，处于这个水力梯度，砂粒就在自下而上的渗流中失去重量，产生渗流液化。和振动液化联系起来，整个过程则是：饱水砂土在强烈地震作用下先产生振动液化，使孔隙水压力迅速上升，产生上、下水头差和孔隙水自下而上的运动，动水压力推动砂粒向悬浮状态转化，形成渗流液化使砂层变松。图 6-36 为渗流液化流网示意图，图中实线表示等压线，虚线表示流线，箭头表示冒水现象。在没有不透水盖层的情况下出现遍地冒水，上部砂层松胀、强度丧失，但不喷水冒砂。由于地震时松散地层易于开裂，裂缝处阻力很小，上升水流流速大、水头损失小，因而在裂缝处出现喷水冒砂现象。

如果地表有不透水的黏土盖层，则渗流液化与上述情况不同。液化砂层的孔隙水压力不能像无盖层情况那样可以自由向地表消散。液化砂层内的剩余孔隙水压力，通过液体的压力传导作用于不透水层的底板，形成一个暂时的承压水层。根据静水压力原理，液化砂层内任意点的测压水位都是相等的，其压力

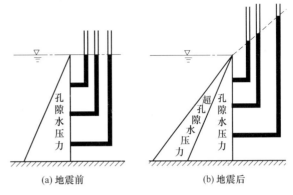

(a) 地震前   (b) 地震后

图 6-36　地震前及地震液化后砂土中的
水压力图形及测压水位图

图形及测压水位如图 6-37 所示。剩余水压由两部分组成，即液化层的骨架压力和盖层的压力。假设液化砂层厚为 M_1，盖层层厚为 M_2，则剩余空隙水压力的大小可按下式求出：

$$P_{\mathrm{we}}=(\gamma-\gamma_{\mathrm{w}})M_1+\gamma_{\mathrm{g}}M_2 \tag{6-14}$$

式中，γ_{g} 为盖层的容重。

在这种情况下，只有剩余孔隙水压力超过盖层强度，或盖层有裂缝，才沿裂缝产生喷水冒砂，渗流液化局限于喷水冒砂口附近。由图 6-38 可知，盖层越厚，隔水性越强，液化形成的暂时性承压水层的水头越高，一旦突破盖层，喷水的水头越高，冒砂越强烈。但对建筑物的严重破坏和砂层因渗流而变松，往往局限于喷水口的局部地段。

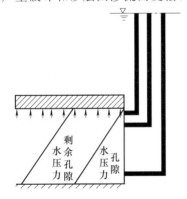

图 6-37　有盖层的情况下液化砂层的
剩余孔隙水压力图形及测压水位图

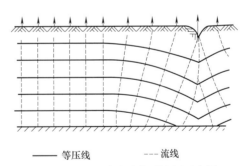

——— 等压线　　--- 流线

图 6-38　砂土渗流液化时流网示意图

6.4.5.2　砂土地震液化判别

在地质条件、地震强度及持续时间两方面都有可能产生砂土液化的地方通常的判别程序是先按地震条件、地质条件、埋藏条件、土质条件的一些限界指标进行初步判别，经初步判别为不液化的场地就可以不再进行进一步的判别工作，以节省勘察工作量。判别为液化的场地则应进一步通过现场测试、剪应力对比或地震反应分析等方法进行定量判别。各种判别指出可能性之后，还应进一步判定后果的严重程度，通常是用液化指数划分液化的严重程度，以便为设防措施提供依据。

(1) 地震液化初判的限界指标

① 地震条件。

a. 液化最大震中距。震级（M）与液化最大震中距（D_{max}）有如下关系：

$$D_{max} = 0.82 \times 10^{0.862(M-5)} \tag{6-15}$$

由上式可以判定，如 $M=5$ 则液化范围限于震中附近 1km 之内。

b. 液化最低地震烈度。我国地震文献中没有地震震级小于 5 级的喷水冒砂记录。震级 5 级震中烈度为Ⅵ度，故液化最低烈度为Ⅵ度。

② 地质条件。近年来历次地震震后调查发现，发生液化处多为全新世乃至近代海相及河湖相沉积平原、河口三角洲，特别是洼地、河流的泛滥地带、河漫滩、古河道、滨海地带及人工填土地带等。

③ 埋藏条件。

a. 最大液化深度。一般认为液化判别应在地下 15m 深度范围内进行。最大液化深度可达 20m，但对一般浅基础而言，即使 15m 以下液化，对建筑物影响也极轻微。

b. 最大地下水位深度。将液化最大地下水位埋深定为 8m。

④ 土质条件。液化土的某些特性指标的限界值为：

a. 平均粒径（D_{50}）为 0.01～1.0mm；

b. 黏粒（粒径<0.005）含量不大于 10%（不加分散剂）或不大于 15%（加六偏磷酸钠分散剂）；

c. 不均匀系数（η）不大于 10；

d. 相对密度（D_r）不大于 75%；

e. 级配不连续的土粒径< 1mm 的颗粒含量大于 40%；

f. 塑性指数（I_p）不大于 10。

按上述判别条件进行初判可归纳为如图 6-39 的流程框图。初判结果虽偏于安全，但可将广大非液化区排除，把进一步的工作集中于可能液化区。

(2) 现场测试法 凡经初步判别认为有可能液化或需考虑液化影响的饱和砂土或粉土，都应进行以现场测试为主的进一步判别。主要方法有标准贯入度判别、静力触探判别和剪切波速判别。其中以标准贯入度判别法简便易行，最为通用。

① 标准贯入度判别法。根据我国邢台、通海等 6 次震级为 7.5 级以下的地震震害调查和勘察资料分析，将层埋深（d_s）为 3m、地下水埋深（d_w）为 2m 作为基本情况，求出不同烈度情况下液化与不液化的标准贯入击数基准值 N_0。近震时，设计烈度为Ⅶ度时，$N_0=6$，Ⅷ度时 $N_0=10$，Ⅸ度时 $N_0=16$。如砂土埋深与地下水埋深与上述基本情况不同，则采用下述判别式计算临界标准贯入数 N_{cr}。

$$N_{cr} = N_0[1+0.1(d_s-3)-0.1(d_w-2)]\sqrt{3/P_c} \tag{6-16}$$

$$= N_0[0.9+0.1(d_s-d_w)]\sqrt{3/P_c} \tag{6-17}$$

式中，d_s 为饱和砂土标准贯入点深度，即土的埋深，m；d_w 为地下水位埋深，m。P_c 为黏粒含量百分数，小于 3 或砂土时取 3。实际贯入击数（N）大于 N_{cr}，则不液化，反之即液化。

标准贯入击数基准值 N_0 的取值需考虑近震和远震的区别，按表 6-5 取值。

表 6-5　N_0 的取值

震中距＼烈度	Ⅶ	Ⅷ	Ⅸ
近震	6	10	16
远震	8	12	18

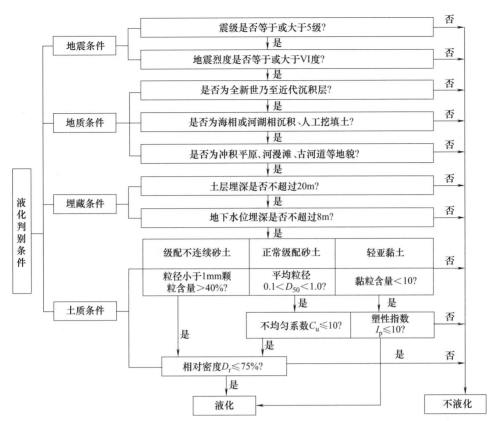

图 6-39　地震砂土液化接线指标初判流程图

此判别法简单易行，适于饱水砂土埋深在 15m 范围之内。由于地基土有侧压力作用，较深层位的砂的密度即使与较浅处差不多，但标准贯入击数却大得多。临界贯入击数随深度的变化在近地表处为垂直线向下转折成斜线，总体为一条折线。图 6-40 就是据此提出的一种临界标准贯入击数判别图解法。

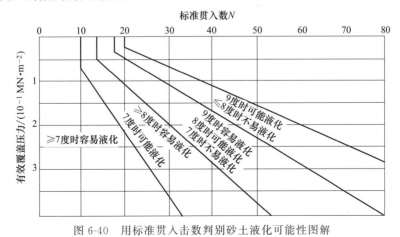

图 6-40　用标准贯入击数判别砂土液化可能性图解

② 剪切波速判别。利用剪切波速 V_s 与标准贯入击数 N 值之间的相关性，可以将以 N 为判据的判别式转换为以 V_s 为判断依据的判别式。根据现场研究与相关分析，V_s 与 N 之间的一般关系式为：

$$V_s = 100N^{0.2} \qquad (6\text{-}18)$$

令 V_s 为液化临界剪切波速，$\overline{V'_s}$ 为液化临界剪切波速基准值，则式（6-18）可以转换为如下形式：

$$V'_s = \overline{V_s}\{[0.9+0.1(d_s-d_w)]\sqrt{3/P_c}\}^{0.2} \qquad (6-19)$$

$\overline{V'_s}$ 与 N_0 的对应值见表6-6。

表6-6　$\overline{V'_s}$ 与 N_0 的对应值

N_0	6	8	10	12	16	18
$\overline{V'_s}/(\mathrm{m \cdot s^{-1}})$	145	150	160	165	175	180

剪切波速测定对土的结构扰动少，操作轻便，可自动记录，故近来多采用此法。

(3) 理论计算判别　国外最常用的理论计算判别是由希德所提出的判别方法及准则，即根据土动三轴试验求出的应力比（σ_d/σ_a，即最大动循环剪应力 τ_{max} 与初期围限压力 τ_a 之比）和某一深度土层的实际应力状态（土层有效上覆压力），计算出能引起该砂土层液化的剪应力（τ），实际上此剪应力就相当于该砂土层抵抗液化的抗剪强度，如果取得的值小于据地震加速度求得的等效平均剪应力（τ_a），则可能液化，其表示式为：

$$\tau < \tau_a$$

设 τ 为引起某一深度（Z）处的砂土液化所需要的剪应力，P_Z 为该土层的有效上覆压力，而 $\frac{\sigma_d}{2}/\sigma_a$ 为循环荷载三轴压缩试验所求得的应力比（亦即最大动循环剪应力 τ_{max} 与初期围限压力之比）。根据希德的研究：

$$\frac{\tau_a}{P_Z} = \frac{\sigma_d/2}{\sigma_a}C_r \qquad (6-20)$$

式中，C_r 为小于1的校正系数，以便用室内循环荷载三轴压缩试验资料求得现场条件下引起液化的应力状态。C_r 随相对密度面改变，其值可按图6-41选取。如果现场内某一深度砂土的相对密度为 D_r，而试验则是用相对密度为0.50的试样测得，此时实验室测得的值要换算为天然相对密度的值。因为在相对密度0.80以内应力比与相对密度成正比，所以上式可以写为

$$\frac{\tau}{P_Z} = \frac{\sigma_d/2}{\sigma_a}C_r\frac{D_r}{0.50} \qquad (6-21)$$

用上式即可求出引起场地内某一深度处的砂层液化所需的剪应力，以它与按最大地震加速度求出的等效平均剪应力 τ_a 相比，即可判断液化的可能性。

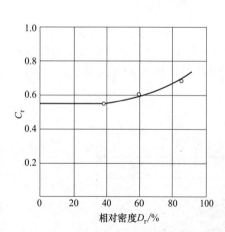

图6-41　C_r 与 D_r 的关系曲线

用循环荷载三轴压缩试验求出试样液化的应力状态，并非总是能够办得到的。希德根据大量循环荷载三轴压缩试验，已经分别为振动 $N=$ 10 和 $N=30$ 得出了相对密度 $D_r=0.50$ 时的 $\frac{\sigma_d}{2}/\sigma_a$ 与平均粒径 D_{50} 的关系曲线（图6-42、图6-43）。可以根据现场的震级（7级选用 $N=10$ 的，8级选用 $N=30$ 的）和砂的天然相对密度选取 $\frac{\sigma_d}{2}/\sigma_a$，然后再按上式进行计算。

(4) 液化程度判断　液化判别只回答液化可能性，而不能指出液化后果的严重程度，更不能提示应采取何种防护措施。同样是液化，其危害程度可能有很大差别，所以需要有一指

标来反应液化程度。从历次地震的液化震害得知，在同一地震烈度影响下，液化土层的抗液化强度越低（以标贯击数表示就是实测值比临界值小很多）、厚度越大、层位越靠近基础底面，则地基的液化危害越大。所以这指标应能综合反映上述各项因素对液化震陷的影响。

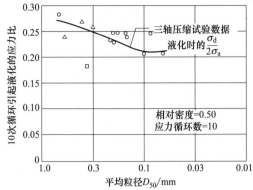
图 6-42　10 次荷载循环引起砂土液化的应力条件

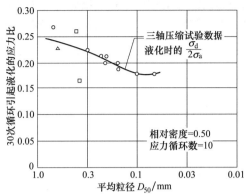
图 6-43　30 次荷载循环引起砂土液化的应力条件

假定埋深 d_s（m），厚为 d，将（$N_{cr}-N$）与该土层厚度之乘积定义为该层的液化（A），即：

$$A = (N_{cr} - N)d \tag{6-22}$$

用 N_{cr} 归一化即可得到该层的相对液化势（a）：

$$a = \left(1 - \frac{N}{N_{cr}}\right)d \tag{6-23}$$

因为该土层在基础下深度不同液化危害不同，故引入一个深度权函数（W），可得出该层加权相对液化势：

$$Wa = \left(1 - \frac{N}{N_{cr}}\right)dW \tag{6-24}$$

如由地表到 15m 深处有多个液化层，将上述各层的加权相对液化势总和起来就得到液化指数 I_{1e}：

$$I_{1e} = \sum_{i=1}^{n}\left(1 - \frac{N_i}{N_{cri}}\right)d_i W_i \tag{6-25}$$

式中，n 为每个钻孔 15m 深度范围内饱和土层标准贯入点数；N_i 和 N_{cri} 分别为第 i 个标准贯入点的标贯击数的实测值和临界值，当 $N_i > N_{cri}$ 时则 $\left(1 - \frac{N_i}{N_{cri}}\right)$ 一项取为零；d_i 为第 i 个标准贯入点所代表的土层厚度，m，一般情况下可采用与该标准贯入点相邻的上、下两个标准贯入点深度差的一半 $\left[(d_{i+1}-d_{i-1})/2\right]$，但上界不浅于地下水位深度、下界不深于液化深度；$W_i$ 为 d_i 土层中点深度处土层深度影响权函数，m^{-1}，当中点深度不大于 5m 时取 10m，等于时取 0.5~15m 之间线性内插。

根据震害调查和液化指数计算，可按液化指数大小划分出如表 6-7 所示的液化等级。

表 6-7　液化地基的液化等级

液化等级	液化指数(I_{1e})	地面喷水冒砂情况	对建筑物的危害程度
轻 微	0~5	地面无喷水冒砂或仅在注地、河边有零星喷冒点	液化危害性小，一般不致引起明显的震害
中 等	5~15	喷水冒砂可能性很大，从轻微到严重都有，但多数属中等喷冒	液化危害性较大，可造成不均匀沉陷和开裂，有时不均匀沉陷可达 200mm
严 重	>15	一般喷水冒砂都很严重，地面变形很明显	液化危害大，一般可产生大于 200mm 的不均匀沉陷，高重心结构可能产生不容许的倾斜

6.4.5.3 砂土地震液化防治措施

在可能受到强烈地震影响的河口三角洲、冲积平原或古河床上进行建筑活动时，必须采取防地层液化的措施。这些措施可分为选择良好场地、采用人工改良地基或选用合适的基础型式及砌置深度。抗液化措施应根据判定的液化等级及建筑物的类别进行选择（表6-8）。

表6-8 抗液化措施选择原则

建筑类别	地基液化等级		
	轻微	中等	严重
甲类	特殊考虑		
乙类	[B]或[C]	[A]或[B+C]	[A]
丙类	[C]或[D]	[C]或其他更高措施	[A]或[B+C]
丁类	[D]	[D]	[C]或其他更经济措施

注：A为全部消除地基液化沉陷的措施，如采用桩基、深基础、深层处理至液化深度以下或挖除全部液化层；B为部分消除地基液化沉陷措施，如处理或挖除部分液化土层等；C为基础结构和上部结构的构造措施，一般包括减小或适应不均匀沉陷的各项构造措施；D为可不采取措施。

(1) 良好场地的选择 应尽量避免将未经处理的液化土层作为地基持力层，故应选表层非液化盖层厚度大、地下水埋藏深度大的地区作为建筑场地。计算上覆非液化盖层和不饱水砂层的自重压力，如其值接近或等于液化层的临界盖重，则属符合要求的场地。

避免滑塌危害，地表地形平缓，液化砂层下伏底板岩土体平坦无坡度者为宜。

选择液化均匀且轻微的地段，液化层厚度均一较不均一的为好。

(2) 人工改良地基 采取措施消除液化可能性或限制其液化程度。主要有增加盖重、换土、增加可液化砂土层密实程度和加速孔隙水压力消散等措施。

① 增加盖重。新潟地震时强烈液化的地区，有的建筑物建于原地面上填有3m厚的填土层上，周围建筑物强烈损坏而此建筑物则无损害。填土厚度应使饱水砂层顶面的有效压重大于能产生液化的临界压重。

② 换土。适用于表层处理，一般在地表以下3～6m有易液化土层时可以挖除并回填以压实粗砂。这种办法在某些土坝地基中采用过。

③ 改善饱水砂层的密实程度。

a. 爆炸振密法。一般用于处理土坝等底面相当大的建筑物的地基。在地基范围内每隔一定距离埋炸药，群孔起爆使砂层液化后靠自重排水沉实。对均匀、疏松的饱水中细砂效果良好（表6-9）。

b. 强夯与碾压。在松砂地基表面采用夯锤或振动碾压机加固砂层，能提高砂层的相对密度，增强地基抗液化能力。

强夯是使重锤（8～30t）从高处（一般为6～30m）自由落下，夯击能使土体内产生冲击波应力，土体局部液化下沉而压密。我国塘沽用的夯锤底面为2m×2m，重10t，夯10～14击后，地面下沉量达0.55m，影响深度9～9.5m，承载力提高32%～57%。夯击点按正方形网格布置，间距通常为5～15m。

表6-9 我国某些采用爆炸振密法地基的实例

工程类别	土层情况	<0.05mm 颗粒含量	d_{10}/mm	不均匀系数	$K/(\times 10^{-2}\text{cm}\cdot\text{s}^{-1})$	天然干容重	天然相对密度	爆炸后干容重	爆炸后相对密度
坝基	洁净粗中砂	0	0.19～0.23	1.9～2.6	2.5～6.5	1.405	0.24	1.554	0.68
闸基	洁净中细砂	0	0.095～0.135	2.3～2.6	1.46～3.96	1.33	0.39	1.42	0.60
闸基	洁净中细砂及粉砂	0	0.03～0.13	1.9～4.4		1.32～1.41		1.43～1.5	

土石坝坝基如有 2~4m 厚疏松中细砂可采用碾压法处理。我国河南鸭河口坝基在清除地下水面上砂层后用履带式拖拉机碾压 32 遍，压实影响深度 1.2m，相对密度可提高到 0.60。美国近年来采用 12.7t 振动碾压密浅层砂取得了良好效果。

c. 水冲振捣回填碎石桩法（振冲法）。水冲振捣回填碎石桩法是一种软弱地基的深加固方法。对提高饱和粉、细砂土抗液化能力效果较好，可使砂土的 D_r 增到 0.80，且回填的碎石桩有利于消散孔隙水压力。经处理加密的砂土地基承载力可提高到 $(2\sim3)\times10^5\,N/m^2$ 以上。

此法的主要设备是特制的有射水口的类似混凝土振捣管的振冲器，它的前端射水口能进行高压喷水，使喷口附近的砂土急剧液化，振冲器借自重和振动力沉入砂层，在沉入过程中把浮动的砂挤向四周并予以振密。贯入到所需加密的深度后，关闭下喷口打开上喷口。同时向孔内回填卵、砾、碎石料，然后逐步提升振冲器，每次提升 0.3~0.5m，边提边振捣，最后在地基内形成一根密实的碎石桩，其操作过程如图 6-44 所示。目前此法的处理深度可达 20m。孔距是加密效果的决定性因素。大面积处理布孔方式多用等边三角形，单独基础则多采用正方形。

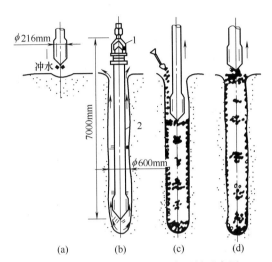

图 6-44　深层振入卵石碎石桩示意图

④ 消散剩余孔隙水压。主要采用排渗法，在可能液化砂层中设置砾渗井，使砂层在振动时迅速将水排出，以加速消散砂层中累积增长的空隙水压力，从而抑制砂层液化。砾渗井中填料的渗透性对砂层中空隙水压力的消散速率有显著影响，如填料的渗透系数为砂土层的 200 倍，则排渗作用可充分发挥。

⑤ 围封法。修建在饱和松砂地基上的坝或闸，可将坝基范围内可液化砂层用板桩、混凝土截水墙、沉箱等将可液化砂层截断封闭，以切断板桩

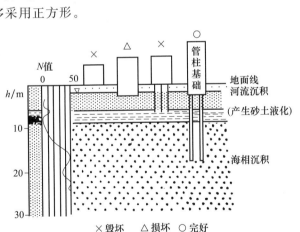

图 6-45　液化地基上各种形式基础结构建筑物的震害情况

外侧液化砂层对地基的影响，增加地基内土层的侧向压力。建筑物以下被围封起来的砂层，由于建筑物的风力大于有效覆盖层压力而不致液化。所以此法也是防止砂层液化的有效措施。建于有 3~12m 粉细砂夹层地基上的映秀湾拦河闸就采取了这种措施。

（3）基础型式选择　在有液化可能性的地基上建筑，不能将建筑物置于地表或深埋于可液化深度范围之内。如采用桩基宜用较深的支承桩或管柱基础，浅摩擦桩的震害是严重的（图 6-45）。层数较少的建筑物可采用筏片基础，并尽量使荷重分布均匀，以便地基液化时仅产生整体均匀下沉，这样就可以避免采用昂贵的桩基。建于液化地基上的桥梁，往往因墩

台强烈沉陷造成桥墩折断，最好选用管柱基础。

习　题

1. 何谓滑坡？其主要形态特征是什么？

2. 形成滑坡的条件是什么？影响滑坡发生的因素有哪些？

3. 按引起滑坡的力学特征，滑坡可分为哪几种类型？按组成滑坡的物质成分，滑坡可分为哪几种类型？它们各有什么特征？

4. 滑坡防治原则什么？滑坡的防治措施有哪些？

5. 何谓崩塌？形成崩塌的基本条件是什么？

6. 崩塌的防治原则是什么？防治崩塌的措施有哪些？

7. 岩堆有哪些工程地质特征？岩堆的处理原则及防治措施是什么？

8. 何谓泥石流？泥石流的形成条件有哪些？其发育特点如何？

9. 试说明泥石流的分类。

10. 试说明泥石流地段公路选线的原则和泥石流的防治措施。

11. 什么是地震？天然地震按其成因可分为哪几种？

12. 何谓地震震级？震级如何确定？

13. 什么是地震烈度？根据什么确定地震烈度？震级和烈度之间的关系怎样？在工程建筑抗震设计时，需要确定的地震烈度有哪几种？

14. 地震对工程建筑物的影响和破坏表现在哪些方面？工程抗震有哪些原则？

15. 什么叫岩溶？岩溶有哪些主要形态？其发育的基本条件有哪些？

16. 岩溶的发育与分布规律怎样？影响因素有哪些？

17. 岩溶地区的主要工程地质问题有哪些？常用的防治措施是什么？

第 7 章
特殊土的工程地质特性

特殊土是指某些具有特殊物质成分和结构、赋存于特殊环境中、易产生不良工程地质问题的区域性土。当特殊土与工程设施或工程环境相互作用时，常产生特殊土地质灾害，故国外常把特殊土称为"问题土"。

在土的堆积形成过程中，自然条件、气候条件、地理环境、地质历史、物质成分和次生变化对土的性质有重大影响。在我国存在多种特殊土，其分布存在一定的规律，具有明显的区域性。我国主要特殊土包括软土、湿陷性黄土、冻土、膨胀土、红黏土、盐渍土等。这些特殊性土还包括工程中存在的地震液化土，它们的工程性质差异很大且对工程的危害极大。这些土具有特殊的工程性质，用作工程地基时应采取相应的工程措施，其勘察、试验、设计、施工、治理各有其相应的技术标准和技术方法。

7.1 土的工程地质性质

土是地壳表面最主要的组成物质，是岩石圈表层在漫长的地质年代里，经受各种复杂的地质作用所形成的松软物质。分布在我国大部分地区的土形成于新第三纪或第四纪时期，其成因类型、物质组成和结构、构造不同，因而具有不同的工程地质性质。

土是由固体颗粒以及颗粒间孔隙中的水和气体组成的，是一个多相、分散、多孔的系统。一般可把土看作三相体系——固体相、液体相和气体相。固体相又称土粒，由大小不等、形状不同、成分不一的矿物颗粒或岩屑所组成，构成土的主体。液体相即是孔隙中的水溶液，它部分或全部地充填于粒间孔隙内。气体相指的是土中的气体，它占据着未被水充填的那部分孔隙。三者相互联系，经过复杂的物理化学作用，共同制约着土的工程地质性质。

一般情况下土具有成层的特征。同一层内土的物质组成和结构、构造基本一致、工程地质性质亦大体相同，这就是我们常称的"土层"。随着工程地质工作的深入，为了更明确地论证工程地质问题和评价建筑条件，有些学者提出了"土体"的概念。强调土体不是由单一而均匀的土组成的，而是由性质各异、厚薄不等的若干土层，以特定的上、下次序组合在一起。因土体不是简单的土层组合，而是与工程建筑的安全、经济和正常使用有关的土层组合体。一旦土层的厚度、性质和层次发生变化，土体的建筑性能也随之改变。由此可见，相对于土层来说，土体是一个宏观的概念；它一般是多层土层的组合体，但也可以是单一土层的均质土体。在前一种情况下，土体的性质不等于某一土层的性质，也不等于各种土层性质的简单叠加，而是相互作用和影响的有机整体。"土体"概念的提出，对论证建筑物的工程地质问题和确切的工程地质评价是至关重要的。

7.1.1 土的粒度成分

7.1.1.1 粒径和粒组划分

土颗粒的大小以其直径来表示，称为"粒径"，其单位一般采用毫米（mm）。由于自然界中的土粒并非理想的球体，通常为椭球状和针片状、棱角状等不规则形状，因此粒径只是一个相对的、近似的概念，应理解为土粒的等效直径。

自然界中土颗粒直径大小相差十分悬殊，大者可达数千毫米以上，小者可小于万分之一毫米。随着粒径的变化，土粒的成分和性质也逐渐发生变化，如粗大的漂石和卵石，一般都是由原生矿物组成的岩石碎块，强度高、压缩性低、透水性强；而细小的黏粒，则几乎都由风化次生矿物组成，具可塑性，强度低、压缩性高、透水性弱。但是，当土的粒径在某一大小范围内变化时，土的成分和性质差别不大，可以认为具有大致相同的成分和相似的性质。为了便于研究土中各粒径土粒的相对含量及其与土的工程地质性质关系，将自然界中土粒直径变化范围划分为几个区段，每个区段中包括的土粒成分相近，性质相似。这样划分的粒径在一定区段内，成分及性质相似的土粒组别，即称为"粒组"或"粒级"。

具体制定粒组划分方案时，考虑到土粒性质和成分随粒径大小变化的前提下，还应与目前粒度分析试验的技术水平相适应。同时要考虑使用的方便性。目前我国制定的粒组划分方案是 2008 年颁布的国家标准《土的工程分类标准》（GB/T 50145—2007）中的粒组划分表（表 7-1）。

表 7-1　土的粒组划分表

粒组	颗粒名称		粒径 d 的范围/mm
巨粒	漂石（块石）		$d > 200$
	卵石（碎石）		$60 < d \leqslant 200$
粗粒	砾粒	粗砾	$20 < d \leqslant 60$
		中砾	$5 < d \leqslant 20$
		细砾	$2 < d \leqslant 5$
	砂粒	粗砂	$0.5 < d \leqslant 2$
		中砂	$0.25 < d \leqslant 0.5$
		细砂	$0.075 < d \leqslant 0.25$
细粒	粉粒		$0.005 < d \leqslant 0.075$
	黏粒		$d \leqslant 0.005$

7.1.1.2　土按粒度成分的分类

自然界中的土是大小颗粒混杂在一起的。不同粒度的土粒在土中所起的作用不同。一般情况下，在土中砾粒起骨架作用，砂粒、粉粒起充填作用，而黏粒起胶结作用。土的粒度成分不同，它所具有的性质也不同。所以，可按粒度成分对土进行分类。土按粒度成分的分类称为粒度分类。根据《土的工程分类标准》（GB/T 50145—2007）土分为巨粒土、砾类土、砂类土、细粒土 4 种。

在《土的工程分类标准》中，首先按不同粒组的相对含量，把一般土分为巨粒土和含巨粒的土、粗粒土、细粒土三大类。

巨粒组质量多于总质量的 15% 的土属巨粒土和含巨粒的土，并可根据巨粒组的含量分为漂石、卵石、混合土漂石、混合土卵石、漂石混合土和卵石混合土（表 7-2）。

表 7-2　巨粒土和含巨粒的土的分类

土类	粒组含量		土名称
巨粒土	巨粒含量 75%～100%	漂石粒 > 50%	漂石
		漂石粒 ≤ 50%	卵石
混合巨粒土	巨粒含量 50%～75%	漂石粒 > 50%	混合土漂石
		漂石粒 ≤ 50%	混合土卵石
巨粒混合土	巨粒含量 15%～50%	漂石 > 卵石	漂石混合土
		漂石 ≤ 卵石	卵石混合土

粗粒组质量多于总质量 50% 的土称为粗粒土。根据砾粒组的含量，粗粒土又分为砾类

土和砂类土。砾粒组质量多于总质量的 50% 的土称砾类土，砾粒组质量少于或等于总质量 50% 的土称砂类土。根据细粒含量，砾类土又细分为砾、含细粒土砾和细粒土质砾（表 7-3）；砂类土又细分为砂、含细粒土砂和细粒土质砂（表 7-4）。

表 7-3　砾类土的分类

土　　类	砾	含细粒土砾	细粒土质砾
细粒组含量	<5%	5%～15%	15%～50%

表 7-4　砂类土的分类

土　　类	砂	含细粒土砂	细粒土质砂
细粒组含量	<5%	5%～15%	15%～50%

细粒组质量多于或等于总质量的 50% 的土称为细粒土。细粒土又分为细粒土和含粗粒的细粒土两类。粗粒组质量少于总质量的 25% 的土称细粒土，粗粒组质量为总质量的25%～50% 的土称含粗粒的细粒土。根据土中所含粗粒组的类别，含粗粒的细粒土又分为含砾细粒土和含砂细粒土两类，砾粒占优势的土称含砾细粒土，砂粒占优势的土称含砂细粒土。

7.1.2　土的矿物成分

土的固体相部分是由各种矿物颗粒或矿物集合体组成的。不同矿物的性质是有差别的，所以由不同矿物组成的土的性质也不相同。土的矿物成分可分为原生矿物、次生矿物和有机物三大类。

原生矿物是岩石经物理风化破碎但成分没有发生变化的矿物碎屑。常见的原生矿物有石英、长石、云母、角闪石、辉石、橄榄石、石榴子石等。原生矿物颗粒一般都较粗大，它们主要存在于卵、砾、砂、粉各粒组中，是组成粗粒土的主要矿物成分。

次生矿物是原生矿物经过化学风化作用，使其进一步分解，形成一些颗粒更细小的新矿物。次生矿物又可分为两种类型：一种是原生矿物中部分可溶物质被水溶滤并携带到其他地方沉淀下来所形成的"可溶性次生矿物"；另一种是原生矿物中的可溶部分被部分被溶滤后的残余物，它改变了原来矿物的成分和结构，形成了"不可溶的次生矿物"。

可溶性次生矿物又叫水溶盐，按其在水中的溶解度又分为易溶盐、中溶盐和难溶盐三类。常见的易溶盐有岩盐（NaCl）、钾盐（KCl）、芒硝（$Na_2SO_4 \cdot 10H_2O$）和苏打（$NaHCO_3$）等；常见的中溶盐是石膏（$CaSO_4 \cdot 2H_2O$）；常见的难溶盐有方解石（$CaCO_3$）和白云石（$CaCO_3 \cdot MgCO_3$）等。当土中含水少时，这些次生矿物结晶沉淀，在土中起胶结作用；含水多时则溶解，土的联结随之破坏。土中含有一定数量的水溶盐时，土的性质随矿物的结晶或溶解会发生很大变化。尤其是易溶盐和中溶盐，是土中的有害成分，工程建筑对其含量有一定要求。

不可溶性的次生矿物有次生二氧化硅、倍半氧化物和黏土矿物。次生二氧化硅是由硅酸盐、长石等风化后形成的次生矿物，其颗粒细小，在水中呈准胶体或胶体状态。倍半氧化物是由三价 Fe、Al 和 O、OH、H_2O 等组成的次生矿物，用 R_2O_3 表示。黏土矿物是主要的次生矿物。

有机质是土中动植物残骸在微生物作用下分解形成的产物。它可分为两类：一类是分解不完全的植物及各种生物有机体的残骸；另一种是分解完全的腐殖质。有机质亲水性强，当土中有机质含量增多时，土的可塑性和压缩性增大，强度降低，对工程建筑不利。

7.1.3　土的结构和构造

7.1.3.1　土的结构

土的结构是指组成土的土粒大小、形状、表面特征、土粒间的联结关系和土粒的排列情况。土的粒度成分反映了土粒大小及其组合特征，也是说明土结构特征的主要指标，对土的工程地质性质影响显著。例如，巨粒土、粗粒土、细粒土的工程地质性质差别很大。土粒形状及表面特征对巨粒土和粗粒土的工程地质性质影响很大，主要影响土粒排列的紧密程度；对黏粒来说，相同粒径不同形状的土粒表面积不同，这不仅影响黏粒在土中的活动程度，也影响细粒土中颗粒的排列特征。

7.1.3.2　土的结构类型

（1）**碎石土与砂土的结构类型——单粒结构**　单粒结构是砂、砾等粗粒土在沉积过程中形成的代表性结构类型。粗大的土粒在水中或空气中受自重下落堆积，土粒间的分子引力很小，粒间几乎没有相互联结作用，只是细粒砂土在潮湿时存在毛细水联结。由于土粒堆积时的速度及受力条件不同，单粒结构可以分为疏松与紧密两种。单粒结构的特征是颗粒之间为点与点的接触，如图 7-1 所示。

(a) 松散单粒结构　　　　(b) 紧密单粒结构

图 7-1　单粒结构

疏松的单粒结构土粒的磨圆度差，呈棱角状或片状，是在堆积速度快的情况下形成的。反之，若土粒浑圆，堆积过程缓慢，则常常形成紧密的单粒结构，紧密单粒结构的土，由于其土粒排列紧密，在动、静荷载作用下都不会产生较大的沉降，是良好的天然基础；但疏松的单粒结构的土，骨架不够稳定，在动力作用下，土粒易错位，土中孔隙迅速减小，土体下沉，因此须经处理后方能用作建筑物地基。

（2）**黏性土的结构类型**　微小的黏粒外形呈薄片状或针状，表面常带负电，而侧面断口处有时带正电，它们除了单个颗粒相接触外，更常见的是以"面"与"面"相叠成"叠片体"或相聚而成"叠聚体"的形式存在，它们是组成黏性土微结构的单元体，其相互接触的主要形式基本上与单个颗粒相似。黏性土的结构有蜂窝状结构和絮状结构两种。

① 蜂窝状结构。当粒径为 0.02～0.002mm，土粒在水中沉积时，基本上是单个土粒下沉，下沉途中碰上已沉积的土粒时，由于粒间的相互引力大于其重力，土粒就停留在最初的接触点上不再下沉，土粒彼此接触形成链状体，呈多角环状，形成具有大量孔隙的蜂窝状结构。这种结构的孔隙一般远大于土粒本身的尺寸，因此这种土结构疏松，强度低、压缩性高。除黏土外，某些粉土也具有这种结构特征，如图 7-2（a）所示。

② 絮状结构。当土粒小于 0.002mm 时，土粒能在水中长期悬浮，处于电介质浓度大的环境中（如海水），黏粒以边-面或面-面接触，相互凝聚而下沉，形成海绵状的多孔结构，这种情况土的孔隙比较大，如图 7-2（b）所示。

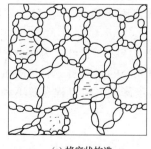 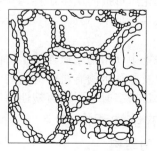

(a) 蜂窝状构造　　　　　　　(b) 絮状构造

图 7-2　土的结构

土的构造是指土体构成上的不均匀特征的总和。

碎石土常呈块状构造、假斑状构造，粗碎屑之间有细碎屑或土充填，粗碎屑含量多时，其力学强度较大，但透水性也较大；当粗碎屑由土包围，则其工程性质与土有关。

砂类土中常见有水平层理和交错层理构造，但有时与黏性土交替，构成"千层土"或夹层。

黏性土的构造可分为原生构造与次生构造。原生构造是土在沉积时形成的，此类构造的特征多表现为层状、页片状、条带状等，其工程地质性质常表现出各向异性。次生构造是在土层形成后经成壤作用形成的。如块状、团粒状、柱状、片状、鳞片状等。此外，黏性土体中还常因其物质成分的不均一性，干燥后出现各种裂隙，如垂直裂隙，网状裂隙等，这些裂隙导致土体的强度降低，透水性增强，造成土体工程地质性质的各向异性。

7.1.4　土的物理力学性质

土的物理力学性质主要有土的密度、土的含水性、土的孔隙性、土的抗剪性和土的压缩性。不同种类土的物理力学性质差别很大，下面就工程性质不同的几种土分类介绍。

(1) **砾石类土的性质**　砾石类土又称卵砾土，颗粒粗大，主要由岩石碎屑或石英、长石等原生矿物组成，呈单粒结构及块石状和假斑状构造，具有孔隙大、透水性强、压缩性低、抗剪强度大的特点。但它与黏粒的含量及孔隙中充填物性质和数量有关。典型的流水沉积的砾石类土，分选较好，孔隙中充填大量砂粒、细小的粉土颗粒和黏土颗粒，透水性相对较弱，内摩擦角较小，抗剪强度较低，压缩性稍大。总的来说，砾石类土一般构成良好地基，但由于透水性强，常使基坑涌水量大，坝基、渠道渗漏。

(2) **砂类土的性质**　砂类土也称砂土。一般颗粒较大，主要由石英、长石、云母等原生矿物组成。一般没有联结，呈单粒结构及伪层状构造，并有透水性强、压缩性低、压缩速度快、内摩擦角较大，抗剪强度较高等特点，但均与砂粒大小和密度有关，通常粗中砂土的上述特征明显，且一般构成良好地基，为较好的建筑材料，但可能产失涌水或灌漏。粉细砂土的工程性质相对差，特别是饱水粉、细砂土受振动后易液化。

在野外鉴定砂土种类时，应同时观察研究砂土的结构、构造特征和垂直、水平方向的变化情况。当采取原状砂样有困难时，应在野外现场大致测定其天然容重和含水量。

(3) **黏性土的性质**　黏性土中黏粒含量较多，常含亲水性较强的黏土矿物，具有水胶联结和团聚结构，时有结晶联结，孔隙微小而多。常因含水量不同呈固态、塑态和流态等不同稠度状态，压缩速度小而压缩量大，抗剪强度主要取决于凝聚力，内摩擦角较小。

黏性土的工程地质性质主要取决于其联结和密实度，即与其黏粒含量、稠度、孔隙比有关。常因黏粒含量增多，黏性土的塑性、胀缩性、透水性、压缩性和抗剪强度等有明显变化。从亚砂土到黏土，其塑性指数、胀缩量、凝聚力渐大，而渗透系数和内摩擦角则渐小。稠度影响最大，近流态和软塑态的土，有较高压缩性，较低抗剪强度；而固态或硬塑态的土，则压缩性较低，抗剪强度较高。黏性土是工程最常用的土料。

7.2　软　　土

软土泛指天然含水量大、压缩性高、透水性差、抗剪强度低、灵敏度高、承载力小的呈软塑到流塑状态的饱和黏土，是近代沉积的软弱土层。包括淤泥、淤泥质土、有机沉积物（泥炭土和沼泽土）以及其他高压缩性的饱和软土、粉土等。在天然地层剖面上，它往往与泥炭或粉砂交错沉积。

淤泥和淤泥质土是指在静水或缓慢的流水环境中沉积，经生物化学风化作用形成的以黏粒为主并伴有微生物作用的一种结构性土。这种黏性土含有机质，天然含水量大于液限

$(w > w_L)$，当天然孔隙比 $e \geqslant 1.5$ 时，称为淤泥；当天然孔隙比 $1.0 \leqslant e < 1.5$ 时，称为淤泥质土。当土的烧失量大于 5% 时，称有机质土；大于 60% 时，称泥炭。

7.2.1 软土的成因及形态特征

7.2.1.1 软土的成因类型

软土按照沉积环境可分为下列几种类型。

(1) **滨海沉积——滨海相、潟湖相、溺谷相及三角洲相** 滨海沉积在表层广泛分布一层由近代各种营力作用生成的厚 0~0.3m、黄褐色黏性土的硬壳。下部淤泥多呈深灰色或灰绿色，间夹薄层粉砂。常含有贝壳及海生物残骸。

滨海相：常与海浪暗流及潮汐的水动力作用形成的较粗颗粒（粗、中、细砂）相掺杂，使其不均匀和极疏松，增强了淤泥的透水性能，易于压缩固结。

潟湖相：沉积物颗粒微细、孔隙比大、强度低、分布范围较宽阔，常形成海滨平原。在潟湖边缘，表层常有厚 0.3~2.0m 的泥炭堆积。底部含有贝壳和生物残骸碎屑。

溺谷相：孔隙比大、结构疏松、含水量高，有时甚于潟湖相。分布范围略窄，在其边缘表层也常有泥炭沉积。

三角洲相：由于河流及海潮的复杂交替作用，而使淤泥与薄层砂交错沉积，受海流与波浪的破坏，分选程度差，结构不稳定，多交错成不规则的尖灭层或透镜体夹层，结构疏松，颗粒细小。如上海地区深厚的软土层中夹有无数的极薄粉细砂层，为水平渗流提供了良好的通道。

(2) **湖泊沉积——湖相、三角洲相** 湖泊沉积是近代淡水盆地和咸水盆地的沉积。其物质来源与周围岩性基本一致，为有机质和矿物质的综合物，在稳定的湖水期逐渐沉积而成。沉积物中夹有粉砂颗粒，呈现明显的层理。淤泥结构松软，呈暗灰、灰绿或灰黑色，表层硬层不规律，厚为 0~4m，时而有泥炭透镜体。湖相沉积淤泥软土一般厚度较小，约为 10m。最厚者可达 25m。

(3) **河滩沉积——河漫滩相、牛轭湖相** 河滩沉积主要包括河漫滩相和牛轭湖相。成层情况较为复杂，其成分不均一，走向和厚度变化大，平面分布不规则。一般是软土常呈带状或透镜状，间与砂或泥炭互层，其厚度不大，一般小于 10m。

(4) **沼泽沉积——沼泽相** 沼泽是湖盆地、海滩，在地下水、地表水排泄不畅的低洼地带，因蒸发量不足以干化淹水地面的情况下，喜水植物滋生，经年淤积，逐渐衰退形成的一种沉积物，多以泥炭为主，且常出露于地表。下部分布有淤泥层或底部与泥炭互层。

7.2.1.2 软土的分布

软土在我国滨海平原、河口三角洲广泛分布，内陆平原、湖盆地周围和山间谷地也有分布。我国软土的主要分布区，按工程性质结合自然地质地理环境，可划分为三个区。沿秦岭走向向东至连云港以北的海边一线，作为 I、II 地区的界线；沿苗岭、南岭走向向东至莆田的海边一线，作为 II、III 地区的界线。这一分区可作为区划、规划和勘察的前期工作使用。

我国东海、渤海、黄海、南海等沿海软土分布，包括有渤海的津沽唐地区，海州湾的连云港，杭州湾的杭州，甬江口的宁波、镇海，舟山群岛的舟山，温州湾的温州，三都港的宁德、三都，泉州港的泉州，厦门港的厦门，闽江口平原地区的福州、马尾，汕头附近的拓林湾，湛江，多属于潟湖相、溺谷相或滨海相。潟湖相和溺谷相沉积深厚、黏粒含量高，如宁波、温州软土厚达 35~40m。滨海相沉积层中夹有较粗颗粒，深度一般小于 25m。我国东南沿海淤泥沉积的厚度及分布情况见表 7-5。

表 7-5　东南沿海软土分布范围及厚度

分布范围	广州湾至兴化湾（汕头例外）	兴化湾至温州湾南	温州湾至连云港
沉积厚度/m	5~20	10~30	>40

长江三角洲的上海，珠江三角洲的广州，是典型的三角洲相沉积。软土层内粉砂微层分布十分突出。沿海一带地面标高低于 5m 的广阔平原上，绝大部分有软土分布。只有一些硬壳较厚的地区，地基的软弱程度略轻，如天津硬壳厚度平均为 6~7m。河谷平原上的软土，如长江中下游的武汉、芜湖、南京，珠江下游的肇庆、三水，多为河漫滩相或牛轭湖相沉积。软黏土层中常有粉细砂间层，有的含有植物残骸。软土埋深一般小于 15m。湖泊周围的软土层主要位于洞庭湖、洪泽湖、太湖、鄱阳湖四周和古云梦泽地区边缘地带，以及昆明的滇池地区。山间谷地软土分布范围较小，但不均匀性十分突出，我国云贵高原、昆明、贵阳以西六盘水地区的洪积扇和煤系地层分布的山间洼地也有软土分布。谷地软土底部常有明显倾斜的坡度。山区谷地软土分布规律甚为复杂，鉴别时，可从以下几个方面进行分析：沉积环境、水文地质环境、古地理环境、地表特征、人类活动情况等。

沼泽相的软土在我国分都较广泛。沿海自渤海湾的海河口至莱州湾的潍河口，自黄海的海州湾至川腰港。湖盆地沼泽如苏皖的射阳湖畔，高邮湖、百马湖盆地。东北嫩江河谷、松花江、乌苏里江河谷，小兴安岭的扬旺河谷，西南岷江上源，一些牛轭湖衰退形成的沼泽也有零星分布，它们常以泥炭为主，夹有软黏土、腐泥或砂层。

我国软土的形成，绝大多数在全新世的中、晚期。而一部分软土埋藏在密实的硬土层之下，如上海在暗绿色硬黏土之下，广东肇庆在红色硬黏土层之下仍有软弱黏土层，它们可能为全新世中期以前的沉积物。

7.2.1.3　软土的组成和形态特征

软土的组成成分和形态特征是由其生成环境决定的。由于它形成于上述水流不通畅、饱和缺氧的静水盆地，这类土主要由黏粒和粉粒等细小颗粒组成。淤泥的黏粒含量较高，一般为 30%~60%。黏粒的黏土矿物成分以水云母和蒙脱石为主，含大量的有机质。有机质含量一般为 5%~15%，最大达 17%~25%。这类黏土矿物和有机质颗粒表面带有大量负电荷，与水分子作用非常明显，因而在其颗粒外围形成很厚的结合水膜，且在沉积过程中由于粒间静电引力和水分子引力作用，呈絮状和蜂窝状结构。因此，软土含大量的结合水，并由于存在一定强度的粒间联结而具有显著的结构性。

由于软土的生成环境及上述粒度、矿物组成和结构特征，结构性显著且处于形成初期，呈饱和状态，软土在其自重作用下难于压密，而且来不及压密。因此，不仅使其必然具有高孔隙性和高含水量，而且使淤泥一般呈欠压密状态，以致其孔隙比和天然含水量随埋藏深度有很小的变化，因而土质特别松软，淤泥质土一般呈欠压密或正常压密状态，其强度随深度有所增大。

淤泥和淤泥质土一般呈软塑状态，但其结构一经扰动破坏，就会使其强度剧烈降低甚至呈流动状态。因此，淤泥和淤泥质土的黏度实质上处于潜流状态。

7.2.1.4　软土的层理构造

厚度较大的软土，一般在表层中有一层为 0~3m 厚的中压缩性或低压缩性黏土（俗称软土硬层或表土层）。我国软土地区的层理构造，从工程地质角度出发，大致可分为以下几种类型，见图 7-3。

（1）表层为 1~3m 的褐黄色粉质黏土，第二、三层为淤泥质黏性土，厚度一般在 20m 左右，属高压缩性土，第四层为较密实的熟土层或砂层。

（2）表层由人工填土或较薄的粉质黏土组成，厚度在 3~5m，第二层为厚度 5~8m 的高压缩性淤泥层，基岩离地表较近，起伏变化较大。

（3）表层为 1m 余厚的黏性土层，以下为 30m 以上的高压缩性的淤泥层。

（4）表层为 3～5m 的褐黄色粉质黏土，以下为淤泥及粉砂夹层交错形成。

（5）表层为 3～5m 的褐黄色粉质黏土，第二层为高压缩性的淤泥，厚度变化很大，呈喇叭口状，第二层为较薄残积层，下为基岩，分布在山前平原或河流两岸靠山地区。

（6）表层为浅黄色的黏性土，以下为饱和软土或淤泥及泥炭，成因复杂，绝大部分为坡洪积、湖沼沉积、冲积以及残积，分布面积不大，厚度变化悬殊，土的物理力学性质变化很大，建筑性能极差。

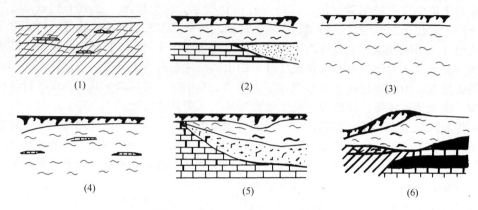

图 7-3　软土分布的几种基本类型

7.2.2　软土的工程性质

软土的主要特性表现为以下几个方面。

（1）**高含水量和高孔隙性**　工程实践表明，软土的天然含水量一般为 50%～60%，甚至更大，饱和度可达 100%。液限一般为 40%～60%，天然含水量随液限的增大呈正比例增加。天然孔隙比在 1～2 之间，最大达 3～4。其饱和度一般大于 95%，因而天然含水量与其天然孔隙比呈直线变化关系。软土如此高含水量和高孔隙性特征是决定其压缩性和抗剪强度的重要因素。

（2）**渗透性弱**　软土的渗透系数一般在 $i\times10^{-8}\sim i\times10^{-4}$ cm/s 之间，而大部分滨海相和三角洲相软土地区，由于该土层中夹有数量不等的薄层或极薄层粉、细砂，粉土等，故在水平方向的渗透性较垂直方向要大得多。

（3）**压缩性高**　软土均属高压缩性，其压缩性系数一般为 0.7～1.5MPa^{-1}，最大可达 4.5MPa^{-1}，它随着土的液限和天然含水量的增大而增高。

由于该类土具有含水量高、渗透性低及压缩性高等特征，因此，在建筑荷载作用下的变形有如下特征。

① 变形大而不均匀。实际资料表明，对于砖墙承重的混合结构，加以层数来表示地基受到荷载的大小，则 4～6 层的民用房屋其平均沉降量一般可达 25～50mm；七层的多达 60～70mm。

在相同的条件下，软土地基的变形量比一般黏性土地基要大几倍至十几倍。因此，上部荷重的差异和复杂的结构体型都会引起严重的差异沉降和倾斜。

② 变形稳定历时长。因软土的渗透性很弱，水分不易排出，故使建筑物沉降稳定历时较长。例如沿海、江浙一带这种软黏土地基上的大部分建筑物在建成约 5 年的时间内，往往仍保持着每年 1mm 左右的沉降速率，其中有些建筑物则每年下沉 3～4mm。

（4）**抗剪强度低**　软土的抗剪强度小且与加荷载速度及排水固结条件密切相关。不排水三轴快剪强度值很小，且与其侧压力大小无关，即其内摩擦角很小，内聚力一般都小于20kPa；直剪快剪内摩擦角一般为 $2°\sim5°$，内聚力为 $10\sim15$kPa；排水条件下的抗剪强度随固结程度的增加而增大，固结快剪的内摩擦角可达 $8°\sim12°$，内聚力为 20kPa 左右。

(5) 较显著的触变性和蠕变性 由于软土的结构性在其强度的形成中占据相当重要的地位，因而触变性也是它的一个突出的性质。我国东南沿海地区的三角洲相及滨海软土的灵敏度一般在 $4\sim10$ 之间，个别达到 $13\sim15$。

软土的蠕变性是比较明显的。在长期恒定应力作用下，软土将产生缓慢的剪切变形，并导致抗剪强度的衰减。在固结沉降完成之后，软土还可能继续产生可观的次固结沉降。

7.2.3 软土地基勘察及评价

软土地基的勘察应执行相关规范规定，需符合国家现行的有关标准的要求。必须针对工程和软土的特点，合理布置勘察工作，正确评价建筑场地地基的地质条件。

7.2.3.1 勘察内容

(1) 成因类型、成层条件、分布规律、层量特征、水平向和垂直向的均匀性。

(2) 地表硬壳层的分布与厚度、下伏硬土层或基岩的埋深和起伏。

(3) 固结历史、应力水平和结构破坏对强度和变形的影响。

(4) 微地貌形态和暗埋的塘、浜、沟、坑、穴的分布、埋深及其填土的情况。

(5) 开挖、回填、支护、工程降水、沉井等对软土应力状态、强度和压缩性的影响。

(6) 当地的工程经验。

7.2.3.2 勘察方法

(1) 软土地区勘察宜采用钻探取样与静力触探结合的手段。勘探点布置应根据土的成因类型和地基复杂程度确定。当土层变化较大或有暗埋的塘、浜、沟、坑、穴时应予加密。

(2) 软土取样应采用薄壁取土器，其规格应符合规范要求。

(3) 软土原位测试应采用静力触探试验、旁压试验、十字板剪切试验、扁铲侧胀试验和螺旋板载荷试验。

(4) 软土的力学参数宜采用室内试验、原位测试，结合当地经验确定。有条件时，可根据堆载试验、原型监测反分析确定。抗剪强度指标室内宜采用三轴试验，原位测试宜采用十字板剪切试验。

(5) 软土勘察，勘探点的间距一般不应超过 30cm，深度可按 $Z=d+mb$ 估算。式中，Z 为钻孔深度，d 为基础埋深，b 为基础宽度，m 为深度系数，控制孔取 2.0，一般孔取 1.0。

7.2.3.3 软土地基勘察要点

(1) 可行性阶段 应着重查明和分析建筑场地的不利因素。

① 有无古河道、暗塘、暗浜、沟谷、填土和墓穴这些不良地质现象，确定地基的严重不均匀。

② 有无斜坡或起伏大的浅埋基岩，分析存在滑坡的危险；地下有无未开采的矿藏和文物。

③ 地震时能否发生地裂、地陷和液化；有无洪水和海潮的威胁或地下水的不良影响。

(2) 初步勘察阶段 在可行性勘察的基础上，应进行以下勘察工作。

① 初步查明场地软土地层、成因、层理特征、分布规律及其物理力学性质，水平与垂直向的均匀性、渗透性，地表硬壳层的分布和厚度以及下卧层和基岩的埋藏条件与起伏。寻找合适的持力层。

② 初步查明场地微地貌的形态、不良地质现象及堆填土的分布范围、埋藏深度，不良

地质现象对场地稳定性的影响程度及其发展趋势。

③ 初步查明场地水文地质条件及冻结深度；初步查明环境地质对建筑物场地的影响；对地震烈度≥7°的强震地区的重点工程建筑场地，应搜集场区 300km² 范围内，历史上曾经发生过地震的时间、震级（或烈度）、震中位置等资料；搜集场区地质构造体系和地震烈度区划等资料。必要时，应对场地的地震效应作出专门判别鉴定。

④ 当建筑物荷重较大时，应评价可能采用的地基处理或桩基础方案。

（3）**详细勘察阶段**　在初步勘察的基础上，应完成以下工作。

① 查明建筑物范围内的地层结构及其物理力学性质、软土的固结历史，强度和变形特征，并对地基的稳定性及承载能力作出评价；提供地基变形计算参数，必要时，应对基础沉降量、相邻基础沉降差或基础整体倾斜进行计算。

② 查明地下水的埋藏条件、侵蚀性和地层的渗透性；判定地基土或地下水在建筑物施工（开挖、回填、支护、降水、打桩、沉井等）和使用过程中可能产生的变化和影响，并提出防治方案和建议。

③ 提供深基础开挖后边坡稳定性计算所需参数和支护方案，并对基坑开挖、井点降水对邻近建筑物的影响作出分析和评价。

（4）**桩基勘察**　在上述勘察内容的基础上，应增加下列要求。

① 软土中夹砂及可塑至硬塑黏性土层的分布及变化规律。

② 可供选择的持力层和下卧层的埋藏深度、厚度及其变化规律，同时必须查明其抗剪强度和压缩性。

③ 提供判别地下水对桩基材料腐蚀的有关水文地质条件。

7.2.3.4　软土地基分析评价

软土的岩土工程评价应包括下列内容。

（1）判定地基产生失稳和不均匀变形的可能性；当工程位于池塘、河岸、边坡附近应验算其稳定性。

（2）软土地基承载力应根据室内试验、原位测试和当地经验，并结合下列因素综合确定。

① 软土成层条件、应力历史、结构性、灵敏度等力学特性和排水条件。

② 上部结构的类型、刚度、荷载性质和分布，对不均匀沉降的敏感性。

③ 基础的类型、尺寸、埋深和刚度等。

④ 施工方法和程序。

（3）当建筑物相邻高低层荷载相差较大时，应分析其变形差异和相互影响；当地面有大面积堆载时，应分析对相邻建筑物的不利影响。

（4）地基沉降计算可采用分层总和法或土的应力历史法，并应根据当地经验进行修正，必要时，应考虑软土的次固结效应。

（5）提出基础型式和持力层的建议；对于上为硬层、下为软土的双层土地基应进行下卧层验算。

软土岩土工程分析与评价包括稳定性评价与地基深度及变形评价。评价的原则用原位测试、室内试验、理论计算及地区建筑经验等相结合的综合分析方法确定重采取减少地基变形和不均匀沉降及提高地基强度的措施。

7.2.4　软土地基设计中常用处理措施

7.2.4.1　概述

软土地基的不均匀沉降，是造成建筑物开裂损坏或严重影响使用等工程事故的主要原因。为此在软土地基上设计、修建建筑物时，应考虑上部结构与地基的共同工作，必须对建筑体型、荷载情况、结构类型和地质条件等进行综合分析，确定应采取的建筑措施、结构措施和地基处理方法，从而减少软土地基上建筑物的不均匀沉降。

软土地基设计中经常采取的建筑、结构和施工措施如下。

（1）对于表层有密实土层时，应充分利用作为天然地基的持力层，"轻基浅埋"是我国软土地区总结出来的好经验。

（2）减少建筑物作用于地基的压力，可采用轻型结构、轻质墙体、空心构件、设置地下室或半地下室等。

（3）合理调整各部分的荷载分布、基础宽度或埋置深度，减小不均匀沉降。

（4）当建筑物对变形要求较高时，采用较小的地基承载力。

（5）当软土地基加载过大过快时，容易发生地基土塑流挤出的现象。可以采取控制施工进度、在建筑物四周打板桩围墙和采用反压法等措施来防止地基土塑流挤出。

（6）施工时，应注意对软土基坑的保护、减少扰动。

（7）当一个建筑群中有不同形式的建筑物时，应当从沉降观点去考虑其相互影响及其对地面下一系列管道设施的影响。

（8）同一建筑物有不同结构形式时必须妥善处理（尤其在地震区），对不同的基础型式，上部结构必须断开。因为在地震中，软土上各类基础的附加下沉量是不同的。

当采取的建筑、结构措施不能满足设计要求时，应考虑采用地基加固处理措施。软土地基的加固技术可以追溯到古老的历史年代，一些传统的加固方法目前仍在使用着。随着现代化建设规模的不断扩大，特别是沿海和江、湖周围平原区的迅速开发，新理论、新技术、新工艺和新材料的不断引入，工程实践中积累了许多软土地基的加固经验。

7.2.4.2 软土地基的处理要求

软土地区的地基处理，应根据软土地区的特点、场地具体条件，结合建筑物的结构类型，对地基的要求，按照一定的原则，选择合理方法进行处理。软土地区经常出现的问题及处理方法有以下几种。

（1）对暗浜、暗塘、墓穴、古河道的处理

① 当范围不大时，一般采用基础加深或换填处理。

② 当宽度不大时，一般采用基础梁跨越处理。

③ 当范围较大时，一般采用短桩处理。短桩的类型有砂桩、碎石桩、灰土桩、旋喷桩和预制桩，桩的设计参数宜通过试验确定。

（2）对表层及浅层不均匀地基及软土的处理

① 对不均匀地基常采用机械碾压法或夯实法。

② 对浅层软土常采用垫层法。

（3）对深厚软土的处理

① 排水固结法。采用堆载预压或砂井、袋装砂井、塑料排水板与堆载预压相结合的方法，当缺乏可作为堆载的材料时，可采用真空预压。预压荷载宜略大于设计荷载，预压时间、分级和速率应根据建筑物的要求和对周围建筑物的影响，以及软土的固结情况而定。

② 桩基础。对荷载大、沉降限制严格的建筑物，宜采用桩基础，以达到有效减少沉降量或差异沉降量的目的。

7.2.4.3 垫层法

（1）垫层材料 应尽量考虑就地取材和经压实后能获得较高模量的材料。软土地基一般采用砂石垫层，如中砂、粗砂、砾砂等。垫层内不得混有草根、垃圾等杂物。砂石垫层的承载力特征值一般为 $200\sim250\text{kPa}$。

（2）垫层厚度 软土地基下的垫层厚度一般根据垫层底部软弱土层的承载力确定。当上部荷载通过垫层扩散到下卧层时，下卧土层顶面所受到的全部压力不应超过下卧土层的承载力。

（3）**垫层宽度** 对软土地基垫层，当其侧面土质较好时，垫层宽度略大于基底宽度即可。当侧面土质较差时，垫层宽度不足，会引起侧面软土的变形，因此需根据侧面土的承载力按下式确定。

当 $\qquad f_{ak} \geqslant 200kPa，b' = b + (0 \sim 0.36)z$ (7-1)

当 $\qquad 120kPa \leqslant f_{ak} < 200kPa，b' = b + (0.6 \sim 1.0)z$ (7-2)

当 $\qquad f_{ak} < 120kPa，b' = b + (1.6 \sim 2.0)z$ (7-3)

式中，f_{ak} 为侧面土的承载力特征值，kPa；b 为基底宽度，m；b' 为垫层底部宽度，m；z 为垫层厚度，m。

7.2.4.4 桩基础

软土地基上桩基应选择软土中的夹砂或硬塑黏性土层这些中低压缩性土层以及其下的基岩作为持力层；桩周围软土因自重固结、场地填土、地面大面积堆载、降低地下水位、大面积挤土成桩等原因而产生的沉降大于基桩的沉降时，应视具体情况考虑桩侧负摩阻力对基桩的影响；软土地基中采用挤土桩时，应考虑挤土效应对成桩质量、对邻近建筑物、道路、地下管线和基坑边坡等产生的影响，并采取包括消减孔压和挤土效应的技术措施；软土地基上先成桩后开挖基坑时，必须考虑基坑挖土顺序和控制一次开挖深度，防止土体侧移对桩的影响。

当处理填土、暗浜、暗塘等浅层地基，桩需置于软土中时，以桩侧摩阻力支承，不考虑桩端阻力。桩型、桩身材料、桩的长度、桩的布置、施工工艺等选择参见《建筑桩基技术规范》（JGJ 94—2008）的要求。

7.2.4.5 排水固结法

软土地基强度低、含水量高、孔隙比大。为解决软土地基的沉降和稳定性问题，承受建筑物荷载时，往往要求软土在荷载作用下充分排水，使软土的天然强度随固结而逐渐提高，这取决于天然地基的渗流条件。由于软土的渗透性弱，常需为加速排水固结而采取措施。砂井、袋装砂井、塑料排水板结合堆载预压是加速地基排水固结最有效的措施。

7.3 黄 土

黄土是一种灰黄色、棕黄色的，甚至棕红色的，内风力搬运堆积未经次生扰动的、无层理、主要由粉砂和黏土组成的富含碳酸盐并具大孔隙的土状堆积物，也有人称原生黄土。风力搬运堆积之外的其他成因的黄色的，又常常具层理和砂、砾石的粉土状沉积物称为黄土状岩石，也称次生黄土、黄土状土。一般说来，次生黄土与黄土有一定的联系，前者多数为黄土经水流等营力再侵蚀搬运，在干旱和半干旱地区内再沉积而成，因而在岩性及其他特征上与黄土有某些相似之处，但它们之间又存在明显的不同。

黄土的总体特征大体上有以下几个方面：①颜色以黄色为基调，主要为灰黄、棕黄，早期的为棕红色；②质地均一，主要由粉砂和黏土组成，富含碳酸盐，形成结核；③疏松多孔，孔隙率高，无层理，垂直节理发育；④剖面上，黄土层与古土壤层相互交替出现，代表了不同的古气候环境，黄土层指示干冷气候，而古土壤层显示温暖湿润气候；⑤黄土层中通常含喜旱的动植物化石，如鼢鼠、田鼠、鼠兔、藜科等；⑥黄土发育在干旱和半干旱气候区，既可覆盖在山脊和山坡上，也可发育在平地、盆地和谷地中。

我国《湿陷性黄土地区建筑规范》（GB 50025—2004）将黄土分为：湿陷性黄土和非湿陷性黄土；湿陷性黄土又分为自重湿陷性黄土和非自重湿陷性黄土。

黄土在天然含水量下，往往具有很高的强度和较低的压缩性。但有的黄土在上覆地层自重压力或在自重压力与建筑物荷载共同作用下，受水浸湿后土的结构迅速破坏，产生显著的附加下沉，其强度也随之明显降低，这种黄土称为湿陷性黄土。而有的黄土在任何条件下受水浸湿却并不发生湿陷，则称为非湿陷性黄土。湿陷性黄土又分为自重湿陷性黄土和非自重湿陷性黄土。凡在上覆地层自重应力下受水浸湿发生湿陷的，叫自重湿陷性黄土。凡在上覆地层自重应力下受水浸湿不发生湿陷，只有在自重应力和由外荷载所引起的附加应力共同作用下受水浸湿才发生湿陷的叫非自重湿陷性黄土。非自重湿陷性黄土与一般黏性土的工程特性无异，可按一般黏性土地基进行考虑；而湿陷性黄土与一般黏性土不同，不论作为建筑物的地基、建筑材料或地下结构的周围介质，其湿陷性会对建筑物和环境产生很大的不利影响。有些地区黄土层的厚度达几十米到一二百米，但其中具有湿陷性的只是近地表的一部分，一般为几米到十几米。

我国湿陷性黄土的岩性多为粉土和粉质黏土，一般都覆盖在下卧的非湿陷性黄土层上，其厚度最大可达 30m，多为 5～15m，且有从西到东逐渐减少减弱的规律。我国湿陷性黄土一般具有下列主要特征。

① 颜色以黄色、褐黄色为主，有时呈次黄、棕黄，有时呈灰黄色。

② 颗粒组成以粉粒（0.05～0.005mm）为主，含量一般在 60% 以上，粒径大于 0.25mm 的颗粒几乎没有或很少。

③ 矿物组成主要为石英和长石，碎屑矿物和熟土矿物（以伊利石为主）等含量也较高，化学成分以 SiO_2 为主，Al_2O_3 和碱土金属钙镁等含量也较高。

④ 含盐量较大，特别是富含碳酸钙盐类，另外硫酸盐、氯化物等含量也较高。

⑤ 天然剖面上具有垂直节理发育。

⑥ 一般具有肉眼可见的大孔隙，一般在 1.0 左右，呈松散结构状态。

⑦ 具有湿陷性、易溶蚀和易冲刷性等。

7.3.1 黄土成因及分布

7.3.1.1 黄土的成因

黄土按成因分为原生黄土和次生黄土。一般认为不具层理的风成黄土为原生黄土。原生黄土经过水流冲刷、搬运面重新沉积形成的为次生黄土。次生黄土具有层理，并含有较多砂粒以及细砾。次生黄土的结构强度一般较原生黄土低，而湿陷性较高。从建筑工程角度来看，主要是根据土的物理、力学性质来评价其工程特性，对区分黄土或黄土状土的必要性不大，因此除非特别说明，一般将黄土和黄土状土统称为黄土。

关于黄土的成因，公认为比较有科学依据的有以下三种。

(1) 风成说　风成说认为，在干旱的大陆性气候的作用下，高度风化的黄土物质受到强大的反旋风从中部呈离心状吹向荒漠边缘地区，当遇到异向风或降雨时沉落于地面，经风化成土作用而形成黄土。

我国的黄土材料一般是从中亚搬运而来，形成黄土时的自然环境是干旱或半干旱的荒漠草原。黄土的颗粒组成、矿物和化学成分自南向北逐渐变化。黄土颗粒自东南向西北逐渐变粗，而且黄土的堆积常有坡向性，在迎风面堆积的量大，在背风方向堆积的少。黄土的成分与下伏基岩无关，而且成分复杂。黄土无层理，柱状节理发育，这与具有层理的洪积、冲积形成的黄土状土有明显的差别。进一步说明黄土是由风力搬运堆积形成的。

(2) 水成说　水成说包括黄土的冲积、洪积和湖积沉积等形成假说。即认为黄土的整个堆积过程与整个地形、地貌的发展过程关系密切。早期，随着盆地四周山坡降水下流而汇集于山间或三角洲处的黄土沉冲积物，堆积成黄土高原，在一定盆地内有一定的分布高度，称之为黄土线，黄土线就代表着过去河流淤积的最高地面，超过这一高度就没有黄土的分布。

在我国，水成说认为陕北高原来自上游大小盆地，晚期在新构造运动上升切割形成的河谷中，黄土沉积物堆积成阶地形状，在大陆性干旱气候条件下，这些沉积物在风化和成土作用下形成了黄土。

水成说明确地将黄土区域内的所有的黄土物质，包括原生黄土和次生黄土的沉积过程与地貌的形成过程统一起来，从而将黄土堆积物分为两大类，即老黄土和新黄土。

(3) 多成因说 多成因说认为各地区黄土形成的地质-地理环境以及这些环境的演化历史是不相同的。其中苏联学者提出的黄土的土残积假说，认为黄土的母岩主要是在冰期由于水冲刷了冰碛土而形成的结果，母岩在冰期和冰期后的干燥时期变成了黄土。他还进一步认为：在干燥气候条件下，经过一定的风化和成土过程，各种各样的岩石都能形成黄土。在其形成过程中，常发生硅酸铝的分解、新矿物特别是硅酸盐和钙盐的生成、胶体的凝积、碳酸钙对颗粒的胶结以及在其周围形成钙质结皮等作用，从而使黄土具有粉粒成分、石灰质增强、高的孔隙率和湿陷性等特征。

早在1957年我国地质工作者认为我国的西北、华北等地区的黄土的成因类型依据各地区地质-地理的特点而不同。例如，黄河及其主要支流的河谷地带，根据地质-地理的特点称之为河谷平原类型，而且认为河谷平原类型内的黄土状土的成因主要是冲积类型。

黄土成因的分歧点主要是对分布于高原和高分水岭上的黄土，而对分布于河谷地带的黄土，各种学说的意见一致，都认为主要是冲积类型，也间有洪积、坡积类型或坡积-洪积类型。

7.3.1.2　黄土的分布

从全球范围来看，黄土主要分布在中纬度的干旱和半干旱气候区，北半球分布于 $30°\sim55°N$，南半球分布于 $30°\sim40°S$，包括温带的荒漠、半荒漠外缘和第四纪冰川发育区的外围，面积达 $13\times10^6 km^2$，占全球陆地总面积的 9.8%。分布在温带荒漠和半荒漠的外缘的黄土称热黄土，如中国黄土高原、乌克兰、高加索等地区；而分布在第四纪冰川外围地区的黄土称为冷黄土，如分布在斯堪的纳维亚冰盖外缘的中欧、劳伦泰冰盖外线的北美的黄土。

中国黄土有广泛的分布，面积达 $64\times10^4 km^2$，占我国陆地总面积的 4.4%，其中黄土（原生黄土）分布面积约为 $38\times10^4 km^2$，次生黄土约为 $26\times10^4 km^2$。中国的黄土大致沿昆仑山、秦岭以北，阿尔泰山、阿拉善和大兴安岭一线以南分布，构成北西西-南东东向的黄土带，其中以 N34°$\sim45°$之间的地带黄土最发育、厚度最大、地层最全，是中国黄土发育的中心，黄土高原处在这个带的核心部位。黄土呈连续的面状分布，占我国黄土分布面积的 72%。

从海拔高度来看，黄土分布的高度自西向东从 3000m 降到数米，西部的少数地方可分布到 4000m 高的山地。黄土分布的高度在坡向上也有差异，在北坡和西坡（迎风坡）上分布得较高，而在南坡和东坡（背风坡）分布得较低。

不同时代的黄土分布中心随时间迁移。早、中更新世的黄土沉积中心发育在泾河、洛河流域，厚度可达 175m；晚更新世的黄土向西迁移到六盘山以西的陇中盆地，最大厚度可达 50m，向东到陕西厚 20~30m。

我国湿陷性黄土的分布面积占我国黄土分布面积的 60% 左右，大部分分布在黄河中游地区。这一地区位于北纬 34°~41°、东经 102°~114°之间，年降雨量在 250~500mm 的黄河中游地区，北起长城附近，南达秦岭，西自乌鞘岭，东至太行山，除河流沟谷切割地段和突出的高山外，湿陷性黄土几乎遍布本地区的整个范围，面积达 $27\times10^4 km^2$，是我国湿陷性黄土的典型地区。湿陷性黄土一般都覆盖在下卧的非湿陷性黄土层上，其厚度以六盘山以西地区较大，最大达 30m；六盘山以东地区稍薄，如汾、渭河谷的湿陷性黄土厚度多为几米到十几米。再向东至河南西部则更小，并且常有非湿陷性黄土层位于湿陷性黄土层之间。

部分地区湿陷性黄土的大致厚度可参见表 7-6。

表 7-6　各地区湿陷性黄土层的厚度　　　　　　　　　　　　单位：m

区域	地点	一级阶地	二级阶地	三、四级阶地
陇西地区	西宁	0~4.5	4~15	
	兰州	0~5	5~16	27
	天水	0~3	3~7	
陇东-陕北地区	延安	0~4.5		
	固原	0~5	15	
	平凉		6	
关中地区	宝鸡	6~11		
	虢镇	6~9		5
	西安	0~3	5~10	12
	乾县			5~14
	蒲城			6~13
河南地区	三门峡	8		8~12
	洛阳	0~3	5~8	<8
山西地区	太原	2~10		17
	临汾	8~9		
	侯马	6		10

7.3.2　黄土的岩性特征

7.3.2.1　黄土的构成

自然界的黄土剖面，根据岩性特征可划分为黄土层和古土壤层，它们在垂向形成交替叠覆关系。黄土层一般为棕黄、灰黄色，粒度相对偏粗，形成于比较干冷的气候，是黄土的主要构成；而古土壤层颜色偏红，一般为红色、棕红色、褐红色，这与成壤的程度有关，若成壤程度深颜色偏红，粒度相对较细，它形成于相对比较温湿气候。因此，野外的黄土剖面是黄土层与古土壤层交替出现的。

7.3.2.2　黄土的粒度特征

中国黄土主要由 0.005~0.05mm 粒级的粉砂组成，其中以 0.01~0.05mm 的粗至中粉砂含量最高，其平均含量达 46%~60%（表 7-7）。不同粒级的物质在黄土中含量不同，>0.25mm 的颗粒（中砂）含量很低，变化幅度在 0.04%~0.61%，0.05~0.25mm 的颗粒（细砂）含量不到 30%，0.005~0.05mm 的颗粒（粉砂）含量最高，一般达 55%~60%，<0.005mm（黏土）的颗粒仅占 15%~30%。根据黄土中细砂（0.05~0.1mm）、粉砂（0.005~0.05mm）和黏土（<0.005mm）的含量，将黄土分为沙黄土、粉黄土和黏黄土三类（表 7-8）。

表 7-7　山西午城剖面各时代黄土各粒级组成平均含量

地层	各粒级含量/%			中位数/mm
	细砂(>0.05mm)	粉砂(0.005~0.05mm)	黏土(<0.005mm)	
马兰黄土	17.53	61.88	20.58	0.0244
离石黄土上部	19.26	61.08	19.63	2.330
离石黄土下部	11.04	59.81	29.51	3.290
午城黄土	12.54	53.78	33.68	3.539

表 7-8　沙黄土、黄土、黏黄土的划分标准

类别	细砂含量/%	粉砂含量/%	黏土含量/%	典型地点
沙黄土	>30	55	<15	柴达木盆地
粉黄土	15~30	55~60	15~25	黄河中游
黏黄土	<15	60	>25	山东

在时间上，从老到新，黄土的粒度由细变粗，粗颗粒含量增加，而黏土含量降低。在空间上，黄土的粒度也具有一定的变化规律，总体上自北西向南东粒度逐渐变细，依次为沙黄土带、黄土带和黏黄土带。

对黄土的粒度分析表明，其正态概率曲线为二段式，只有一个节点，出现在（5～5.6)Φ之间（图7-4）。截点把黄土的颗粒大小分成两组：Φ值小于截点的为易悬浮粒组，大于截点的为挟持粒组和次生粒组。

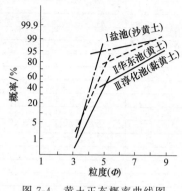

图7-4 黄土正态概率曲线图

7.3.2.3 黄土的矿物成分特征

中国黄土的矿物成分非常复杂，包括碎屑矿物、黏土矿物和碳酸盐矿物三类。

黄土中的碎屑物含量最高，可占总量的80%～90%，其中轻矿物（密度<2.9g/cm³)占90%～96%，而重矿物（密度>2.9g/cm³)只占4%～7%。在轻矿物中，主要为石英（>50%以上）、长石（29%～43%）、云母（<2.5%）；重矿物以不透明矿物为主，主要有磁铁矿、钛铁矿、褐铁矿、角闪石、辉石等。

黏土矿物一般含量为10%～20%，主要有伊利石、高岭石、蒙脱石、绿泥石、蛭石等，其中含量排前三位的是伊利石（46.6%～59%）、高岭石（15.9%～21%）和蒙脱石（4%～11.1%）。在古土壤中黏土矿物含量大于黄土母质层，时代早的黄土层中黏土矿物含量高于晚的黄土层。

碳酸盐矿物含量在10%～15%之间，主要有方解石和白云石，但中国黄土主要为方解石，白云石几乎不含或极低（在洛川），而在欧洲、北美两者皆有，方解石的含量（60%～80%）；高于白云石（20%～30%）。碳酸盐矿物一部分来自物源区，经风搬运过来，另一部分是在当地环境下新形成的次生碳酸盐矿物，其中次生碳酸盐矿物占80%～90%。

7.3.2.4 黄土的化学成分特征

黄土的主要化学成分取决于黄土的矿物成分和风化程度，在风化过程中可能导致一些元素的流失，引起化学成分的变化。在常量元素方面，主要为Si、Al、Ca、Fe、Mg、K、Na等（表7-9），它们的含量占到85%。黄土中的微量元素主要有Ti、Mn、Sr、P、Ba、F、Zn、V、Cr、B等几十种。

表7-9 中国黄土的化学成分变化

黄土		化学成分含量/%									
		SiO_2	TiO_2	Al_2O_3	Fe_2O_3	FeO	MnO	MgO	CaO	Na_2O	K_2O
马兰黄土	变化范围	48.24～63.54	0.11～0.85	7.77～14.61	2.15～6.14	0.46～2.24	<0.35	<6.63	3.52～12.92	1.28～2.32	0.20～2.44
	平均	53.54	0.45	11.11	4.16	1.13	0.16	2.58	8.72	1.76	1.81
午城-离石黄土	变化范围	39.34～61.30	0.25～0.90	7.83～14.79	2.39～7.32	0.34～2.46	<0.35	<9.26	4.83～20.55	0.28～2.00	1.24～2.60
	平均	53.53	11.48		4.67	1.12	0.15	3.13	8.05	1.68	1.97

中国黄土中元素的时空变化也具有一定的规律。在黄河中游地区，因受到由西北向东南风向的影响，黄土物质依次发生沉积，石英、长石含量依次降低，气候从干旱带过渡到较湿润气候，由此反映在黄土化学成分上是SiO_2、FeO、CaO、Na_2O、K_2O含量相应减少，而Al_2O_3和Fe_2O_3含量略有增加。在时间上，从老到新，黄土中Al_2O_3和Fe_2O_3含量存在降低的趋势，SiO_2含量变化不大，而CaO和FeO的含量自下而上升高。

7.3.2.5 黄土的微结构特征

黄土的微结构是指黄土中固体颗粒与孔隙的空间排列形式，它将黄土中骨骼颗粒（碎屑颗粒）、细粒物质（黏粒物质）、土壤形成物（胶膜、结核等）和孔隙之间的相互关系表现出来，反映黄土的成土作用和土壤发生过程。黄土的微结构可分为粒状微结构、斑状微结构和胶斑状微结构（图 7-5）。在黄土层中一般具有粒状微结构（表 7-10）；显著风化的黄土和古土壤一般为斑状微结构；胶斑状微结构出现在古土壤中。

表 7-10　黄土、古土壤中的微结构特征

微结构类型	特征	发育层位
粒状微结构	骨骼颗粒间由空隙相连,颗粒间直接接触或隔以少量细粒物质	黄土层
斑状微结构	骨骼颗粒间由细粒物质相连,细粒物质浓密、增厚,骨骼颗粒呈斑状分布于细粒物质之中	显著风化黄土层;古土壤层
胶斑状微结构	细粒物质增加,骨骼斑晶颗粒似被黏土胶溶物质嵌埋,黏粒胶膜大量出现	古土壤

古土壤中的胶膜是附着在孔隙、裂隙、孔道、团粒或骨骼碎屑颗粒的自然表面的土壤形成物。它是土壤中细粒物质扩散、移动或淀积形成的集聚物，或由于细粒物质原地变化形成的分离物，反映了土壤形成过程的真正性质。胶膜有三种：碳酸盐胶膜、黏粒胶膜和复合胶膜。

黄土结构疏松，孔隙率高，达 $40\%\sim50\%$，它包括黄土中的小孔隙、裂隙、虫孔、植物根孔等。黄土的孔隙率随黄土的时代变化，越老的黄土孔隙率越低，而马兰黄土孔隙率最高。由于黄土的孔隙率高，当水体进入黄土浸润后，致使黄土中易溶盐类溶解、碎屑颗粒发生移动和旋转，孔隙缩小或封闭，导致黄土地面下陷，出现黄土特殊的工程地质性质-湿陷性。

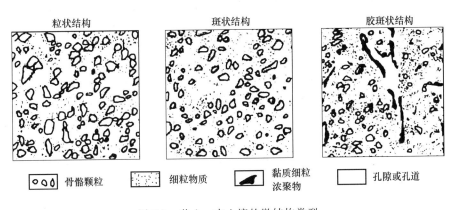

图 7-5　黄土、古土壤的微结构类型

7.3.3　湿陷性黄土地貌与分区

7.3.3.1　湿陷性黄土的基本地貌类型

黄土地貌形态的基本组成与地貌类型是塬、墚、峁及黄土台地。

（1）**黄土塬**　黄土塬是由较为完整的黄土地层堆积成的较为完整的地块。塬面较平坦，向河流倾斜，倾角仅 $2°\sim5°$。塬面面积数十至数百平方千米。黄土塬周围被深切沟谷环绕，主要分布在陕北与陇东，其中洛川塬和西峰塬较为著名。

（2）**黄土墚**　黄土墚指黄土高原区的长条形黄土地貌，长数十米至数十千米，宽仅数十米到数百米。墚脊起伏较大，横断面呈弯隆状，两侧为深切沟谷，谷坡坡度较陡。

（3）**黄土峁**　黄土峁是孤立的黄土丘，呈圆弯状，峁与峁间地势凹下。峁与墚常连在一起，并称为黄土墚峁或黄土丘陵。

（4）黄土台地　河谷两侧二级阶地以上各级的阶面，被黄土掩埋，厚层黄土下伏冲击层，这种黄土掩埋阶地，工程上常称黄土台地。

7.3.3.2　我国湿陷性黄土分区

由于我国各地黄土堆积环境、地理、地质和气候条件不同，致使其在堆积厚度、土的物理力学特性等方面有明显的差别，如湿陷性具有自西向东和自北向南逐渐减弱的规律。《湿陷性黄土地区建筑规范》（GB 50025—2004）附录 A 从工程地质角度出发，给出了我国湿陷性黄土工程地质分区略图。目的是为了在工程建设中能根据各地区黄土性质的差别，因地制宜搞好工程建设，使其更符合实际情况。各分区的具体划分和特点如下。

Ⅰ区——陇西地区。包括甘肃、青海和宁夏部分地区。西自青海东部，东界六盘山，北自祁连山东部的乌鞘岭，南到西秦岭。湿陷性黄土层的厚度一般大于 10m，土的黏粒含量较少，天然含水量低，湿陷性强烈，湿陷量大（有时可达 1m 以上）、湿陷敏感且发展极速，多具有自重湿陷性质，地基的湿陷等级多为Ⅲ、Ⅳ级，有的地区还存在潜蚀、溶洞等不良地质现象。对工程危害大，建筑湿陷事故多且严重。

Ⅱ区——陇东、陕北、晋西地区。包括宁夏南部、甘肃庆阳地区、陕西北部、山西西部，西临六盘山，东接吕梁山，北接白于山南麓，南至渭河谷地北侧的北山、子午岭和黄龙山一带。为典型的黄土高原地带，黄土总厚度可达 150m，但湿陷性黄土厚度在高阶地一般为 10～15m，在低阶地一般为 4～8m。黏粒含量少，湿陷性强烈，也较敏感，多属自重湿陷性黄土，地基的湿陷等级有一半为Ⅲ、Ⅳ级。在坡脚处情况较复杂，有非自重湿陷性黄土甚至非湿陷性黄土分布。在陡坡处黄土易发生坍塌。

Ⅲ区——关中地区。包括陕西的关中、山西西南部和河南西部，西界宝鸡峡谷，东接三门峡一带和中条山的北支附近（包括山西运城地区），北自北山、黄龙山，南到秦岭。湿陷性黄土层的厚度在低阶地一般为 4～8m，高阶地为 6～12m。黏粒含量和含水量都高于Ⅰ、Ⅱ区，湿陷性和湿陷敏感性中等，低阶地多属非自重湿陷性黄土，高阶地多属自重湿陷性黄土，但自重湿陷性黄土层一般埋藏较深，自重湿陷发展缓慢，湿陷量也小。对建筑物的危害比Ⅰ、Ⅱ区轻。

Ⅳ区——山西、冀北地区。本区南起中条山北支，北至内蒙古草原，东到太行山，西临吕梁山。其中汾河流域的Ⅳ₁区的黄土湿陷性和湿陷敏感性属中等。低阶地多属非自重湿陷性黄土，湿陷土层厚度一般为 2～10m，新近堆积黄土分布较普遍，结构疏松，压缩性高。高阶地多属自重湿陷性黄土，湿陷土层厚度一般为 5～16m，地基湿陷等级一般为Ⅱ～Ⅲ级。而晋东南的Ⅳ₂区，湿陷性黄土厚度一般为 2.6m，黏粒含量少，湿陷敏感性较弱，多为非自重湿陷性黄土。

Ⅴ区——河南地区。本区北至中条山、太行山南麓，南达伏牛山，东临华北平原，西界三门峡一带。湿陷性黄土主要分布在三门峡以东、郑州以西和豫北沿太行山一带。湿陷土层厚度一般为 4～8m，黏粒含量较多，结构较密实，湿陷敏感性弱，湿陷量不大，等级低，为非自重湿陷性黄土。但在个别湿陷黄土层较厚的地方，也有自重湿陷性黄土存在，但等级较低。

Ⅵ区——冀鲁地区。位于太行山东麓以东地区。两亚区为：河北Ⅵ₁区和山东Ⅵ₂区，河北Ⅵ₁区自燕山南麓，沿太行山向南，分布于山麓和平原相接地带，或覆盖于山坡、丘陵顶部和较高的阶地上，或充填于洼地和河谷中；山东Ⅵ₂区湿陷性黄土分布于鲁中低山丘陵北部的山间盆地和山麓地带，在泰山北麓则覆盖在与华北平原相邻的低缓丘陵地上。本区湿陷性土层厚度为 2～6m。黏粒含量高，含水量也较高。质地密实，压缩性低，湿陷性和湿陷敏感性较弱，为非自重湿陷性黄土，仅在个别地点有自重湿陷性黄土，对工程的危害也较小。

Ⅶ区——边缘地区。本区黄土断续分布于黄河中游各省区的北部边缘地区，向西延伸至河西走廊。另外在西北和东北也有局部地区分布。它细分为三个亚区。

Ⅶ₁区为河西走廊区，本区东南面到乌鞘岭，东至贺兰山，西到玉门关，处于龙首山以南，祁连山以北的走廊地带。厚度一般为 2～5m，压缩性低，湿陷敏感性为中等或较弱，湿陷量小，基本为非自重湿陷性黄土。

Ⅶ₂区为晋陕宁区，本区以白于山为中心，东至山西的兴县，西至宁夏的贺兰山，黄土主要分布于陕西的北部和宁夏的部分地区，湿陷土层厚度为 1～4m，粗颗粒含量多，压缩性低，湿陷敏感性属中等或较弱，湿陷量小，为非自重湿陷性黄土。

Ⅶ₃区位于山西北部内蒙古南部地区，北到呼和浩特、包头，东南向以吕梁山为界，西南接近府谷一带。另外东北地区松辽西南部局部地带也有所分布，湿陷土层厚度为 5～10m，但湿陷量很小，对工程建设危害小。

7.3.4 湿陷性黄土的工程性质

7.3.4.1 黄土的湿陷机理

黄土的湿陷机理国内外存在种种假说，列举如下。

(1) **毛管假说** 太沙基指出当潮湿砂土内的不连续水分集聚在颗粒接触点处时，相邻颗粒孔隙中水和空气交界处的表面张力，使土粒拉在一起（图 7-6）。水浸入土中后，表面张力消失，于是砂土溃崩。

(2) **溶盐假说** 黄土中存在大量的可溶盐，当黄土的含水量较小时，易溶盐处于微晶状态，附着在颗粒表面，起着一定的胶结作用。这种胶结作用是黄土加固内聚力的一部分，受水浸湿后，易溶盐溶解，这部分强度消失，因而产生湿陷。

(3) **胶体不足说** 认为黄土的湿陷与矿物成分和颗粒粒径有关。若黄土中小于 0.05mm 的颗粒超过 10% 且当伊利石和蒙脱石含量高时，黄土的湿陷微不足道。若黄土中小于 0.05mm 的颗粒不足 10% 或高岭石含量为主时，则黄土可能湿陷。

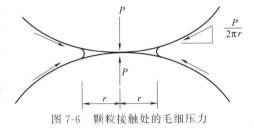

图 7-6 颗粒接触处的毛细压力

但实际发现，我国兰州西盆地北岸Ⅱ级阶地上黄土的黏粒含量大于 30%，却湿陷性强烈。由此单从黏粒含量的多少来判断黄土的湿陷性强弱是不够的，还与黏粒的赋存状态有关。

(4) **水膜楔入说** 低含水量黄土在黏土细颗粒表面包裹的结合水膜一般很薄，溶解在其中的阴、阳离子的静电引力较强，将表面带负电荷的黏粒连接起来，形成一定的凝聚强度。当水进入土中时，结合水膜变厚，像楔子一样将牢固连接的颗粒分开，使土粒表面产生膨胀，体积增大，引力减弱，凝聚强度降低，因而产生湿陷。仅水膜假说不足以解释各种复杂的湿陷现象（如湿陷性的强弱、自重湿陷与非自重湿陷等）的产生。

(5) **结构学说** 通过对黄土的微观结构的研究，从土中骨架颗粒形态、接触关系、排列方式、胶结物种类和赋存状态、胶结类型等结构特征，来阐明湿陷现象的产生以及湿陷强弱程度差别的原因。

(6) **欠压密理论** 黄土是在干旱或半干旱条件下形成的。风成黄土在沉积过程中表层受大气降水的影响，在干燥少雨的条件下，大气降水浸湿带的厚度常小于蒸发带的厚度，由于蒸发量大，水分不断减少，盐类析出，胶体凝结，产生了加固内聚力。虽然上覆土层压力增大，但不足以克服土中形成的加固内聚力，因而成为欠压密状态。如此循环往复，堆积的欠压密土层厚度越来越厚，一旦受水浸湿且较深，加固内聚力消失，将产生湿陷。降水量少、干旱期长时，欠压密程度大，而且欠压密土层也较厚；反之，降水量多、干旱期短，黄土的欠压密程度就弱，形成的欠压密土层也薄。欠压密理论易于解释我国黄土西北部湿陷强烈，而东南部弱的规律。

综上所述，实际上黄土的湿陷是一个复杂的物理、化学变化过程，湿陷的原因和机理不是哪一个学说理论所完全能解释清楚的，它受多方面因素的约束和影响。

7.3.4.2 黄土的物理力学性质

表7-11是我国新近堆积黄土的主要物理力学性质指标。新近堆积黄土与一般湿陷性黄土相比有以下特点：① 具有略高于Q_3黄土的天然含水量；② 孔隙比的变化没有规律性，有的大，有的小；③ 液限多在30%以下；④ 大多具有高压缩性，且压缩系数的峰值多在0～150kPa压力段出现，压缩曲线的形状常呈前陡后缓，与一般Q_3黄土压缩曲线的前缓后陡有明显的区别；⑤ 在同一场地新近堆积黄土的湿陷性和承载力变化大，且承载力较低，多为75～130kPa，因具反应敏感，适宜用原位测试确定其承载力。

表7-11 我国新近堆积黄土的主要物理力学指标

指标	新近堆积黄土			其他类型湿陷性黄土		
	最大值	最小值	常见值	最大值	最小值	常见值
干容重/(kN/m³)	15.3	11.2	12.5～13.0	15.8	11.6	13.0～13.5
孔隙比	1.64	0.75	0.85～1.05	1.41	0.62	0.95～1.12
含水量/%	30.5	6.0	14～22	28.2	6.4	12～24
饱和度/%	95.4	12.3	40～70	94.0	21.0	30～70
液限/%	35	19	25～29	35	23	26～31
塑性指数	16	6	8～12	16	8	9～12
压缩系数/MPa⁻¹	1.55	0.16	0.20～0.70	1.92	0.03	0.10～0.60
湿陷系数	0.107	0.000	0.02～0.08	0.128	0.015	0.03～0.10

我国陕西、山西、甘肃等省区分布有大面积的湿陷性黄土，部分地区湿陷性黄土的物理力学性质指标见表7-12。

表7-12 部分地区湿陷性黄土物理力学指标

地区	地带	物理力学指标（一般值）							
		含水量 w/%	天然重度 γ/(kN·m⁻³)	液限 w_L/%	塑性指数 I_P	孔隙比 e	压缩系数 $a_{1\text{-}2}$/MPa⁻¹	湿陷系数 δ_s	自重湿陷系数 δ_{zs}
陇西地区	低阶地	9～18	14.2～16.9	23.9～28.0	8.0～11.0	0.90～1.15	0.13～0.59	0.027～0.090	0.005～0.052
	高阶地	7～17	13.3～15.5	25.0～28.5	8.0～11.0	0.98～1.24	0.10～0.46	0.039～0.110	0.007～0.059
陇东、陕北地区	低阶地	12～20	14.3～16.0	25.0～28.0	8.0～11.0	0.97～1.09	0.26～0.61	0.034～0.079	0.005～0.035
	高阶地	12～18	14.3～16.2	26.4～31.0	9.0～12.2	0.80～1.15	0.17～0.55	0.030～0.084	0.006～0.050
关中地区	低阶地	15～21	15.0～16.7	26.2～31.0	9.5～12.0	0.94～1.09	0.24～0.61	0.029～0.072	0.003～0.024
	高阶地	14～20	14.7～16.4	27.3～31.0	10.2～12.2	0.95～1.12	0.17～0.59	0.030～0.078	0.005～0.034
汾河流域区	低阶地	11～19	14.7～16.4	25.1～29.4	7.7～11.8	0.94～1.10	0.24～0.87	0.030～0.070	
	高阶地	11～18	14.5～16.0	26.5～31.0	9.5～13.1	0.97～1.18	0.17～0.62	0.027～0.089	0.007～0.040
晋东南区		18～23	15.4～16.8	27.0～32.5	10.0～13.0	0.85～1.02	0.29～0.59	0.030～0.071	
河南地区		16～21	16.1～18.1	27.0～32.0	10.0～14.0	0.86～1.07	0.18～0.33	0.023～0.045	
冀鲁地区	河北区	14～18	15.5～17.0	25.0～28.7	9.0～13.0	0.85～0.96	0.18～0.60	0.024～0.048	
	山东区	15～23	16.4～17.4	27.7～31.0	9.6～13.0	0.85～0.96	0.19～0.51	0.020～0.041	
晋陕宁区、河西走廊		7～10	13.9～16.0	21.7～27.2	7.1～9.7	1.02～1.14	0.23～0.57	0.032～0.059	
		14～18	15.5～16.7	22.6～32.0	6.7～12.0		0.17～0.36	0.029～0.059	

7.3.4.3 黄土的湿陷性测定与评价

(1) 黄土湿陷性指标 反映黄土湿陷性的主要指标有湿陷系数、自重湿陷系数、湿陷起始压力。

① 湿陷系数。湿陷系数是保持天然湿度和结构的单位厚度试样在一定压力作用下受水浸湿后所产生的湿陷量，用 δ_s 表示。湿陷系数 δ_s 应按下式计算：

$$\delta_s = \frac{h_p - h'_p}{h_0} \tag{7-4}$$

式中，h_p 为保持天然湿度和结构的试样，加至一定压力时，下沉稳定后的高度，mm；h'_p 为上述加压稳定后的试样，在浸水（饱和）作用下，附加下沉稳定后的高度，mm；h_0 为试样的原始高度，mm。

黄土的湿陷系数是研究与评价黄土湿陷性的重要参数，一般通过室内试验测定。黄土湿陷系数 δ_s 的大小除由黄土的湿陷性决定外，还与土样承受的压力有关。湿陷系数一般随压力增大而变大，而达到一定程度后又逐渐变小，如图 7-7 所示。

我国黄土的湿陷系数自西北向东南逐渐变小，且高级阶地大于低级阶地，见表 7-13。另外，湿陷系数还有随深度的增加而变小的趋势。

表 7-13 我国各地黄土湿陷系数 δ_s 统计表

地 区	湿陷系数 δ_s	
	低级阶地	高级阶地
山 东	0.021～0.041	
河 南	0.023～0.045	
河 北	0.024～0.048	
汾河流域	0.031～0.070	0.027～0.069
关中地区	0.029～0.072	0.030～0.078
陇东-陕北	0.034～0.079	0.030～0.084
陇西	0.027～0.090	0.039～0.110

② 自重湿陷系数。自重湿陷系数是保持天然湿度和结构的单位厚度试样在上覆土的饱和自重压力作用下受水浸湿后所产生的湿陷量，用 δ_{zs} 表示。湿陷系数 δ_{zs} 应按下式计算：

$$\delta_{zs} = \frac{h_z - h'_z}{h_0} \tag{7-5}$$

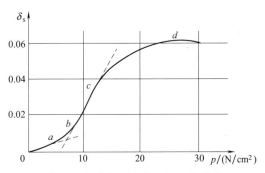

图 7-7 黄土湿陷系数与压力的关系

式中，h_z 为保持天然湿度和结构的试样加至该试样上覆土的饱和自重压力时，下沉稳定后的高度，mm；h'_z 为上述加压稳定后的试样，在浸水（饱和）作用下，附加下沉稳定后的高度，mm；h_0 为试样的原始高度，mm。

湿陷系数、自重湿陷系数的大小反映黄土对水的敏感程度，湿陷系数越大，表示土受水浸湿后的湿陷量越大，因而对建筑物的危害也越大。利用湿陷系数与自重湿陷系数可判别黄土湿陷类别、湿陷强弱，可估湿陷性黄土地基的湿陷量。

③ 湿陷起始压力。湿陷起始压力是指黄土受水浸湿后开始产生湿陷时的相应压力，用 P_{sh} 表示。湿陷起始压力是反映黄土湿陷性的一个重要指标，在工程上，其实际应用表现在以下几点。

a. 对非自重湿陷性黄土地基，当建筑物荷重不大时，可适当加大基础底面积，控制基底压力不超过土的湿陷起始压力，这样即使地基受水浸湿也不致产生湿陷，可按非湿陷性土对待。

b. 在非自重湿陷性黄土场地，当需要消除全部地基的全部湿陷性时，可根据湿陷起始压力确定地基的处理厚度，使地基处理厚度下限处的压力满足 $P_{cz}+P_z<P_{sh}$ 的条件，P_{cz} 为地基处理厚度下限处上覆土的饱和自重压力值，P_z 为相应于荷载效应标准组合时地基处理厚度下限处的附加压力值。

c. 进行黄土湿陷类型的判别。当土的饱和自重压力≤P_{sh}，可定为非自重湿陷性土；反之，为自重湿陷性土。

湿陷起始压力与土的成因、地理位置、地貌特征和气候条件等因素有关，但主要的影响因素是土的天然含水量、孔隙比和湿陷系数。研究表明，湿陷起始压力随黏粒含量天然含水量、土的埋深的增大而增大；随孔隙比的减小而增大；随湿陷系数的增大而减小。

(2) 黄土湿陷性评价 黄土地基的湿陷性评价是对黄土的土层、场地和地基作出评价，包括三个方面内容。

① 判定地基土是湿陷性土还是非湿陷性土，据此确定湿陷性黄土层的总厚度及其在平面上的分布范围，并确定湿陷起始压力。

② 若是湿陷性土，进一步判定场地是自重湿陷性还是非自重湿陷性。因自重湿陷性黄土地基受水浸湿后的湿陷事故较非自重湿陷性黄土地基更为严重。

(3) 黄土的湿陷等级 判定湿陷性黄土地基的湿陷等级，在规定压力作用下，建筑物地基充分浸水时的湿陷变形量，可反映地基的湿陷程度。

国内外划分湿陷类型与湿陷等级可直接采用湿陷系数、自重湿陷系数、湿陷量、自重湿陷量；也可间接采用黄土的物理性质指标。我国《湿陷性黄土地区建筑规范》(GB 50025—2004) 所用方法如下。

① 黄土的湿陷性。按室内浸水（饱和）压缩试验，在一定压力下确定湿陷系数 δ_s 进行判定：

当湿陷系数 $\delta_s<0.015$ 时，应定为非湿陷性黄土；

当湿陷系数 $\delta_s\geqslant0.015$ 时，应定为湿陷性黄土。

② 黄土的湿陷程度。根据湿陷系数 δ_s 的大小可分为三种：

当 $0.015\leqslant\delta_s\leqslant0.03$ 时，湿陷性轻微；

当 $0.03<\delta_s\leqslant0.07$ 时，湿陷性中等；

当 $\delta_s>0.07$ 时，湿陷性强烈。

③ 黄土场地的湿陷类型。按自重湿陷量的实测值 Δ'_{zs} 或计算位 Δ_{zs} 判定。自重湿陷量的实测值 Δ'_{zs} 是在现场采用试坑浸水试验测定的值；自重湿陷量的计算值 Δ_{zs} 是在现场采取不同深度的不扰动土样，通过室内浸水试验在上覆土的饱和自重压力下测定计算的值。自重湿陷量的计算值 Δ_{zs} 应按下式计算：

$$\Delta_{zs}=\beta_0\sum_{i=0}^{n}\delta_{zsi}h_i \tag{7-6}$$

式中，δ_{zsi} 为第 i 层土的自重湿陷系数；h_i 为第 i 层土的厚度，mm；β_0 为因地区而异的修正系数，在缺乏实测资料时，可按下列规定取值：陇西地区取 1.50；陇东-陕北-晋西地区取 1.20；关中地区取 0.90；其他地区取 0.50。

上式自重湿陷量的计算值 Δ_{zs}，应自天然地面（当挖、填方的厚度和面积较大时，应自设计地面）算起，至其下非湿陷性黄土层的顶面上，其中自重湿陷系数 δ_{zs} 小于 0.015 的土层不参加累计。

利用 Δ'_{zs} 或 Δ_{zs} 判定黄土场地湿陷类型，应符合下列规定。

a. 当自重湿陷量的实测值 Δ'_{zs} 或计算值 Δ_{zs} 小于或等于 70mm 时，应定为非自重湿陷性黄土场地。

b. 当自重湿陷量的实测值 Δ'_{zs} 或计算值 Δ_{zs} 大于 70mm 时，应定为自重湿陷性黄土场地。

c. 当自重湿陷量的实测值和计算值出现矛盾时，应按自重湿陷量的实测值判定。表 7-14 为我国一些地区同一场地自重湿陷量的实测值与计算值的比较。

表 7-14　同一场地自重湿陷量的实测值与计算值的比较

地区名称	试验地点	浸水试坑尺寸 /(m×m)	自重湿陷量		实测值 计算值	备注
			实测值/mm	计算值/mm		
陇 西	兰州沙井驿	10×10 14×14	185 155	104 91.20	1.78 1.70	
	兰州龚家湾	11.75×12.1 12.7×13.0	567 635	360	1.57 1.77	
	兰州连城铝厂	34×55 34×17	1151.5 1075	540	2.13 1.99	
	兰州西固棉纺厂	15×15 *5×5	860 360	*231.5		δ_{zs} 为在天然湿度的土自重压力下求得
	兰州董刚钢厂	ϕ10 10×10	959 870	501	1.91 1.74	
	甘肃天水	16×28	586	405	1.45	
	青海西宁	15×15	395	250	1.58	
陇东-陕北-晋西	宁夏七营	ϕ15 25×5	1288 1172	935 855	1.38 1.37	
	延安丝绸厂	9×9	357	229	1.56	
	陕西合阳糖厂	10×10	477	365	1.31	
	河北张家口	ϕ11	105	88.75	1.18	
陕西关中	陕西富平张桥	10×10	207	212	0.97	
	陕西三原	10×10	338	292	1.16	
	西安韩森寨	12×12	364	308	1.18	
	西安北郊 524 厂	*ϕ12	90	142	0.63	
	陕西宝鸡二电	20×20	344	281.50	1.22	
山西河北等	山西榆次	ϕ10	86	126 202	0.68 0.43	
	山西河津铝厂	15×15	92	171	0.53	
	山西潞城化肥厂	ϕ15	66	120	0.55	
	河北帆山	ϕ20	231.5	480	0.45	

注：带星号的仅供参考。

(4) 黄土地基的湿陷量 Δ_s　湿陷性黄土地基受水浸湿饱和，其湿陷量的计算值 Δ_s，可按下式计算：

$$\Delta_s = \sum_{i=1}^{n} \beta \delta_{si} h_i \qquad (7\text{-}7)$$

式中，δ_{si} 为第 i 层土的湿陷系数；h_i 为第 i 层土的厚度，mm；β 为考虑基底下地基土的受水浸湿可能性和侧向挤出等因素的修正系数，在缺乏实测资料时，可按下列规定取值：基底下 0~5m 深度内取 $\beta=1.50$；基底下 5~10m 深度内取 $\beta=1$；基底下 10m 以下至非湿陷性黄土层顶面，在自重湿陷性黄土场地，可取工程所在地区的 β_0 值。

湿陷量的计算值 Δ_s 的计算深度，应自基础底面（如基础标高不确定时，自地面下 1.50m）算起。在非自重湿陷性黄土场地，累计至基底下 10m（或地基压缩层）深度止；在自重湿陷性黄土场地，累计至非湿陷性黄土层的顶面止。其中湿陷系数 δ_s（10m 以下为 δ_{zs} δ_{zs}）小于 0.015 的土层不参加累计。

（5）**湿陷性黄土的湿陷起始压力 p_{sh}**　　湿陷起始压力 p_{sh} 可通过现场浸水静载荷试验结果确定，也可通过不扰动试样的室内浸水压缩试验成果确定。

在现场浸水静载荷试验的 p-S_s（浸水下沉量）曲线上，存在转折点时，取其所对应的压力作为湿陷起始压力 p_{sh} 值；转折点不明显时，取 S_s/d（或 d）$=0.017$ 所对应的压力作为湿陷起始压力 p_{sh} 值。

对室内压缩试验结果，在 p-S_s 曲线上取 $\delta_s=0.015$ 所对应的压力作为湿陷起始压力 P_{sh} 值。

（6）**湿陷性黄土地基的湿陷等级**　　湿陷性黄土地基的湿陷等级，应根据湿陷量的计算值和自重湿陷量的计算值等因素，按表 7-15 判定。

表 7-15　湿陷性黄土地基的湿陷等级

湿陷类型　　　　Δ_{zs}/mm　　Δ_s/mm	非自重湿陷场地	自重湿陷性场	
	$\Delta_{zs}\leqslant70$	$70<\Delta_{zs}\leqslant350$	$\Delta_{zs}>350$
$\Delta_s\leqslant300$	Ⅰ（轻微）	Ⅱ（中等）	—
$300<\Delta_s\leqslant700$	Ⅱ（中等）	Ⅱ（中等）或Ⅲ（严重）	Ⅲ（严重）
$\Delta_s>700$	Ⅱ（中等）	Ⅲ（严重）	Ⅳ（很严重）

注：当湿陷量的计算值 $\Delta_s>600$、自重湿陷量的计算值 $\Delta_{zs}>300$ 时，可判为Ⅲ级，其他情况可判为Ⅱ级。

7.3.5　湿陷性黄土地基的地基处理措施

7.3.5.1　概述

在湿陷性黄土地基上建造建筑物，为保证建筑物的安全与技术经济的合理性，常用的措施有：建筑措施、防水措施和地基处理措施。实际应用中，应根据湿陷性黄土的特点和工程要求，因地制宜，对甲、乙、丙类建筑以地基处理措施为主，以建筑措施和防水措施为辅；对丁类建筑以防水和建筑措施为主。标本结合，防止地基湿陷，使建筑物安全正常使用。

（1）**建筑措施**

① 选择适宜的结构体系和基础型式，减少建筑物的不均匀沉降，或使结构物适应地基的变形。

② 建筑结构的立面、平面力求简单、规则，且长高比不宜大于 3，或用沉降缝分成若干个体型简单的独立单元。

③ 墙体优先选用轻质高强材料。

④ 增设圈梁、基础梁、构造柱或芯柱加强结构的整体性与空间刚度。

⑤ 预留适应沉降的净空。

（2）**防水措施**　　包括基本防水措施和严格防水措施。

① 基本防水措施。在建筑布置，场地排水，地面防水、散水等方面，防止雨水或生产生活用水渗入地基内时，所采取的各项措施。

② 严格防水措施。对重要建筑物或高等级湿陷性地基，在检漏防水措施的基础上，对防水地面、排水沟和检漏管沟等设施提高设计标准。

（3）**地基处理措施**　　应满足下列两点要求。

① 甲类建筑应消除地基的全部湿陷量，或采用桩基础穿透全部湿陷性黄土层，或将基础设置在非湿陷性黄土层上。

② 乙、丙类建筑应消除地基的部分湿陷量，如采用垫层、强夯、挤密、预浸水和经试

验研究和工程实践证明行之有效的其他方法等。

7.3.5.2 湿陷性黄土地基处理的一般规定

湿陷性黄土地基的处理除应满足《湿陷性黄土地区建筑规范》（GB 50025—2004）的规定外，还应满足《建筑地基基础设计规范》的规定。

(1) 湿陷性黄土地基的平面处理范围

① 当为局部处理时，其处理范围应大于基础底面面积。在非自重湿陷性黄土场地，每边应超出基础底面宽度的 1/4，并不应小于 0.5m；在自重湿陷性黄土场地，每边应超出基础底面宽度的 3/4，并不应小于 1.0m。

② 当为整片处理时，其处理范围应大于基础底层平面的面积，超出建筑物外墙基础外缘的宽度，每边不宜小于处理土层厚度的 1/2，并不应小于 2.0m。

(2) 甲类建筑应消除地基全部湿陷量的处理厚度

① 在非自重湿陷性黄土场地，应将基础底面以下附加压力与上覆土的饱和自重压力之和大于湿陷起始压力的所有土层进行处理，或处理基础底面以下至地基压缩层的深度止。

② 在自重湿陷性黄土场地，应处理基础底面以下的全部湿陷性黄土层。

(3) 乙类建筑消除地基部分湿陷量的最小处理厚度

① 在非自重湿陷性黄土场地，不应小于地基压缩层深度的 2/3，且下部未处理湿陷性黄土层的湿陷性黄土层起始压力值不应小于 100kPa。

② 在自重湿陷性黄土场地，不应小于地基压缩层深度的 2/3，且下部未处理湿陷性黄土层的剩余湿陷量不应大于 150mm。

③ 如果基础宽度大或湿陷性黄土层厚度大，处理地基压缩层深度的 2/3 或全部湿陷性黄土层深度的 2/3 确有困难时，在建筑范围内应采用整片处理。其处理厚度：在非自重湿陷性黄土场地不应小于 4m，且下部未处理湿陷性黄土层的湿陷起始压力值不宜小于 100kPa；在自重湿陷性黄土场地不应小于 6m，且下部未处理湿陷性黄土层的剩余湿陷量不应大于 150mm。

(4) 丙类建筑消除地基部分湿陷量的最小处理厚度

① 当地基湿陷等级为 Ⅰ 级时，对单层建筑可不处理地基；对多层建筑，地基处理厚度不应小于 1m，且下部未处理湿陷性黄土层的湿陷起始压力值不宜小于 100kPa。

② 当地基湿陷等级为 Ⅱ 级时，在非自重湿陷性黄土场地，对单层建筑，地基处理厚度不应小于 1m，且下部未处理湿陷性黄土层的湿陷起始压力值不宜小于 80kPa；对多层建筑，地基处理厚度不应小于 2m，且下部未处理湿陷性黄土层的湿陷起始压力值不宜小于 100kPa；在自重湿陷性黄土场地，地基处理厚度不应小于 2.5m，且下部未处理湿陷性黄土层的剩余湿陷量不应大于 200mm。

③ 当地基湿陷等级为 Ⅲ 级或 Ⅳ 级时，对多层建筑宜采用整片处理，地基处理厚度分别不应小于 3m 或 4m，且下部未处理湿陷性黄土层的剩余湿陷量，单层及多层建筑均不应大于 200mm。

(5) 地基压缩层的深度

① 对条形基础，可取其宽度的 3 倍。

② 对独立基础，可取其宽度的 2 倍。

③ 对筏形和宽度大于 10m 的基础，可取其宽度的 0.08～1.20 倍，基础宽度大者取小值，反之取大值。

④ 当条形或独立基础，按宽度倍数取值的压缩层深度小于 5m，可取 5m，也可按下式估算：

$$p_z = 0.20 p_{cz} \tag{7-8}$$

式中，p_z 为相应于荷载效应标准组合，在基础底面下 z 深度处土的附加压力值/kPa；

p_{cz}为在基础底面下 z 深度处土的自重压力值，kpa。在 z 深度处以下，如有高压缩性土，可计算至 $p_z = 0.10 p_{cz}$ 深度处止。

（6）地基处理后的承载力

① 地基处理部分的承载力，应在现场采用静载荷试验测定，并结合当地经验确定。

② 地基处理后，其下卧层顶面的承载力特征值，应满足下式要求：

$$p_z + p_{cz} \leqslant f_{az} \tag{7-9}$$

式中，p_z 为相应于荷载效应标准组合，下卧层顶面处土的附加压力值，kPa；p_{cz} 为下卧层顶面上覆土的自重压力值，kPa；f_{az} 为地基处理后，下卧层顶面经深度修正后土的承载力特征值，kPa。

③ 经处理后的地基，下卧层顶面的附加压力 p_z，对条形基础和矩形基础，可分别按下式计算：

条形基础
$$p_z = \frac{b(p_k - p_c)}{b + 2z \tan\theta} \tag{7-10}$$

矩形基础
$$p_z = \frac{lb(p_k - p_c)}{(l + 2z \tan\theta)(b + 2z \tan\theta)} \tag{7-11}$$

式中，b 为条形或矩形基础底面的宽度，m；l 为矩形基础底面的长度，m；p_k 为相应于荷载效应标准组合，基础底面的平均压力值，kPa；p_c 为基础底面处的自重压力值，kPa；z 为基础底面至处理土层底面的距离，m；θ 为地基压力扩散线与垂直线的夹角，一般为 $22° \sim 30°$，用素土处理取小值，用灰土处理取大值，当 $z/b < 0.25$ 时，可取 $\theta = 0°$。

④ 当按处理后的地基承载力确定基础底面积及埋深时，应根据现场原位测试确定的承载力特征值进行修正，但基础宽度的地基承载力修正系数宜取 0，基础埋深的地基承载力修正系数宜取 1。

（7）地基处理方法的选择及地基处理的注意事项

① 选择地基处理方法，应根据建筑物的类别和湿陷性黄土的特性，并考虑施工设备、工程进度、材料来源和当地环境等因素，经技术经济综合分析比较后确定。可选择一种或多种相结合的最佳处理方法。

② 在雨期、冬期选择垫层法、强夯法和挤密法等处理地基时，施工期间应采取防雨和防冻措施，防止填料（土或灰土）受雨水淋湿或冻结，并应防止地面水流入已处理和未处理的基坑或基槽内。

③ 选择垫层法和挤密法处理湿陷性黄土地基，不得使用盐渍土、膨胀土、冻土、有机土等不良土料和粗颗粒的透水性（如砂、石）材料作填料。

④ 采用垫层、强夯、挤密等方法处理，地基承载力特征值，应按 GB 50025—2004 附录 J 的静载荷试验要点，在现场通过试验测定结果确定。试验点的数量，应根据建筑物类别和地基处理面积确定。单独建筑物或在同一土层参加统计的试验点，不宜少于 3 点。

7.3.5.3　湿陷性黄土地基的处理方法

（1）垫层法　土（或灰土）垫层是一种浅层处理湿陷性黄土地基的传统方法，我国已有两千多年的应用历史，在湿陷性黄土地区使用较广泛，具有因地制宜、就地取材和施工简便等特点。实践证明：经过回填压实处理的黄土地基，湿陷速率和湿陷量大大减少，一般素土垫层的湿陷量减少为 $1 \sim 3$cm，灰土垫层的湿陷量往往小于 1cm。而垫层地基的湿陷变形主要发生在未经处理的下部湿陷性黄土层中。

垫层法适用于地下水位以上，对湿陷性黄土地基进行局部或整片处理，可处理的湿陷性黄土层厚度在 $1 \sim 3$m。垫层法包括土垫层和灰土垫层。当仅要求消除基底下 $1 \sim 3$m 湿陷性黄土的湿陷性量时，宜采用局部（或整片）土垫层进行处理，当同时要求提高垫层土的承载力及增强水稳性时，宜采用整片灰土垫层进行处理。当处理厚度超过 3m，挖、填土方量大，施工期长，施工质量不易保证，选用时应通过技术经济比较。

下面介绍垫层设计的一些主要参数。

① 土（或灰土）的最大干密度和最优含水量，应在工程现场采取有代表性的扰动土样，采用轻型标准击实试验确定。

② 土（或灰土）垫层的施工质量，应用压实系数 λ_c 控制，并应符合下列规定：

a. 小于或等于 3m 的土（或灰土）垫层，不应小于 0.95。

b. 大于 3m 的土（或灰土）垫层，其超过 3m 的部分不应小于 0.97。

③ 土（或灰土）垫层的承载力特征值，应根据现场原位（静载荷或静力触探等）试验结果确定。当无试验资料时，对土垫层取值不宜超过 180kPa，对灰土垫层取值不宜超过 250kPa。

④ 土垫层的设计厚度，应通过计算确定；土垫层的设计宽度，根据规范要求确定。

⑤ 灰土垫层中的消石灰与土体积配合比，宜为 2：8 或 3：7。土（或灰土）垫层可利用基坑内挖出的黄土或其他黏性土作填料，灰土应过筛并拌和均匀，然后在最优或接近最优含水量下分层回填、分层夯实至设计标高。当无试验资料时、土（或灰土）的最优含水量，以取该场地天然土的塑限含水量为填料的最优含水量。

⑥ 垫层施工过程中，应在每层表面以下的 2/3 厚度处取样检验土（或灰土）的干密度，然后换算为压实系数，取样的数量及位置应符合下列要求。

a. 整片土（或灰土）垫层，每层每 $100\sim500m^2$ 面积取样 3 处。

b. 独立基础下的土（或灰土）垫层，每层取样 3 处。

c. 条形基础下的土（或灰土）垫层，每层每 10m 取样 1 处。

d. 取样点位置宜在各层的中间及离边缘 150～300mm。

(2) 强夯法　强夯法又叫动力固结法，是利用起重设备将 80～400kN 的重锤起吊到 10～40m 高处，然后使重锤自由落下，对黄土地基进行强力夯击，以消除其湿陷性，降低压缩变形，提高地基强度。

强夯法适用于对地下水位以上饱和度 $S_r \leqslant 60\%$ 的湿陷性黄土地基进行局部或整片处理，可处理的湿陷性黄土层厚度在 3～12m。

为取得理想的强夯效果，需正确选择合理的强夯施工参数，强夯加固黄土地基的主要参数包括：有效加固深度 H，单位面积夯击能、夯锤质量、落距、夯击次数和遍数、夯点布置等。因此采用强夯法处理湿陷性黄土地基，应先在场地内选择有代表性的地段进行试夯或试验性施工。并应符合下列规定。

① 试夯点的数量，应根据建筑场地的复杂程度、土质的均匀性和建筑物的类别等综合因素确定。在同一场地内如土性基本相同，试夯或试验性施工可在一处进行；否则，应在土质差异明显的地段分别进行。

② 在试夯过程中，应测量每个夯点每夯击 1 次的夯沉量。

③ 试夯结束后，应从夯击终止时的夯面起至其下 6～12m 深度内，每隔 0.5～10m 取土样进行室内试验，测定土的干密度、压缩系数和湿陷系数等指标，必要时，可进行静载荷试验或其他原位测试。

④ 当测试结果不满足设计要求时，可调整强夯的有关施工设计参数重新进行试夯，也可修改地基处理方案。

下面重点介绍强夯法的几个设计参数及施工要求。

① 有效加固深度。采用强夯法处理湿陷性黄土地基，消除湿陷性黄土层的有效加固深度，应根据试夯测试结果确定。在有效加固深度内，土的湿陷系数 δ_s 均应小于 0.015。选

择强夯方案处理地基或缺乏试验资料时，消除湿陷性黄土层的有效加固深度，可按表 7-16 所列的相应单击夯击能进行预估。

表 7-16 采用强夯法消除湿陷性黄土层的有效加固深度预估值　　　　单位：m

土名　　　　单击夯击能/(kN·m)	全新世(Q_4)黄土、晚更新世(Q_3)黄土	中更新世(Q_2)黄土	土名　　　　单击夯击能/(kN·m)	全新世(Q_4)黄土、晚更新世(Q_3)黄土	中更新世(Q_2)黄土
1000~2000	3~5	—	4000~5000	7~8	—
2000~3000	5~6	—	5000~6000	8~9	7~8
3000~4000	6~7	—	7000~8500	9~12	8~10

注：1. 在同一栏内，单击夯击能小的取小值，单击夯击能大的取大值。
2. 能消除湿陷性黄土层的有效加固深度，从起夯面算起。

② 强夯的单位夯击能。单位夯击能（单位面积平均夯击能）是指夯击总能量（锤重×落距×总击数）除以加固面积。当单击夯击能满足有效加固深度要求时，如果单位夯击能过小，同样达不到预期的效果。有资料显示有效加固深度随单位夯击能增大而增大，呈直线关系。

强夯的单位夯击能，应根据施工设备、黄土地层的年代、湿陷性黄土层的厚度和要求消除湿陷性黄土层的有效加固深度等因素确定。在工程实践中常用的单位夯击能多取 1000~4000kN·m/m^2，消除湿陷性黄土层的有效加固深度一般为 3~7m。强夯能量不能一次施加，应根据需要分几遍施加，两遍之间间隔一定时间，这样可逐步增加土的强度，减少土的湿陷性和压缩性。

③ 夯点的间距及布置。夯点的间距及布置可根据所要求加固土层的厚度及黄土地层土质条件和建筑结构类型来决定。可采用正三角形、等腰三角形或正方形的布置，其中正三角形布置时夯点之间土夯实较均匀。第一遍夯击点间距可取 $2d$（夯锤的直径或边长）或 5~6m，以后各遍夯击点间距可与第一遍相同，也可减少，插在第一遍夯点之间。对处理深度较深或单击夯击能较大的工程，第一遍夯击点间距宜适当加大，初步确定夯点间距时，可近似取夯距等于加固深度。

④ 夯点夯击次数和夯击遍数。夯点的夯击次数以达到最佳次数为宜，超过最佳次数再夯击，容易将表层土夯松，且消除湿陷性黄土层的有效加固深度并不增大。夯点的夯击次数应按现场试夯结果或试夯记录绘制的夯击次数与夯沉量的关系曲线确定。应满足：a. 最后两击的平均夯沉量不大于 50mm，当单击夯击能较大时不大于 100mm；b. 夯坑周围地面不应发生过大的隆起；c. 不因夯坑过深发生起锤困难。

夯击遍数为：在原夯坑上，经过上一轮夯击后，使孔隙水压力经过一定的间歇时间基本消散后，再继续夯击下一遍。夯击遍数通常按单位夯击能确定，宜 2~3 遍。第一遍夯点夯击完毕后，用推土机将高出夯坑周围的土推至夯坑内填平，再在第一遍点之间布置第二遍夯点，第二遍夯击是将第二遍夯点及第一遍填平的夯坑同时进行夯击，完毕后，用推土机平整场地。第三遍夯点通常满堂布置，夯击完毕后，用推土机再一次平整场地。最末一遍夯击后，再以低能量（落距 4~6m）对表层松土满夯 2~3 击，也可将表层松土压实或清除。在强夯土表面以上宜设置 300~500mm 厚的灰土垫层或混凝土垫层，防止强夯表层土晒裂或受雨水浸泡。

强夯的第一遍和第二遍夯击主要是将夯坑底面以下的土层进行夯实，第三遍和最后一遍拍夯主要是将夯坑底面以上的填土及表层松土夯实拍平。

⑤ 天然地基的含水量。采用强夯法处理湿陷性黄土地基，土的天然含水量至关重要。

土的天然含水量低于10%的土，呈坚硬状态，夯击时表层土容易松动，夯击能量消耗在表层土上，深部土层不易夯实，消除湿陷性黄土层的有效深度小；天然含水量大于塑限含水量3%以上的土，夯击时呈软塑状态，容易出现"橡皮土"；天然含水量相当于或接近最优含水量的土，夯击时土粒间阻力较小，颗粒互相挤，夯击能量向纵深方向传递，在相应的夯击次数下，总夯沉量和消除湿陷性黄土层的有效深度均大。为方便施工，在工地可采用塑限含水量 $w_P-(1\%\sim3\%)$ 或 $0.6w_L$（液限含水量）作为土的最优含水量。

在拟夯实的土层内，当土的天然含水量低于10%或低于最优含水量5%以上时，宜对拟夯实的土层加水增湿至接近最优含水量，增湿的加水量可按下式计算。

$$Q=(w_{op}-\overline{w})\frac{\overline{\rho}}{1+0.01w}hA \tag{7-12}$$

式中，Q 为拟增湿的夯实土层的计算加水量，m^3；w_{op} 为最优含水量，%；$\overline{w}$ 为在拟夯实层范围内，天然土的含水量加权平均值，%；$\overline{\rho}$ 为在拟夯实层范围内，天然土的密度加权平均值，g/cm^3；h 为拟增湿的土层厚度，m；A 为拟进行强夯的地基土面积，m^2。

强夯施工前 $3\sim5d$，将计算加水量均匀地浸入拟增湿的土层内。

当土的天然含水量大于塑限含水量3%以上时，宜采用晾干或其他措施适当降低含水量。

⑥ 强夯施工质量控制。对湿陷性黄土地基进行强夯施工时，夯锤的质量、落距、夯点布置、夯击次数和夯击遍数等参数，宜与试夯选定的相同，施工中应有专人监测和记录。

在强夯施工过程中或施工结束后，应按下列要求对强夯处理地基的质量进行检测。

a. 检查强夯施工记录，基坑内每个夯点的累计夯沉量，不得小于试夯时各夯点平均夯沉量的 95%。

b. 隔 $7\sim10d$，在每 $500\sim1000m^2$ 面积内的各夯点之间，任选一处，自夯击终止时的夯面起至其下 $5\sim12m$ 深度内，每隔1m取 $1\sim2$ 个土样进行室内试验，测定土的干密度、压缩系数和湿陷系数。

c. 强夯土的承载力，宜在地基强夯结束 30d 左右，采用静载荷试验测定。

(3) 挤密法 挤密法是指利用沉管、爆扩、冲击、夯扩等方法，在湿陷性黄土地基中挤密填料孔，再用素土、灰土，必要时采用高强度的水泥土，分层回填夯实，以加固湿陷性黄土地基，提高其强度，减少其湿陷性和压缩性。

挤密法适用于对地下水位以上，饱和度 $S_r\leqslant65\%$ 的湿陷性黄土地基进行加固处理，可处理的湿陷性黄土层厚度一般为 $5\sim15m$。实践证明：当地基土的含水量略低于最优含水量时，挤密效果最好；当含水量过大或者过小时，挤密效果不好。对含水量 $w\geqslant24\%$、饱和度 $S_r>65\%$ 的地基土，一般不宜直接选用挤密法，但当工程需要时，采取必要有效措施后，如对孔周围的土采取有效"吸湿"和加强填料强度，也可采用挤密处理地基；对含水量 $<10\%$ 的地基土，特别是在整个处理深度范围内的含水量普遍很低，一般宜采用增湿措施，以达到提高挤密的处理效果。选用挤密法时，对甲、乙类建筑或在缺乏建筑经验的地区，应在地基处理施工前，在现场选择有代表性的地段进行试验或试验性施工，试验结果应满足设计要求，并应取得必要的参数再进行地基处理施工。

挤密法的设计施工要求如下。

① 挤密孔的孔距与布置。挤密孔的孔位宜按正三角形布置。孔心距可按下式计算：

$$S=0.95\sqrt{\frac{\eta_c\rho_{dmax}D^2-\rho_{d0}d^2}{\eta_c\rho_{dmax}-\rho_{d0}}} \tag{7-13}$$

式中，S 为孔心距，m；D 为挤密填料孔直径，m；d 为预钻孔直径，m；对无须钻孔的挤密法，预钻孔直径 $d=0$；ρ_{d0} 为地基挤密前压缩层范围内各层土的平均干密度，g/cm^3；

ρ_{dmax} 为击实试验确定的最大干密度，g/cm^3；$\overline{\eta}_c$ 为平均挤密系数，挤密填孔达到 D 后，3 个孔之间土的平均挤密系数不宜小于 0.93。

② 最小挤密系数 η_{dmin}。控制最小挤密系数，可保证挤密处理能达到预期的设计要求。挤密填孔后，3 个孔之间的最小挤密系数 η_{dmin}，可按下式计算：

$$\eta_{dmin} = \frac{\rho'_{d0}}{\rho_{dmax}} \tag{7-14}$$

式中 ρ'_{d0} 为挤密填孔后，3 个孔之间形心点部位土的干密度，g/cm^3；ρ_{dmax} 为击实试验确定的最大干密度，g/cm^3；η_{dmin} 为土的最小挤密系数，要求甲、乙类建筑不宜小于 0.88；丙类建筑不宜小于 0.84。

③ 挤密处理深度及挤密孔径。当挤密处理深度不超过 12m 时，采用不预钻孔的挤密法，在处理效果相同的条件下采用预钻孔的挤密法将更加优越。不存在取土量，孔内填料也少。挤密孔的直径宜为 0.35～0.45m。

当挤密处理深度超过 12m 时，可预钻孔，预钻孔直径（d）宜为 0.25～0.30m，挤密填料孔直径（D）宜为 0.50～0.60m。

④ 挤密孔及施工顺序。成孔挤密，应间隔分批、及时夯填进行，这样可使挤密地基均匀，有效提高挤密处理效果。当为局部处理时，应由外向里施工；在整片处理时采用"从边缘开始、均匀分布、逐步加密、及时夯填"的施工顺序和原则，即首先从边缘开始，分行、分点、分批在整个场地平面范围内均匀分布，逐步加密进行施工。

成孔后孔底在填料前必须夯实，分层回填夯实填料其压实系数不宜小于 0.97。

当处理地基要求防（隔）水时，宜采用素土填料；当提高地基承载力或减少处理宽度时，宜采用灰土、水泥土填料。

挤密孔顶部预留松动层的厚度：机械挤密，宜为 0.50～0.70m；爆扩挤密，宜为 1～2m。冬季施工可适当加大预留松动层厚度。

挤密地基，在基底下宜设置 0.50m 厚的灰土或土填层。

⑤ 挤密施工质量控制。孔内填料的夯实质量，应及时抽样检查，其数量不得少于总孔数的 2%，每台班不应少于 1 孔。在全部孔深内，宜每 1m 取土样测定干密度，检测点的位置应在距孔心 2/3 孔半径处。孔内填料的夯实质量，也可通过现场试验测定。

对重要或大型工程，除完成孔内填料的夯实质量的检测外，还应进行下列测试工作，综合判定处理质量。

a. 在处理深度内，分层取样测定挤密土及孔内填料的湿陷性和压缩性。

b. 在现场进行载荷试验或其他原位测试。

(4) 预浸水法 预浸水法就是使建筑场地浸水一定时间，以大幅消除黄土的湿陷性。预浸水法适用于自重湿陷性黄土场地，地基湿陷等级为 Ⅲ 级或 Ⅳ 级，湿陷性黄土层厚度大于 10m，自重湿陷量的计算值不小于 500mm 的黄土场地，可消除地面 6m 以下湿陷性黄土层的全部湿陷性。对 6m 以下湿陷性黄土层，湿陷性也可大幅减少，但应采用垫层法或其他方法处理。

预浸水法处理湿陷性黄土，要求满足这样一些规定。

① 浸水前宜通过现场试坑浸水试验确定浸水时间、耗水量和湿陷量。

② 浸水坑边缘至既有建筑物的距离不应小于 50m，并应防止由于浸水影响附近建筑物和场地边坡的稳定性。

③ 浸水坑的边长不得小于湿陷性黄土层的厚度，当浸水坑的面积较大时，可分段进行浸水。

④ 浸水境内的水头高度不宜小于 300mm，连续浸水时间以湿陷变形稳定为准，其稳定标准为最后 5d 的平均湿陷量小于 1mm/d。

⑤ 地基预浸水结束后，在基础施工前应进行补充勘察工作，重新评价地基土的湿陷性，并应采用垫层或其他方法处理上部湿陷性黄土层。

7.4 冻 土

冻土是指在气温寒冷的地区，含有冰的土层或岩层。如果土层的温度很低，但不含冰，这种土层称为寒土。在高山和高纬度地区，气候寒冷，但降水少，在地表不能形成冰川，由于土层或岩层的年散热量大于年吸热量，使土层或岩层的温度降低，其内部的水就结冰，将土层中的碎屑颗粒冻结在一起，或岩层中的水冻结，形成冻土。因此，冻土并不只是冻结的黏土层，还包括冻结的砂层、砾石层以及基岩表层中裂隙水冻结层等。

按照冻土在不同季节中的变化，可分为多年冻土、季节冻土和瞬（短）时冻土。多年冻土也称永久冻土，冻土层多年都不被融化掉，它们主要分布在高纬度和高山地区，如青藏高原的多年冻土。季节冻土是指在冬季时上层中的水冻结，形成冻土，而在夏季冻土中的冰又融化掉，它主要分布在中纬度地区，如我国长江以北到东北地区。瞬时冻土只是在短暂时间存在，如冬季的夜间土层表层形成冻土层，到了白天上层中的冰就融化掉，冻土消失，在我国分布在长江以南地区。在多年冻土中，按照冻土的连续性，又可分为连续多年冻土和不连续多年冻土。连续多年冻土的冻结层厚且连续分布，而不连续多年冻土的冻结层较薄且不连续，冻结层之间为融区，所以这类冻土又称岛状冻土或片状冻土。

冻土的形成受气候、岩性、地层、含水性、地形、植被、地下水运动等因素影响。对于多年冻土而言，年均气温要低于0℃，而季节冻土则是冻结季节气温低于0℃。土层的隔热性能越好，越利于冻土的形成，因此土层越细、有机质含量越高、含水越多，越容易形成冻土。阴坡比阳坡，缓坡比陡坡，平地比山坡，更容易形成冻土。植被覆盖能起到保温作用，因此有植被覆盖的地区比没有植被覆盖的地区冻土发育，所以在高原或高寒地区，草原和草甸的破坏都会影响到冻土的厚度变化。地表流动的水体对冻土的形成也有影响，常会在河床的下面形成融区。

7.4.1 冻土的结构与分布

多年冻土在剖面上可划分为两层结构，上面为活动层，下面为永冻层［图7-6（a）］，也称多年冻层。活动层随季节而变化，冬季冻结，夏季融化。活动层的厚度取决于冻土区的夏

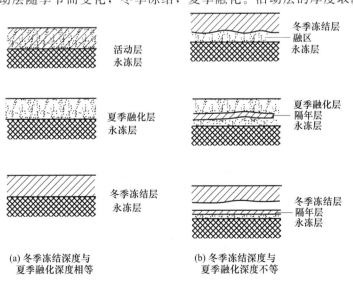

(a) 冬季冻结深度与
夏季融化深度相等

(b) 冬季冻结深度与
夏季融化深度不等

图 7-8 冻土的两层结构及变化

季气温、土层岩性、植被覆盖、进水性等。活动层厚度的变化对工程影响非常大，在冬季由于冻结而膨胀，地面鼓起，而在夏季因融化地面下陷，这将导致地面构筑物的变形或破坏。永冻层终年不融化，其厚度从数米到数百米。如果今年是一个暖冬，活动层再冻结时深度达不到永冻层的顶部，那么在永冻层与冬季冻结层之间存在一层未冻结的融区［图 7-8（b）］；如果翌年的夏季凉爽，融化深度又小于头年冬季的冻结深度，那么在活动层中的下部留下一层冻结的隔年层［图 7-8（b）］。

　　冻土中的冰可分为三种类型：一是胶结冰，主要在冻土的表层，是碎屑颗粒间的吸着水、薄膜水冻结而成；二是分凝冰，一般位于胶结冰的下面，是由于冻土层中的一些小冰粒或冰块，使其周围的水汽压减小，水分子就向冰粒或冰块聚集，造成冰粒或冰块长大而形成的冰；三是构造冰，它是由于冻土层的冻裂，水充填到裂隙中形成的冰，这种冰也会不断地生长并挤压冻土层，造成冻土层的变形，形成一些冻土地貌。

　　冻土层的厚度及分布受纬度和海拔高度的控制，自极地向低纬度方向不断减小，最后消失。从冻土厚度来看，从低纬度到高纬度，从低海拔到高海拔，它是增厚的（图 7-9、图 7-10）。如祁连山北坡海拔 4000m 处冻土厚 100m，到海拔 3500m 处厚度减到 22m。中国西部各山地随着纬度的增加，冻土发育的下限降低（图 7-10），在昆仑山为 4400～4300m，祁连山为 3800～3500m，到天山降到 2500m，而阿尔泰山只有 1100～1000m。在冻土类型上，由南向北，从低到高，依次出现瞬时冻土、季节冻土、不连续多年冻土、连续多年冻土。

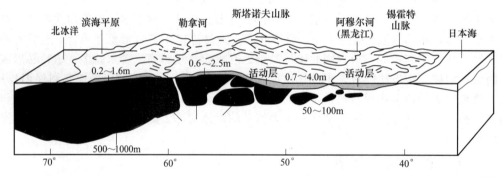

图 7-9　北半球多年冻土类型及厚度分布图

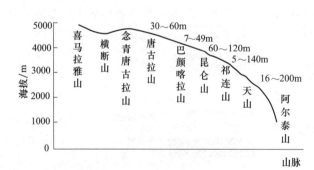

图 7-10　中国多年冻土发育下限海拔
高度和厚度分布图（图中数字为冻土厚度）

　　受地表流水和地质条件的影响，多年冻土在水平方向上的分布并不都是连续的，有的地区还分布着面积不等的融区。融区是指冻土带内的融土分布区，可分两类：一类是融土从地表向下穿进整个冻土层，称为贯通融区；另一类是融土未穿透整个冻土层，其下仍有多年冻土存在，叫做非贯通融区。在多年冻土区的大河河床、湖泊底部及温泉的周围往往形成贯通融区，而小河河床、部分河漫滩及阶地、湖泊四周可能形成非贯通区。依据冻土带内是否存在融区，将多年冻土带划分为不连续多年冻土带和连续多年冻土带。一般根据冻土带内融区所占面积的大小，又可分为具有岛状融区的多年冻土亚带和具有大面积融区的岛状冻土亚带。在具有岛状融区的不连续冻土带，融区一般占总面积的 20%～30%，而在岛状冻土区，融区的面积可占 70%～80%。

7.4.2　冻土的分类

冻土的分类有多种形式。冻土可按持续保存时间、泥炭化程度、体积压缩系数、总含水量及盐渍度、平面分布特征、冻胀率、融化下沉系数、冻结特征和冰层厚度等进行分类。

(1) 按持续保存时间分类

① $T<1$ 年　　　　　季节性冻土（最低月平均地面温度≤0）；

② 1 年≤$T<3$ 年　　隔年冻土（最低月平均地面温度≤0）；

③ $T≥3$ 年　　　　　多年冻土（年平均地面温度≤0）。

(2) 按泥炭化程度分类　泥炭化程度定义为：单位体积中含植物残渣和成泥炭的质量与冻土干密度的比值，工程中以百分数表示。

冻结泥炭化土的泥炭化程度 ξ 按下式计算：

$$\xi=\frac{m_p}{g_d}\times100\%　　　　　　(7-15)$$

式中，m_p 为土中含植物残渣和泥炭的质量，g；g_d 为土骨架质量，g。

按冻结泥炭化土的泥炭化程度 ξ 分类为：对粗颗粒冻土，$\xi>3$ 泥炭化冻土；对黏性冻土，$\xi>5$ 泥炭化冻土。

(3) 按盐渍度分类　盐渍度为单位体积中含易溶盐的质量与冻土干密度的比值，工程中用百分数表示。

盐渍化冻土的盐渍度 ζ 用下式计算：

$$\zeta=\frac{m_g}{g_d}\times100\%　　　　　　(7-16)$$

式中，m_g 为土中含易溶盐的质量，g。

按盐渍度 ζ 判定，分类应归属于盐渍化冻土的是：对粗粒土：$\zeta>0.1$；对粉土：$\zeta>0.15$；对粉质黏土：$\zeta>0.2$；对黏土：$\zeta>0.25$。

(4) 按其稳定程度和发展趋势分类　可分为发展的多年冻土和退化的多年冻土。

(5) 按冻土的平面分布特征分类　多年冻土根据融区的存在与否及融区的大小分为如下几种。

① 零星分布多年冻土：冻土面积仅占 5%～30%，绝大部分为融区。

② 岛状分布多年冻土：冻土面积占 40%～60%，冻土以岛状分布在融区中。

③ 断续分布多年冻土：冻土面积占 70%～80%，融区呈岛状分布。

④ 整体分布多年冻土：也称连续分布多年冻土，冻土面积大于 90%，仅在大河或大湖底部及地热异常地带（如温泉）无冻土。

其中零星分布多年冻土、岛状分布多年冻土、断续分布多年冻土都属于非整体多年冻土。

(6) 按冻土的压缩变形系数和总含水量分类　作为建筑地基的冻土，除上述按持续时间可分为季节冻土与多年冻土外，还可根据压缩变形特性进行分类。

坚硬冻土：$a≤0.01\text{MPa}^{-1}$ 或 $m_v≤0.01\text{MPa}^{-1}$，可近似看成不可压缩土。土中未冻水含量很少，土粒被冰牢固胶结，土的压缩性小，在荷载下表现为脆性破坏，与岩石相似。当土的温度低于下列数值时，呈坚硬冻土：粉砂－0.30℃；粉土－0.60℃；粉质黏土－1.0℃；黏土－1.5℃。

塑性冻土：$a>0.01\text{MPa}^{-1}$ 或 $m_v>0.01\text{MPa}^{-1}$，为塑性冻土。土中含大量未冻水，土的强度不高，压缩性较大，当土的温度低于0℃以下至坚硬冻土温度上限之间，饱和度 $S_r<80\%$ 时，冻土呈塑性。受力计算变形时应计入压缩变形量。

松散冻土：冻土中总含水量≤3%，土粒被冰所胶结，粒间互不连接仍保持冻前散体状态。其力学性质与未冻土无大的差别，所以称为松散冻土。砂土与碎石土常呈松散冻土。

(7) 按冻土的冻胀率分类　土冻结时，土中原有水分冻结成冰，并在此过程中不断有水分向冰界面转移致使土体膨胀，简称土的冻胀。根据土冻胀率的大小，通常将季节冻土与多年冻土的季节融化层土分为不冻胀、弱冻胀、冻胀、强冻胀和特强冻胀五类，见表7-17。

表 7-17　季节冻土的冻胀性分类

土的名称	冻前天然含水量 $w/\%$	冻结期间地下水位距冻结面的最小距离 h_w/m	平均冻胀率 $\eta/\%$	冻胀等级	冻胀类别
碎(卵)石,砾、粗、中砂（粒径小于 0.075mm 颗粒含量大于 15%），细砂（粒径小于 0.075mm 颗粒含量大于 10%）	$w \leqslant 12$	>1.0	$\eta \leqslant 1$	I	不冻胀
		$\leqslant 1.0$	$1 < \eta \leqslant 3.5$	II	弱冻胀
	$12 < w \leqslant 18$	>1.0			
		$\leqslant 1.0$	$3.5 < \eta \leqslant 6$	III	冻胀
	$w > 18$	>0.5			
		$\leqslant 0.5$	$6 < \eta \leqslant 12$	IV	强冻胀
粉砂	$w \leqslant 14$	>1.0	$\eta \leqslant 1$	I	不冻胀
		$\leqslant 1.0$	$1 < \eta \leqslant 3.5$	II	弱冻胀
	$14 < w \leqslant 19$	>1.0			
		$\leqslant 1.0$	$3.5 < \eta \leqslant 6$	III	冻胀
	$19 < w \leqslant 23$	>1.0			
		$\leqslant 1.0$	$6 < \eta \leqslant 12$	IV	强冻胀
	$w > 23$	不考虑	$\eta > 12$	V	特强冻胀
粉土	$w \leqslant 19$	>1.5	$\eta \leqslant 1$	I	不冻胀
		$\leqslant 1.5$	$1 < \eta \leqslant 3.5$	II	弱冻胀
	$19 < w \leqslant 22$	>1.5			
		$\leqslant 1.5$	$3.5 < \eta \leqslant 6$	III	冻胀
	$22 < w \leqslant 26$	>1.5			
		$\leqslant 1.5$	$6 < \eta \leqslant 12$	IV	强冻胀
	$26 < w \leqslant 30$	>1.5			
		$\leqslant 1.5$			
	$w > 30$	不考虑	$\eta > 12$	V	特强冻胀
黏性土	$w \leqslant w_P + 2$	>2.0	$\eta \leqslant 1$	I	不冻胀
		$\leqslant 2.0$	$1 < \eta \leqslant 3.5$	II	弱冻胀
	$w_P + 2 < w \leqslant w_P + 5$	>2.0			
		$\leqslant 2.0$	$3.5 < \eta \leqslant 6$	III	冻胀
	$w_P + 5 < w \leqslant w_P + 9$	>2.0			
		$\leqslant 2.0$	$6 < \eta \leqslant 12$	IV	强冻胀
	$w_P + 9 < w \leqslant w_P + 15$	>2.0			
		$\leqslant 2.0$			
	$w > w_P + 15$	不考虑	$\eta > 12$	V	特强冻胀

注：1. w_P 为塑限含水量，%；w 为在冻土内冻前天然含水量的平均值，%。2. 盐渍化冻土不在列表。3. 塑性指数大于22时，冻胀性降低一级。4. 粒径小于0.005mm颗粒含量大于60%，为不冻胀土。5. 碎石类土当充填物大于全部质量的40%，其冻胀性按充填物土的类别判断。6. 碎石土、砾砂、粗砂、中砂（粒径小于0.075mm颗粒含量不大于15%）、细砂（粒径小于0.075mm颗粒含量不大于10%）均按不冻胀考虑。

冻土层的平均冻胀率 η 按下式计算：

$$\eta = \frac{\Delta z}{z_d} \times 100\%$$

(7-17)

$$z_d = h' - \Delta z \qquad (7\text{-}18)$$

式中，Δz 为地表冻胀量，mm；z_d 为设计冻深，mm；h' 为冻层厚度，mm。

土的冻胀率与土的类型（颗粒组成、孔隙率、含盐量等）、含水量关系密切。土在稳定的负温度条件下，土中含水且达到一定界限值时，就表现出冻胀，该界限值称为土的起始冻胀含水量。对细粒土，起始冻胀含水量大致等于塑限含水量。

土层的冻胀率可在现场用单层或分层冻胀仪作原始测定，若有丰富经验时也可按经验公式确定。

(8) 按冻土的融化下沉系数分类　冻土在融化过程中，由于土体中冰的融化，在没有外荷载作用时，所产生的沉降称为融化下沉。融化下沉通常是不均匀的，具有突陷性质。试验测定，常以平均融化下沉系数 δ_0 表示：

$$\delta_0 = \frac{h_1 - h_2}{h_1} \times 100\% = \frac{e_1 - e_2}{1 + e_1} \times 100\% \qquad (7\text{-}19)$$

式中，h_1、e_1 为冻土试样融化前的高度（mm）和孔隙比；h_2、e_2 为冻土试样融化后的高度（mm）和孔隙比。

当土的含水量小于起始融沉含水量时，$\delta_0 = 0$。对于大型建筑物，要求尽可能在现场原位试验确定 δ_0 值，但在一般工程地质评价及基础沉降验算中，可依据冻结地基土的土质及物理力学性质按相应的经验公式计算。

工程上依据融化下沉系数 δ_0 的大小，多年冻土又可分为五级，具体分类情况见表7-18。

表7-18　多年冻土的融沉分类

土的名称	总含水量/%	平均融沉系数 δ_0	融沉等级	融沉类别
碎(卵)石、砾、粗、中砂 (0.075mm 粒径含量<15%)	$w < 10$	$\delta_0 \leq 1$	I	不融沉
	$w \geq 10$	$1 < \delta_0 \leq 3$	II	弱融沉
碎(卵)石、砾、粗、中砂 (0.075mm 粒径含量≥15%)	$w < 12$	$\delta_0 \leq 1$	I	不融沉
	$12 \leq w < 15$	$1 < \delta_0 \leq 3$	II	弱融沉
	$15 \leq w < 25$	$3 < \delta_0 \leq 10$	III	融沉
	$w \geq 25$	$10 < \delta_0 \leq 25$	IV	强融沉
粉、细砂	$w < 14$	$\delta_0 \leq 1$	I	不融沉
	$14 \leq w < 18$	$1 < \delta_0 \leq 3$	II	弱融沉
	$18 \leq w < 28$	$3 < \delta_0 \leq 10$	III	融沉
	$w \geq 28$	$10 < \delta_0 \leq 25$	IV	强融沉
粉土	$w < 17$	$\delta_0 \leq 1$	I	不融沉
	$17 \leq w < 21$	$1 < \delta_0 \leq 3$	II	弱融沉
	$21 \leq w < 32$	$3 < \delta_0 \leq 10$	III	融沉
	$w \geq 32$	$10 < \delta_0 \leq 25$	IV	强融沉
黏性土	$w < w_P$	$\delta_0 \leq 1$	I	不融沉
	$w_P \leq w < w_P + 4$	$1 < \delta_0 \leq 3$	II	弱融沉
	$w_P + 4 \leq w < w_P + 15$	$3 < \delta_0 \leq 10$	III	融沉
	$w_P + 15 \leq w < w_P$	$10 < \delta_0 \leq 25$	IV	强融沉
含土冰层	$w \geq w_P + 35$	$\delta_0 > 25$	V	融陷

注：1. 总含水量 w，包括冰和未冻水。
2. 盐渍化冻土、冻结泥炭化土、腐殖土、高塑性黏土不在表列。

(9) 按冰层厚度分类

① 冰层厚度<2.5cm　含冰土层。

② 冰层厚度≥2.5cm　含土冰层或纯冰层。

7.4.3　冻土的力学性质

7.4.3.1　冻土的构造和融沉性

由于土的冻结速度、冻结的边界条件及土中水的多少不同，在冻结中可以形成晶粒状构造、层状构造、网状构造三种冻土构造，见图 7-11 所示。

(a) 晶粒状构造　　　　　　(b) 层状构造　　　　　　(c) 网状构造

图 7-11　冻土的构造

（1）晶粒状构造　冻结时没有水分转移，土颗粒与冰晶融合在一起，没有冰和矿物颗粒的离析现象，水分就在原来的孔隙中结成晶粒状的冰。一般的砂土或含水量小的黏性土具有这种构造。

（2）层状构造　土呈单向冻结并有水分转移时形成的构造，土中出现冰和矿物颗粒的离析，形成冰夹层。在饱和的黏性土或粉土中常见。

（3）网状构造　土在多向冻结条件下有水分转移时而形成的构造，也称为蜂窝状构造。

融沉性是指在没有外荷载作用时，冻土在融化过程中，因土体中冰的融化而产生沉降的性质。

多年冻土的构造和其融沉性有很大关系。一般粒状构造的冻土，融沉性不大，而层状和网状构造的冻土在融化时可产生很大的融沉。

7.4.3.2　冻土的融化压缩及融化压缩系数或体积压缩系数

冻土融化后，在外荷作用下产生的压缩变形，称为融化压缩。融化压缩系数是指冻土融化后，在单位外荷作用下的相对变形量；而融化体积压缩系数是指冻土融化后，在单位外荷作用下的相对体积变化量。短期荷载作用下，冻土的压缩性很低，可以不计其变形。但是冻土在融化时，结构破坏，变成高压缩性和稀释的土体，产生剧烈的变形。

7.4.3.3　冻胀量

土体冻胀变形的基本特征是冻胀量，通常采用地面的总冻胀量和土体中某土层的垂直膨胀变形的冻胀量来表示。为了比较各地区、各地段土体冻胀变形强度，以及对冻胀强弱性进行评价，常采用冻胀率来表示这个特征。

7.4.3.4　法向和切向冻胀力

地基土冻结时，随着土体的冻胀，作用于基础底面向上的始起力，称为基础底面的法向冻胀力，简称法向冻胀力。平行向上作用于基础侧表面的始起力，称为基础侧面的切向冻胀力。

7.4.3.5　冻结力

冻土与基础表面通过冰晶胶结在一起，这种胶结力称为基础表面与冻土间的冻结强度，简称冻结力。在实际使用中通常以这种胶结的强度来衡量冻结力。

7.4.3.6　冻土的抗压强度

冻土的抗压强度是指冻土承受竖向作用的极限强度。冻土的抗压强度与冰的胶结作用有关，因此比未冻土大许多倍，且与温度和含水量有关。冻土的抗压强度随温度的降低而增高。这是因为温度降低时不仅含冰量增加，而且冰的强度也增大的缘故。

7.4.3.7 冻土的抗剪强度

冻土的抗剪强度是指冻土在外力作用下，抵抗剪切滑动的极限强度。冻土的抗剪强度不仅与外压力有关，而且与土温及荷载作用历时有密切关系。

多年冻土在抗剪强度方面的表现与抗压强度类似，长期荷载作用下的冻土的抗剪强度比瞬时荷载作用下的抗剪强度低了许多，所以一般情况下只考虑其长期抗剪强度。

值得注意的是，冻土融化后其抗压强度与抗剪强度将显著降低。对于含冰量很大的土，融化后的内聚力约为冻结时的1/10时，建于冻土上的建筑物将会因地基强度的破坏而造成严重事故。

7.4.4 冻土的工程勘察

7.4.4.1 勘察内容

（1）多年冻土勘察应根据多年冻土的设计原则、多年冻土的类型和特征进行下列勘察。①多年冻土的分布范围及上限深度。②多年冻土的类型、厚度、总含水量、构造特征、物理力学和热学性质。③多年冻土层上水、层间水和层下水的赋存形式、相互关系及其对工程的影响。④多年冻土的融沉性分级和季节融化层土的冻胀性分级。⑤厚层地下冰、冰锥、冰丘、冻土沼泽、热融滑塌、热融湖塘、融冻泥流等不良地质作用的形态特征、形成条件、分布范围、发生发展规律及其对工程的危害程度。

（2）勘察点布置。多年冻土地区勘探点的间距，除应满足岩土勘察规范中的要求外，尚应适当加密。勘探孔的深度应满足下列要求。

① 对保持冻结状态设计的地基，不应小于基底以下2倍基础宽度，对桩基应超过桩端以下3～5m。

② 对逐渐融化状态和预先融化状态设计的地基，应符合非冻土地基的要求。

③ 勘探孔的深度必须超过多年冻土上限深度的1.5倍。

④ 在多年冻土的不稳定地带，应查明多年冻土下限深度；当地基为饱冰冻土或含土冰层时，应穿透该层。

7.4.4.2 勘探测试

多年冻土的勘探测试应满足下列要求。

（1）多年冻土地区钻探宜缩短施工时间，采用大口径低速钻进，终孔直径不宜小于108mm，必要时可采用低温泥浆，并避免在钻孔周围造成人工融区或孔内冻结。

（2）分层测定地下水位。

（3）保持冻结状态设计地段的钻孔，孔内测温工作结束后应及时回填。

（4）取样的竖向间隔，除应满足《岩土工程勘察规范》（GB 50021—2009）第4章的要求外，在季节融化层应适当加密，试样在采取、搬运、贮存、试验过程中应避免融化。

（5）试验项目除按常规要求外，应根据需要，进行总含水量、体积含冰量、相对含冰量、未冻水含量、冻结温度、导热系数、冻胀量、融化压缩等项目的试验；对盐渍化多年冻土和泥炭化多年冻土，应分别测定易溶盐含量和有机质含量。

（6）工程需要时，可建立地温观测点，进行地温观测。

（7）当需查明与冻土融化有关的不良地质作用时，调查工作宜在2～5月进行；多年冻土上限深度的勘察时间宜在9、10月。

对季节性冻土，要特别注意冻胀与融陷对工程建设的影响。

7.4.5 建筑物冻害的防治措施

7.4.5.1 改变地基土的冻胀性和消除或减少冻胀力的措施

（1）排水隔水法　建筑物周围设排水沟，配置排水措施，以防止施工期间和使用期间的雨水、地表水、生产废水和生活废水浸入地基，同时在基础的两侧与底部填砂石料，并设排水管将入渗之水排除。在山区应设置截水沟或在建筑物下设置暗沟，以排走地表水和潜水流，避免因基础堵水而造成冻害。

（2）**堆填法**　对低洼场地，可采用非冻胀性土填方。填土高度不应小于 0.5m，其范围不应小于散水坡宽度加 1.5m。

（3）**换填法**　基础在地下水位以上时，用粗砂、砾石等不冻胀材料填筑在基础底下，并保证垫层的底面必须坐落在设计冻深线处；基础侧表面回填非冻胀性的中砂和粗砂，厚度不小于 100mm。

（4）**保温法**　在建筑物基础底部或四周设隔热层。用一定厚度的非冻胀性土层或隔热材料在基础四周和底部一定宽度内保温；在独立基础的基础梁下或桩基础的承台下面，除不冻胀与弱冻胀土外对其余的土层预留相当于地表冻胀量的空隙，空隙中可填充松软的保温材料。这样可增大热阻，推迟土的冻结，提高土温，降低冻深。

（5）**物理化学法**　用物理化学方法处理基础侧表面或与基础侧表面接触的土层。土中加入无机盐等来降低冰点温度；加入憎水剂减少地基的含水量；加入有机化合物改善土颗粒聚集或分散性等。

（6）**基础光滑平整处理法**　对与冻胀性土接触的基础侧表面进行压平、抹光处理，增加基础的光滑度，减少基础的切向冻胀力。

（7）**强夯法**　对建筑场地的冻土进行强夯法处理，消除土的冻胀性。

7.4.5.2　结构措施

（1）**增加建筑物的整体刚度**　设置钢筋混凝土封闭式圈梁和基础梁，并控制建筑物的长高比。当外墙的长度大于或等于 7m，高度大于或等于 4m 时，宜增加内横隔墙或护壁柱。

（2）**简化平面布置**　建筑物的平面图形应力求简单，体形复杂时，宜采用沉降缝隔开。

（3）**减少冻胀受力**　加大上部荷重，或缩小基础与冻胀土接触的表面积。将外门斗、室外台阶和散水坡等附属结构与主体承重结构断开；散水坡分段不宜超过 1.5m，坡度不宜小于 3%，其下宜填筑非冻胀性材料。

（4）**合理选用基础**　根据场地和建筑物的情况，可选用独立基础、底部带扩大部分的自锚式基础、桩墩基础、架空通风基础等。

（5）**施工保温**　按采暖设计的建筑物，当年不能竣工或入冬前不能交付正常使用，或使用中可能出现冬季不能正常采暖时，应对地基采取相应的越冬保温措施；对非采暖建筑物的跨年度工程，入冬前应及时回填，并采取保温措施。

7.4.6　多年冻土地区特殊地质问题

在多年冻土地区修建公路，有一系列特殊的工程地质问题，如冰丘、冰锥、地下冰、热融沉陷、热融滑坍、热融泥流等。还有一些工程地质问题（如冻胀、翻浆、沼泽、湿地等）虽不是多年冻土地区所特有，但在多年冻土地区它们有很大的特殊性，并达到很大的规模。

下面介绍多年冻土地区几种最常见的工程地质问题。

7.4.6.1　厚层地下冰

含土冰层厚度>0.1m 时或饱冰冻土厚度>0.3m 时称为厚层地下冰。如在上限以下 3m 内有厚层地下冰，则称为厚层地下冰地段。在厚层地下冰发育地段，容易产生热融沉陷、热融滑坍等不良地质现象，对路基稳定影响甚大，在勘测时需十分注意。

厚层地下冰多分布在含水量较大的黏性土地段。青藏高原多年冻土地区厚层地下冰比较发育，多分布在高平原以及低山丘陵区的山间低地、山前缓坡和平缓分水岭地带。

7.4.6.2　冰丘和冰锥

冰丘的形成是由于冬季地面表层的冻结，使地下水具有承压性质，并随冻结深度而增加。地下水冻结成冰，体积膨大，压力增大，内部地下水受压越来越大致使地表薄弱环节抬升，造成地表隆起，形成冻胀土丘，简称冰丘（如图7-12所示）。冰丘可分为一年生的季节性冰丘及多年生冰丘。在寒季（负温季节），流出封冻地表或封冻冰面的地下水，以及河水冻结后形成丘状隆起的冰体称为冰锥。前者为泉冰锥，后者为河冰锥。

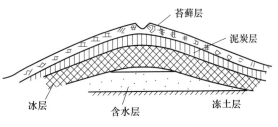

图 7-12　冻胀丘剖面图

冰锥、冰丘的类型和特征见表7-19。

表 7-19　冰锥、冰丘的类型

类型			形态特征	形成原因	与地下水的联系	活动规律	分布特点
冰锥	有压冰锥	泉冰锥	高度可达 3m 以上，与承压水的水头有关	承压的泉水冻结而成	与深层水有联系或与层间水有联系	初冬冻胀，三四月份成熟，然后逐渐消融	山岳丘陵区的坡脚，盆地中心以及深层断裂的地方
		层上水冰锥	规模较小，一般小于1m，长条形	层上水在融冻层冻结过程中溢出冻结	主要地下水源是层上水、河流伏流水	比泉冰锥生成晚，消失早	高平原地区多
		河冰锥		河水在伏流水受压时隆起			河流主河道附近
	无压冰锥	无压泉冰锥	高度小	无压的水流出后冻结或有压的热水溢出地面	一般是层间水或层上水	初冬形成消失早	一般在山坡上
		冰漫	高度小，面积大，形状不规则	河流上游有热水水源	流量大的热水		河漫滩上较常见，与地形条件有关
冰丘		泉冰丘	高度 1m 至数米	覆盖土层较厚	有地下水补给	一般一年生	平坦的地区多
		河冰丘	高度1m左右，多成串分布	河流中层上水聚集	一般的层上水		河漫滩较多
		爆炸性充水鼓丘	高 0.5～1m	含气的水受高压，在地壳反压力小时应力突然释放	可能是深藏水，有压力，含二氧化碳气体	春末隆起，七八月成熟、爆炸	盆地或山间洼地
		多年生大型土冰丘	规模很大，可能高十余米，方圆数十米	不详	与深层水有关	一年内只有小量起落	如山顶大型土冰丘

7.4.6.3　热融滑坍与热融沉陷

由于自然营力或人为活动，破坏了厚层地下冰热平衡状态，使土体在重力作用下沿融冻界面移动而形成的滑坍称为热融滑坍（如图7-13所示）。

热融滑坍的形成始自切割（自然的或人为的）暴露了地下冰，在融季地下冰融化，使其上部土层坍落。坍落的物质掩盖了下部暴露的冰层，却使上方又有新的地下冰暴露。地下冰再次融化，又产生了新的坍落。如此反复进行，一直向上发展，直到地下冰分布范围的边缘。

由于坍落是一块一块发生的，故滑坍体表面为台阶状。由于滑坍主要是自下而上牵引式

   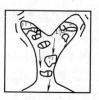

(a) 新月形　　　(b) 圈椅形　　　　　(c) 各种形态牵引式滑坡

图 7-13　不同形态的热融滑坍

发展的，故滑坍体轮廓呈舌状或簸箕状。热融滑坍可使路基边坡或建筑物基底失去稳定，由热融滑坍形成的泥流可掩埋路面、雍塞桥涵。

自然因素或人为因素会改变地面的温度状况，引起融化深度加大，使多年冻土发生局部融化，导致融化土层在土体自重和外压力作用下产生沉陷，这种现象称为热融沉陷。在天然情况下发生的热融沉陷往往表现为热融凹地、热融湖塘等。

热融沉陷与人类活动有着十分密切的关系。在多年冻土地区，几乎每一项工程（如道路、桥梁、房屋等）都可能因处理不当引起热融沉陷，从而导致建筑物的变形、破坏。由于地下冰融化而造成的热融沉陷是多年冻土地区建筑物变形、破坏的最主要的原因之一。

在采暖建筑物的下面，一般都会形成融化盘。融层在土体自重和房屋荷载的作用下发生融化下沉和压缩沉降，产生不均匀沉降，一旦超过允许值，房屋就会出现变形，门窗歪斜，外墙裂缝，严重的会倾倒、倒坍。

涵洞由于出、入口基础较深，中间基础浅、荷载大，热融沉陷时易形成塌腰，导致涵底漏水（如图 7-14）。

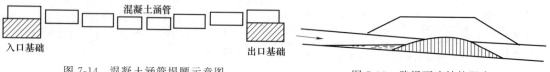

图 7-14　混凝土涵管塌腰示意图　　　　　　　图 7-15　路堤下冻结核阻水

热融沉陷是多年冻土地区路基路面的最主要病害。由于破坏了冻土的保护层、路基填土高度不够、路基排水不好等原因，使上限下降，都可产生热融沉陷；由于修筑路堤，使上限上升，导致阻水，也可能产生热融沉陷（如图 7-15 所示）。大、小兴安岭地区一段铁路路堤，由于热融下沉，每年下沉 50～60cm，多雨年则可达 100cm。

7.4.6.4　冻胀与翻浆

（1）冻胀　土冻结时出现冻胀，是由于所含水分冻结成冰产生体积膨胀；还由于可从周围吸引更多的水分到冻结区冻结成冰面产生体积膨胀。

路基不均匀冻胀，使沥青路面开裂、不平，使水泥混凝土路面出现错台。地理不均匀冻胀可使涵管管身脱节，端、翼墙外倾、断裂。地基不均匀冻胀超过允许值，就要引起房屋的裂缝、倾斜，甚至倒塌。年复一年的冻胀，可使桥梁桩基上拔，导致桥面起伏不平。

（2）翻浆　含有大量冰体的路基从上到下融化时，由于水分过多，又不能下渗，在车轮作用下使路面发生软弹、开裂、冒浆等现象，称为翻浆。

多年冻土地区公路翻浆的主要特点如下。

① 从上到下单向融化，融化缓慢，融化时间长，易受降水影响形成二次翻浆。

② 新建公路或改建公路铺筑黑色路面时，可能形成热融翻浆（多年冻土融化形成的深层翻浆）。

7.4.6.5　沼泽与沼泽化湿地

在排水不畅的地带，由于地面水、地下水和大气降水的作用，使地表长期过湿，沼泽植物发育，并形成泥炭，如泥炭厚度＞50cm，即称为沼泽；如泥炭厚度＜50cm，称为沼泽化湿地。

在多年冻土地区，由于多年冻土层构成广泛的隔水层，使表层土过湿，特别是在低地、平地、缓地等处，大量形成沼泽与沼泽化湿地。

在多年冻土地区的沼泽与沼泽化湿地，由于泥炭、草墩的覆盖，冻土上限埋藏很浅，容易产生不均匀冻胀、翻浆和热融沉陷等病害。

7.4.7 多年冻土地区选址原则

以道路为例说明在多年冻土地区的选址原则。

(1) 线路尽量通过基岩裸露地段或以碎石、砾石为主的残积层、砂砾石冲积阶地。

(2) 路线通过山坡时，宜选在平缓、干燥、向阳的地带。在积雪地区，路线应选择在积雪较轻的山坡上。这些地带的多年冻土通常埋藏较深，含冰较少，稳定性较好。

(3) 沿大河河谷定线时，宜选择在阶地或大河融区，但是应避免在融区附近的多年冻土边缘地带定线。当路线必须穿过冻土地段时，则应选在冻土距离较短处通过。

(4) 路线应选择在土质良好的地带通过，重视取土条件，必要时将"移线就土"的措施用在多年冻土地区的选线中也是合理的。

(5) 路线应尽可能避免通过不良地质地段。如必须通过时，在厚层地下冰和冻土沼泽地段，路线宜从较窄、较薄且埋藏较深处通过；在热融滑坍、冰丘、冰锥地段，路线宜在下方以路堤通过；在热融湖塘地段，路基高度要考虑最高水位、波浪侵袭高度以及路堤修筑后的壅水高度等因素。

(6) 路线纵断面应尽量采用填方的方法，尽可能避免挖方、零断面或低填浅挖断面，如受条件限制时，亦要尽量缩短零断面、半填半挖及低填浅挖路段的长度，以减少处理工程。在厚层地下冰地段应避免挖方通过。

7.5 膨 胀 土

我国在国家标准《膨胀土地区建筑技术规范》(GB 50112—2013)中规定膨胀土为土中黏粒成分主要由亲水矿物组成，同时具有显著的吸水膨胀、失水收缩两种变形特征的黏性土。

膨胀土是一种多裂隙的胀缩性地质体，具有显著的遇水膨胀、失水收缩特性，当它作为建筑物地基时，如未经处理或处理不当，往往会造成不均匀的胀缩变形，导致房屋、路面、边坡、地下建筑等的开裂破坏，特别对浅表层轻型结构工程破坏更为严重，危害极大且不易修复。所以膨胀土一直是困扰岩土工程界的重大问题。

7.5.1 膨胀土的分布、成因及分类

7.5.1.1 膨胀土的分布

膨胀土在世界各地广泛分布，世界上迄今已经发现存在膨胀土的国家达40余个，遍及六大洲。我国膨胀土主要分布在华中、华南、西南地区，区域人口有3亿以上，遍布在广西、云南、湖北、河南、安徽、四川、陕西、河北、江西、江苏、山东、陕西、贵州、广东、新疆、海南等20多个省、直辖市、自治区，总面积在10万平方公里以上，其中以湖北、河南、云南、广西的一些地区最发育。

7.5.1.2 膨胀土的成因及分类

由于膨胀性岩土成因的多样性和形成地质年代的大跨度，其形成分布规律受成因和时代两者所控制。这与其他特殊土如黄土、盐渍土、红黏土、软土等分布的鲜明地域性完全不同。

根据国内外大量膨胀土研究结果，膨胀土的成因可概括为三种成因类型：残积（风化）型膨胀土、沉积型膨胀土和热液蚀变型膨胀土。

(1) **残积（风化）型膨胀土** 这是热带亚热带气候区，特别是干旱草原、荒漠区最主要的膨胀土类型，也是膨胀土工程问题和地质灾害最严重的一种类型。它具有高孔隙比、高含水量和强烈胀缩的特点。这种不良特性来自化学风化作用，使岩石结构破坏、矿物化学分解、碱、碱土金属及碳酸盐淋失。这种类型的膨胀土能导致建筑物产生不均匀开裂变形、结构破坏等情况。根据其母岩成分，以下几种母岩形成的膨胀土工程性质很差：①玄武岩、辉长岩形成的富含蒙脱石的膨胀土；②泥灰岩、金马质泥岩残积土；③泥质岩残积型膨胀土。

(2) **沉积型膨胀土** 工程实践和理论研究表明：并非所有的黏土都具有显著的膨胀性，只有有效蒙脱石含量大于10%的黏土属于膨胀土。由于蒙脱石是微碱性富含 Mg 的地球化学环境下的产物，因此富含蒙脱石及其混层矿物的沉积型新土主要形成和分布在半湿润、半干旱的暖湿带和南北亚热带半干旱草原气候环境的沉积盆地中。其形成方式可以是湖相、滨海相沉积，也可以是洪积、坡积或冰水沉积。

(3) **热液蚀变型膨胀土** 它们是地下热水和温泉分布区由于热水和温泉与岩石相互作用导致岩石中长石等矿物分解转化为蒙脱石而形成的膨胀土，但并非各种岩石都可以产生蒙脱石化作用，而通常仅是中基性岩浆岩（如玄武岩、辉绿岩等），因此这种类型并不普通，在我国仅在内蒙古阿巴旗第四纪玄武岩和温泉发育区有灰绿色热液蚀变型膨胀黏土的分布。在近代火山活动频繁、温泉热水发育的地区这种类型膨胀土较多，如日本。

表 7-20 是我国典型膨胀土的成因类型。

表 7-20 我国典型膨胀土的成因类型

地区		成因类型	母岩	分布地貌单元
云南	蒙自	冲积、湖积	第三纪泥岩、泥灰岩	二级阶地，斜坡地形
	鸡街	残坡积	新第三纪泥岩、泥灰岩	二级阶地，缓坡、缓丘
	文山	残坡积		
贵州	贵阳	残坡积	石灰岩	低丘缓坡
四川	成都	冲积、洪积	黏土岩、泥灰岩	二级以上阶地
	南充	冰水沉积		二级以上阶地
	西昌	残积	黏土岩	低丘缓坡
山东	泗水	坡洪积、坡残积		斜坡地形
	临沂	冲积、湖积、冲洪积	玄武岩、凝灰岩、碳酸盐	一级阶地
	泰安	冲积、湖积、冲洪积	泥灰岩、玄武岩、泥岩	河谷平原阶地，山前缓坡
安徽	合肥	冲积、洪积	黏土岩、页岩	二级阶地、垄岗
	淮南	洪积	黏土岩	山前冲积扇
河南	平顶山	湖积	玄武岩、泥灰岩	山前缓坡
	南阳	冲积、洪积		缓坡、垄岗
广西	南宁	冲积、洪积	泥灰岩、黏土岩	一、二级阶地
	贵县	残坡积	石灰岩	岩溶平原与阶地
	宁明	残坡积	泥岩、泥灰岩	盆地中波状残丘
陕西	汉中	冲积	各类变质岩和岩浆岩	二级以上阶地
	安康	残积、坡积、洪积		盆地和阶地垄岗
河北	邯郸	残坡积	玄武岩、泥灰岩	山前缓丘
湖北	郧县	冲洪积	变质岩、岩浆岩	二级以上阶地
	襄樊	湖积	变质岩、岩浆岩	盆地和阶地垄岗
	荆门	残坡积	黏土岩	山前缓丘
	枝江	冲洪积	变质岩、岩浆岩	二级以上阶地

7.5.2 膨胀土的特征和识别

膨胀土一般强度较高，压缩性低，易被认为是建筑性能较好的地基土，但由于其具有膨胀和收缩的特性，当利用这种土作为建筑物地基时，如果对它的特性缺乏认识，或在设计和施工中没有采取必要的措施，会给建筑物造成危害。

7.5.2.1 土体的现场工程地质特征

（1）地形地貌特征　膨胀土多分布于Ⅱ级以上的河谷阶地或山前丘陵地区，个别处于Ⅰ级阶地。在微地貌方面有如下共同特征。

① 呈垄岗式低丘，浅而宽的沟谷，地形坡度平缓，无明显的自然陡坎。

② 人工地貌，如沟渠、坟墓、土坑等很快被夷平，或出现剥落、"鸡爪冲沟"，在池塘、库岸、河溪边坡地段常有大量的坍塌或小滑坡发生。

③ 旱季地表出现裂缝，长数米至数百米，宽数厘米至数十厘米，深数米。特点是多沿地形等高线延伸，雨季闭合。

（2）土质特征

① 颜色呈黄、黄褐、灰白、花斑（杂色）和棕红等色。

② 多为高分散的黏土颗粒组成，常有铁锰质及钙质结核等零星包含物，结构致密细腻。一般呈坚硬、塑硬状态，但雨天浸水剧烈变软。

③ 近地表部位常有不规则的网状裂缝。裂缝面光滑，呈蜡状或油脂光泽，时有擦痕或水迹，并有灰白色黏土（主要有蒙脱石或伊利石矿物）充填，在地表部分常因失水而张开，雨季又因浸水而重新闭合。

7.5.2.2 膨胀土的物理、化学及膨胀性指标

（1）黏粒含量多达 35%～85%，其中粒径小于 0.002mm 的胶粒含量一般也在 30%～40% 范围。液限一般在 40%～50%。塑性指数多在 22～35 之间。

（2）天然含水量接近或略小于塑限，常年不同季节变化幅度为 3%～6%，故一般呈硬塑或坚硬状态。

（3）天然孔隙比小，变化范围在 0.50～0.08 之间。云南的较大，为 0.70～1.20，同时其天然孔隙比随土体湿度的增减而变化，即土体增湿膨胀，孔隙变大，土体失水收缩，孔隙比变小。

（4）自由膨胀量一般超过 40%，也有超过 100% 的。各地膨胀土的膨胀率、收缩率等指标的试验结果差异很大。例如，就膨胀力而言，同一地点同一层土的膨胀力在河南平顶山可以为 6～550kPa，一般值也在 30～250kPa；云南蒙自为 20～220kPa，一般值在 10～80kPa。同样收缩率值平顶山为 2.7%～8%；蒙自是 4%～15%。这是因为这些试验是在天然含水量的条件下进行的，而同一地区土的天然含水量随季节及其环境条件而变化。试验证明，当膨胀土的天然含水量小于最佳含水量（或塑限）之后，每减小 3%～5%，其膨胀力可增大数倍，收缩率则大为减小。

（5）膨胀土的强度较高，压缩性较低，但这种土层往往由于干缩、裂缝发育，呈现不规则网状与条带状结构，破坏了土体的整体性，降低承载力，并可能使土体丧失稳定性。

7.5.2.3 膨胀土的判别

膨胀土的判别是解决膨胀土问题的前提，只有确认了膨胀土及其膨缩性等级才可能有针对性地研究、确定需要采取的防治措施。

膨胀土的判别方法，应采用现场调查与室内物理性质和胀缩特性试验指标鉴定相结合的原则。首先必须根据土体及其埋藏、分布条件的工程地质特征和建于同一地貌单元的已有建筑物的变形、开裂情况作初步的判断，然后再根据试验指标进一步验证综合判别。

凡具有前述土体的工程地质特征以及已有建筑物变形、开裂特征的场地，且土的自由膨

胀率大于或等于 40％的土应判定为膨胀土。

7.5.3 影响膨胀土胀缩变形的因素和胀缩指标

膨胀土的胀缩变形特性主要由土的内在因素决定，同时受到外部因素的制约。胀缩变形的产生是膨胀土的内在因素在外部适当环境条件下综合作用的结果。影响土的胀缩变形的主要因素如下。

7.5.3.1 内因

(1) **矿物及化学成分** 膨胀土主要由蒙脱石、伊利石等矿物组成，亲水性强，胀缩变形大。化学成分以氧化硅、氧化铝、氧化铁为主如氧化硅含量大，则胀缩量大。

(2) **黏粒的含量** 由于黏土颗粒细小，比表面积大，因而具有很大的表面能，胀缩变形大。

(3) **土的密度** 土的密度大即孔隙比小，则浸水膨胀强烈，失水收缩小，反之，密度小即孔隙比大，则浸水膨胀小，失水收缩大。

(4) **土的含水量** 若初始含水量与膨胀后含水量接近，则膨胀小，收缩大。反之则膨胀大，收缩小。

(5) **土的结构强度** 结构强度愈大，则土体限制胀缩变形的能力也愈大。当土的结构被破坏后，土的胀缩性也增大。

7.5.3.2 外因

(1) **气候条件** 气候条件是影响土胀缩变形的主要因素，包括降雨量、蒸发量、气温、相对湿度和地温等，雨季土体吸水膨胀，旱季失水收缩。

(2) **地形、地貌条件** 地形、地貌条件与土中水的变化是主要的因素。同类膨胀土地基，地势低处比高处胀缩变形小得多；在边坡地带，坡脚地段比坡肩地段的同类地基的胀缩变形要小得多。

(3) **日照通风的影响** 许多关于膨胀土地基上的建筑物开裂情况的调查资料表明：房屋向阳面，即南、西、东，尤其南、西两面的开裂较多。背阳面开裂较少，甚至没有。

(4) **植物根系的影响** 在炎热和干旱地区，当无地下水或者地表水补给时，由于树根的吸水作用，会使土中的含水量减少，加剧地基土的干缩变形，使近旁有成排树木的房屋产生裂缝。

(5) **局部渗水的影响** 对于天然湿度较低的膨胀土，当建筑物内、外有局部水源补给（如水管漏水、雨水和施工时用水未能及时排除）时，必然会增大地基胀缩变形。

(6) **隔热措施** 在膨胀土地基上建冷库或高温构筑物，如无隔热措施也会因不均匀胀缩变形而开裂。

7.5.3.3 膨胀土的胀缩性指标

(1) **自由膨胀率 d_{ef}（％）** 自由膨胀率是指人工制备的通过 0.5m 筛的烘干土，在水中增加的体积与原体积之比的百分数，按下式计算：

$$d_{ef} = \frac{V_w - V_0}{V_0} \times 100 \tag{7-20}$$

式中，V_w 为试样在水中膨胀稳定后的体积，mL；V_0 为试样原有体积，mL。

自由膨胀率的测试方法简单易行，是膨胀土的综合判别指标。但它不能反映原状土的膨胀变形，因此不能用于评价地基的膨胀量。

(2) **膨胀率 d_{ep}（％）** 膨胀率是指在一定压力下，浸水膨胀稳定后，试样增加的高度与原高度之比的百分数，按下式计算：

$$d_{ep} = \frac{h_w - h_0}{h_0} \times 100 \tag{7-21}$$

式中，h_w 为试样浸水膨胀稳定后的高度，mm；h_0 为试样原始高度，mm。

膨胀率的测定是用原状土，但试验是有侧限的，与实际条件有差别。

试验表明，膨胀率随着垂直荷载的增大而显著减小。因此，当用于确定地基的膨胀等级时，按规范膨胀率可在垂直荷重为 50kPa 的条件下测定；若用于考虑土的膨胀性对建筑物的影响，计算地基膨胀变形量时，则应按基底附加应力和土的自重应力分布的实际情况，在相应荷重下测定土的膨胀率。

(3) **膨胀力**　膨胀力为原状土样在体积不变时，由于浸水膨胀产生的最大内应力。土的膨胀率越大，其膨胀力也越大；反之，膨胀力越小。对于某一膨胀土试样的试验过程，当土的膨胀量逐渐增加，直到最大限度时，相应的膨胀内力则随之减小，直至完全消失。因此，具体条件下的土的膨胀力与膨胀率有着相互消长的关系。

(4) **线缩率**　土的收缩率 d_s 及收缩系数 l_s。土的收缩率 d_s（%）亦称线缩率，是指原状土样在干燥过程中收缩的高度与其原始高度之比的百分数，按下式计算：

$$d_s = \frac{h_0 - h}{h_0} \times 100 \tag{7-22}$$

式中，h 为试样失水收缩后的高度，mm；h_0 为试样的原始高度，mm。

7.5.4　膨胀土的勘察试验方法和工程评价

7.5.4.1　膨胀土的勘察及其试验方法

(1) **膨胀土的勘察**

① 勘探点宜结合地貌单元和微地貌形态布置；其数量应比非膨胀岩土地区适当增加，其中采取试样的勘探点不应少于全部勘探点的 1/2。

② 勘探孔的深度，除应满足基础埋深和附加应力的影响深度外，尚应超过大气影响深度；控制性勘探孔不应小于 8m，一般性勘探孔不应小于 5m。

③ 在大气影响深度内，每个控制性勘探孔均应采取Ⅰ、Ⅱ级土试样，取样间距不应大于 1.0m，在大气影响深度以下，取样间距可为 1.5～2.0m；一般性勘探孔从地表水下 1m 开始至 5m 深度内，可取Ⅲ级土试样，测定天然含水量。

(2) **试验方法**

① 膨胀土的室内试验，应测定的指标有：自由膨胀率、一定压力下的膨胀率、收缩系数、膨胀力。

② 重要的和有特殊要求的工程场地，宜进行现场浸水载荷试验、剪切试验或旁压试验。对膨胀土应进行土矿物成分、体膨胀量和无侧限抗压强度试验。对各向异性的膨胀土，应测定其不同方向的膨胀率、膨胀力和收缩系数。

③ 对初判为膨胀土的地区，应计算土的膨胀变形量、收缩变形量和胀缩变形量，并划分胀缩等级。计算和划分方法应符合现行国家标准 GB 50112—2013 的规定。有地区经验时，亦可根据地区经验分级。

④ 当在拟建场地或其邻近有膨胀土损坏的工程时，应判定为膨胀土，并进行详细调查，分析膨胀土对工程的破坏机制，估计膨胀力的大小和胀缩等级。

7.5.4.2　膨胀土的工程评价

(1) 对建在膨胀土上的建筑物，其基础埋深、地基处理、桩基设计、总平面布置、建筑和结构措施、施工和维护，应符合现行国家标准 GB 50112—2013 的规定。

(2) 一级工程的地基承载力应采用浸水载荷试验方法确定；二级工程宜采用浸水荷载试验确定；三级工程可采用饱和状态下不固结不排水三轴剪切试验计算或根据已有经验确定。

(3) 对边坡及位于边坡上的工程，应进行稳定性验算；验算时应考虑坡体内含水量变化的影响；均质土可采用圆弧滑动法，有软弱夹层及层状膨胀应按最不利的滑动面验算；具有胀缩裂缝和地裂缝的膨胀土边坡，应进行沿裂缝滑动的验算。

7.5.5　膨胀土地基的工程措施

7.5.5.1　膨胀土的不良工程特性及工程病害

膨胀土的成因、性质不详，因而膨胀土的工程病害也多种多样。一般可将膨胀土不良的工程特性归为五种：胀缩性、裂隙性、超固结性、强度衰减性、崩解性。

(1) **胀缩性与膨胀土地基**　吸水膨胀、失水收缩是黏土的共同属性，但对于膨胀土来说：由于其强烈的膨胀性或收缩性导致地基隆起、路面开裂等病害，以至于无法直接使用。影响膨胀土地基胀缩特性的主要有以下几个方面。

① 膨胀土的膨胀势。由自由膨胀率表示，反映膨胀矿物的含量。

② 膨胀土回填地基的压实含水量。压实含水量愈大，其膨胀势愈小、收缩势愈大；压实含水量愈小，其收缩势愈小、膨胀势愈大。膨胀土土体中常年基本不变的含水量为膨胀土胀缩势的平衡点。因此开挖过程中，应尽量避免膨胀土水分损失，开挖后尽快回填，保持天然土体的天然含水量对膨胀土的稳定尤为重要。

③ 重塑土的膨胀势远大于原状土的膨胀势。故除利用消石灰固化剂对膨胀土进行改良外，应尽量减少对天然膨胀土结构的扰动。

(2) **裂隙性与膨胀土边坡**　我国大多数膨胀土都为裂隙极为发育的裂隙黏土，土体为大小方向各异、极光滑的剪切裂隙所分割，尤其是斜坡地带，由于土体卸荷松弛，致使裂隙更为发育。由于剪切裂隙的发育，边坡开挖卸荷和雨季雨水的入渗，导致膨胀土路堑边坡极不稳定。

(3) **超固结性与边坡开挖**　膨胀土大多是处于硬塑至坚硬状的硬黏土，大量的研究表明：膨胀土硬黏土都具有明显的超固结性，表现为水平应力大于垂直自重应力。

(4) **强度衰减与膨胀土边坡的浅表层滑坡作用**　在膨胀土土体中的工程开挖不仅造成卸荷松弛和土体强度降低，还会导致土体暴露和封闭条件的变化，膨胀土含水量降低，土体吸力势增大，特别在雨季坡面水流作用下，不仅使裂隙渗水，而且发生土块强烈吸水膨胀。在膨胀土含水量增高体积膨胀后势必发生土体抗剪强度的强烈衰减，由于膨胀土含水量变化仅限于降雨及大气影响带，此带厚度虽因地而异，但一般均在 3～5m。因此膨胀土滑坡的浅层性与大气影响带中的强度衰减有关，在大气影响带中含水量的变化幅度随深度减少而增大，因此表层溜坍破坏的发生与 1.0m 左右深度含水量的强烈变化有关。

(5) **膨胀土的崩解（湿化）特性与边坡冲刷破坏**　膨胀土吸水后体积膨胀，在无侧限条件下发生崩解。膨胀土的崩解性强弱与组成膨胀土的矿物成分有关，一般由蒙脱石组成的强膨胀土，放入水中即发生崩解，且几分钟内充全崩解；若由伊利石和高岭石组成的弱膨胀土，浸入水中则需较长时间才逐步崩解。野外调研中经常可以看到尽管膨胀土边坡坡度较缓，在垂直坡面上依然会出现密集分布的深切冲沟，这与坡面膨胀土干燥收缩、剥落，雨季吸水崩解成泥流失作用密切相关。"晴天一把刀，雨后一团糟"是对干燥后膨胀土遇水崩解的真实写照。在野外也经常发现地下水长期浸泡的膨胀土，没有发现其性状恶化现象，这表明膨胀土崩解破坏性状与膨胀土含水量损失状况密切相关，与膨胀土频繁的干湿循环有关。膨胀土的这一性状在膨胀土地基修筑及膨胀土边坡设计和养护中具有重要意义。

7.5.5.2　膨胀土地区的工程措施

(1) **场址选择**

① 选择具有排水通畅或易于进行排水处理的地形条件。

② 选择地形条件比较简单、土质比较均匀、胀缩性较弱、坡度小于 14°并可能采用分级低挡土墙治理的地段。

③ 尽量避开地形复杂、地裂、冲沟、地下溶沟发育和可能发生浅层滑坡、地下水变化剧烈的地段。

（2）**总平面设计**

① 应使同一建筑物地基土的分级变形量之差不宜大于 35mm。

② 竖向设计宜保持自然地形，避免大挖大填。

③ 挖方和填方地基上的砖混结构房屋，应考虑挖填部分土中水分变化所造成的危害。

④ 应考虑场地内排水系统的管道渗水或排泄不畅对建筑物升降变形的影响。

⑤ 对变形有严格要求的建筑物，应布置在膨胀土埋藏较深、胀缩等级较低或地形较平坦的地段。

（3）**防排水、防滑动**

① 场地内的排洪沟、截水沟和雨水明沟，其沟底均应采取防水处理，以防渗漏。排洪沟、截水沟的沟边土坡应设支挡，防止坍滑。

② 地下排水管道接口部位应采取措施防止渗漏，管道距建筑物外墙基础边缘的净距不得小于 3m。

③ 建筑物场地平整后的坡度，在建筑物周围 2.5m 范围内不宜小于 2%。

（4）**场地绿化**

① 在建筑物周围散水以外的空地，宜多种植草皮和绿篱。

② 在距离建筑物 4m 以内可选用低矮、耐修剪和蒸腾量小的果树、花树或松、柏等针叶树。

③ 在湿度系数小于 0.75 或孔隙比大于 0.9 的膨胀土地区，种植桉树、木麻黄、滇杨等速生树种，应设置灰土隔离沟，沟与建筑物距离不应小于 5m。

（5）**基础埋深**　确定基础埋深应考虑：场地类型；膨胀土地基的胀缩等级；大气影响急剧层深度；建筑物的结构类型，建筑物的用途，有无地下室、设备基础和地下设施，基础的型式和构造；作用在地基上的荷载大小和性质；相邻基础的埋深。在地震区高层建筑物基础的埋深，应经地基稳定性验算后确定。

7.5.5.3　膨胀土地基处理

膨胀土地基处理的方法主要有：换土、化学固化处理、补偿垫层、预浸水等方法，也可采用桩基础或墩基。确定处理方法应根据土的胀缩等级、当地材料及施工工艺等经验结合本地区的工程实践经验，进行综合比较，寻求既经济又有效的治理措施。

（1）**换土**　换土是膨胀土地基处理方法中最简单而且有效的方法即挖除膨胀土，换填非膨胀土、灰土或砂砾土。换土厚度根据膨胀土的强弱和当地的气候特点确定，要考虑受地面降水影响而使土体含水量急剧变化的深度。平坦场地上 I、II 级膨胀土的地基处理，宜采用砂、碎石垫层。垫层厚度小应小于 300mm；垫层宽度应大于基底宽度，两侧宜采用与垫层相同的材料并做好防水处理。

（2）**桩基础**　膨胀土地区对重要的建筑物或变形敏感的建筑物，应考虑采用桩基础。采用桩基础时桩端进入大气影响急剧层以下的深度应满足抗拔稳定性验算要求，其深度应达到胀缩活动区以下，且不得小于 4 倍桩径及 1 倍扩大端直径、最小深度应大于 1.5m；为减少和消除膨胀对建筑物桩基的作用，宜采用钻、挖孔（扩底）灌注桩；同时为消除桩基受膨胀作用的危害，可在膨胀深度范围内，对桩墩本身沿桩周及承台采用非膨胀土做隔离层。

（3）**化学固化处理**　国内外通常采用石灰或水泥等，对膨胀土进行化学稳定处理，从而达到改良土的目的。

① 化学固化处理机理。化学固化就是利用石灰、水泥或其他固化材料与膨胀土中的膨胀矿物发生化学反应，产生阳离子交换，絮凝或团聚碳化和胶凝作用，以达到降低膨胀土膨胀势、增强强度的目的。

② 水泥、石灰拌和法。将膨胀土破碎，掺入一定数量的水泥、熟石灰（或生石灰）粉，

充分拌匀后，回填夯实。

天然膨胀土与掺生石灰混合土的物理、力学及胀缩性质指标，见表 7-21。

表 7-21　膨胀土与掺生石灰混合土物理、力学、胀缩特性

指标 \ 试样类别	天然击实土	混合土		
		掺生石灰 3%	掺生石灰 6%	掺生石灰 9%
液限/%	36.20	33.60	31.00	31.50
塑限/%	14.90	23.10	24.60	24.40
塑性指数	21.30	10.50	7.20	7.10
膨胀力/kPa	63.00	7.00	7.00	3.00
收缩系数	0.35	0.19	0.24	0.16
线收缩率/%	2.84	1.72	1.59	1.37
缩限/%	11.40	12.10	12.30	12.30
黏聚力/kPa	68.00	150.00	159.00	209.00
内摩擦角/(°)	21°18′	30°32′	31°40′	27°13′
无侧限抗压强度/kPa	264.00	465.00	585.00	
pH	7.30			10.10
阳离子交换量/(mol/100g)	32.00			106.00
交换阳离子/(mol/100g)	17.60			39.60
小于 0.005mm 含量/%	38.00	30.00	21.00	27.50
0.05～0.005mm 含量/%	53.00	60.50	61.50	61.50
大于 0.05mm 含量/%	9.00	9.50	11.00	11.50

③ 石灰浆液压入法。石灰浆液压入法是用钻机在建筑物周围钻孔至所需加固深度（一般为 3m 左右），然后从钻杆中注入高压石灰浆液，通过钻杆周围的细孔，浆液喷射到土层中去，在房屋周围形成一个防水隔离栅，有助于稳定房屋下地基土的含水量。

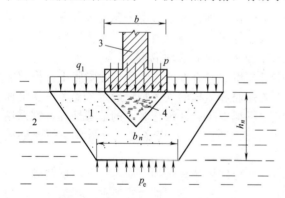

图 7-16　补偿垫层的构造和作用力示意图
1—砂；2—膨胀土；3—基础；4—压密核；
b_n、h_n—补偿垫层的宽度和厚度；b—基础宽度

灌注压力一般为 350～1400kPa，灌注深度为 2～3m，钻孔间距为 1.5m 左右。灌注后，地表 10～15cm 厚度内土由于浆液渗漏需要掺入新土重新压实。

④ 补偿垫层。补偿垫层是一种特殊的垫层，它能调整基础的胀缩变形，发挥补偿作用。图 7-16 是补偿垫层的构造和作用力示意图，p 为上部荷重传到基础的压力，p_e 为浸水后土产生的膨胀压力，q_1 是基槽回填土压力，当基坑局部浸水时，在上部荷重和土膨胀压力作用下，基底下垫层中形成了压密核，促使砂挤出，从而减少了基础的上升量。

⑤ 预浸水。在建造房屋之前，用人工的方法增加地基的含水量，使膨胀土层全部或部分膨胀，从而消除或减少膨胀变形量。

预浸水土层的厚度决定于建筑物构造特点和当地大气影响深度，使未完全浸湿的膨胀土地基的可能剩余变形量小于建筑物的容许变形量。预浸水后，建筑物地基可按一般地基设计和施工。为避免土干缩，基础应埋在大气影响急剧层以下，为了保湿，房屋四周应设置 2～4m 的宽散水。

7.6 红 黏 土

红黏土是石灰岩、白云岩等碳酸盐系出露区的岩石在炎热湿润的气候条件下，经岩溶化、红土化作用之后，钙、镁流失，硅、铝、铁富集，形成覆盖在碳酸盐岩上的残坡积且呈棕褐、黄褐、褐红、棕红、紫红等色的高塑性黏土。它常堆积于山麓、坡地、丘陵、谷地等处。当原生红黏土受间歇性水流的冲蚀作用，土粒被搬运至低洼处沉积形成新的土层，其颜色较未经搬运者浅，常含粗颗粒，经再搬运后仍保留红黏土基本特征，液限在 45%～50% 之间的土称为次生红黏土。

7.6.1 红黏土的形成和分布

7.6.1.1 红黏土的形成

红黏土的形成一般应具有气候和岩性两个条件。

气候条件：气候变化大，年降水量大于蒸发量，因气候潮湿，有利于岩石的机械风化和化学风化，风化结果便形成红黏土。

岩性条件：主要为碳酸盐类岩石，当岩层褶皱发育、岩石破碎、易于风化时，更易形成红黏土。

7.6.1.2 红土化发展阶段

(1) **碎屑化和黏土化阶段** 红黏土红土化前岩石破碎，矿物大量分解，盐基成分淋失，硅、铝显著分离，出现大量硅铝酸体氧化物，形成一些黏土矿物，铁铝有所积累，含一定量易溶解的 Fe^{2+}，风化产物为残积黏性土，呈灰、黄、白色而不是红色。这阶段是红土化作用的准备阶段。

(2) **红土化阶段** 除石英外，几乎所有矿物都遭彻底分解，盐基成分基本淋失，形成大量高岭石为主的黏土矿物，铁、铝大量富集，形成大量红色三价氧化铁和部分三水铝石。风化产物以红色黏性土为主，部分为红、白、黄相间成网纹状红土。

(3) **铝土矿物阶段** 红土化后期黏土矿物继续分解，部分含水电化物脱水，形成以铝质矿物、铁质矿物和少量高岭石熟土为主的铝土矿。

7.6.1.3 红黏土的分布

红黏土分布在北纬 35°到南纬 35°之间，在我国则主要分布在北纬 33°以南，即长江流域以南地区，红黏土一般发育在高原夷平面、台地、丘陵、低山斜坡及洼地，厚度多在 5～15m，有的达到 20～30m。其发育与下述因素有关。

(1) 热带亚热带季风气候区的高温、多雨、潮湿、干湿季节明显是红黏土形成的必备条件，水温高，水循环明显，矿化度低，为地下水对岩体的淋滤、水合、水解等化学作用提供了良好的条件。

(2) 母岩类型不同形成红土的发育程度和速度也不同，快慢顺序为碳酸盐类岩、基性岩、中酸性岩、碎屑沉积岩和第四纪沉积物。

(3) 地形地貌和新构造运动影响着红土的发育厚度，地形平缓的台地、丘陵区等比较稳定的地区，有利于红土向深处发展和保存，故红黏土厚度大；地形陡峻，切削强烈的地区，在其新构造运动强烈上升地区，红黏土难于保存，地壳下降地区，红黏土发育不完整，不易保存。

我国碳酸岩出露面积有 $9.07×10^5 km^2$，而红黏土在地貌上主要分布在石林期、高原期形成的岩溶盆地、峰丛洼地、峰林谷地、溶丘坡地、溶蚀高原及溶蚀平原上，总面积约 $3.4×10^5 km^2$。

7.6.2 红黏土的物理力学特性

(1) 天然含水量高，一般为 40%～60%，有的高达 90%。

（2）孔隙比大。天然孔隙比一般为 14～17，最高 20，具有大孔性。

（3）高塑性。液限一般为 60％～80％，高达 110％；塑限一般为 40％～60％，高达 90％；塑性指数一般为 20～50。

（4）由于塑限很高，所以尽管天然含水量高，一般仍处于坚硬或硬塑状态，液性指数一般小于 0.25，但其饱和度一般在 90％以上，因此，甚至坚硬黏土也处于饱水状态。

（5）一般呈现较高的强度和较低的压缩性。

（6）不具有湿陷性，原状土浸水后膨胀量很小，但失水后收缩剧烈。

（7）各种指标的变化幅度很大，具有高分散性。

（8）具有表面收缩、上硬下软、裂隙发育的特征。

（9）透水性微弱，多为裂隙潜水和上层滞水。

7.6.3 红黏土的勘察和工程评价

7.6.3.1 红黏土勘察

依据《岩土工程勘察规范》（GB 50021—2001），红黏土地区的岩土工程勘察，应着重查明其状态分布、裂隙发育特征及地基的均匀性。

（1）红黏土的状态除按液性指数判定外，还可按含水比 α_w 判定，见表 7-22。

（2）红黏土的结构可根据其裂隙发育特征按表 7-23 分类。

表 7-22　红黏土的状态分类

状态	坚硬	硬塑	可塑	软塑	流塑
含水比 α_w	$\alpha_w \leq 0.55$	$0.55 < \alpha_w \leq 0.70$	$0.70 < \alpha_w \leq 0.85$	$0.85 < \alpha_w \leq 1.00$	$\alpha_w > 1.00$

表 7-23　红黏土的结构分类

土体结构	致密状的	巨块状的	碎块状的
裂隙发育特征	偶见裂隙（<1 条/m）	较多裂隙（1～2 条/m）	富裂隙（>5 条/m）

（3）红黏土的复浸水特性可按表 7-24 分类。

（4）红黏土的地基均匀性可按表 7-25 分类。

表 7-24　红黏土的复浸水特性分类

类别	关系	复浸水特性
I	$I_r \geq I_r'$	收缩后复浸水膨胀，能恢复到原位
II	$I_r < I_r'$	收缩后复浸水膨胀，不能恢复到原位

注：$I_r = w_L / w_P$，$I_r' = 1.4 + 0.0066 w_L$。

表 7-25　红黏土的地基均匀性分类

地基均匀性	均匀地基	不均匀地基
地基压缩层范围内岩土组成	全部由红黏土组成	由红黏土和岩石组成

（5）红黏土地区勘探点的布置，应取较密的间距，查明红黏土厚度和状态的变化。初步勘察勘探点间距宜取 30～50m；详细勘察勘探点间距，对均匀地基宜取 12～24m，对不均匀地基宜取 6～12m。厚度和状态变化大的地段，勘探点间距还可加密。各阶段勘探孔的深度可按规范规定执行。对不均匀地基，勘探孔深度应达到基岩。

对不均匀地基，有土洞发育或采用岩面端承桩时，宜进行施工勘察，其勘探点间距和勘探孔深度根据需要确定。

（6）当岩土工程评价需要详细了解地下水埋藏条件、运动规律和季节变化时，应在测绘调查的基础上补充进行地下水的勘察、试验和观测工作，按规范规定执行。

7.6.3.2　工程评价

红黏土的工程评价应符合下列要求。

（1）建筑物应避免跨越地裂密集带或深长地裂地段。

（2）轻型建筑物的基础埋深应大于大气影响急剧层的深度；炉窑等高温设备的基础应考虑地基土的不均匀收缩变形；开挖明渠时应考虑土体干湿循环的影响；在石芽出露的地段，应考虑地表水下渗形成的地面变形。

（3）选择适宜的持力层和基础型式，在满足规范要求的前提下，基础宜浅埋，利用浅部硬壳层，并进行下卧层承载力的验算；不能满足承载力和变形要求时，应建议进行地基处理或采用桩基础。

（4）基坑开挖时宜采取保湿措施，边坡应及时维护，防止失水干缩。

7.6.4　红黏土地基工程处理措施

7.6.4.1　地基的处理

红黏土地基的处理要针对地基不均匀性、土洞、地裂、收缩性裂隙及软弱持力层等问题进行。

（1）**不均匀地基**　不均匀地基优先考虑地基处理，宜采用改变基宽、调整相邻地段基底压力、增减基础埋深的方法使基底下不可压缩土厚相对均一；对外露石芽，可用压缩材料褥垫处理；对土层厚度、状态分布不均的地段，用低压缩的材料作置换处理。

① 基础下红黏土厚度变化较大的地基。主要采用调整基础沉降差的办法，此时可以选用压缩性较低的材料进行置换或密度较小的填土来置换局部原有的红黏土以达到沉降均匀的目的。

② 下伏基岩面坡度较大的地基。下伏基岩面为单向倾斜，坡度大于10%，基础底面与基岩面间的土层厚度大于0.3m，当建筑物结构类型和地基条件符合表7-26者，土层可不做变形计算，地基不做处理。

表 7-26　下伏基岩面坡度容许值

上覆土层的容许承载力 /kPa	四层及四层以下的砖石承载结构，三层及三层以下的框架结构	具有≤15t吊车的排架结构	
		带墙的边柱和山墙	无墙的边柱
≥150	≤15%	≤15%	≤30%
≥200	≤25%	≤30%	≤50%
≥300	≤40%	≤50%	≤70%

③ 石芽密布的地基。石芽间距小于2m，其间为坚硬和硬塑状红黏土，处于侧向受压状态，压缩性低，承载力较高，当房屋为六层或六层以下的砌体承重结构，三层和二层以下的框架结构或具有15t和15t以下吊车的单层排架结构，其基底压力小于200kPa时，可不做地基处理，而将基础置于其上；如不能满足上述要求时，可利用石芽做土墩或基础，也可在石芽出露部位做褥垫，当石芽间有较厚的软弱土层时，对用碎石、土夹石进行置换。

岩土层超过规定厚度，可全部或部分挖除溶槽中的土，并将墙基础底面沿墙长分段建成埋深逐渐增加的台阶状，以便保持基底下压缩土层厚度逐渐变化以调整不均匀沉降，此外也可布设短桩，而将荷载传至基岩。

④ 个别或稀疏石芽出露的地基。石芽和周边土的压缩性和强度相差悬殊，在建筑物的荷载下，石芽更加突出，使基础破裂，建筑物变形破坏。对石芽零星分布，周围有厚度不等的红黏土地基，其中以岩石为主地段，应处理土层，以土层为主时，处理方法是将石芽凿至基础底面下0.3m，铺设褥垫层。

（2）红黏土地基中的土洞处理

① 红黏土地基中只有个别土洞存在，没有潜在发展的可能，对地基的稳定性影响不大，可用下述方法进行加固处理：a. 对浅埋土洞，实行地面开挖，消除软土，用块石回填，再加毛石混凝土至基础底面下 0.3m，再用土夹石填至送基础底面即可；b. 对深埋土洞，地面上对准洞体顶板，打钻孔多个，用水冲法将砂砾石灌进洞内，如灌注困难，可借助压力灌注细石混凝土。

② 红黏土地基中有较多的土洞存在，并有潜在发展的趋势，对地基的稳定性影响较大，应考虑放弃红黏土地基，采用桩基础，以下伏基岩作持力层。

（3）红黏土地基中的地裂处理　首先查明地裂形成的原因、形状大小、延伸方向及分布规律。除与土洞，地面塌陷有关的地裂外，其余所有地裂都要进行充填封实，防止地表水下渗，使深部红黏土软化，形成土洞，地基更加失稳。在填实了的地裂上施工建筑时，采用梁、拱跨越，并在基础设计和建筑结构上，采取相应的措施。对有潜在发展的地裂，在其密集地段和延伸地带，不宜建新的建筑物。

（4）红黏土地基中收缩性裂隙的处理　查明影响红黏土地基稳定的收缩性网格状裂隙的密集程度和延伸深度确定基础的类型和埋深。对丙级建筑物可适当加大建筑物角端基础的埋深，对炉窑等高温设施基础，要对土体的高温收缩性进行试验和研究，采取措施，防止因地基土的收缩开裂，引起构筑物基础的变化。

房屋建成后，搞好排水设施，房前屋后植树离墙 5m 以外，株间 4m 为宜，避免根系延伸及根部吸水，造成红黏土地基开裂，建筑物受破坏。

对红黏土的边坡要做好护坡，防止失水干缩、遇水软化等。对于天然土坡和人工开挖的边坡及基槽，应防止破坏坡面植被和自然排水系统，坡面上的裂隙应填塞，做好地表水、地下水及生产和生活用水的排泄、防渗等措施，保证土体的稳定性。

对基础岩面起伏大，岩质坚硬的地基，也可采用大直径嵌岩桩和墩基进行处理。

（5）红黏土地基中软弱持力层的处理　软塑、流塑状红黏土强度低、压缩性高，用作建构筑物地基时，必须进行加固处理，达到提高承载力，减少沉降量的目的。常用的地基处理方法：当软弱土层不厚时，采用换土或垫层法；当软弱土层较厚时，采用砂桩，形成复合地基；当已建建筑物基础之下有软弱土层存在时，可采用旋喷法对地基进行加固处理。上述方法在生产实践中，均取得了较好的效果。

7.6.4.2　基础型式的选择和建筑结构措施

（1）基础埋置深度的确定　利用表层较硬土层作地基持力层，应充分利用红黏土上硬下软的湿度状态垂向分布特征，基础尽量浅埋，对丙级建筑，当满足持力层承载力时，即可认为已满足下卧层承载力的要求。

根据红黏土地基湿度状态的分布特征，一般尽量将基础浅埋，尽量利用浅部坚硬或硬塑状态的土作为持力层，这样既充分利用其较高的承载力，又可使基底下保持相对较厚的硬土层，使传递到软塑土上的附加应力相对减小，以满足下卧层的承载力要求。

（2）基础型式的选择　基础的类型是根据建筑物的安全等级和地基条件来确定的。独立基础，对地基的不均匀沉降敏感性较强，适用于土质单元比较均一的地基，基础埋深 0.5～1.5m；对不均匀地基，采用条形基础及十字交叉形基础，基础埋深 0.5～1.0m；对于土体厚度较大，土质较好的Ⅰ类地基，可拟建荷载较大的甲、乙级建筑物，如贵州大学高层教学楼，采用筏式基础，基础埋深 3.5m。

（3）建筑结构措施　对于红黏土地基中的不均匀性和不稳定性问题，除进行地基处理，基础设计的协调之外，在建筑结构上也要采取措施，尽量使建筑物的上部结构，适应地基变形的条件。

对荷载相差悬殊或地基压缩性相差较大的建筑物，确定好建筑物的平面位置之后，设置沉降缝，沉降缝的宽度以 30~50mm 为宜。

对多层砖石承重结构底层的隔墙，应根据地基土质单元的变化适当加密，必要时增设圈梁，加强建筑物的整体刚度。

7.7 盐 渍 土

盐渍土系指含有大于 0.5％易溶盐类的土。这类土常具有吸湿、松胀等特性。盐渍土主要形成于干旱、半干旱地区，因为这些地区蒸发量大、降雨量小、毛细作用强，所以极利于盐分在地表聚集。此外，内陆盆地因地势低洼、周围封闭、排水不畅、地下水位高，也利于水分蒸发盐类聚集。而农田洗盐、压盐、灌溉退水、渠道渗漏等进入某土层也会促使盐渍化。

盐渍土的厚度不大，一般为 1.5~4.0m。其厚度与地下水埋深、土的毛细作用上升高度以及蒸发作用影响深度（蒸发强度）有关。

绝大部分盐渍土分布地区，地表有一层白色盐霜或盐壳，厚数厘米至数十厘米。盐渍土中盐分的分布随季节气候和水文地质条件而变化，在干旱季节地面蒸发量大，盐分向地表聚集，这时表层土含盐量最大，可超过 10％。向下随深度增加，含盐量逐渐减少；雨季时地表盐分被地面水冲洗溶解，并随水渗入地下，表层含盐量减少，地表白色盐霜或盐壳甚至消失。因此，在盐渍土地区，经常发生盐类被淋溶和盐类聚集的周期性的过程。

盐渍土按分布区域可分为滨海盐渍土、内陆盐渍土和冲积平原盐渍土，按所含盐类的性质可分为氯盐类盐渍土、硫酸盐类盐渍土和碳酸盐类盐渍土。

7.7.1 盐渍土的主要特点

盐渍土地基通常在岩土工程中归入特殊地基。盐渍土主要有如下几个特点。

（1）盐渍土的三相组成与一般土不同，液相中含有盐溶液，固相中含有结晶盐，尤其是易溶的结晶盐。它们的相转变对土的大部分物理指标均有影响，因而，测定非盐渍土物理性质指标的常规土工试验方法对盐渍土不完全适用，对土的颗粒分析、塑限和液限试验结果以及重度、含水量等给出的不正确的评价，会导致对土的名称和状态等的错误判断。

（2）盐渍土中的盐遇水溶解后，土的物理和力学性质指标均会发生变化，其强度指标明显降低，所以盐渍土地基不能同一般土的地基一样只考虑天然条件下土的原始物理和力学性质指标。

（3）盐渍土地基浸水后，因盐溶解而产生地基溶陷。地基溶陷量的大小主要取决于易溶盐的性质、含量及其分布形态，盐渍土的类别、原始结构状态和土层厚度，浸水量、浸水时间和方式，渗透方式和土的渗透性等。

（4）某些盐渍土（如含硫酸钠的土）地基，在温度或湿度变化时，会产生体积膨胀，对建筑物和地面设施造成危害。这种由于盐胀引起的地基变形的大小，取决于土中硫酸钠含量的多少以及土中温度、湿度变化的大小。

（5）盐渍土中的盐溶液会导致建筑物和地下设施的材料腐蚀。腐蚀程度取决于材料的性质和状态以及盐溶液的浓度等。

7.7.2 盐渍土的分布

盐渍土在世界各地区均有分布。我国的盐渍土主要分布在西北干旱地区的新疆、青海、甘肃、宁夏、内蒙古等地势低平的盆地和平原中。在华北平原、松辽平原、大同盆地以及青藏高原的一些湖盆洼地中也都有分布。另外，滨海地区的辽东湾、渤海湾、莱州湾、海州湾、杭州湾以及台湾在内的诸海岛沿岸，也有相当面积存在。我国盐渍土不仅地区之间差别很大，即使在同一地区，也有很大的不同。

盐渍土中有一些以含碳酸钠或碳酸氢钠为主的盐类，碱性较大（一般 pH 值为 8～10.5），称为碱土，湿时膨胀、分散、泥泞，干时收缩，这主要是由于其吸附钠离子具有高度分散作用造成的。这些碱性盐渍土（或碱土）零星分散在我国东北的松辽平原，华北的黄、淮、海河平原，内蒙古草原以及西北的宁夏、甘肃、新疆等地的平原地区。

7.7.3 盐渍土的成因

盐渍土的形成及其分布，均由其当地的地理、地形、气候以及工程地质和水文地质条件等自然因素决定。当然，由于人类活动而改变原来的自然环境，也使本来不含盐的土层产生盐演化，生成所谓次生盐渍土。归纳起来，盐渍土的形成，主要为以下几个原因。

(1) 由含盐的地表水蒸发 在干旱地区，每当春夏冰雪融化或骤降暴雨后，形成地表径流，在其溶解了沿途中的盐分后成为含盐的矿化地表水，当流出山口或流速减慢，形成漫流时，在强烈的地面蒸发下，流程不长即被蒸发殆尽，水中盐分聚集在地表或地表以下的一定深度范围内，形成盐渍土。戈壁滩中的盐渍土，就是这样形成的。其含盐成分与地表水所溶解的盐的成分直接有关。

(2) 由含盐的地下水造成 当地下水中含有盐分，由于地表蒸发而湿度降低或因地温降低，都会使毛细水中的盐分析出而生成盐渍土。其积盐程度取决于地下水位的深度、毛细水的升高、地下水的矿化度或含盐量以及土的类别和结构等。当地下水位低于一定深度时，就不会形成盐渍土，此深度称为盐渍化临界深度。临界深度首先与土的毛细水的升高高度有关，后者与土质、土的粒径和比表面积有关。根据多年观测，黏性土的临界深度一般约在 3～4m，砂土中则约在 1m 以内。

由于含盐地下水形成的盐渍土层，其含盐成分与地下水的基本一致。从表 7-27 可以看出，土层中的各种盐类阴离子性质和含量，直接与地下水中阴离子的性质和含量有关。

表 7-27 土中含盐与地下水的关系

山前冲积平原	1m 深度内含盐量 /%	地下水		土层阴离子含量 /(g/L)			地下水阴离子含量 /(g/L)		
		埋深 /m	矿化度 /(g/L)	Cl^-	SO_4^{2-}	HCO_3^-	Cl^-	SO_4^{2-}	HCO_3^-
上部	0.166	7.5	0.40	0.012	0.032	0.038	0.043	0.079	0.144
中部	3.357	2.0	4.13	0.540	1.300	0.014	0.830	1.500	0.050
下部	7.290	1.0	5.20	1.460	4.130	0.026	1.002	0.748	0.044

(3) 由含盐海水造成 滨海地区经常受到海水侵袭或因海面上飓风直接将海水吹上陆地，经过蒸发，盐分析出积留在土中，形成盐渍土。另外，由于滨海地区大量采取地下水，以满足生活和工业发展的需要，使含盐的海水倒灌，若气候干旱，水蒸发量大，也能形成人为的次生盐渍土。滨海盐渍土的最大特点：①其含盐成分与海水一致，以氯化钠为主；②含盐量除表土稍多外，以下土层都含有一定量的盐分，而且比较均匀。

(4) 由盐湖、沼泽退化生成 由于新构造运动和气候的变化，使一些内陆盐湖或沼泽退化干涸，生成大片的盐渍土。例如新疆塔里木盆地的罗布泊，曾是我国第二大咸水湖。面积达 5000 平方公里；20 世纪 50 年代初，积水面积尚有 2000 多平方公里，后因塔里木河上游建水库截流，在年降雨量不足 10mm、蒸发量超过 3000mm 的极端干旱的气候条件下，很快干涸，变成盐渍土和盐壳。

(5) 其他成因 在我国西北干旱地区，有风多、风大的特点。大风将含盐的砂土吹落到山前戈壁和沙漠以及倾斜平原处，积聚成新盐渍土层。

另外，在干旱或半干旱地区，有不少植物可以从很深的土层中汲取大量盐分，积聚在枝干中，枯死后盐分重新进入表层土中。有的植物（如胡杨树等），本身枝干能分泌出盐结晶；有的植物还有强烈的蒸腾作用，其消耗的水分，可超过地面蒸量的 1.5～2.0 倍，所以这些植物的生长，都会促使土层的盐渍化。

7.7.4 盐渍土的分类

盐渍土的分类方法很多，工程上考虑对工程使用的影响，对盐渍土进行分类。

盐渍土对不同工程对象的危害特点和影响程度是不同的。如对铁路或公路路基的危害和影响，就与对建筑物地基和基础的不同，所以应根据各自的特点和需要来划分盐渍土的类别。此外，尚应指出，各种盐渍土分类方法中的界限，都是人为确定的，考虑的因素和角度不同，所以盐渍土分类的界限值也不尽相同。本节将介绍目前国内外几种主要盐渍土的分类方法，可以作为对盐渍土地基进行了解和研究的参考。

7.7.4.1 按盐的性质分类

地基中常含有多种盐类，不同性质盐的含量的多寡，影响着盐渍土的工程性质。如含氯盐为主的盐渍土，因氯盐的溶解度大，遇水后土中的结晶盐极易溶解，使土质变软，强度降低，并产生溶陷变形，此外，其盐溶液对钢筋混凝土基础和其他地下设施中的钢筋或钢材产生腐蚀。又如含硫酸盐为主的盐渍土，除了会产生溶陷变形外，其中的硫酸钠（俗称芒硝）在温度和湿度变化时，还将产生较大的体积变形，造成地基的膨胀和收缩，此外，其溶液对基础和其他地下设施的材料（如混凝土等）将产生腐蚀作用。碳酸盐对土的工程性质的影响视盐的成分而定，碳酸钙和碳酸镁等很难溶于水，对土起着胶结和稳定的作用，而碳酸钠和碳酸氢钠则使土在遇水后产生膨胀。

因此，需要对盐渍土中含盐成分，按常规方法进行全量化学分析，确定各种盐的含量，然后进行分类，以判断哪种或哪几种盐对盐渍土的工程性质起主导作用。但迄今为止，还没有这种分类标准，而是按 100g 土中阴离子含量（以毫克当量计）的比值作为分类指标。土中主要含盐成分为氯盐、硫酸盐和碳酸盐，故根据氯离子、硫酸根离子、碳酸根离子和碳酸氢根离子含量的比值，按表 7-28 分为：氯盐渍土、亚氯盐渍土、亚硫酸盐渍土、硫酸盐渍土和碱性盐渍土。

表 7-28 盐渍土按含盐化学成分分类

盐渍土名称	$\dfrac{c(Cl)^-}{2c(SO_4^{2-})}$	$\dfrac{2c(CO_3^{2-})+c(HCO_3^-)}{2c(SO_4^{2-})+c(Cl^-)}$
氯盐渍土	> 2	—
亚氯盐渍土	2～1	—
亚硫酸盐渍土	1～0.3	—
硫酸盐渍土	< 0.3	—
碱性盐渍土	—	> 0.3

注：表中 $c(Cl^-)$ 为氯离子在 100g 土中所含毫摩数，其他离子同。

7.7.4.2 按盐的溶解度分类

各种盐在水中溶解的难易程度不同，通常可用一定温度下的溶解度来衡量，即以 100g 溶液中能溶解该盐的克数来表示。不同的盐，其溶解度差别很大，如在温度 $t=20℃$ 的情况下，氯化钠的溶解度为 36.6%，石膏的溶解度仅为 0.2%，而碳酸钙则基本上很难溶于水（表 7-29）。土中固态的盐结晶遇水后是否溶解而变为液态以及溶解的程度，直接影响地基的变形和强度特性，所以盐渍土按含盐的溶解度分类，对建筑物地基有很大的实用意义。

表 7-29　土中盐的溶解度

盐类的分子式	可结合的结晶水	温度为 t 时 100g 溶液中能溶解的盐量/g		
		$t=0℃$	$t=20℃$	$t=60℃$
NaCl	—	35.6	36.6	37.3
KCl	—	22.2	25.5	31.3
$CaCl_2$	$6H_2O$	37.2	42.7	—
$CaCl_2$	$4H_2O$	—	—	57.8
$MgCl_2$	$6H_2O$	34.6	35.3	37.9
$NaHCO_3$	—	6.9	9.6	16.4
$Ca(HCO_3)_2$	—	16.5	16.6	17.5
Na_2CO_3	$10H_2O$	7.0	21.5	31.7
$MgSO_4$	$7H_2O$	—	26.8	35.5
Na_2SO_4	$10H_2O$	4.5	16.1	—
Na_2SO_4	—			45.3
$CaSO_4$	$2H_2O$	0.18	0.20	0.20
$CaCO_3$	—		0.0014	0.0015

7.7.4.3　按含盐的溶解度分类

按土中含盐的溶解度，盐渍土通常可分为：易溶盐渍土、中溶盐渍土和难溶盐渍土。各类土的含盐成分见表 7-30 所示。

表 7-30　盐渍土按盐的溶解度分类

盐渍土名称	含盐成分	溶解度/% $t=20℃$
易溶盐渍土	$NaCl$、KCl、$CaCl_2$、Na_2SO_4、$MgSO_4$、Na_2CO_3、$NaHCO_3$ 等	9.6~42.7
中溶盐渍土	$CaSO_4 \cdot 2H_2O$、$CaSO_4$	0.2
难溶盐渍土	$CaCO_3$、$MgCO_3$ 等	0.0014

地基中同时含有易溶盐、中溶盐或难溶盐时，如易溶盐含量已超过盐渍土所定义的最低标准时，均定名为易溶盐渍土；当中溶盐含量超过盐渍土所定义的最低标准时，可定名为中溶盐渍土或石膏土。我国的盐渍土绝大部分属易溶盐渍土，部分地区分布有中溶盐渍土。至于含难溶盐的土，因其盐类基本上不溶于水，故对工程的影响很小。

7.7.4.4　按含盐量分类

按土中可溶盐（易溶盐和中溶盐）的含量多少来分类，但各部门的规定并不相同。《岩土工程勘察规范》（GB 50021—2009）给出的分类标准如表 7-31 所示。

表 7-31　盐渍土按含盐量分类

盐渍土名称	平均含盐量/%		
	氯及亚氯盐	硫酸及亚硫酸盐	碱性盐
弱盐渍土	0.3~1.0		
中盐渍土	1~5	0.3~2.0	0.3~1.0
强盐渍土	5~8	2~5	1~2
超盐渍土	>8	>5	>2

7.7.5　盐渍土的工程地质特性

盐渍土的工程性质随易溶盐的种类和含盐量的大小而变化，也随含水量、温度条件的改变而变化。盐分对土的作用，既有有利的方面，也有不利的方面。盐渍土的力学性质有三。一是在一定的含水量条件下，因土粒中含有盐分，土粒彼此间的距离加大，凝聚力随之变小。但当含盐量增加到某一程度后，盐分的胶结能力逐渐增加，促使凝聚力随含盐量的增加而递增。二是当含盐量少时，盐分溶解于水中起润滑作用，内摩擦角就很快减小。当含盐量增加到某一程度后，盐便开始结晶，盐晶体充填于土的空隙中起了骨架作用，内摩擦角反而逐渐增大。三是盐渍土的含盐量增加到某一程度后，而且在干燥状态时，比不含盐的土的强度高。当含水量增加时，其强度急剧降低，比不含盐的土的强度小。

7.7.5.1 氯盐渍土

（1）盐类晶体充填在土的孔隙中，能使土的密度"增加"，但这种"增加"是不稳定的，土湿化后，盐类被溶解，土的密度降低。

（2）液限与塑限随含盐量的增大而减小，最佳含水量亦随含盐量的增加而降低，故可在较低的含水量情况下，有效地进行土的压实。

（3）在潮湿状况下，强度随含盐量的增加而降低，可在较小的含水量时，达到液性和塑性状态，湿化作用相同时，比非盐渍土能更快和更大地丧失其稳定性；干燥状态时，有黏固性，盐渍土的强度高于非盐渍土。

（4）盐分结晶时，体积不变化，不产生盐胀作用。

7.7.5.2 硫酸盐渍土

（1）密度随含盐量的增加而降低，当其盐量接近 2% 时，密度就显著下降。

（2）液限与塑限随含盐量的增大而增大。

（3）在潮湿状况下，强度随含盐量的增加而降低；干燥状态时，盐分对土的黏固作用很小。

（4）体积随温度显著变化，盐胀作用严重，造成土体表层结构破坏和疏松；盐胀作用所涉及的深度远较冻深为大。

7.7.5.3 碳酸盐渍土

（1）土体呈碱性，密度随含盐量的增加而降低，当其含盐量超过 0.5% 时，路基密度便显著降低。

（2）液限与塑限随含盐量的增大而增大。

（3）在潮湿状况下，钠离子在黏土颗粒周围形成较厚的结合水膜，使土体膨胀，强度下降；干燥状态时，黏固性大。

（4）受水后，膨胀作用最严重，能增加黏土的塑性和黏附性，使渗透系数变小。

习　　题

1. 何为特殊土，常见的特殊土有哪些？

2. 软土有哪些地质特征？软土的工程性质有哪些？软土中有哪些工程地质问题？如何进行防治？

3. 黄土有哪些工程性质？湿陷性黄土有哪些基本特征？如何防治黄土中的工程地质问题？

4. 何谓湿陷性黄土，如何划分黄土的湿陷类型与等级？

5. 消除黄土湿陷性有哪几种处理方法？

6. 什么是膨胀土？膨胀土的成因如何？膨胀土有哪些工程地质特性？膨胀土的防治措施有哪些？

7. 什么是冻土？冻土有哪些工程性质？冻土有哪些工程地质问题？如何进行防治？

8. 什么是填土？填土如何进行工程分类？填土有哪些工程地质问题？

9. 什么是红黏土？红黏土是怎样形成的？红黏土的结构特征和矿物组成？红黏土有哪些特点和性质？

10. 如何对盐渍土地基进行分析与评价？

第 8 章
工程地质勘察

工程地质勘察（也称岩土工程勘察）是土木工程建设的基础工作，通过调查与测绘，运用各种勘察手段与方法，获取建筑场地及其相关地区的工程地质条件的原始资料和工程地质论证。结合具体建（构）筑物的类型、要求与特点以及当地的自然条件和环境进行，并提出工程地质评价，为工程的规划、设计、施工和运营提供可靠的地质依据，以保证工程建筑物的安全稳定、经济合理和正常使用。工程地质勘察必须符合国家、行业制订的现行有关标准、规范的规定。

8.1　工程地质勘察的目的、任务和基本方法

8.1.1　工程地质勘察的目的和任务与勘察阶段的划分

8.1.1.1　工程地质勘察的目的和任务

工程地质勘察的目的主要是查明工程地质条件，分析存在的工程地质问题，对建筑地区作出工程地质评价。其任务是为工程建筑的规划、设计和施工提供工程地质资料，运用地质和力学知识回答工程上的地质问题，以使建筑物与地质环境相适应，保证建筑物的稳定和安全，使其经济合理、运行正常、使用方便，且尽可能避免因工程兴建而恶化地质环境，或引起地质灾害，以达到合理利用、保护环境的目的。

根据《岩土工程勘察规范》（GB 50021—2001）的规定，工程地质勘察工作的具体内容、工作量、工作方法等应以岩土工程勘察等级为依据，即应根据工程重要性等级、场地复杂程度等级和地基复杂程度等级综合确定为甲级、乙级、丙级。

8.1.1.2　勘察阶段的划分

一项工程建设，尤其是大型的工程建设从规划、设计到施工需多次反复论证才能实施。不同的设计阶段对工程地质资料有不同的要求。工程地质勘察是为工程的设计、施工服务的，必须与工程设计的进度密切配合，我国将工程地质勘察分为可行性研究勘察、初步勘察及详细勘察三个阶段，对一些工程规模不大，面积较小且工程地质条件简单的场地，或有建筑经验的地区，可以适当简化勘察阶段。各勘察阶段投入的工作量、动用的仪器设备、勘察的精度要求是不同的，各勘察阶段的特点与要求如下。

（1）**可行性研究勘察阶段**　本阶段的主要任务是根据拟建工程的特点和要求，通过勘察对场址稳定性和适宜性作出评价，经过对工程地质条件比较和技术经济论证选择最优的场地和设计方案。在确定建筑场地时，应注意避开下列地段。

① 不良地质现象发育且对场地稳定性有直接危害或潜在威胁的地段。

② 地基土性质严重不良的地段。

③ 对建筑物抗震不利的地段。

④ 洪水或地下水对建筑物场地有严重不良影响的地段。

⑤ 地下有未开采的有价值矿藏或未稳定的采空区的地段等。

本阶段主要通过下列工作来完成。

① 搜集区域地质、地形地貌、地震、矿产和附近地区的工程地质与岩土工程资料和当地的建筑经验。

② 通过踏勘（小、中比例尺测绘）、物探，初步了解场地的主要地层、构造、岩土性质、不良地质现象及地下水的情况。

③ 可能建筑区或重点地段、踏勘尚不能满足要求的场地，应进行少量勘探及试验工作。

(2) 初步勘察阶段 初步勘察是密切结合初步设计的要求而进行的。其主要任务是对场地内建筑地段的稳定性作出评价，确定建筑物总平面布置，选择主要建筑物地基基础方案和对不良地质现象的防治措施进行论证。为此需要详细查明建筑场地的工程地质条件，分析各种可能出现的工程地质问题，在定性的基础上作出定量评价。勘察范围一般是在已选定的建筑地段内，相对比较集中。

该阶段的勘察工作是最繁重的，勘察方法以勘探和试验为主：①勘探工作主要是钻探，工作量常较大，必要时辅以坑、井或平硐勘探；②试验工作量也较大，必要时需进行相当数量的原位测试或大型野外试验，以便与室内试验结果相比较，获得较准确的计算参数；③测绘和物探作业仅在必要时才补充进行；④对天然建筑材料产地要进行详细勘察，做出质量和数量的评价；⑤根据需要布置长期观测工作。

(3) 详细勘察阶段 详细勘察是密切结合技术设计或施工因设计的要求而进行的。其主要任务是对建筑地基作出岩土工程分析评价，为基础设计、地基处理、不良地质现象的防治等具体方案作出论证和建议。为此需要提供详细的工程地质资料和设计所需的技术参数。具体内容应视建筑物的具体情况和工程要求而定。

本阶段勘察方法以试验为主，勘探工作仍需进行，且主要是配合试验工作和为解决某些专门问题而进行的补充。

除上述各勘察阶段外，对工程地质条件复杂或有特殊施工要求的重大工程，尚需进行施工勘察。它包括施工地质编录、地基验槽与监测和施工超前预报，它可以起到校核已有的勘察成果资料和评价结论的作用。施工勘察视工程需要而决定是否进行，所以它不是一个固定的勘察阶段。

8.1.2 工程地质勘察的基本方法

为查明一个地区的工程地质条件和分析评价工程地质问题，必须采用一系列的勘察方法和测试手段。岩土工程勘察的方法或技术手段有工程地质测绘与调查、勘探与取样、原位测试与室内试验、现场检验与监测、勘察资料的室内整理等。

勘察方法是相互配合的，由点到面、由浅入深，在实际勘察的基础上，再进行勘察资料内业整理的报告编写。

8.1.2.1 工程地质测绘与调查

工程地质测绘与调查是岩土工程勘察的基础工作，一般在勘察的初期阶段进行。在可行性研究勘察阶段和初步勘察阶段，工程地质测绘和调查能发挥重要的作用。在详细勘察阶段，可通过工程地质测绘与调查对某些专门地质问题（如滑坡、断裂等）进行补充调查。

8.1.2.2 勘探与取样

勘探工作包括物探、钻探和坑探等多种方法，主要用来查明地下岩土的性质、分布及地下水等条件，并可利用勘探工程取样和进行原位测试及监测。

物探是一种间接的勘探手段，它的优点是较钻探和坑探轻便、经济而迅速，能够及时解决工程地质测绘中难于推断而又急待了解的地下地质情况；在工程地质测绘过程中常要求物探的适当配合，以查明覆盖层厚度、基岩风化层厚度及基岩起伏变化等；物探可为钻探和坑探布置提供有效指导，作为其先行或辅助手段。但是，物探使用又受地形条件等的限制，且其成果判断往往具有多解性。因此，物探应以测绘为指导，并用勘探工程加以验证。

钻探和坑探也称勘探工程，是查明地下地质情况最直接、最可靠的勘察手段，在岩土工程勘察中必不可少。其中钻探工作使用最为广泛，可根据地层类别和勘察要求选用不同的钻探方法。当钻探方法难以查明地下地质情况时，可采用坑探方法。坑探工程的类型较多，应根据勘察要求选用。勘探工作用于验证测绘和物探工作所做的推断，并为试验工作创造条件。勘探工程布置要以工程地质测绘和物探成果为指导，以避免盲目性和随意性。

工程地质测绘、物探、勘探三者关系密切，配合必须得当。工程地质测绘是物探和勘探的基础，必须首先进行。

8.1.2.3 原位测试与室内试验

原位测试与室内试验的主要目的是为岩土工程问题分析评价提供所需的技术参数，包括岩土的物性指标、强度参数、固结变形特性参数、渗透性参数和应力、应变时间关系的参数等。各项试验工作在岩土工程勘察中占有重要的地位。原位测试与室内试验相比，各有优缺点。

原位测试的优点是：①试样不脱离原来的环境，基本上在原位应力条件下进行试验；②所测定的岩土体尺寸大，能反映宏观结构对岩土性质的影响，代表性好；③试验周期较短，效率高；④尤其对难以采样的岩土层仍能通过试验评定其工程性质。

其缺点是：①试验时的应力路径难以控制；②边界条件较复杂；③有些试验耗费人力、物力较多，不可能大量进行。

室内试验的优点是：①试验条件比较容易控制（边界条件明确，应力应变条件可以控制等）；②可以大量取样。

其主要缺点是：①试样尺寸小，不能反映宏观结构和非均质性对岩土性质的影响，代表性差；②试样不可能真正保持原状，而且有些岩土也很难取得原状试样。可见两者的优缺点是互补的，应相辅相成，配合使用，以便经济有效地取得所需的技术参数。

原位测试一般都借助于勘探工程进行，是详细勘察阶段主要的一种勘察方法。

试验工作要以工程地质测绘和勘探工作为基础，在为设计提供指标时，更需综合考虑测绘和勘探的成果。

8.1.2.4 现场检验与监测

现场检验与监测是构成岩土工程系统的一个重要环节，大量工作在施工和运营期间进行。但是这项工作一般需在高级勘察阶段开始实施，所以又被列为一种勘察方法。它的主要目的在于保证工程质量和安全，提高工程效益。现场检验包括施工阶段对先前岩土工程勘察成果的检验核查，以及岩土工程施工监理和质量控制。现场监测主要包含施工作用和各类荷载对岩土反应性状的监测、施工和运营中的结构物监测和对环境影响的监测等方面。检验与监测所获取的资料，可以反求出某些工程技术参数，并以此为依据及时修正设计使之在技术和经济方面优化。此项工作主要是在施工期间进行，但对有特殊要求的工程以及一些对工程有重要影响的不良地质作用，应在建筑物竣工运营期间继续进行。

8.1.2.5　勘察资料室内整理

勘察资料室内整理内容包括岩土物理力学性质指标的整理、图件的编制、反演分析、岩土工程分析评价及编写报告书等。各种勘察方法所取得的资料仅是原始数据、单项成果，还缺乏相互印证和综合分析，只有通过图件的编制和报告的编写，对存在的岩土工程问题作出定性和定量评价，才能为工程的设计和施工提供资料和地质依据。

图件的编制是利用已收集的和现场勘察的资料，经整理分析后，绘制成工程地质图。常用的工程地质图有综合工程地质图、工程地质分区图、工程地质剖面图、钻孔柱状图及探槽或探井展视图等。

岩土工程勘察报告书是岩土工程勘察成果的文字说明。报告书的内容应根据任务要求、勘察阶段、工程地质条件、工程规模和性质等具体情况确定。岩土工程勘察的最终成果是提出勘察报告书和必要的附件。

8.2　工程地质调查与测绘

调查与测绘是工程地质勘察的主要方法。通过观察和访问，对路线通过地区的工程地质条件进行综合性的地质研究，将查明的地质现象和获得的资料，记录到有关的图表与记录本中，这种工作统称为调查测绘（调绘）。

工程地质测绘是最基本的勘察方法和基础性工作，是通过搜集资料、调查访问、地质测量、遥感解译等方法，来查明场地的工程地质要素，并绘制相应的工程地质图件的一种工程地质勘察的方法。

工程地质测绘宜在可行性研究或初步勘察阶段进行。可行性研究阶段应搜集研究已有的地质资料，进行现场踏勘。搜集资料时，宜包括航空像片、卫星像片的解译结果。初步勘察阶段，当场地的地质条件较复杂时，应进行工程地质测绘。在详细勘察阶段可对某些专门地质问题做补充调查。

8.2.1　工程地质调查与测绘的范围、比例尺和精度

对岩土出露或地貌、地质条件较复杂的场地，在可行性研究（选择场址）或初步勘察阶段宜进行工程地质测绘。工程地质测绘就是填绘工程地质图件，根据野外调查综合研究勘察区的地质条件，如地层、岩性、地质构造、地貌条件、水文地质条件等，填绘在适当比例尺地形图上加以综合反映。其目的是为了查明场地及其邻近地段的地貌、地质条件，并结合其他勘察资料对场地或建筑地段的稳定性和适宜性做出评价，并为勘察方案的布置提供依据。

8.2.1.1　测绘范围

测绘范围应包括场地及其邻近的地段。适宜的测绘范围，既能较好地查明场地的工程地质条件，又不至于浪费勘察工作量。对于大、中比例尺的工程地质测绘，多以建筑物为中心，其区域往往为方形或矩形。如果是线形建筑（如公路、铁路路基和坝基等），则其范围应为带状，其宽度应包含建筑物的所有影响范围。根据实践经验，由以下三方面确定测绘范围，即拟建建筑物的类型和规模、设计阶段以及工程地质条件的复杂程度和研究程度。

建筑物的类型、规模不同，与自然地质环境相互作用的程度和强度也就不同，确定测绘范围时首先应考虑到这一点。

工程地质测绘范围是随着设计阶段（即岩土工程勘察阶段）的提高而缩小的。在工程处于初期设计阶段时，为了选择建筑场地一般都有若干个比较方案，它们相互之间有一定的距离。为了进行技术经济论证和方案比较，应把这些方案所涉及的场地包括在同一测绘范围内，测绘

范围显然是比较大的。但兴建场地选定之后，尤其是在设计的后期阶段，各建筑物的具体位置和尺寸均已确定，就只需在建筑地段的较小范围内进行大比例尺的工程地质测绘。

工程地质条件越复杂，研究程度越差，工程地质测绘范围就越大。

布置测区的测绘范围时，必须先分考虑测区主要构造线的影响，如对于隧道工程，其测绘和调查范围应当随地质构造线（如断层、破碎带、软弱岩层界面等）的不同而采取不同的布置，在包括隧道建筑区的前提下，测区应保证沿构造线有一定范围的延伸，如果不这样做，就可能对测区内许多重要地质问题了解不清，从而给工程安全带来隐患。

此外，在拟建场地或其邻近地段内如果已有其他地质研究成果，应充分运用它们，在经过分析、验证后作一些必要的专门问题研究，此时工程地质测绘的范围和相应的工作量应酌情减小。

8.2.1.2　比例尺

工程地质测绘比例尺的选择主要取决于建筑物类型、设计阶段和工程建筑所在地区工程地质条件的复杂程度以及研究程度。建筑物设计的初期阶段属选址性质的，一般有若干个比较场地，测绘范围较大，对工程地质条件研究的详细程度并不高，所以采用的比例尺较小。但是，随着设计阶段的提高，建筑场地的位置越来越具体，范围越来越小，而对地质条件详细程度的要求越来越高。所以，所采用的测绘比例尺就需要逐步加大。当进入到设计后期阶段时，为了解决与施工、运行有关的专门地质问题，所选用的测绘比例尺可以很大。在同一设计阶段内，比例尺的选择则取决于场地工程地质条件的复杂程度以及建筑物的类型、规模及其重要性。工程地质条件复杂、建筑物规模巨大而又重要者，就需采用较大的测绘比例尺。例如：在可行性研究勘察阶段可选用 1：50000～1：5000；初步勘察阶段可选用 1：10000～1：2000；详细勘察阶段可选用 1：2000～1：200。工程地质条件复杂时，比例尺可适当放大。

8.2.1.3　精度

工程地质测绘与调查的精度包括野外观察、调查、描述各种工程地质条件的详细程度和各种地质条件在地形底图上表示的详细程度与精确程度。这些精度必须与图的比例尺相适应。野外观察、调查、描述各种地质条件的详细程度在传统意义上用单位测试面积上观测点数目和观测路线长度来控制。不论其比例尺多大，都以图上每 $1cm^2$ 内一个点来控制平均观测点数目。其布置不是均布的，而应是复杂地段多些，简单地段少些，且都应布置在关键点上。

地质观测点布置是否合理，是否具有代表性对于成图的质量及岩土工程评价具有至关重要的影响。《岩土工程勘察规范》中对地质观测点的布置、密度和定位要求如下：①在地质构造线、地层接触线、岩性分界线、标准层位和每个地质单元体应有地质观测点；②地质观测点的密度应根据场地的地貌、地质条件、成图比例尺和工程要求等确定，并应具代表性；③地质观测点应充分利用天然和已有的人工露头，当露头少时，应根据具体情况布置一定数量的探坑或探槽；④地质观测点的定位应根据精度要求选用适当方法；⑤地质构造线、地层接触线、岩性分界线、软弱夹层、地下水露头和不良地质作用等特殊地质观测点，宜用仪器定位。

为了保证各种地质现象在图上表示的准确程度，《岩土工程勘察规范》要求：地质界线和地质观测点的测绘精度，在图上不应低于 3mm，水利、水电、铁路等系统要求不低于 2mm。

8.2.2　工程地质测绘的内容

工程地质测绘研究的主要内容是工程地质条件的诸要素。此外，还应搜集调查自然地理和已建建筑物的有关资料。下面将分别论述各项研究内容的研究意义、要求和方法。

8.2.2.1　地形地貌

查明地形、地貌特征及其与地层、构造、不良地质作用的关系，并划分地貌单元。工程地质测绘中地貌研究的内容有：①地貌形态特征、分布和成因；②划分地貌单元，分析地貌单元形成与岩性、地质构造及不良地质作用等的关系；③各种地貌形态和地貌单元的发展演化历史。上述各项研究内容大多在小、中比例尺测绘中进行。在大比例尺工程地质测绘中，应侧重于微地貌与工程建筑物布置以及岩土工程设计、施工关系等方面的研究。

8.2.2.2　地层岩性

工程地质测绘对地层岩性研究的内容包括：①确定地层的时代和填图单位；②各类岩土层的分布、岩性、岩相及成因类型；③岩土层的正常层序、接触关系、厚度及其变化规律；④岩土的工程性质等。

工程地质测绘中对各类岩土层还应着重以下内容的研究。

① 沉积岩类。软弱岩层和次生夹泥层的分布、厚度、接触关系和性状等；泥化岩类的泥化和崩解特性；碳酸盐岩及其他可溶盐岩类的岩溶现象。

② 岩浆岩类。侵入岩的边缘接触面，风化壳的分布、厚度及分带情况，软弱矿物富集带等；喷出岩的喷发间断面，凝灰岩分布及其泥化情况，玄武岩中的柱状节理、气孔等。

③ 变质岩类。片麻岩类的风化，软弱变质岩带或夹层以及岩脉的特性；软弱矿物及泥质片岩类、千枚岩、板岩的风化、软化和泥化情况等。

④ 第四纪土层。成因类型和沉积相，所处的地层单元，土层间接触关系以及与下伏基岩的关系；建筑地段特殊土的分布、厚度、延续变化情况、工程特性以及与某些不良地质作用形成的关系，已有建筑物受影响情况及当地建筑经验等。建筑地段不同成因类型和沉积相土层之间的接触关系，可以利用微地貌研究以及配合简便勘探工程来确定。

8.2.2.3　地质构造与地应力

（1）地质构造工程地质测绘对地质构造研究的内容包括：①岩层的产状及各种构造形式的分布、形态和规模；②软弱结构面（带）的产状及其性质，包括断层的位置、类型、产状、断距、破碎带宽度及充填胶结情况；③岩土层各种接触面及各类构造岩的工程特性；④晚近期构造活动的形迹、特点及与地震活动的关系等。

在工程地质研究中，节理、裂隙泛指普遍、大量地发育于岩土体内各种成因的、延展性较差的结构面。对节理、裂隙应重点研究以下三个方面：①节理、裂隙的产状、延展性、穿切性和张开性；②节理、裂隙面的形态、起伏差、粗糙度、充填胶结物的成分和性质等；③节理、裂隙的密度或频度。由于节理、裂隙研究对岩体工程尤为重要，所以在工程地质测绘中必须进行专门的测量统计。

（2）地应力对地壳稳定性评价和地下工程设计和施工具有重要意义。地应力在地下的分布可分为三个带，即卸荷带、应力集中带、地应力稳定带。一个地区的地应力高低在地质上是有征兆的，即存在有高地应力地区和低地应力地区的地质标志（见表8-1）。

表 8-1　高地应力地区和地应力地区的地质标志

高地应力地区地质标志	地应力地区地质标志
1. 围岩产生岩爆、剥离	1. 围岩松动、塌方、掉块
2. 收敛变形大	2. 围岩渗水
3. 软弱夹层挤出	3. 节理面内有夹泥
4. 饼状岩芯	4. 岩脉内岩块松动、强风化
5. 水下开挖无渗水	5. 断层或节理面内有次生矿物呈晶簇、孔洞等
6. 开挖过程有瓦斯突出	

8.2.2.4 水文地质条件

在工程地质测绘过程中对水文地质条件的研究，应从地层岩性、地质构造、地貌特征和地下水露头的分布、类型、水量、水质等入手，并结合必要的勘探、测试工作，查明测区内地下水的类型、分布情况和埋藏条件，含水层、透水层和隔水层（相对隔水层）的分布，各含水层的富水性和它们之间的水力联系，地下水的补给、径流、排泄条件及动态变化，地下水与地表水之间的补、排关系，地下水的物理性质和化学成分等。在此基础上分析水文地质条件对岩土工程实践的影响。

8.2.2.5 不良地质作用

研究不良地质作用要以地层岩性、地质构造、地貌和水文地质条件的研究为基础，并搜集气象、水文等自然地理因素资料。研究内容包括：各种不良地质作用（岩溶、滑坡、崩塌、泥石流、冲沟、河流冲刷、岩石风化等）的分布、形态、规模、类型和发育程度，分析它们的形成机制和发展演化趋势，并预测其对工程建设的影响。

8.2.2.6 人类工程活动

测区内或测区附近人类的某些工程、经济活动，往往影响建筑场地的稳定性。此外，场地内如有古文化遗迹和古文物，应妥善保护发掘，并向有关部门报告。

8.2.2.7 已有建筑物

测区内或测区附近已有建筑物与地质环境关系的调查研究，应选择不同的地质环境（良好的、不良的）中不同类型、结构的建筑物，调查其有无变形、破坏的标志，并详细分析其原因以判明建筑物对地质环境的适应性。通过详细的调查分析后，就可以具体地评价建筑场地的工程地质条件，对拟建建筑物可能变形、破坏情况作出正确预测，并采取相应的防治对策和措施。特别需要强调指出的是，有不良地质作用或特殊性岩土的建筑场地，应充分调查了解当地的建筑经验，包括建筑结构、基础方案、地基处理和场地整治等方面的经验。

8.2.3 工程地质测绘方法

工程地质测绘方法有实地测绘法和像片成图法。

8.2.3.1 实地测绘方法

实地测绘时，在测区内合理布置若干条观测路线，沿线作沿途观察，并对关键的地质点作详细观察和记录。观察线的布置以最短路线观察到较多的工程地质现象为原则。范围较大的小比例尺测绘以穿越岩层走向或地貌、物理地质现象来布置观察路线，大比例尺测绘则应以穿越岩层走向和追索界线的方法相结合布置观测路线，以便能准确地圈定各工程地质单元的边界，在测绘时要把点与点、线与线之间所观察到的现象联系起来，进行综合分析。实地测绘法一般有三种。

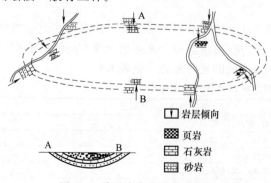

图 8-1 采用路线法测绘示例图

$\square\!\top$ 岩层倾向
页岩
石灰岩
砂岩

① 路线法。沿一定的路线，穿越测绘场地，并沿途详细观测地质情况，把走过的路线和沿线的各种地质界线、地貌界线、构造线、岩层及各种不良地质现象等填绘在地形图上，见图 8-1。路线可以是折线型或直线型。观察路线应选择在露头或覆盖层较薄的地方，起点的位置应有明显的地物，如村庄、桥梁等，同时为了用较少的工作量获得较多的成果，方向应大致与岩层走向、构造线方向及地貌单元相垂直。

② 布点法。根据地质条件复杂程度和不同的比例尺的要求，预先在地图上布置一定数量的观测路线和观测点。观测路线的长度应满足要求，路线力求避免重复，使一定的观察路线能达到最广泛地观察地质现象的目的。观测点一般布置在观测路线上，但应根据不同的目的和要求进行布点。该法是工程地质测绘的基本方法。

③ 追索法。为了查明某些局部的复杂构造，沿地层走向或某一地层构造方向进行布点追索。它是一种辅助方法，常在以上两种方法的基础上进行。

8.2.3.2 像片成图法及遥感技术在工程地质测绘中的应用

像片成图法是利用地面摄影或航空（卫星）摄影的像，先在室内解释，并结合所掌握的区域地质资料，确定出地层岩性、地质构造、地貌、水系及不良地质现象等，描绘在单张像片上。然后在像片上选择需要调查的若干点和路线，据此去实地进行调查、校对修正，绘成底图。最后，将结果转绘成工程地质图。

遥感是指根据电磁辐射的理论，应用现代技术中的各种探测器，对远距离目标辐射来的电磁波信息进行接收、传送到地面接收站并加工处理成遥感资料（图像或数据），用来探测识别目标物的整个过程。将卫星像片和航空像片的解译应用于工程地质测绘，能很大程度上节省地面测绘的工作量，做到省时、高质、高效，减少劳动强度，节省工程勘察费用。遥感影像资料比例尺，可按下列要求选用：①航片比例尺，宜采用 1：100000～1：25000；②陆地卫星影像宜采用不同时间各个波段的 1：500000～1：250000 黑白像片和假彩色合成或其他增强处理的图像；③热红外图像的比例尺不宜小于 1：50000。

8.3 工程地质勘探

勘探工作是工程地质勘察的重要手段，一般在工程地质测绘的基础上进行。工程地质勘探（包括物探）的任务主要有。

(1) 查明建筑场地的岩性及地质结构 研究各地层的厚度、性质及其变化，划分地层并确定其接触关系；研究基岩的风化深度，划分风化带；研究岩层的产状、裂隙发育程度及其随深度的变化。

(2) 查明水文地质条件 即含水层、隔水层的分布、埋藏、厚度、岩性、构造以及各层的地下水位等。

(3) 查明地貌及物理地质现象 包括河谷阶地、冲积-洪积扇、坡积层的位置和土层结构；岩溶的规模及发育程度，滑坡及泥石流的分布、范围、动态等。

(4) 提取岩土样及水样，提供野外试验条件 从钻孔或勘探点取岩土样及水样，供室内试验、分析、鉴定之用。在勘探工程中可供野外试验，如岩土的力学性质、地应力测量和水文地质试验等。

(5) 用于其他项目 利用已有勘探井孔布设地下水和各种物理地质现象的长期观测点，进行井下摄影、井下电视或灌浆试验。

工程地质勘探的方法主要有：工程地质物探、钻探、坑探等方法。

8.3.1 工程地质物探

地球物理勘探简称物探，它是通过研究和观测各种地球物理场的变化来探测地层岩性、地质构造等地质条件。各种地球物理场有电场、重力场、磁场、弹性波的应力场、辐射场等；由于组成地壳的不同岩层介质往往在密度、弹性、导电性、磁性、放射性以及导热性等方面存在差异。这些差异将引起相应的地球物理场的局部变化。通过量测这些物理场的分布和变化特征，结合已知地质资料进行分析研究，就可以达到推断地质性状的目的。该法方法兼有勘探与试验两种功能。和钻探相比，具有设备轻便、成本低、效率高、工作空间广等优点。但它由于不能取样，不能直接观察，故多与钻探配合使用。采用不同的探测方法，如电法、地震法、磁法、重力法以及放射性勘探等方法可以测定不同的物理场，用以了解地质体的特征，分析解决地质问题。目前应用最广的是电法和地震法勘探。

物探宜运用于下列场合。

（1）作为钻探的先行手段，了解隐蔽的地质界线、界面或异常点。

（2）作为钻探的辅助手段，在钻孔之间增加地球物理勘察点，为钻探成果的内插、外推提供依据。

（3）作为原位测试手段，测定岩土体的波速、动弹性模量、特征周期、土对金属的腐蚀等参数。

各种地球物理勘探方法及其适用条件见表 8-2。

表 8-2　各种地球物理勘探方法及其适用条件

	方法		应用	使用条件
陆地	直流电法	电阻率法 电测探	了解地层岩性、基岩埋深； 了解构造破碎带、滑动带位置，节理裂隙发育方向； 探测含水构造，含水层分布； 寻找地下洞穴	探测的岩层要有足够的厚度，岩层倾角不宜大于 $20°$； 分层的 ρ 值有明显差异，在水平方向没有高电阻或低电阻屏蔽； 地形比较平坦
		电剖面	探测地层、岩性分界； 探测断层破碎带的位置； 寻找地下洞穴	分层的电性差异较大
		电位法 自然电场法	判定在岩溶、滑坡以及断裂带中地下水的活动情况	地下水埋藏较浅，流速足够大，并有一定的矿化度
		充电法	测定地下水流速、流向，测定滑坡的滑动方向和滑动速度	含水层深度小于 50m，流速大于 1.0m/d，地下水矿化度微弱，围岩电阻率较大
	交流电法	频率测探法	查找岩溶、断层、裂隙及不溶岩层界面	
		电磁法	寻找导电、导磁矿体岩石	
		无线电波透视法	探测溶洞	
	地震勘探法	直达波法	测定波速，计算动弹性参数	
		反射波法	测定不同地层界面	界面两侧介质的波阻抗要有明显差异、能形成反射面
		折射波法	测定地层界面、基岩埋深、断层位置	离开震源一定距离（盲区）才能收到折射波
	声波探测		测定动弹性参数，监测硐室围岩或边坡应力	
	重力勘探		确定掩埋大断层、矿井、洞穴的位置	
	磁法勘探		确定断层或岩脉的位置，探测地下金属目标物	无磁场干扰
水域	水声剖面法		测量水深断面	
	连续地震反射剖面法（浅层剖面）		测定水下地层和构造	不能区分材料不同但动弹特性相近的地层
井测	电视井测		观察钻孔井壁	孔内水不能浑浊
	放射性井测		测定砂土密度、含水量、区分地层	
	井径测量		测定钻孔直径	
	电测量		测定含水层特性	
土壤对金属腐蚀性指标测定			测定土壤的电阻率，评价土壤对地下金属管线的腐蚀性	

8.3.1.1　电法勘探

电法勘探是研究地下地质体电阻率差异的地球物理勘探方法，也称为电阻率法。该法通常是通过测定人工或天然电场中岩土地质体的导电性大小及其变化，从而区分地层、构造以及覆盖层和风化层厚度、含水层分布和深度、古河道、主导充水裂隙方向等。

8.3.1.2 地震勘探法

地震勘探也是广泛用于工程地质勘探的方法之一。它是利用地质介质的波动性来探测地质现象的一种物探方法。基本原理是利用爆炸或敲击方法向岩体内激发地震波，地震波以弹性波动方式在岩体内传播。根据不同介质弹性波传播速度的差异来判断地质现象。按弹性波的传播方式，地震勘探又分为直达波法、反射波法和折射波法。地震勘探可以用于了解地下地质构造，如基岩面、覆盖层厚度、风化层、断层等。根据要了解的地质现象的深度和范围的不同，可以采用不同频率的地震勘探方法。

8.3.2 钻探

钻探是利用钻探机械和工具在岩土层中钻孔的一种勘探方法。它可以直接探明地层岩性、地质构造（断层、节理、破碎带等）、地下水埋深、含水层类型和厚度、滑坡滑动面的位置以及岩溶发育情况等。它还可取出岩心作为试样或在钻孔中进行抽压水试验、声波测试、触探试验或长期监测等，有条件时，还可采用钻孔摄影、井下电视等技术手段。与坑探相比，钻探的深度大，且选位一般不受地形、地质条件的限制；与物探相比，钻探是直接的勘探手段，精度高、准确可靠，因此在不同的工程建筑、不同的勘察阶段中都广泛采用，但由于钻探工作耗费人力、物力和财力，因此应在工程地质测绘及物探的基础上进行。

8.3.2.1 钻探方法和设备

钻探工程据动力来源可分为人力（洛阳铲、麻花钻等）和机械（钻机）两种。前者仅适用土层、浅孔，后者岩土层均适用，且效率高、孔深大。据钻入岩土中的方法又可分为冲击钻探、回转钻探、振动钻探和冲洗钻探四种。工业与民用建筑勘察常用简易、轻便的 SH-30 钻机回转钻进，可以用来取岩土样，对软土用薄壁取土器，对原状砂土和软黏土要用特制的取土器。对松散的砂卵石层采用冲击钻进或振动钻进。对软弱地层或破碎带采用干钻法、双层岩心管法。

工程地质钻探的常规口径为：开孔 168mm，终孔 91mm。除常规钻探方法外，有些工程还采用大口径钻进和小口径钻进方法，如水电工程使用回转式大口径钻探的最大孔径达 1500mm，孔深 30~60m，地质人员可以直接进入孔内进行观察。为了更好地了解某些重要的地质现象（如坝基软弱夹层的性质、产状等），检查基础的溜浆质量或配合试验及防治工程，往往需要大口径钻探。小口径钻进采用金刚石钻头，最小口径仅为 36mm，这种钻探方法对于提高硬质岩的钻进速度，提高岩心采取率或成孔质量，常常是行之有效的。

8.3.2.2 岩土取样

要使土工试验所得出的土性能指标可靠，在采取试样过程中应该保持试样的天然结构状态，如果试样的天然结构已受到破坏，则此试样为扰动试样。对于岩心试样，由于其坚硬性，它的天然结构难于破坏，而土样则易受到扰动，且由于采样时取土器的切入，采样过程中土体应力发生变化等各种原因，使得土样都受到不同程度的扰动。因此在实际工程地质勘察中，不可能取得完全不受扰动的原状土样。为此，在取土样的过程中，应力求排除各种可能的扰动因素，使试样的扰动程度降至尽可能小的程度。按照取样的方法和试验目的，对土样的扰动程度分成四个等级，各级别的名称及可进行的试验项目见表 8-3。

表 8-3　土样试验等级划分

级别	扰动程度	试验内容
Ⅰ	不扰动	土类定名、含水量、密度、强度试验、固结试验
Ⅱ	轻微扰动	土类定名、含水量、密度
Ⅲ	显著扰动	土类定名、含水量
Ⅳ	完全扰动	土类定名

注：1. 不扰动是指原位应力状态虽已改变，但土的结构、密度、含水量变化很小，能满足室内试验各项要求。

2. 如确定无条件采取到Ⅰ级土试样，在工程技术要求允许的情况下可以Ⅱ级土试样代用，但宜先对土试样受扰动程度做抽样鉴定，判定用于试验的适宜性，并结合地区经验使用试验成果。

8.3.2.3 钻孔观测、编录与资料整理

钻孔观测与编录是钻进过程的详细文字记载，也是岩土钻探最基本的原始资料。因此在钻进过程中必须认真、细致地做好观测与编录工作，以全面准确地反映钻探工程的第一手地质资料。

(1) **岩心观察、描述和编录**　钻探过程中，每回次进尺一般 0.5～0.8m 需要取岩心。全孔取岩心率不低于 80%。应对岩心进行细致的观察鉴定。对岩心的描述包括地层岩性名称、深度、岩土性质等方面。对重大的工程或主要钻孔需要保存岩心，以备日后检查核对。通过对岩心的统计可计算出岩心采取率或岩心获得率。前者是指所取岩心总长度与本回次进尺的百分比。总长度包括比较完整的岩心和碎块、岩粉等。后者是指比较完整的岩心长度之和与本回次进尺的百分比。它不计入不成形的破碎物质。此外，如要进行工程岩体质量评价和分级时，尚需算出岩石质量指标 RQD 值。它是不小于 10cm 长度的岩心之和与本回次进尺的百分比。但这一指标按国际通用标准应采用直径 75mm（N 型）双层岩心管金刚石钻头钻进。

对土层，应从取土器中取出试样将其密封，注明试样位置、名称和编号。对于不同的土性，描述的侧重点有所不同。如：碎石土应描述碎屑物的成分、粒径含量百分比、颗粒大小、形状、密实度；黏性土应描述颜色、状态、稠度；而人工填土则应描述其成分、堆积方式、堆积时间、有机物含量、均匀性及密实度，淤泥质土还需描述颜色、嗅味等。

(2) **钻孔水文地质观测**　钻进过程中应注意和记录冲洗液消耗量的变化。发现地下水后，应停钻测定其初见水位及稳定水位。如系多层含水层，需分层测定水位时，应检查分层止水情况，并分层采取水样和测定水温，准确记录各含水层顶、底板标高及其厚度。

(3) **钻进动态观察和记录**　钻进动态能提供许多地质信息，所以钻孔观测、编录人员必须做好此项工作。在钻进过程中注意换层的深度、回水颜色变化、钻具陷落、孔壁坍塌、卡钻、埋钻和涌沙现象等，结合岩心以判断孔内情况。钻探工作结束后，应进行钻孔资料整理，主要是编制钻孔柱状图。图中可表示出岩土层的时代、深度、厚度、岩性特征、地下水位、取样位置等多项内容，所以它是最主要的综合性成果资料。其他需整理的资料尚有钻孔操作及水文地质日志图、岩心素描图及说明等。

8.3.3 坑探

8.3.3.1 坑探类型及其适用条件

坑探就是用人工或机械方式进行挖掘坑、槽等，以便直接观察岩土层的天然状态以及各地层之间接触关系等地质结构，并能取出接近实际的原状结构土样，见图 8-2。该方法的特点是地质人员可以直接观察地质结构细节，准确可靠，且可不受限制地取出原状结构试样，因此对研究风化带、软弱夹层和断层破碎带有重要的作用，常用于了解覆盖层的厚度和特征。它的缺点是可达的深度较浅，且易受自然地质条件的限制。

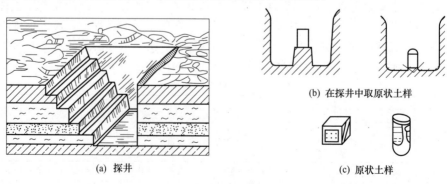

(a) 探井　　(b) 在探井中取原状土样　　(c) 原状土样

图 8-2　坑探示意图

在工程地质勘探中，常用的坑探主要有坑、槽、井、洞等几种类型，见表8-4。

表 8-4　工程地质勘探中坑探类型

类型	特点	用途
试坑	深数十厘米的小坑，形状不定	局部剥除地表覆土，揭露基岩
浅井	从地表向下垂直，断面呈圆形或方形，深5～15m	确定覆盖层及风化层的岩性及厚度，取原状样，载荷试验，渗水试验
探槽	在地表垂直岩层或构造线挖掘成深度不大的（小于3～5m）长条形槽	追索构造线、断层、探查残疾坡积层，风化岩石的厚度和岩性
竖井	形状与浅井相同，但深度可超过20m以上，一般在平缓山坡、漫滩、阶地等岩层较为平缓的地方，有时需支护	了解覆盖层厚度及性质，构造线、岩石破碎情况、岩溶、滑坡等，岩层倾角较缓时效果较好
平硐	在地面有出口的水平坑道，深度较大，适用较陡的基岩岩坡	调查斜坡地质构造，对查明地层岩性、软弱夹层、破碎带、风化岩层时，效果较好，还可取样或作原位试验

8.3.3.2　坑探工程设计书的编制

坑探工程设计书是在岩土工程勘探总体布置的基础上编制的，主要内容如下。

（1）坑探工程的目的、类型和编号。

（2）地层岩性，如断裂构造性质、规模、产状、延伸及变化。

（3）地形地貌和工程地质特性。

（4）掘进深度及论证。

（5）施工条件。施工条件包括岩性及其硬度等级，掘进的难易程度，采用的掘进方法（铲、镐挖掘或爆破作业等），地下水位，可能涌水状况，应采取的排水措施，是否需要支护材料、结构等。

（6）岩土工程要求。其包括掘进过程中应仔细观察、描述的地质现象和应注意的地质问题；对坑壁、顶、底板掘进方法的要求，是否许可采用爆破作业及其作业方式；取样地点、数量、规格和要求等；岩土试验的项目、组数、位置以及掘进时应注意的问题；应提交的成果。

8.3.3.3　坑槽探的编录

坑探工作结束，必须将该处的地质资料以文字与图件反映出来，须进行地质编录。展示图是坑探工程编录的主要内容，是必须提交的主导成果资料。展现图即沿坑壁、底面编制地质断面图，以三度空间的图形展示。图8-3为适用于浅坑、浅井、竖井等铅直坑探的地质展视图。

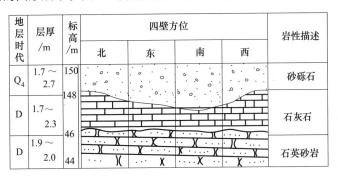

图 8-3　浅井四壁平行展视图

8.3.4　勘探的布置

8.3.4.1　勘探布置的一般原则

勘探工作布置的基本原则是以最少的勘探工作量取得所需的地质资料。应将勘探工程布置在关键地段，并使其能取得综合的资料。要考虑以下几项原则。

（1）勘探工作应在工程地质测绘基础上进行。通过工程地质测绘，对地下地质情况有一定的判断后，才能明确勘探工作需要进一步解决的地质问题，以取得好的勘探效果。

（2）勘探工程的布置（数量、勘探深度、精度）与勘察阶段，必须与设计阶段相适应。一般是由初步勘察到详细勘察阶段，勘探的总体布置由勘探点、勘探线过渡到勘探网，勘探范围由大到小，勘探点、线由稀到密；勘探布置以考虑地质复杂程度为主，过渡到以建筑物轮廓为主。初期以物探为主，少量钻探、轻型坑探为辅。

（3）勘探布置应随建筑物的类型和规模而异。不同类型的建筑物，其总体轮廓、荷载作用的特点以及可能产生的岩土工程问题不同，勘探布置亦应有所区别。道路、隧道、管线等线型工程，多采用勘探线的形式，且沿线隔一定距离布置一垂直于它的勘探剖面。房屋建筑与构筑物工程应按基础轮廓布置勘探工程，常呈方形、长方形、工字形或丁字形；具体布置勘探工程时又因不同的基础型式而异。桥基则采用由勘探线渐变为以单个桥墩进行布置的梅花形形式。建筑物等级越高、规模越大、地质条件越复杂，勘探工作量越多。

（4）勘探布置应考虑地质、地貌、水文地质等条件。一般勘探线应沿着地质条件等变化最大的方向布置。勘探点的密度应视工程地质条件的复杂程度而定，而不是平均分布。为了对场地工程地质条件起到控制作用，还应布置一定数量的基准坑孔（即控制性坑孔），其深度较一般性坑孔要大些。

（5）在勘探线、网中的各勘探点，应视具体条件选择不同的勘探手段，以便相互配合，取长补短，有机地联系起来。

8.3.4.2 勘探坑、孔深度确定

应根据建筑类型、勘察阶段、地质条件复杂程度综合考虑布孔深度。一般按规范规定，但也应考虑到设计要求、工程地质评价需要。不同的工程地质问题，所要求的勘探深度是不同的。如对滑坡的稳定分析需穿过可能的滑动面。对坝基渗漏则应达到相对隔水层；对房屋建筑的地基沉降计算应达到地层压缩层之下（2倍或3倍基底宽度）或可能的桩基深度之下；对地下硐室应达其底板高程以下10m左右。有时根据地质测绘和物探资料初步确定坑孔深度，按实际情况再作调整。坑孔的深度应满足设计目的，如了解岩石风化层厚度，需达到确是新鲜基岩为止；研究断层带的宽度和性质的坑孔，应穿过断层直达下盘完整基岩。

8.4 工程地质试验及现场监测

8.4.1 野外试验

8.4.1.1 岩体强度试验

岩体的强度主要取决于岩石的坚硬程度和各种结构面发育特征，在工程的作用下，通常发生沿软弱结构面的剪切破坏。岩体现场剪切试验所取得的指标是评价岩质边坡稳定性、地下硐室围岩稳定性等所必需的参数。岩体现场剪切试验包括现场直剪试验和现场三轴试验。

（1）**现场直剪试验** 岩体剪力仪由加荷、传力、测量等三个系统组成（图8-4）。现场直剪试验的原理和室内直剪试验基本相同，但由于该法的试验岩体远比室内试样大，能包括宏观结构的变化，且试验条件接近原位条件，因此结果更接近实际工程情况。

① 现场直剪试验的种类。现场直剪试验可分为岩体本身、岩体沿软弱结构面和岩体与混凝土接触面的剪切试验三种，进一步可以分成岩体试样在法向应力作用下沿剪切面破坏的抗剪断试验、岩体剪断后沿剪切面继续剪切的抗剪试验（摩擦试验）和法向应力为零时岩体剪切的抗切试验。

在进行现场直剪试验时，应根据现场工程地质条件、工程荷载特点、可能发生的剪切破坏模式、剪切面的位置及方向、剪切面的应力等条件，确定试验对象及相应的试验方法。

② 现场直剪试验的布置方案。试验可在试洞、试坑、探槽或大口径钻孔内进行。试验的布置方案见图 8-5。图 8-5 中（a）、（b）、（c）剪切荷载平行于剪切面，为平推法，图 8-5（d）剪切荷载与剪切面成 α 角，为斜推法；图 8-5 中（e）、（f）为沿倾向软弱面剪切的楔形体法。当剪切面水平或近于水平时，采用图 8-5（a）～（d）方案；当软弱面倾角大于其内摩擦面时，常采用图 8-5（c）、（f）方案，前者适用于剪切面上正应力较大的情况，后者适用于剪切面上正应力较小情况。

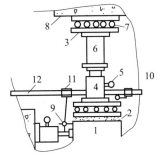

图 8-4　岩体抗剪试验装置

1—岩体试件；2—水泥砂浆；3—钢板；4—千斤顶；
5—压力表；6—传力柱；7—滚轴组；8—混凝土；
9—千分表；10—围岩；11—磁性表架；
12—U 形钢梁

③ 试验成果分析。计算出各级荷载下剪切面上的法向应力和剪切应力；绘制剪应力与剪切位移曲线、剪应力与法向应力曲线、根据曲线特征，确定岩体的比例强度、屈服强度、峰值强度、剪胀点和剪胀强度；按库仑表达式可确定出相应的 c、φ 值。

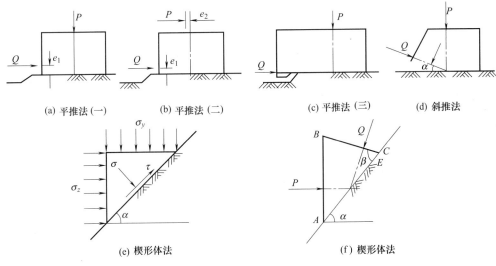

图 8-5　岩体现场直剪试验布置方案

P—垂直（法向）荷载；Q—剪切荷载；σ_z、σ_y—均布应力；

τ—剪应力；σ—法向应力；e_1、e_2—偏心距

（2）现场三轴试验　现场三轴试验可综合研究岩土体的力学性质，能测定模量、泊松比及强度值，它分为等侧（$\sigma_2 > \sigma_2 = \sigma_3$）三轴试验和真三轴（$\sigma_1 > \sigma_2 > \sigma_3$）试验，应根据岩体围压的实际情况选用。试验前应了解岩体的应力状态及工程荷载条件，以便确定围压和轴向压力的大小和加荷方式。

试验应布置在有代表性的地段或工程稳定性的关键部位，一般在试洞内进行。图 8-6 为试验的布置方案。

试验成果的分析方法基本和室内三轴试验一致，即：① 绘制莫尔圆，求出岩体的抗剪强度；② 绘制应力-应变曲线，求出岩体的弹性模量和泊松比。

8.4.1.2　岩体变形试验

岩体变形试验的目的是测定岩体变形模量 E_0 和弹性模量 E_s。根据加荷方式，岩体变形试验分为：承压板荷载试验、狭缝法和钻孔变形法。

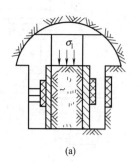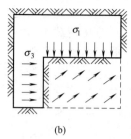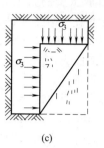

| (a) | (b) | (c) |

图 8-6　野外原位三轴试验方案

常用承压板荷载试验一般在平硐中进行，也可用锚固法在基坑中进行，锚筋（或锚索）伸入到基岩中，锚着力应大于所施加的荷载。试验设备主要由加压系统、传力系统和测量系统等三部分组成（图 8-7）。通过承压板对岩体表面施加荷载并测量各级压力下岩体的变形（包括弹性和塑性变形），按有关公式计算出岩体变形模量 E_0 和弹性模量 E_s。

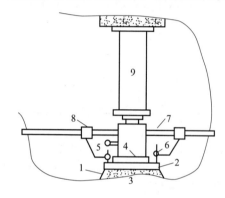

图 8-7　承压板荷载试验装置图
1—水泥砂浆；2—承压板；3—岩体试件；
4—千斤顶；5—压力表；6—千分表；
7—U 形钢梁；8—磁性表架；
9—传力柱

8.4.1.3　岩体原位应力测试

工程岩体中存在着复杂的天然应力场，受岩性、地质构造、地形、地下水等多种因素所制约，其大小和方向随所处的位置和时间（地质历史）的不同而变化。目前这种应力场还不能单纯从理论上计算求得，只能用仪器进行原位测试，据若干个测点的测试成果可以通过有限元分析等方法计算出测区应力场的分布情况。

目前国内外使用的测试方法均是在平硐壁面或地表露头面上打孔或刻槽，引起岩体中的应力发生变化，然后用各种探头测量由应力变化引起的变形，据弹性力学中的应力-应变关系算出天然应力的大小与方向。因此，岩体应力测试应视岩体为均质、连续、各向同性的线弹性介质。常用的测量方法有：应力解除法、应力恢复法和水压致裂法。

（1）应力解除法　应力解除法的基本原理是：岩体在应力作用下产生变形（或应变）。当需测定岩体中某点的应力时，可将该点一定范围内的岩体与基岩分离，使该点岩体上所受应力解除，这时由应力产生的变形（或应变）即相应恢复，通过仪器测量出应力解除后的变形值，即可由确定的应力与应变关系求得相应的应力值（图 8-7）。应力解除法在基岩表面、钻孔孔底或孔壁均可进行。

（2）应力恢复法　应力恢复法一般在平硐壁面（也可在地表露头面）上进行。先在岩面上切槽，岩体应力被解除，应变也随之恢复。然后在槽中再埋入液压枕（图 8-8），对岩体施加压力，使岩体的应变恢复至应力解除前的状态，此时，液压枕施加的压力即为应力解除前岩体受到的应力，这一应力值实际上是平硐开挖后壁面处的环向应力。通过测

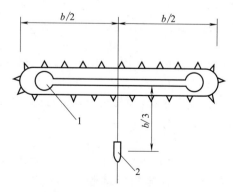

图 8-8　应力恢复法布置图
1—液压枕；2—应变计

量应力恢复后的应力和应变值,利用弹性力学公式即可求解出测点岩体中的应力状态。

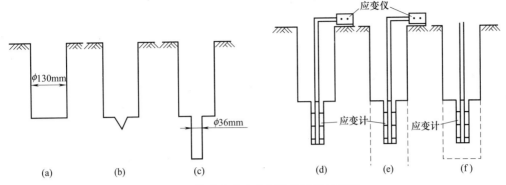

图 8-9 钻孔套芯应力解除法程序示意图

(3) 水压致裂法 水压致裂法是利用橡胶塞封堵一段孔,然后通过水泵将高压水压入其中,使孔壁岩体产生拉破裂(图 8-9)。拉破裂隙通常是铅直张裂,且沿最大水平主应力方向发展,借此可判断岩体中水平应力的方向。

水压致裂法的主要优点是:①测量深度不受限制、代表性好,目前,世界上实测最大深度已达 5105m;②试验设备简单,操作方便,测量结果直观,精度高。主要缺点是主应力方向难以准确确定。

8.4.1.4 岩体现场简易测试

(1) 声波测试 声波测试是通过探测声波在岩体内的传播特征(传播速度、振幅及频谱)来研究岩体性质。与地震勘探相似,声波探测也是利用了岩石的弹性性质,两者的区别只是声波探测使用的频率大大高于地震勘探所使用的频率(通常可达 $n \times 10^3 \sim n \times 10^6 \, \text{Hz}$),因此有较高的分辨率,且探测范围较小,并对岩石的若干微观结构也会有所反映。由于它具有简便、快速、经济、便于重复测试及对测试的岩体无破坏作用等优点,现已成为工程地质勘察中不可缺少的手段。

声波测试主要的仪器设备为声波岩体参数测定仪及声波换能器(通常称声波探头)。前者装有声波发射和接收装置;后者是将声波振动与电脉冲互相转换的器件。当在岩体表面测试时,其布置见图 8-10。实测时由声波仪发射出电脉冲,

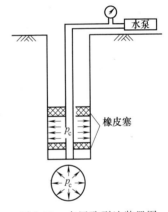

图 8-10 水压致裂法装置图

至发射技能器转换为声波并传入岩体,岩体传达到接收换能器,再转换为电脉冲回到声波仪,即可在显示系统中显示出来。根据地质情况和测试目的的要求,发射器与接收器的布置方法有多种方式,常用的方法如图 8-11 所示。其中图 8-12(a)、(b)为在岩体表面测试,其他为在钻孔中测试。据测得的岩体纵波速 v_{pm} 和横波速 v_{sm} 可以应用在许多方面,主要有下列各项。

① 计算岩体的动弹性参数,如动弹性模量、动泊松比、动剪切模量等。

② 计算岩体的力学参数,如各向异性系数、完整性系数,也可直接据波速的大小来估计判断岩体的坚硬或完整程度。

③ 用于岩体质量、岩体风化带的定量划分,地下硐室围岩松弛带等的评价。

此外,通过声波测试还可划分岩层的层位,查明断层破碎带及软弱夹层的埋深和厚度等。

(2) 点荷载强度试验 点荷载试验是将岩块试件置于点荷载仪的两个球面圆锥压头间,

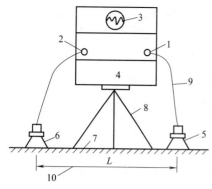

图 8-11　声波仪结构示意图

1—发射机；2—接收机；3—荧光屏；4—电源；
5—发射换能器；6—接收换能器；7—岩面；
8—仪器支架；9—高频电源；
10—声波传播距离（L）

对试件施加集中荷载直至破坏，然后根据破坏荷载求出岩石的点荷载强度。此项测试技术的优点是：可以测试不规则岩石试件以及低强度和严重风化岩石的强度；仪器轻便，可携带至野外现场测试；操作简便快速。缺点是测试成果分散性较大，需借助于较多的试验次数，求其平均值的办法予以弥补。

主要仪器设备为点荷载仪，它是由加压系统（包括油泵、承压、框架、千斤顶和锥形球面压头）和测压用的油压表组成。试样加荷方式有径向、轴向、不规则、垂直或平行结构面等五种方式。将岩样置于点荷载仪两个加荷锥头之间，缓慢均匀加压，至岩样破裂。记下破坏荷载并测量试样破裂面尺寸，算出破坏面积。

计算岩样的点荷载强度 I_s（MPa），并校正为标

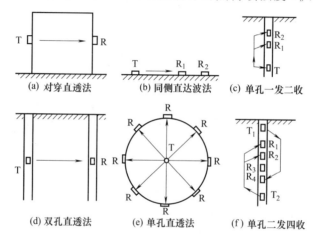

(a) 对穿直透法　　(b) 同侧直达波法　　(c) 单孔一发二收

(d) 双孔直透法　　(e) 单孔直透法　　(f) 单孔二发四收

图 8-12　常用的几种现场工作方式

T—发射换能器；R—接收换能器

准直径 $D=50\text{mm}$ 的岩块径向试验所得的 I_s 值，此值称为点荷载强度指数 $I_{s(50)}$。再据 $I_{s(50)}$ 换算岩石的单轴抗压强度 R_c，一般换算系数在 $18\sim25$ 之间。对于大型工程为获得较准确的关系最好作对比试验确定。$I_{s(50)}$ 也可作为岩石风化程度的定量划分指标，并可换算岩石的抗拉强度等。

（3）回弹试验　用于测定混凝土强度的回弹仪，由于其结构简单、操作容易、测试迅速，也可以用于工程地质勘察工作，是对岩体强度进行无损检测的手段之一。试验时，以回弹仪垂直岩体表面，利用岩体受冲击后的反作用，使弹击锤回跳的数值即回弹值（N），建立起与岩体抗压强度的函数关系，因而能较方便地获得岩体强度指标。

8.4.2　现场监测

现场监测就是对在施工过程中及完工后由于工程施工和使用引起岩土性状、周围环境条件（包括工程地质、水文地质条件）及相邻结构、设施等因素发生的变化进行各种观测工作，监视其变化规律和发展趋势，从而了解施工对各因素的影响程度，以便及时在设计、施工和维护上采取相应的防治措施。监测资料应力求规范化、标准化和量化。现场监测常见的有沉降与位移观测、应力观测及地下水观测等。

8.4.2.1 深层土体水平位移监测

基坑开挖时，由于支护结构变形及土体渗透作用，导致土体向坑内位移，而土体位移又危及周围建筑物的安全。因此，深层土体水平位移可间接反映支护结构位移、应力变化，以及周围建筑设施安全状况等。由于深层土体水平位移监测能综合反映基坑性状而逐渐受到重视，《建筑地基基础设计规范》（GB 50007—2011）、《建筑基坑支护技术规程》（JGJ 120—2012）、《建筑基坑工程监测技术规范》（GB 50497—2009）及许多地方规范都明确规定，重要基坑工程或深基坑施工中，必须进行深层水平位移监测。

(1) 深层水平位移监测步骤

① 测斜管埋没。在预定的测斜管埋设位置处钻孔。钻孔法是最常用的方法，根据基坑开挖总深度，确定测斜管孔深，即假定基底标高以下某一位置处支护结构后的土体侧向位移为零，并以此作为侧向位移的基准。

② 安装测斜管。将测斜管底部装上底盖，逐节组装，尽快埋入孔中，并向管中灌水，以提高埋设速度及减少测斜管弯曲；随时检查其内部的一对导槽，使其始终分别与坑壁走向垂直或平行；测斜管完全埋入后，立即用沙子或通过灌浆充填管周空隙，以加快其稳定，减少测量误差。

③ 清洗管壁。测斜管固定完毕后，用清水及时将其内壁上的杂物冲洗干净，以免导槽内壁局部黏附的浆液杂物沉积；将探头模型放入管内沿导槽上下滑行一遍，以检查导槽是否畅通无阻。

④ 测量。确定测斜管管口坐标及高程，做出醒目标志，以利保护管口。

(2) 滑移式测斜仪测试方法　目前工程中使用最多的是滑移式测斜仪，基本原理是将测斜探头放入测斜管底部，提升电缆使探头沿导槽滑动，自下而上每隔一定距离测量每个测点相对于铅直线的偏斜，同一测点任何两次量测结果之差，即为该时间间隔内基坑壁在该点的角变位，再利用简单的几何关系即可换算成相对于管底基准点的水平位移。测试方法如下。

① 连接探头与测读仪，并检查密封装置、电池充电情况及仪器是否能正常读数。

② 将探头插入测斜管，使滚轮卡在导槽上缓慢下降至孔底，自下而上沿导槽全长每隔 0.5m 或 1.0 m 测读一次。对测量结果若有怀疑可重测。

③ 测量完毕后，将探头旋转 180°，插入同一对导槽，按以上方法重复测量的读数应大小接近，符号相反，绝对值之差应小于 10%，否则重测。

(3) 深层土体的水平位移影响因素

① 钻孔倾斜度。根据测斜仪测试原理，其基本假设之一就是测斜管不发生扭曲变形，即用以约束探头方向的两对导槽沿测斜管延伸方向构成两正交平面。若钻孔倾斜过大，不但易引起测斜管埋设困难，更主要的是测斜管连接时导槽不易对正，引起偏扭，且导槽口不易对正欲测方位。严重的会造成测试数据不可靠，甚至测孔报废。

② 测斜管埋设深度。根据测斜仪测试原理，假定测斜管底基准点水平位移为零，由此确定测斜管埋深，基坑工程对周围环境的影响范围一般为 1～2 倍的基坑开挖深度。实际工程中，需根据实际工程地质条件确定测斜管埋深，若地质条件较好测斜管埋深可稍短，尽量埋入硬土层中。此外，有时根据规范或实际工程要求测斜管埋深可能太深，测斜管过长会引起较大扭转，需减小埋深，此时可将测斜仪监测结果，与经纬仪或全站仪观测的测斜管顶端水平位移结合起来，以其顶端为基准点，采用自上而下、逐点累加的方法来推算各点的水平位移。

③ 填料。测斜管周围回填料应尽可能选用弹性模量接近土体的填料，使测斜管和周围土体很好地结合成一整体，真实地反映土体的变形特性。基岩与测斜管之间可用水泥砂浆回

填，粗粒料中可用粗砂灌水回填，细粒料中可用膨润土回填。当测斜孔较浅（小于 20 m）或观测时间间隔较长时，可采用细砂回填或自然塌孔消除孔壁空隙。

④ 测斜管周围土层稳定时间及初始值确定。测斜管埋好后经一段时间稳定后，方可确定初始值，该稳定时间规范没有明确规定。一般工程上测斜管要求在正式读数前 5d 安装完毕，并在 3～5d 内重复测量 3 次以上，判明测斜管已处于稳定状态后方可开始正式测量工作。实际上稳定时间不仅与回填料有关，且与测斜管周围的土质有很大关系。在测斜管钻孔施工过程中，不可避免地扰动周围土层，降低土体强度，随着时间的增加，土体重新固结，土体强度逐渐恢复提高，该情况在软土地区尤为明显。应根据测斜管周围空隙的填充物质，参考桩基检测休止时间确定初始值，即砂土、粉土分别为 7d、10d，非饱和、饱和黏性土分别为 15d、25d。当填料采用水泥砂浆时，稳定时间为 28d。初始值应取基坑降水前的 3～5d 内，连续 3 次测量无明显差异之读数的平均值。

⑤ 测斜仪探头稳定时间。开始观测时，应把探头放入孔底预热 5min 后，待探头温度与孔内温度达到平衡状态才可进行正式观测。观测时要求指示器电压处于最佳状态，当测斜仪电压不足时必须立即充电，以免损伤仪器或影响读数。为提高测量结果的可靠度，每一测量步骤均需延迟一定的时间，以确保读数系统与环境温度及其他条件平衡稳定。

8.4.2.2 建筑物的沉降观测

建筑物的沉降观测能反映地基的实际变形对建筑物的影响程度，是分析地基事故及判别施工质量的重要依据，也是检验勘察资料的可靠性、验证理论计算正确性的重要资料。下列建筑物宜进行沉降观测：①一级建筑物；②不均匀或软弱地基上的重要二级及以上建筑物；③加层、接建或因地基变形、局部失稳而使结构产生裂缝的建筑物；④受邻近深基坑开挖施工影响或受场地地下水等环境因素变化影响的建筑物；⑤需要积累建筑经验或要求通过反分析求参数的工程。

建筑物沉降观测时应注意以下几个要点。

（1）基准基点的设置应以保证其稳定可靠为原则，故宜布置在基岩上，或设置在压缩性较低的土层上。水准基点的位置宜靠近观测对象，但必须在建筑物所产生压力影响范围以外。在一个观测区内，水准基点不应少于 3 个。

（2）观测点的布置应全面反映建筑物的变形并结合地质情况确定，数量不宜少于 6 个。

（3）水准测量宜采用精密水平仪和钢钢尺。对于一个观测对象宜固定测量工作、固定人员，观测前仪器必须严格校验。测量精度宜采用 II 级水准测量，视线长度宜为 20～30m，视线高度不宜低于 0.3m。水准测量应采用闭合法。

另外，观测时应随时记录气象资料。观测次数和时间，应根据具体情况确定。一般情况下，民用建筑每施工完一层应观测一次；工业建筑按不同荷载阶段分次观测，但施工阶段的观测次数不应少 4 次。建筑物竣工后的观测，第一年不少于 3～5 次，第二年不少于两次，以后每年一次直到沉降稳定为止。对于突然发生严重裂缝或大量沉降等特殊情况时，应增加观测次数。

8.4.2.3 地下水的监测

地下水动态观测包括水位、水温、孔隙水压力、水化学成分等内容。其中地下水位及孔隙水压力的动态观测，对于评价地基土承载力、评价水库渗漏和浸没、预测道路翻浆、论证建筑物地基稳定性以及研究水库地震等都有重要的实际意义。《岩土工程勘察规范》规定下列情况应进行地下水监测。

① 当地下水的升降影响岩土的稳定时。

② 当地下水上升对构筑物产生浮托力或对地下室和地下构筑物的防潮、防水产生较大影响时。

③ 当施工排水对工程有较大影响时。

④ 当施工或环境条件改变造成的孔隙水压力、地下水压的变化对岩土工程有较大影响时。地下水的动态监测可采用水井、地下水天然露头或钻孔、探井。孔隙水压力、地下水压的监测可采用测压计或钻孔测压仪。

监测时应满足下列技术要求。

① 动态监测不应少于一个水文年，并宜每三天监测一次，雨天宜每天监测一次。

② 当孔隙水压力在施工期间发生变化影响建筑物的性能时，应在施工结束或孔隙水压力降到安全值后方可停止监测。

③ 对受地下水浮托力影响的工程，孔隙水压力的监测应进行至浮托力清除时为止。

监测成果应及时整理，并根据需要提出地下水位和降水量的动态变化曲线图、地下水压动态变化曲线图、不同时期的水位深度图、等水位线图、不同时期的有害化学成分的等值线图等资料，并分析地下水的危害因素，提出防治措施。

8.4.2.4　斜坡岩土体变形和滑坡动态观测

对可能失稳的斜坡和崩塌、滑坡的监测，对预防地质灾害，及时作出险情预报和防治措施是非常必要的。

斜坡在失稳之前一般是有先兆的，如在坡顶出现张裂缝，张裂缝随着时间扩大都是明显的信号。对这些张裂缝或是斜坡的观测点进行定期的、准确的监测，预估破坏的时日。

监测的内容包括位移的速度（垂直的、水平的或转动的）以及降水的强度和影响。

8.4.2.5　地下建筑围岩变形和围岩压力观测

对地下建筑来说，围岩的稳定性是关键的问题，预测围岩压力的大小和分布可以选择适宜的支护类型。目前有许多计算围岩压力的公式与实际往往有较大的出入，因此长期观测所获的资料在支护结构设计中有实际的意义。

钻孔多点伸长仪可用于围岩变形和位移测量。可以测出不同深度处围岩的位移，还可得到两点之间的相对位移。可以据此绘出变形梯度曲线，求出应力集中区的界面，绘出应力释放带。同时应观测洞内的变形迹象和支护结构的变形情况。

沿支护周边布设的测力计可以观测到围岩压力分布随时间的变化。

8.5　工程地质勘察资料的整理

通过对建筑地区进行工程地质测绘、勘探、试验及长期观测等工程地质勘察工作，取得了大量的地质数据和试验数据。如何对这些资料进行室内整理，如何利用这些资料和岩土参数对岩土工程进行分析与评价，编写出合理的岩土工程勘察报告，为土木工程的规划、设计、施工提供可靠的地质依据，以确保工程建筑物的安全稳定、经济合理。因此，勘察资料的整理是工程勘察的最后一个重要环节。

8.5.1　岩土参数的统计

岩土参数是岩土工程设计的基础。岩土参数可分为两大类：一类是评价指标，用于评价岩土的性状，作为划分地层、鉴定类别的依据；另一类是计算指标，用于设计岩土工程，预测岩土体在荷载和自然因素作用下的力学行为变化趋势，并指导施工和监测。

由于岩土体的非均匀性和各向异性，空间各点岩土的物理力学性质不同，相应的由试验得到的岩土参数也不同，尤其是不同岩土层的岩土参数变异性较大。因此，岩土性质指标统计应按工程地质单元和层位进行，统计时地质单元中的薄夹层不应混入统计。在整理有关数据之前，必须进行有关的工程地质单元的划分。所谓工程地质单元是指在工程地质数据的统计工作中具有相似的地质条件或在某方面有相似的地质特征，将其作为一个可统计单位的单元体。因而在这个工程地质单元体中，物理力学性质指标或其他地质数据大体上是相近的，但又不完全相同。一般情况下，同一工程地质单元具有共同的特征。

① 具有同一地质年代、成因类型并处于同一构造部位和同一地貌单元的岩土层。

② 具有基本相同的岩土性质特征，包括矿物成分、结构构造、风化程度、物理力学性能和工程性能。

③ 影响岩土体工程地质性质的因素是基本相似的。

④ 对不均匀变形敏感的某些建（构）筑物的关键部位，视需要可划分更小的单元。

进行统计的指标一般包括岩土的天然密度、天然含水量、粉土和黏性土的液塑限和塑性指数、砂土的相对密实度、岩石的吸水率、岩石的各种力学特性指标，特殊性岩土的各种特征指标以及各种原位测试指标等。针对离散的岩土数据，如何运用数理统计原理与方法对其进行统计，详见现行的《岩土工程勘察规范》（GB 50021—2009）及相关书籍。

8.5.2　工程地质勘察报告

在工程地质勘察的基础上，根据勘测设计阶段任务书的要求，结合各工程特点和建筑工程地质勘察报告和图件是工程地质勘察的最终成果。在分析整理该工程地质勘察资料的基础上，最后向建设及设计部门提出一个准确可靠的工程地质勘察报告，为规划、设计、施工部门提供应用和参考。

8.5.2.1　工程地质勘察报告的主要内容

现行的《岩土工程勘察规范》（GB 50021—2009）规定，岩土工程勘察成果报告的内容，应根据任务要求、勘察阶段、地质条件、工程特点等具体情况而定。包括下列内容。

① 勘察的目的、要求和任务。

② 拟建工程概况。

③ 勘察方法和勘察工作布置。

④ 场地地形、地貌、地层、地质构造、岩土性质、地下水、不良地质现象的描述与评价。

⑤ 场地稳定性与适宜性评价。

⑥ 岩土参数的分析与选用。

⑦ 岩土利用、整治、改造方案。

⑧ 工程施工和使用期间可能发生的岩土工程问题的预测及监控、预防措施的建议。

⑨ 岩土工程勘察报告中应附的必要图件：勘探点平面布置图；工程地质柱状图；工程地质剖面图；原位测试成果图表；室内试验成果图表；岩土利用、整治、改造方案的有关图表；岩土工程计算简图及计算成果图表。当需要时，还可附综合工程地质图、综合地质柱状图、地下水水位线图等。

岩土工程勘察报告书的任务在于阐明工作地区的工程地质条件，分析存在的工程地质问题，并作出工程地质评价，提出结论和建议。工程地质报告书的内容一般分为绪论、通论、专论和结论几个部分，各部分前后响应，密切配合，联为一体。

绪论部分主要说明勘察工作的任务、采用的方法及取得的成果。并在绪论中应先说明工程建筑的类型、拟定规模及其重要性，勘察阶段需要解决的问题等。

通论部分阐述勘察场地的工程地质条件，如区域自然地质概述（地貌、地质、不良物理地质现象及地震基本烈度、场地岩土类型等）。

专论主要论证工程建筑所涉及的有关工程地质问题，如场地岩土层分布、岩性、地层结构、岩土的工程性质（物理力学性质、地基承载力）、地下水的埋藏与分布规律、含水层的性质、水质及侵蚀性等。

结论部分应对场地的适宜性、稳定性、岩土体特性、地下水、地震等作出综合性工程地质评价，提供地基基础设计方案的选择，地基设计所需的指标，施工中可能出现的问题，地基处理建议。

8.5.2.2　工程地质图

工程地质报告除文字部分，还有一整套图件，即工程地质图，它是勘察区域工程地质条件最直观的表现方式。工程地质图综合了工程地质测绘、勘探、试验及长期观测所取得的成果，结合文字报告编写而制成的各种图件。该图与文字报告相配合，使设计、施工人员能更好地理解与运用。

(1) **综合工程地质平面图**　简称工程地质图，图中表示与设计和兴建工程有关的各种工程地质条件，如地形地貌、地层岩性、地质构造、水文地质、物理地质现象等，并对工程建筑场区进行综合评价，这是一种较常用的工程地质图件。

(2) **勘探点平面布置图**　勘探点平面布置图是在建筑场地地形图上，把建筑物的位置、各类勘探点和原位测试点的编号与位置用不同的图例表示出来，并注明各勘探点、测试点的高程和勘探深度、剖面线及其编号等。

(3) **工程地质柱状图**　工程地质柱状图是对各勘探孔的概括与总结，在柱状图中，除了注明钻进的工具、方法和具体事项外，其主要内容是关于地层的分布（层面的深度、层厚）、地层的名称和特征的描述。绘制柱状图之前，应根据土工试验成果及野外描述综合分析，进行认真分层。绘制柱状图时，应自上而下对地层进行编号和描述，并用一定的比例尺、图例和符号绘图。在柱状图中还应同时标出取土深度、地下水位等资料。

(4) **工程地质剖面图**　工程地质剖面图用于描述某一勘探线方向上、地层沿竖向和水平方向上的分布和变化情况，反映地质构造、岩性、分层、地下水的埋藏条件、各分层岩土的物理力学性质指标。它是岩土工程设计、地基的开挖、岩土治理等工程的最基本图件和重要的依据。

工程地质剖面图，实际上是把同一勘探线上的各工程地质勘探孔柱状图用剖面的形式完整地表现出来。在剖面图上，将各勘探孔相同的土层分界线用直线连接起来。当某地层在邻近钻孔中缺失时，该层可假定于相邻两孔中间尖灭。剖面图中应标出原状土样的取样位置，标准贯入试验位置及锤击数、静力触探曲线以及地下水位标高等。

由于勘探线的布置与主要地貌单元的走向垂直，或与主要地质构造轴线垂直，或与建筑物的轴线相一致，故工程地质剖面图能最有效地揭示场地的工程地质条件。

(5) **土工试验图表**　主要是土的抗剪强度 σ-τ 曲线及土的压缩曲线 (e-p)，一般由土工试验室提供。

(6) **现场原位测试图件**　如载荷试验、标准贯入试验、十字板剪切试验、静力触探试验等成果图件。

(7) **其他专门图件**　对于特殊土、特殊地质条件及专门性工程，根据各自的特殊需要，绘制相应的专门图件。

习　　题

1. 工程地质勘察的目的和任务是什么？
2. 工程地质勘察方法有哪些？
3. 工程地质勘察阶段是如何划分的？各勘察阶段的任务和工作是什么？
4. 哪些工程需要作工程地质测绘？工程地质测绘的主要方法有哪几种？
5. 工程地质勘探方法分为哪几种？工业与民用建筑勘探主要采用什么手段？公路工程主要采用什么手段？
6. 哪种钻进方法可以取得岩土层原状试祥？

7. 原位试验和室内试验相比，有哪些优缺点？岩土工程勘察中所采用的原位试验方法主要有哪些？各种方法的原理是什么？

8. 动力触探与静力触探有何不同？说明两类方法的优缺点与适用条件。

9. 现场检验与监测的内容是什么？

10. 工程地质勘察报告一般由哪几部分组成？

参 考 文 献

[1] 宿文姬，李子生. 工程地质学 [M]. 广州：华南理工大学出版社，2013.

[2] 夏邦栋. 普通地质学. 第2版 [M]. 北京：地质出版社，1995.

[3] 吴泰然. 普通地质学. 第2版 [M]. 北京：北京大学出版社，2011.

[4] 田明中，程捷. 第四纪地质学与地貌学 [M]. 北京：地质出版社，2009.

[5] 白玉华. 工程水文地质学 [M]. 北京：中国水利水电出版社，2002.

[6] 章至洁. 水文地质学基础 [M]. 徐州：中国矿业大学出版社，1995.

[7] 孔宪立，石振明. 工程地质学 [M]. 北京：中国建筑工业出版社，2001.

[8] 张倬元，王士天，王兰生等. 工程地质分析原理. 第3版. [M]. 北京：地质出版社，2009.

[9] 刘春原. 工程地质学 [M]. 北京：中国建材出版社，2000.

[10] 刘忠玉. 工程地质学 [M]. 北京：中国电力出版社，2007.

[11] 张耀庭. 工程地质学 土木工程 [M]. 武汉：华中科技大学出版社，2002.

[12] 张荫. 工程地质学 [M]. 北京：冶金工业出版社，2013.

[13] 胡聿贤. 地震工程学 [M]. 北京：地震出版社，1988.

[14] 马建良，王春寿. 普通地质学 [M]. 北京：石油工业出版社，2009.

[15] 陶晓风，吴德超. 普通地质学 [M]. 北京：科学出版社，2007.

[16] 万长吉. 特殊土地基 [M]. 郑州：河南科学技术出版社，1992.

[17] 徐开礼，朱志澄. 构造地质学 [M]. 北京：地质出版社，1984.

[18] 夏建中. 土力学与工程地质 [M]. 杭州：浙江大学出版社，2012.

[19] GB/T 50145—2007.

[20] GB 50011—2010.

[21] GB 50021—2001.

[22] GB 50011——2010.

[23] GB/T 17742—200.8.

[24] JGJ 79—2012.

[25] 高大钊. 土力学与基础工程 [M]. 北京：中国建筑工业出版社，1998.

[26] 钱家欢. 土力学. 第2版 [M]. 南京：河海大学出版社，1995.

[27] 张咸恭. 工程地质学概论 [M]. 北京：地震出版社，2005.

[28] 孔思丽. 工程地质学 [M]. 重庆：重庆大学出版社，2001.

[29] 郭抗美，王健. 土木工程地质 [M]. 北京：机械工业出版社，2005.

[30] 《工程地质手册》编委会. 工程地质手册. 第4版. 北京：中国建筑工业出版社，2007.

[31] 铁道部第一勘测设计院. 工程地质试验手册（修订版）. 北京：中国铁道出版社，1995.

[32] 张剑锋等. 岩土工程勘测设计手册 [M]. 北京：水利电力出版社，2004.

[33] 潘懋，李铁峰. 灾害地质学 [M]. 北京：北京大学出版社，2002.

[34] 谢宇平. 第四纪地质学及地貌学 [M]. 北京：地质出版社，1994.

[35] 张振营. 岩土力学 [M]. 北京：中国水利水电出版社，2000.

[36] 东南大学等. 土力学 [M]. 北京：中国建筑工业出版社，2001.

[37] 孙广忠，孙毅. 地质工程学原理 [M]. 北京：地质出版社，2006.

[38] 侯朝霞，刘中欣，武春龙. 特殊土地基 [M]. 北京：中国建筑工业出版社，2007.